■ 普通高等院校公共基础课程系列教材

# 高等数学

主　编　石业娇

副主编　刘连福　冯　丽

清华大学出版社
北　京

## 内 容 简 介

本书主要内容包括函数、极限与连续，导数与微分，导数的应用，不定积分，定积分及其应用，常微分方程，多元函数微分学、重积分。本书还编排了数学建模、应用与实践及数学史话等材料。本书涵盖了学习《高等数学》课程必备的数学基础知识，每节内容分基础模块和扩展模块，配有 A、B 两组习题，书中例题和习题覆盖面广，难度层次清晰。每章后附有本章知识结构图及复习题。本书以"掌握概念、强化应用、培养技能"为重点，充分体现了以应用为目的的教学原则，在保证数学知识系统性和严密性的基础上，合理安排内容，由浅入深、循序渐进、通俗易懂。

本书可作为普通高等院校理工类、经济管理类学生的高等数学类课程教材，也可供各类成人教育和自学考试人员使用，还可作为工程技术人员高等数学方面的参考用书。



**图书在版编目(CIP)数据**

高等数学/石业娇主编. —北京：清华大学出版社，2022.9
普通高等院校公共基础课程系列教材
ISBN 978-7-302-60723-6

Ⅰ. ①高… Ⅱ. ①石… Ⅲ. ①高等数学－高等学校－教材 Ⅳ. ①O13

中国版本图书馆 CIP 数据核字(2022)第 072925 号

**责任编辑**：吴梦佳
**封面设计**：傅瑞学
**责任校对**：李　梅
**责任印制**：宋　林

**出版发行**：清华大学出版社
**网　　址**：http://www.tup.com.cn，http://www.wqbook.com
**地　　址**：北京清华大学学研大厦 A 座　　**邮　　编**：100084
**社 总 机**：010-83470000　　**邮　　购**：010-62786544
**投稿与读者服务**：010-62776969，c-service@tup.tsinghua.edu.cn
**质量反馈**：010-62772015，zhiliang@tup.tsinghua.edu.cn
**课件下载**：http://www.tup.com.cn，010-83470410
**印 装 者**：三河市君旺印务有限公司
**经　　销**：全国新华书店
**开　　本**：185mm×260mm　　**印　　张**：16.75　　**字　　数**：386 千字
**版　　次**：2022 年 9 月第 1 版　　**印　　次**：2022 年 9 月第 1 次印刷
**定　　价**：49.90 元

---

产品编号：093411-01

# 前　言

进入21世纪以来,科学技术发展日新月异,加上计算机的广泛应用及数学软件的普及,高等教育对基础课尤其是数学课教材提出了更新、更严格的要求。特别是近几年,国家提出了发展本科教育新理念,在这种形势下,我们在总结多年本科数学教学经验、探索本科数学教学发展动向、分析国内外同类教材发展趋势的基础上编写出这本适合本科理工、经管各专业使用的数学教材。

本书是根据国家中长期教育改革和发展规划纲要要求,专门针对本科学生编写的数学教材。本书内容充分考虑了学生的数学基础和实际水平,兼顾了不同专业后续课程对数学知识的要求,是对后续教学和学生可持续发展(继续教育)的一个有力的基础支撑。

本书主要内容包括函数、极限与连续,导数与微分,导数的应用,不定积分,定积分及其应用,常微分方程,多元函数微分学、重积分共八章。本书还融入了数学建模、应用与实践等内容。本书的预备知识模块、曲线积分和曲面积分模块以二维码形式链接学习内容,扫描二维码可按需学习数学基础知识和拓展内容。每节内容分基础模块和扩展模块,配有A、B两组习题,书中例题与习题选题覆盖面较广,难度分层清晰。每章后附有本章知识结构图及复习题。

本书以"掌握概念、强化应用、培养技能"为重点,充分体现了以应用为目的的教学原则。在保证数学知识系统性和严密性的基础上,合理安排内容,由浅入深、循序渐进、通俗易懂。本书具有以下特点。

(1) 突出"以应用为目的,以必须够用为度"的教学原则,加强学生对应用意识、兴趣、能力的培养。

(2) 本书内容体系分为三大部分:预备知识模块、基础模块、扩展模块。

(3) 按探究、合作学习模式对教学内容进行重新整合,做到由浅入深、简明扼要、通俗易懂、富有启发,淡化理论推导,突出直观教学,强化应用实效。

(4) 增加数学史话,以提高学生的数学素养。

(5) 增加应用与实践内容,引进了数学建模思想;适度淡化计算和计算技巧练习,突出等式含义与结果的解释。

(6) 突出强调数学概念与实际问题的联系。

(7) 引入现代计算技术。

(8) 每节后配有习题,每章后配有本章知识结构图及复习题,方便教师教学和学生学习。

本书由大连海洋大学石业娇老师担任主编，刘连福、冯丽老师担任副主编。本书编写分工如下：冯丽编写第一章、第二章；刘连福编写第三章、第四章；石业娇编写第五～第八章。

尽管我们做出了许多努力，但是书中难免有不妥之处，希望使用院校和读者不吝赐教，将意见及时反馈给我们，以便修订改进。谢谢大家！

编　者

2022年2月

预备知识模块

曲线积分与曲面积分

习题答案

# 目 录

# 第一章　函数、极限与连续

函数是各种变量相互依存关系的数学表现形式，极限是描述在某一过程中变量变化趋势的一个重要概念。高等数学以函数为研究对象，以极限作为主要研究工具。本章将介绍函数、极限与连续的基本概念，以及它们的一些主要性质。

## 第一节　函　　数

★ 基础模块

### 一、函数的概念

1. 区间与邻域

为简便起见，在表示数值范围时，经常采用区间符号。设实数 $a$ 与 $b$，且 $a<b$，则

闭区间　$[a,b]=\{x \mid a\leqslant x\leqslant b,x\in\mathbf{R}\}$

开区间　$(a,b)=\{x \mid a<x<b,x\in\mathbf{R}\}$

半开半闭区间　$(a,b]=\{x \mid a<x\leqslant b,x\in\mathbf{R}\}$

$[a,b)=\{x \mid a\leqslant x<b,x\in\mathbf{R}\}$

上述区间都是有限区间，点 $a$ 称为左端点，点 $b$ 称为右端点，统称为区间端点，它们的距离 $b-a$ 称为区间长度。

除上述有限区间外，还有无限区间：

$$(-\infty,b)=\{x \mid x<b,x\in\mathbf{R}\},(-\infty,b]=\{x \mid x\leqslant b,x\in\mathbf{R}\}$$

$$(a,+\infty)=\{x \mid x>a,x\in\mathbf{R}\},[a,+\infty)=\{x \mid x\geqslant a,x\in\mathbf{R}\}$$

$$(-\infty,+\infty)=\{x \mid x\in\mathbf{R}\}$$

其中，$\mathbf{R}$ 表示实数集，符号 $\infty$ 读作“无穷大”，$+\infty$ 读作“正无穷大”，$-\infty$ 读作“负无穷大”。

区间 $[a,b]$，$(a,b)$，$[a,+\infty)$，$(-\infty,b)$ 在数轴上的表示分别如图 1-1(a)，(b)，(c)，(d)所示。

设 $a\in\mathbf{R}$，$\delta>0$，开区间 $(a-\delta,a+\delta)$ 称为点 $a$ 的 $\delta$ 邻域，记作 $U(a,\delta)$，即

$$U(a,\delta)=(a-\delta,a+\delta)=\{x \mid |x-a|<\delta\}$$

从数轴上看，这是一个以 $a$ 为中心，长度为 $2\delta$ 的区间。

若去掉邻域 $U(a,\delta)$ 中的点 $a$，称为点 $a$ 的去心 $\delta$ 邻域，记作 $U^{o}(a,\delta)$，即

$$U^{o}(a,\delta)=(a-\delta,a)\cup(a,a+\delta)=\{x \mid 0<|x-a|<\delta\}$$

邻域在数轴上的表示如图 1-2 所示。

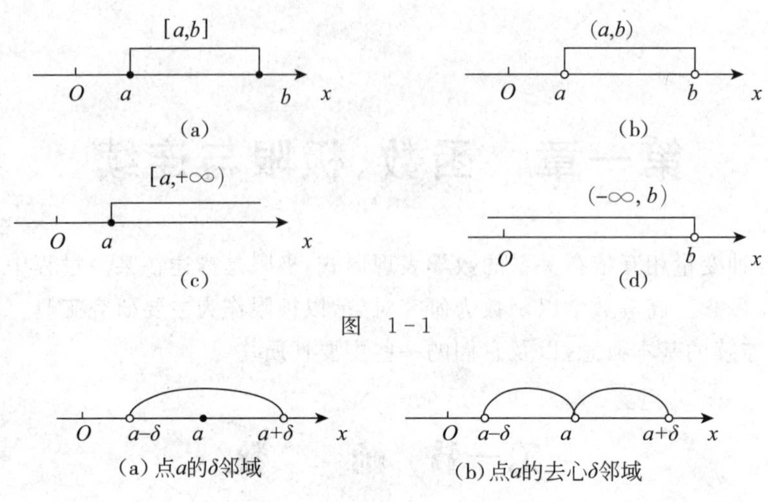


图 1-1



(a) 点$a$的$\delta$邻域　　(b) 点$a$的去心$\delta$邻域

图 1-2

2. 函数的定义

**例 1** 某物体以 10m/s 的速度做匀速直线运动，则该物体走过的路程 $S$ 和时间 $t$ 有如下关系：

$$S=10t,\quad (0\leqslant t<+\infty)$$

对变量 $t$ 和 $S$，每当 $t$ 在$[0,+\infty)$内取一定值 $t_0$，$S$ 就有唯一确定的值 $S_0=10t_0$ 与之对应。变量 $t$ 和 $S$ 之间的这种对应关系，即是函数概念的实质。

**定义 1** 设 $D$ 为非空数集，$x$ 与 $y$ 是两个变量。如果对变量 $x$ 在 $D$ 中的每一个值，按照某种对应法则 $f$，变量 $y$ 都有确定的值与之对应，则称 $y$ 是 $x$ 的函数，记为

$$y=f(x),\quad x\in D$$

称 $x$ 为自变量，$y$ 为因变量，对应法则 $f$ 称为函数关系，$x$ 的取值范围 $D$ 称为函数的定义域；与 $x$ 对应的 $y$ 值称为函数值，全体函数值的集合$\{y\,|\,y=f(x),x\in D\}$称为函数的值域，记为 $M$。

关于函数的定义，需要作如下几点说明。

(1) 定义域 $D$ 和对应法则 $f$ 是确定函数的两个主要因素。只有定义域和对应法则都相同的两个函数才是相同函数。

(2) 若对 $x$ 在 $D$ 中的每一个值，$y$ 值唯一，这时也称函数为单值函数；若对 $x$ 在 $D$ 中的每一个值，$y$ 有两个或两个以上的不同值与之对应，则称函数为多值函数。在本书中主要讨论单值函数。

(3) 当 $x=x_0$ 时，对应的函数值为 $y_0$，通常记作 $y_0=y\,|_{x=x_0}=f(x_0)$。此时，称函数 $y=f(x)$在 $x=x_0$ 处有定义。

**例 2** 下面各对函数是否是相同函数？

(1) $f(x)=|x|,g(x)=\sqrt{x^2}$　　(2) $u(x)=\ln x^2,v(x)=2\ln x$

**解** (1) $f(x)$和 $g(x)$是相同函数。因为它们的定义域都是全体实数 $\mathbf{R}$，且 $x$ 取任意实数 $a$ 时，$f(a)=g(a)$，即对应法则相同。

(2) $u(x)$和$v(x)$是不相同函数。因为$u(x)$的定义域是$(-\infty,0)\cup(0,+\infty)$，而$v(x)$的定义域是$(0,+\infty)$，两者定义域不相同。

3. 函数的定义域

函数的定义域就是使函数有意义的自变量的取值范围。一般情况下，当函数关系表示一个实际问题时，函数定义域应是使实际问题有意义的自变量的取值范围；当函数关系不表示实际问题，且用数学式子表示时，函数定义域应是使该数学式子有意义的自变量的取值范围。

**例 3** 求下列函数的定义域。

(1) $y=\ln(x+2)$ (2) $y=\sqrt{2x-1}$

(3) $y=\sqrt{x+3}-\dfrac{1}{1-x^2}$ (4) $y=\dfrac{\ln(x+2)}{x-1}$

**解** (1) 要使函数有意义，须使$x+2>0$，即$x>-2$，所以函数的定义域为$\{x\mid x>-2\}$。

(2) 要使函数有意义，须使$2x-1\geqslant 0$，即$x\geqslant\dfrac{1}{2}$，所以函数的定义域为$\left\{x\mid x\geqslant\dfrac{1}{2}\right\}$。

(3) 要使函数有意义，须使$\begin{cases}x+3\geqslant 0\\1-x^2\neq 0\end{cases}$，解不等式组得$x\geqslant-3$，且$x\neq\pm1$，所以函数的定义域为$\{x\mid x\geqslant-3 \text{ 且 } x\neq\pm1\}$。

(4) 要使函数有意义，须使$\begin{cases}x+2>0\\x-1\neq 0\end{cases}$，即有$\begin{cases}x>-2\\x\neq 1\end{cases}$，所以函数的定义域是$\{x\mid x>-2 \text{ 且 } x\neq 1\}$。

4. 函数表示法

在中学里，我们已经知道函数的表示方法主要有三种：解析法(或称公式法)、列表法和图像法。

有些函数在其定义域的不同部分需用不同的公式表达，这类函数称为分段函数。例如，函数

$$f(x)=\begin{cases}1, & x>0\\0, & x=0\\-1, & x<0\end{cases}$$

是分段函数，其图像如图 1-3 所示。这个函数又称为符号函数，常用$\operatorname{sgn}x$表示。

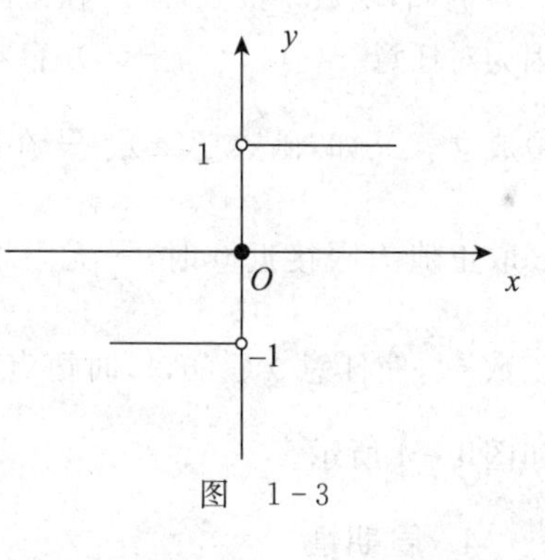

图 1-3

又如，函数$f(x)=|x|$也可用分段函数形式表示：

$$f(x)=\begin{cases}x, & x\geqslant 0\\-x, & x<0\end{cases}$$

还有些函数难以用解析法、列表法或图像法来表示，只能用语言来描述。如下面的函数

$$D(x)=\begin{cases}1, & \text{当 } x \text{ 为有理数}\\0, & \text{当 } x \text{ 为无理数}\end{cases}$$

这个函数称为狄利克雷(Dirichlet)函数。

## 二、函数的基本特性

### 1. 单调性

**定义 2** 设函数 $y=f(x)$ 在区间 $I$ 内有定义，对于任意 $x_1,x_2\in I$，当 $x_1<x_2$ 时，

(1) 若恒有 $f(x_1)<f(x_2)$，则称函数 $y=f(x)$ 在区间 $I$ 内是单调增加的；

(2) 若恒有 $f(x_1)>f(x_2)$，则称函数 $y=f(x)$ 在区间 $I$ 内是单调减少的。

单调增加或单调减少的函数统称为单调函数。

### 2. 奇偶性

**定义 3** 设函数 $f(x)$ 的定义域为 $D$，且 $D$ 关于原点对称，如果对于任意 $x\in D$，恒有 $f(-x)=-f(x)$，则称函数 $f(x)$ 为奇函数；如果对于任意 $x\in D$，恒有 $f(-x)=f(x)$，则称函数 $f(x)$ 为偶函数；如果函数既不是奇函数也不是偶函数，称其为非奇非偶函数。

奇函数的图像关于原点对称；偶函数的图像关于 $y$ 轴对称。

**例 4** 判断下列函数的奇偶性。

(1) $f(x)=x^3-3x$　　(2) $f(x)=x^2(1-x^2)$　　(3) $\varphi(x)=x^2+x$

**解** (1) 因为 $f(-x)=(-x)^3-3(-x)=-x^3+3x=-(x^3-3x)=-f(x)$，所以函数 $f(x)=x^3-3x$ 是奇函数。

(2) 因为 $f(-x)=(-x)^2[1-(-x)^2]=x^2(1-x^2)=f(x)$，所以函数 $f(x)=x^2(1-x^2)$ 是偶函数。

(3) 因为 $\varphi(-x)=(-x)^2+(-x)=x^2-x$，即 $\varphi(-x)\neq\varphi(x)$，$\varphi(-x)\neq-\varphi(x)$，所以函数 $\varphi(x)=x^2+x$ 是非奇非偶函数。

### 3. 有界性

**定义 4** 设函数 $f(x)$ 在区间 $I$ 内有定义，如果存在一个正数 $M$，使得对于任意 $x\in I$，都有 $|f(x)|\leqslant M$ 成立，则称函数 $f(x)$ 在区间 $I$ 内有界；否则，称 $f(x)$ 在区间 $I$ 内无界。

例如，函数 $f(x)=\sin x$ 在区间 $(-\infty,+\infty)$ 内是有界的。因为对任意 $x\in(-\infty,+\infty)$，存在正数 $M=1$，使 $|\sin x|\leqslant 1$ 恒成立。又如，函数 $f(x)=\dfrac{1}{x}$ 在区间 $(0,1)$ 内是无界的。当 $x$ 取正值无限接近 0 时，$\dfrac{1}{x}$ 无限增大，因此不可能存在某个正数 $M$，使任意 $x\in(0,1)$ 时恒有 $|f(x)|=\left|\dfrac{1}{x}\right|\leqslant M$ 成立，如图 1-4 所示。

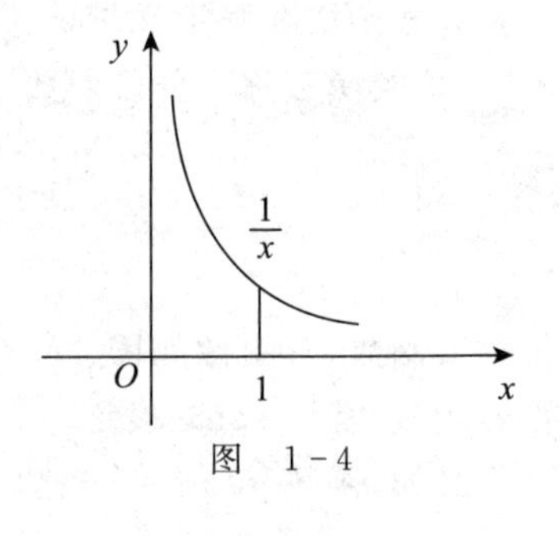

图 1-4

### 4. 周期性

**定义 5** 设函数 $f(x)$ 的定义域为 $D$，如果存在非零常数 $T$，使得对于任意 $x\in D$，都有 $f(x+T)=f(x)$ 成立，则称函数 $f(x)$ 为周期函数，常数 $T$ 称为 $f(x)$ 的周期。其中，满足等式 $f(x+T)=f(x)$ 的最小正数 $T$ 称为函数的最小正周期。通常把函数的最小正周期称为函数的周期。

## 三、反函数与初等函数

### 1. 反函数

**定义 6** 设函数 $y=f(x)$的定义域为 $D$,值域为 $M$。对于任意一数值 $y\in M$,在 $D$ 内可以确定一个 $x$ 与 $y$ 对应,这个 $x$ 满足关系 $y=f(x)$。如果把 $y$ 看成自变量,把 $x$ 看作因变量,得到一个新的函数,称这个新的函数为 $y=f(x)$的反函数,记为 $x=f^{-1}(y)$。

关于反函数的定义,需作如下说明。

(1) 习惯上,自变量用 $x$ 表示,因变量用 $y$ 表示,这样 $y=f(x)$的反函数就表示为 $y=f^{-1}(x)$。

(2) 函数 $y=f(x)$的定义域是反函数的值域,函数 $y=f(x)$的值域是反函数的定义域。

(3) 由定义 6 可知,如果 $y=f^{-1}(x)$是 $y=f(x)$的反函数,则 $y=f(x)$也是 $y=f^{-1}(x)$的反函数。把 $y=f(x)$和 $y=f^{-1}(x)$的图像绘在同一坐标平面上,这两个图像关于直线 $y=x$ 对称。

(4) 已知函数 $y=f(x)$,求其反函数的方法是:从对应法则 $y=f(x)$中求出 $x=f^{-1}(y)$,然后改写成 $y=f^{-1}(x)$,并指出反函数的定义域。

**例 5** 求下列函数的反函数。

(1) $y=\dfrac{x-1}{x}$  (2) $y=\ln(x-1)$

**解** (1) 由 $y=\dfrac{x-1}{x}$解得 $x=\dfrac{1}{1-y}$并改写为 $y=\dfrac{1}{1-x}$,于是所求的反函数为 $y=\dfrac{1}{1-x}$,其定义域是$\{x\mid x\in \mathbf{R},x\neq 1\}$。

(2) 由 $y=\ln(x-1)$解得 $x-1=\mathrm{e}^y$ 即 $x=\mathrm{e}^y+1$ 并改写为 $y=\mathrm{e}^x+1$,于是所求的反函数为 $y=\mathrm{e}^x+1$,其定义域是全体实数 $\mathbf{R}$。

### 2. 基本初等函数

常量、幂函数、指数函数、对数函数、三角函数及反三角函数统称为基本初等函数。

常用的基本初等函数的定义域、值域、图像和性质如表 1-1 所示。

### 3. 复合函数与初等函数

函数 $y=\sqrt{1-x^2}$ 表示 $y$ 是 $x$ 的函数,它的定义域为$[-1,1]$。如果引入辅助函数 $u$,则这个函数的对应法则可这样理解:首先,对于任意 $x\in[-1,1]$,通过函数 $u=1-x^2$ 得到对应的 $u$ 值;然后,对于这个 $u$ 值,通过函数 $y=\sqrt{u}$ 得到相应的 $y$ 值,称函数 $y=\sqrt{1-x^2}$ 是由 $y=\sqrt{u}$ 和 $u=1-x^2$ 构成的复合函数,$u$ 称为中间变量。

**定义 7** 设 $y=f(u)$是以 $u$ 为自变量的函数,$u=\varphi(x)$是以 $x$ 为自变量的函数。如果当 $x$ 在某一数集 $I$ 内取值时,函数 $u=\varphi(x)$相应的值能使 $y=f(u)$有意义,则称函数 $y=f[\varphi(x)]$是由 $y=f(u)$和 $u=\varphi(x)$复合而成的复合函数,变量 $u$ 称为中间变量。

表 1-1

| 函数 | | 定义域和值域 | 图像 | 性质 |
|---|---|---|---|---|
| 幂函数 $y=x^{\alpha}$（$\alpha$ 为常数） | $y=x$ | $x\in(-\infty,+\infty)$<br>$y\in(-\infty,+\infty)$ | $y$ $y=x$ $O$ $x$ | 奇函数，单调增加 |
| | $y=x^2$ | $x\in(-\infty,+\infty)$<br>$y\in[0,+\infty)$ | $y$ $y=x^2$ $O$ $x$ | 偶函数，在$(-\infty,0)$内单调减少，在$(0,+\infty)$内单调增加 |
| | $y=x^3$ | $x\in(-\infty,+\infty)$<br>$y\in(-\infty,+\infty)$ | $y$ $y=x^3$ $(1,1)$ $O$ $x$ | 奇函数，在$(-\infty,+\infty)$内单调增加 |
| | $y=x^{-1}$ | $x\in(-\infty,0)\cup(0,+\infty)$<br>$y\in(-\infty,0)\cup(0,+\infty)$ | $y$ $y=x^{-1}$ $O$ $x$ | 奇函数，单调减少 |

续表

| 函数 | | 定义域和值域 | 图像 | 性质 |
|---|---|---|---|---|
| 幂函数 $y=x^{\alpha}$（$\alpha$ 为常数） | $y=x^{\frac{1}{2}}$ | $x\in[0,+\infty)$<br>$y\in[0,+\infty)$ | $y=x^{\frac{1}{2}}$，(1,1) | 单调增加 |
| 指数函数<br>$y=a^{x}$<br>$(a>0,a\neq 1)$ | | $x\in(-\infty,+\infty)$<br>$y\in(0,+\infty)$ | $y=a^{x}\ (a>1)$<br>$y=a^{x}\ (0<a<1)$ | 过点(0,1)，<br>当 $a>1$ 时，单调增加；<br>当 $0<a<1$ 时，单调减少 |
| 对数函数<br>$y=\log_{a}x$<br>$(a>0,a\neq 1)$ | | $x\in(0,+\infty)$<br>$y\in(-\infty,+\infty)$ | $y=\log_{a}x(a>1)$<br>$y=\log_{a}x(0<a<1)$ | 过点(1,0)，<br>当 $a>1$ 时，单调增加；<br>当 $0<a<1$ 时，单调减少 |
| 三角函数 | 正弦函数<br>$y=\sin x$ | $x\in(-\infty,+\infty)$<br>$y\in[-1,1]$ | $y=\sin x,\ x\in\mathbf{R}$ | 奇函数，周期为 $2\pi$，有界，<br>在 $\left[2k\pi-\frac{\pi}{2},2k\pi+\frac{\pi}{2}\right]\quad(k\in\mathbf{Z})$<br>上单调增加，<br>在 $\left[2k\pi+\frac{\pi}{2},2k\pi+\frac{3\pi}{2}\right]\quad(k\in\mathbf{Z})$<br>上单调减少 |

续表

| 函数 | | 定义域和值域 | 图像 | 性质 |
|---|---|---|---|---|
| 三角函数 | 余弦函数<br>$y=\cos x$ | $x\in(-\infty,+\infty)$<br>$y\in[-1,1]$ | 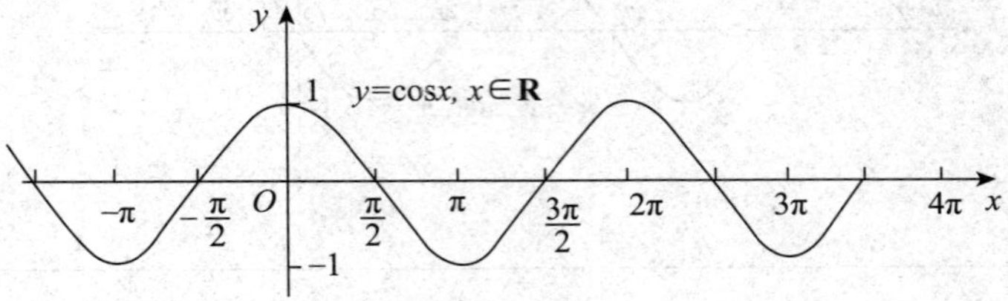 $y=\cos x,\ x\in\mathbf{R}$ | 偶函数，周期为 $2\pi$，有界，<br>在$[2k\pi,2k\pi+\pi]$ $(k\in\mathbf{Z})$上单调减少，<br>在$[2k\pi-\pi,2k\pi]$ $(k\in\mathbf{Z})$上单调增加 |
| | 正切函数<br>$y=\tan x$ | $x\neq k\pi+\frac{\pi}{2}$ $(k\in\mathbf{Z})$<br>$y\in(-\infty,+\infty)$ | 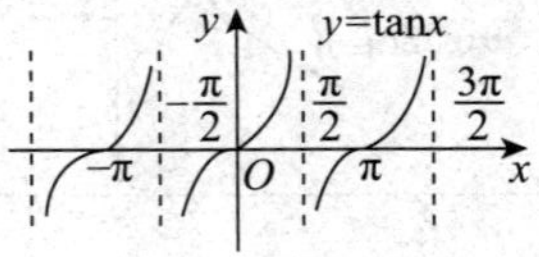 $y=\tan x$ | 奇函数，周期为 $\pi$，<br>在$\left(k\pi-\frac{\pi}{2},k\pi+\frac{\pi}{2}\right)$ $(k\in\mathbf{Z})$<br>上单调增加 |
| | 余切函数<br>$y=\cot x$ | $x\neq k\pi$ $(k\in\mathbf{Z})$<br>$y\in(-\infty,+\infty)$ | 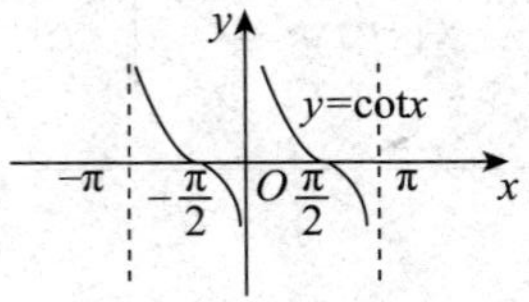 $y=\cot x$ | 奇函数，周期为 $\pi$，<br>在$(k\pi,(k+1)\pi)$ $(k\in\mathbf{Z})$上单调减少 |
| 反三角函数 | 反正弦函数<br>$y=\arcsin x$ | $x\in[-1,1]$<br>$y\in\left[-\frac{\pi}{2},\frac{\pi}{2}\right]$ | 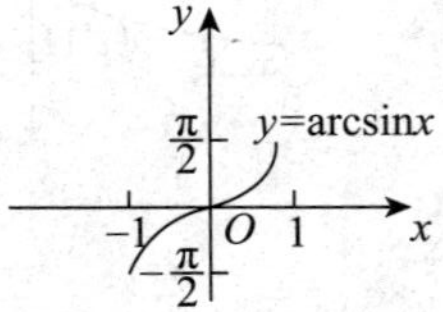 $y=\arcsin x$ | 奇函数，有界，单调增加 |

续表

| 函数 | | 定义域和值域 | 图像 | 性质 |
| --- | --- | --- | --- | --- |
| 反三角函数 | 反余弦函数<br>$y=\arccos x$ | $x\in[-1,1]$<br>$y\in[0,\pi]$ | 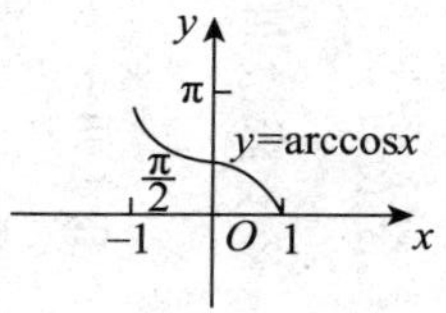 $y=\arccos x$ | 有界,单调减少 |
| | 反正切函数<br>$y=\arctan x$ | $x\in(-\infty,+\infty)$<br>$y\in\left(-\frac{\pi}{2},\frac{\pi}{2}\right)$ | 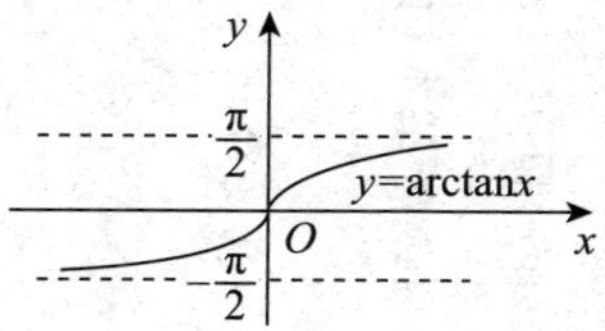 $y=\arctan x$ | 奇函数,单调增加,有界 |
| | 反余切函数<br>$y=\operatorname{arccot} x$ | $x\in(-\infty,+\infty)$<br>$y\in(0,\pi)$ | 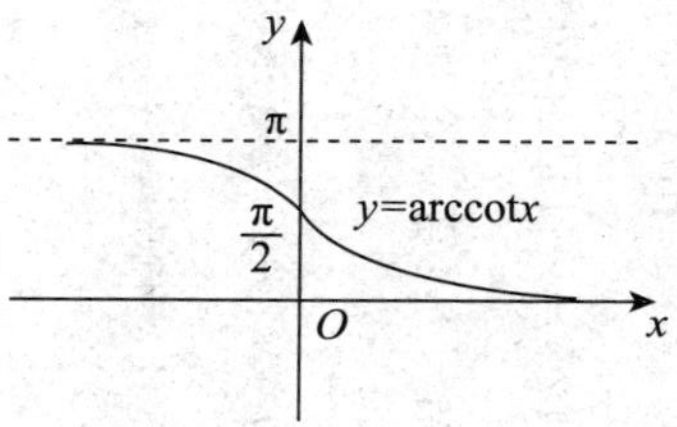 $y=\operatorname{arccot} x$ | 有界,单调减少 |

关于复合函数的定义,需作如下说明。

(1) 不是任何两个函数都可以复合成一个复合函数。例如,函数 $y=\ln(u-1)$ 和 $u=1-x^2$ 是不能进行复合的,因为对于 $u=1-x^2$ 的定义域 $(-\infty,+\infty)$ 内任何 $x$ 值所对应的 $u$ 值 $(u\leqslant 1)$,都不能使 $y=\ln(u-1)$ 有意义。

(2) 通常一个复合函数可以由多个函数复合而成,即有多个中间变量。

**例 6** 已知 $f(x)=x^2+1,\varphi(x)=\mathrm{e}^{2x}$,求 $f[\varphi(x)],\varphi[f(x)]$。

**解** $\quad f[\varphi(x)]=[\varphi(x)]^2+1=\mathrm{e}^{4x}+1,\quad \varphi[f(x)]=\mathrm{e}^{2f(x)}=\mathrm{e}^{2(x^2+1)}$

**例 7** 写出下列复合函数的复合过程。

(1) $y=\sqrt{x^2+1}$ (2) $y=\sin(3x+1)$ (3) $y=\mathrm{e}^{2x-3}$

(4) $y=\ln(1-x^3)$ (5) $y=\sin^3\left(2x-\frac{\pi}{4}\right)$

**解** (1) 函数 $y=\sqrt{x^2+1}$ 是由 $y=\sqrt{u}$ 和 $u=x^2+1$ 复合成的。

(2) 函数 $y=\sin(3x+1)$ 是由 $y=\sin u$ 和 $u=3x+1$ 复合成的。

(3) 函数 $y=\mathrm{e}^{2x-3}$ 是由 $y=\mathrm{e}^u$ 和 $u=2x-3$ 复合成的。

(4) 函数 $y=\ln(1-x^3)$ 是由 $y=\ln u$ 和 $u=1-x^3$ 复合成的。

(5) 函数 $y=\sin^3\left(2x-\frac{\pi}{4}\right)$ 是由 $y=u^3,u=\sin v$ 和 $v=2x-\frac{\pi}{4}$ 复合成的。

复合函数分解的结果是:若干个基本初等函数或者基本初等函数经有限次四则运算得到的函数。

**定义 8** 由基本初等函数经过有限次四则运算或复合运算得到的、且能用一个解析式子表示的函数称为初等函数。例如,$y=\sqrt{x^2+3x-10}$,$y=x^3+\cos\left(2x-\frac{\pi}{3}\right)$ 都是初等函数。

**★★ 扩展模块**

**例 8** 求下列函数的定义域。

(1) $y=\lg\left(\sin\frac{x}{\pi}\right)$ (2) $y=\sqrt{6-x^2+x}-\arcsin\frac{x+1}{2}$

**解** (1) 要使函数有意义,须使 $\sin\frac{x}{\pi}>0$,解不等式得 $2k\pi<\frac{x}{\pi}<(2k\pi+1)\pi$,所以函数的定义域为 $\{x\,|\,2k\pi^2<x<(2k\pi+1)\pi^2\ (k=0,\pm1,\pm2,\cdots)\}$。

(2) 要使函数有意义,须使

$$\begin{cases}6-x^2+x\geqslant 0\\ -1\leqslant\dfrac{x+1}{2}\leqslant 1\end{cases},\quad \text{解不等式组得}\ \begin{cases}-2\leqslant x\leqslant 3\\ -3\leqslant x\leqslant 1\end{cases}$$

所以函数的定义域是 $\{x\,|\,-2\leqslant x\leqslant 1\}$,即 $[-2,1]$。

**例 9** 判断下列函数的奇偶性。

(1) $f(x)=x\sin x+\cos x$ (2) $g(x)=\ln(x+\sqrt{1+x^2})$

(3) $\varphi(x)=\sqrt{x^2-4}\cdot\sqrt{4-x^2}$

**解** (1) 因为 $f(-x)=(-x)\sin(-x)+\cos(-x)=-x(-\sin x)+\cos x=x\sin x+\cos x=f(x)$,所以函数 $f(x)=x\sin x+\cos x$ 是偶函数。

(2) 因为

$$g(-x)=\ln\left[-x+\sqrt{1+(-x)^2}\right]=\ln(-x+\sqrt{1+x^2})$$
$$=\ln\frac{(-x+\sqrt{1+x^2})(x+\sqrt{1+x^2})}{(x+\sqrt{1+x^2})}$$
$$=\ln\frac{1}{x+\sqrt{1+x^2}}=-\ln(x+\sqrt{1+x^2})=-g(x)$$

所以函数 $g(x)=\ln(x+\sqrt{1+x^2})$ 是奇函数。

(3) 由于函数 $\varphi(x)=\sqrt{x^2-4}\cdot\sqrt{4-x^2}$ 的定义域是集合 $\{-2,2\}$,且

$$\varphi(-2)=\varphi(2)=0$$

所以函数 $\varphi(x)=\sqrt{x^2-4}\cdot\sqrt{4-x^2}$ 既是奇函数,又是偶函数。

**例 10** 设 $y=f(x),x\in[0,4]$,求 $f(x^2)$ 的定义域。

**解** 因为 $y=f(x)$ 的定义域为 $[0,4]$,对 $f(x^2)$ 应有 $0\leqslant x^2\leqslant 4$,即有 $-2\leqslant x\leqslant 2$,所以 $f(x^2)$ 的定义域为 $\{x\mid -2\leqslant x\leqslant 2\}$。

## 习题 1-1

### A 组

1. 下面各对函数是否是相同函数?为什么?

(1) $f(x)=1,g(x)=\sin^2x+\cos^2x$

(2) $u(x)=\dfrac{(x+1)(x-2)}{x-2},v(x)=x+1$

2. 求下列函数的定义域。

(1) $y=\sqrt{x+2}+\dfrac{1}{x^2-1}$　　(2) $y=\dfrac{1}{\lg(x-2)}$　　(3) $y=\dfrac{2x}{x^2-3x+2}$

3. 求下列函数值。

(1) $f(x)=x^2+3$,求 $f(-2),f(1),f[f(0)]$;

(2) $g(x)=\begin{cases}1-2^x, & x\geqslant 0\\ 2-x, & x<0\end{cases}$,求 $g(2),g(0),g(-2)$。

4. 求下列函数的反函数。

(1) $y=\dfrac{x-1}{x+3}$　　(2) $y=\sqrt{x+1}$　　(3) $y=e^{2x}$

5. 指出下列函数的复合过程。

(1) $y=(3x+1)^{12}$　　(2) $y=e^{\sin x}$

(3) $y=\tan(2x-1)$　　(4) $y=\ln(x^3-1)$

6. 判断下列函数的奇偶性。

(1) $f(x)=x^2+\cos x$　　(2) $f(x)=x^3+\sin x$　　(3) $\varphi(x)=(x-2)^2$

### B 组

1. 求下列函数的定义域。

(1) $y=\sqrt{4-x^2}+\dfrac{1}{\sqrt{x+1}}$　　(2) $y=\arccos\dfrac{x+1}{3}+\ln(9-x^2)$

(3) $y=\ln(x^2-4)-\arcsin\dfrac{x+1}{2}$　　(4) $y=\sqrt{1-\mathrm{e}^x}$

2. 已知函数 $f(\mathrm{e}^x)=x+1$,求 $f(x)$。

3. 判断下列函数的奇偶性。

(1) $f(x)=\dfrac{\mathrm{e}^x-1}{\mathrm{e}^x+1}$　　(2) $g(x)=\ln\dfrac{1-x}{1+x}$

4. 求函数 $y=10^{x-1}-2$ 的反函数。

5. 指出下列复合函数的复合过程。

(1) $y=\cos^3(3x-1)$　　(2) $y=\mathrm{e}^{\sin\left(x-\frac{\pi}{3}\right)}$

(3) $y=\arctan(2x-1)^3$　　(4) $y=\sqrt{\log_2\sqrt{1-x}}$

6. 已知函数 $f(x)$在区间$(-1,1)$内是奇函数,且是单调递减的,若 $f(1-a)+f(1-a^2)<0$,求实数 $a$ 的取值范围。

# 第二节　极限的概念

★ 基础模块

## 一、数列极限

观察下面的无穷数列,当项数 $n$ 无限增大时通项 $a_n$ 的变化趋势。

(1) $1,\dfrac{1}{2},\dfrac{1}{3},\cdots,\dfrac{1}{n},\cdots\quad\left(\text{通项 } a_n=\dfrac{1}{n}\right)$;

(2) $\dfrac{1}{2},\dfrac{2}{3},\dfrac{3}{4},\cdots,\dfrac{n}{n+1},\cdots\quad\left(\text{通项 } a_n=\dfrac{n}{n+1}\right)$;

(3) $2,4,8,\cdots,2^n,\cdots$　(通项 $a_n=2^n$);

(4) $-1,1,-1,\cdots,(-1)^n,\cdots$　(通项 $a_n=(-1)^n$)。

可以看出:有些情形,当 $n$ 无限增大时,通项 $a_n$ 无限趋近于某个确定的常数 $A$,如(1)和(2) 所给的数列,当 $n$ 无限增大时,通项 $a_n$ 分别无限趋近于 0 和 1。还有些情形当 $n$ 无限增大时,$a_n$ 不能无限趋近于一个确定的常数,如(3) 和(4) 所给出的数列。

**定义 1**　对于无穷数列$\{a_n\}$,如果当项数 $n$ 无限增大时(记作 $n\to\infty$),通项 $a_n$ 无限地趋近于一个确定的常数$A$,则称常数 $A$ 为数列$\{a_n\}$当 $n\to\infty$时的极限,记为

$$\lim_{n\to\infty} a_n = A$$

当数列$\{a_n\}$的极限为 $A$ 时，也称数列$\{a_n\}$收敛于 $A$，并称该数列为收敛数列，否则称为发散数列。

根据数列极限的定义，上面的数列(1)、(2)存在极限，分别是 0、1，即

$$\lim_{n\to\infty} \frac{1}{n} = 0, \quad \lim_{n\to\infty} \frac{n}{n+1} = 1$$

## 二、函数极限

我们知道，函数的变化趋势是与自变量的变化趋势紧密相关的。当然，讨论函数变化趋势要先明确自变量的变化趋势。通常，自变量的变化趋势分为两种：一种是自变量 $x$ 的绝对值无限增大，记为 $x\to\infty$；另一种是自变量 $x$ 取值无限趋近一个常数 $x_0$，记为 $x\to x_0$。

### 1. $x\to\infty$时函数的极限

自变量 $x$ 的绝对值无限增大($x\to\infty$)，$x>0$ 且无限增大，记为 $x\to+\infty$；$x<0$ 且$|x|$无限增大，记为 $x\to-\infty$。

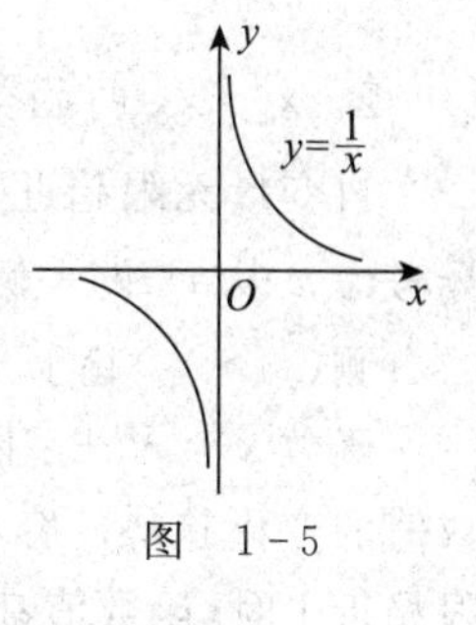


图 1-5

通过考查函数 $y=\frac{1}{x}(x\neq 0)$的图像(图 1-5)，容易看出：只要自变量 $x$ 的取值无限远离原点，函数 $y=\frac{1}{x}$的图像将无限靠近 $x$ 轴，即不论 $x\to+\infty$还是 $x\to-\infty$，函数 $y=\frac{1}{x}$的值都无限趋近常数 0。我们把常数 0 叫作函数 $y=\frac{1}{x}$当 $x\to\infty$时的极限。

**定义 2** 如果当$|x|$无限增大(即 $x\to\infty$)时，函数 $f(x)$的值无限趋近于一个确定的常数 $A$，则称常数 $A$ 为函数 $f(x)$当 $x\to\infty$时的极限，并记作

$$\lim_{x\to\infty} f(x) = A \quad 或 \quad f(x)\to A(x\to\infty)$$

**定义 3** 如果当 $x\to+\infty$(或 $x\to-\infty$)时，函数 $f(x)$的值无限趋近于一个确定的常数 $A$，则称常数 $A$ 为函数 $f(x)$当 $x\to+\infty$(或 $x\to-\infty$)时的极限，并记作

$$\lim_{x\to+\infty} f(x) = A \quad 或 \quad \lim_{x\to-\infty} f(x) = A$$

由上面的定义可知，$\lim\limits_{x\to\infty}\frac{1}{x}=0$，$\lim\limits_{x\to-\infty}\frac{1}{x}=0$，$\lim\limits_{x\to+\infty}\frac{1}{x}=0$。

**定理 1** $\lim\limits_{x\to\infty} f(x)=A \Leftrightarrow \lim\limits_{x\to+\infty} f(x)=\lim\limits_{x\to-\infty} f(x)=A$。

**例 1** 观察图 1-6 中函数的图像并填空。

(1) $\lim\limits_{x\to(\quad)} e^x = 0$ (2) $\lim\limits_{x\to+\infty} e^{-x} = (\quad)$

(3) $\lim\limits_{x\to(\quad)} \arctan x = \frac{\pi}{2}$ (4) $\lim\limits_{x\to-\infty} \arctan x = (\quad)$

**解** 从图 1-6 中可以看出：

(1) $\lim\limits_{x\to-\infty} e^x=0$　　(2) $\lim\limits_{x\to+\infty} e^{x}=0$

(3) $\lim\limits_{x\to+\infty} \arctan x=\dfrac{\pi}{2}$　　(4) $\lim\limits_{x\to-\infty} \arctan x=-\dfrac{\pi}{2}$

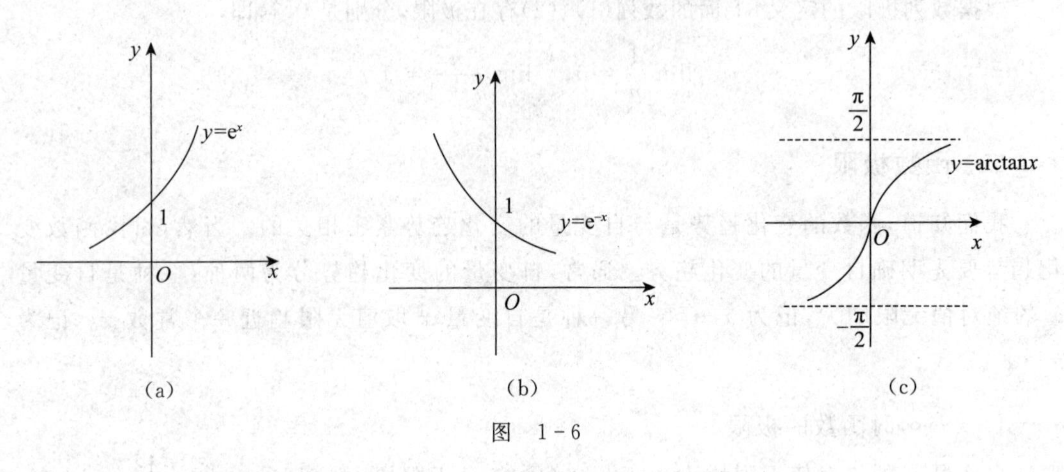


图 1-6

2. $x\to x_0$ 时函数的极限

自变量无限趋近一个常数 $x_0(x\to x_0)$ 指 $x$ 既从 $x_0$ 的左侧又从 $x_0$ 的右侧趋于 $x_0$。若只考虑 $x$ 从 $x_0$ 的一侧趋于 $x_0$，可分为：$x$ 从 $x_0$ 左侧($x<x_0$)趋于 $x_0$，记为 $x\to x_0^-$；$x$ 从 $x_0$ 的右侧($x>x_0$)趋于 $x_0$，记为 $x\to x_0^+$。

函数 $y=x^2+1$ 图像如图 1-7 所示，考查当 $x\to1$ 时函数值的变化趋势。容易看出：不论 $x$ 从 1 的左侧还是右侧无限趋近 1 时，函数值都无限趋近于 2。我们把常数 2 叫作函数 $y=x^2+1$ 当 $x\to1$ 时的极限。

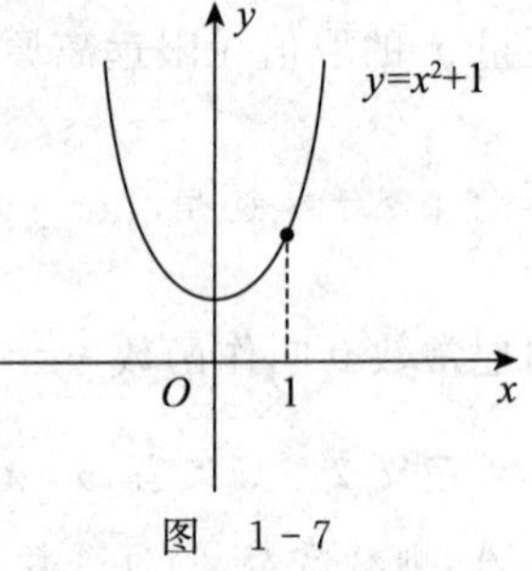


图 1-7

**定义 4** 设函数 $f(x)$ 在点 $x_0$ 的某个去心邻域内有定义，如果当 $x\to x_0$ 时，函数 $f(x)$ 的值无限趋近于一个确定的常数 $A$，则称常数 $A$ 为函数 $f(x)$ 当 $x\to x_0$ 时的极限，并记作

$$\lim_{x\to x_0} f(x)=A \quad 或 \quad f(x)\to A(x\to x_0)$$

**说明**：定义 4 中的 $x$ 是在 $x_0$ 的某个去心邻域内取值，去掉了点 $x_0$，即在讨论 $f(x)$ 当 $x\to x_0$ 的极限时，不考虑 $f(x)$ 在点 $x_0$ 的取值情况。这是因为极限讨论的是当 $x\to x_0$ 时 $f(x)$ 的变化趋势，与 $f(x)$ 在点 $x_0$ 是否有定义无关。

**定义 5** 如果当 $x\to x_0^-$ 时，函数 $f(x)$ 的值无限趋近于一个确定的常数 $A$，则称常数 $A$ 为函数 $f(x)$ 当 $x\to x_0^-$ 时的左极限，记作 $\lim\limits_{x\to x_0^-} f(x)=A$ 或 $f(x_0-0)=A$。

如果当 $x\to x_0^+$ 时，函数 $f(x)$ 的值无限趋近于一个确定的常数 $A$，则称常数 $A$ 为函数 $f(x)$ 当 $x\to x_0^+$ 时的右极限，记作 $\lim\limits_{x\to x_0^+} f(x)=A$ 或 $f(x_0+0)=A$。

**定理 2** $\lim\limits_{x\to x_0} f(x)=A \Leftrightarrow \lim\limits_{x\to x_0^-} f(x)=\lim\limits_{x\to x_0^+} f(x)=A$。

**例 2** 讨论函数 $f(x)=\begin{cases}x-2, & x<0\\0, & x=0\\x+2, & x>0\end{cases}$，当 $x\to 0$ 时的极限。

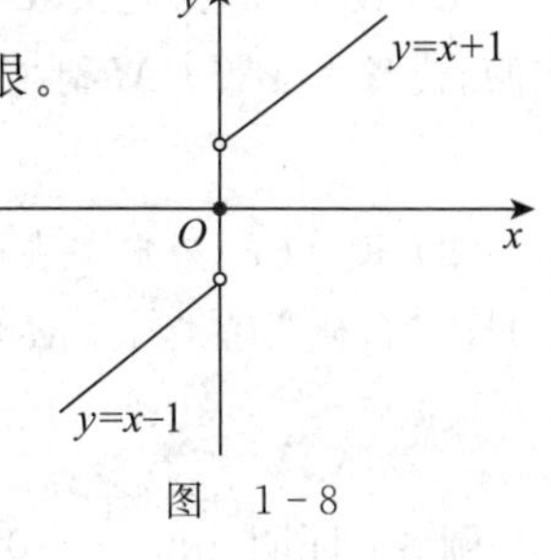

图 1-8

**解** 作出分段函数的图像，如图 1-8 所示。

左极限：$\lim\limits_{x\to 0^-}f(x)=\lim\limits_{x\to 0^-}(x-2)=-2$；

右极限：$\lim\limits_{x\to 0^+}f(x)=\lim\limits_{x\to 0^+}(x+2)=2$，因为 $-2\neq 2$，所以 $\lim\limits_{x\to 0}f(x)$ 不存在。

3. 极限性质

**性质 1** （唯一性）若函数极限 $\lim\limits_{x\to x_0}f(x)$ 存在，则此极限是唯一的。

**性质 2** （局部保号性）如果极限 $\lim\limits_{x\to x_0}f(x)=A$ 且 $A>0$（或 $A<0$），则存在 $x_0$ 的某个去心邻域 $U^o(x_0,\delta)$，使得当 $x\in U^o(x_0,\delta)$ 时，$f(x)>0$（或 $f(x)<0$）。

**性质 3** 如果在 $x_0$ 的某去心邻域 $f(x)\geqslant 0$（或 $f(x)\leqslant 0$）且 $\lim\limits_{x\to x_0}f(x)=A$，则 $A\geqslant 0$（或 $A\leqslant 0$）。

**性质 4** （迫敛性定理）如果在 $x_0$ 的某空心邻域内恒有 $f(x)\leqslant h(x)\leqslant g(x)$，且 $\lim\limits_{x\to x_0}f(x)=\lim\limits_{x\to x_0}g(x)=A$，则 $\lim\limits_{x\to x_0}h(x)=A$。

对 $x\to x_0^-$，$x\to x_0^+$，$x\to\infty$，$x\to-\infty$，$x\to+\infty$ 等情形也有类似的结论。

**★★ 扩展模块**

上述关于极限的定义是从连续运动的角度给出的，是一种定性的描述，无法对数列或者函数展开严谨、深入的讨论。为了帮助大家理解极限的数学思维，对于极限的概念我们给出纯算术的描述，即极限的精确定义。

例如，分析函数 $x\to+\infty$ 时 $e^{-x}$ 的极限，图像如图 1-6(b) 所示，可以观察出 0 就是 $x\to+\infty$ 时 $e^{-x}$ 的极限。它描述了函数 $e^{-x}$ 当 $x\to+\infty$ 时的变化趋势。那么如何将定性描述上升为精确的定量描述呢？

分析此函数极限的定性描述："$e^{-x}$ 无限趋近于 0"，即函数 $e^{-x}$ 在 $x$ 无限增大的过程中与数 0 的距离无限地接近，可以用"$|e^{-x}-0|$ 比任意小的正数(用 $\varepsilon$ 表示)还要小"来描述。这里的"$x$ 无限增大"，即"$x$ 充分大"时成立。这里的"$x$ 充分大"可以通过适当地选取正数 $M$，用"$x>M$"来描述。于是可以将此函数极限定义如下。

对于任意的正数 $\varepsilon$，总存在正数 $M$，使得当 $x>M$ 时，有 $|e^{-x}-0|<\varepsilon$。由这个实例推广，便可以得到函数极限的定量描述定义。

**定义 6** (1) 设 $f(x)$ 为定义在 $[a,+\infty)$ 上的函数，$A$ 是一个定数，若对于任意的正数 $\varepsilon$，总存在正数 $M$，使得当 $x>M$ 时有 $|f(x)-A|<\varepsilon$，则称 $A$ 是当 $x\to+\infty$ 时函数 $f(x)$ 的极限，记作

$$\lim_{x\to+\infty}f(x)=A \quad 或 \quad f(x)\to A(x\to+\infty)$$

(2) 设 $f(x)$ 为定义在 $(-\infty,b]$ 上的函数，$A$ 是一个定数，若对于任意的正数 $\varepsilon$，总存在正数 $M$，使得当 $x<-M$ 时有 $|f(x)-A|<\varepsilon$，则称 $A$ 是当 $x\to-\infty$ 时函数 $f(x)$ 的极限，记作

$$\lim_{x\to-\infty} f(x)=A \quad 或 \quad f(x)\to A(x\to-\infty)$$

(3) 设 $f(x)$ 为定义在 $(-\infty,+\infty)$ 上的函数，$A$ 是一个定数，若对于任意的正数 $\varepsilon$，总存在正数 $M$，使得当 $|x|>M$ 时有 $|f(x)-A|<\varepsilon$，则称 $A$ 是当 $x\to\infty$ 时函数 $f(x)$ 的极限，记作

$$\lim_{x\to\infty} f(x)=A \quad 或 \quad f(x)\to A(x\to\infty)$$

**例 3** 证明 $\lim\limits_{x\to\infty}\dfrac{1}{x}=0$。

**证明** 任给 $\varepsilon>0$，取 $M=\dfrac{1}{\varepsilon}$，则当 $|x|>M$ 时有 $\left|\dfrac{1}{x}-0\right|=\dfrac{1}{|x|}<\dfrac{1}{M}=\varepsilon$，

所以

$$\lim_{x\to\infty}\frac{1}{x}=0$$

**定义 7** 设函数 $f(x)$ 在点 $x_0$ 的某个空心邻域 $U^o(x_0,\delta')$ 内有定义，$A$ 是一个确定的数。若对任意的正数 $\varepsilon$，总存在某个正数 $\delta(<\delta')$，使得当 $0<|x-x_0|<\delta$ 时，都有 $|f(x)-A|<\varepsilon$，则称 $A$ 是函数 $f(x)$ 当 $x\to x_0$ 时的极限，记作

$$\lim_{x\to x_0} f(x)=A \quad 或 \quad f(x)\to A(x\to x_0)$$

**例 4** 证明 $\lim\limits_{x\to1}\dfrac{x^2-1}{2x^2-x-1}=\dfrac{2}{3}$。

**证明** 当 $x\neq1$ 时

$$\frac{x^2-1}{2x^2-x-1}=\frac{(x-1)(x+1)}{(x-1)(2x+1)}=\frac{x+1}{2x+1}$$

若限制 $x$ 于 $0<|x-1|<1$，即 $x\neq1$，$0<x<2$，则有

$$\left|\frac{x^2-1}{2x^2-x-1}-\frac{2}{3}\right|=\left|\frac{x+1}{2x+1}-\frac{2}{3}\right|=\left|\frac{1-x}{3(2x+1)}\right|<\frac{|x-1|}{3}$$

于是，对任意 $\varepsilon>0$，只要取 $\delta=\min\{3\varepsilon,1\}$，当 $0<|x-1|<\delta$ 时，便有

$$\left|\frac{x^2-1}{2x^2-x-1}-\frac{2}{3}\right|<\varepsilon$$

所以 $\lim\limits_{x\to1}\dfrac{x^2-1}{2x^2-x-1}=\dfrac{2}{3}$。

## 习题 1-2

### A 组

1. 当 $n\to\infty$ 时，观察下列数列的变化趋势。

(1) $a_n=1-\dfrac{1}{10^n}$　　(2) $a_n=(-1)^n\dfrac{1}{n}$

(3) $a_n=n!$　　(4) $a_n=\dfrac{1}{3^{n+1}}$

2. 观察函数的变化趋势,求下列极限的值。

(1) $\lim\limits_{x\to\infty}\dfrac{1}{x^2}$　　(2) $\lim\limits_{x\to-\infty}(2+e^x)$

(3) $\lim\limits_{x\to2}(3x-1)$　　(4) $\lim\limits_{x\to\frac{\pi}{2}}\sin x$

3. 已知 $f(x)=\begin{cases}1, & x>0\\ 0, & x=0\\ -1, & x<0\end{cases}$,求 $\lim\limits_{x\to0^-}f(x)$,$\lim\limits_{x\to0^+}f(x)$,并说明$\lim\limits_{x\to0}f(x)$是否存在。

4. 证明函数 $f(x)=\begin{cases}x^2+1, & x<1\\ 1, & x=1\\ -1, & x>1\end{cases}$,在 $x\to1$ 时极限不存在。

B 组

1. 已知函数 $f(x)=\dfrac{|x|}{x}$,求 $f(x)$当 $x\to0$ 时的左右极限,并讨论 $f(x)$当 $x\to0$ 时极限是否存在。

2. 利用极限定义证明下列极限。

(1) $\lim\limits_{x\to2}\sqrt{x^2+5}=3$　　(2) $\lim\limits_{x\to x_0}\cos x=\cos x_0$

# 第三节　极限的运算

★ 基础模块

## 一、极限的运算法则

**定理 1**(极限的四则运算)　如果极限$\lim\limits_{x\to x_0}f(x)=A$,$\lim\limits_{x\to x_0}g(x)=B$,则有

(1) $\lim\limits_{x\to x_0}[f(x)\pm g(x)]=\lim\limits_{x\to x_0}f(x)\pm\lim\limits_{x\to x_0}g(x)=A\pm B$;

(2) $\lim\limits_{x\to x_0}[f(x)\cdot g(x)]=\lim\limits_{x\to x_0}f(x)\cdot\lim\limits_{x\to x_0}g(x)=AB$;

(3) $\lim\limits_{x\to x_0}\dfrac{f(x)}{g(x)}=\dfrac{\lim\limits_{x\to x_0}f(x)}{\lim\limits_{x\to x_0}g(x)}=\dfrac{A}{B}(B\neq0)$。

下面证明结论(2),结论(1)、(3) 证明类似。

**证明**　设$f(x)-A=\alpha$,$g(x)-B=\beta$,则

$$f(x)=A+\alpha,\ g(x)=B+\beta$$

$$f(x)g(x)-AB=(A+\alpha)(B+\beta)-AB=A\beta+B\alpha+\alpha\beta$$

由$\lim\limits_{x\to x_0}f(x)=A$,$\lim\limits_{x\to x_0}g(x)=B$ 及上节的定理 3 可知:$f(x)-A=\alpha$,$g(x)-B=\beta$ 是 $x\to x_0$ 时的无穷小,所以 $\lim\limits_{x\to x_0}[f(x)\cdot g(x)]=AB$,即 $\lim\limits_{x\to x_0}[f(x)\cdot g(x)]=\lim\limits_{x\to x_0}f(x)\cdot$

$\lim\limits_{x\to x_0} g(x)=AB$。

**定理 2**(复合函数的极限)　如果函数$\lim\limits_{x\to x_0} u(x)=A$,且函数 $f(u)$在 $u=A$ 处有函数值存在,则有

$$\lim_{x\to x_0} f[u(x)]=f[\lim_{x\to x_0} u(x)]=f(A)$$

定理 2 说明:定理条件满足时,函数的复合运算与极限运算可交换顺序。

**定理 3**　如果函数 $f(x)$是定义域为 $D$ 的初等函数,且实数 $x_0\in D$,则有

$$\lim_{x\to x_0} f(x)=f(x_0)$$

定理 3 说明:求初等函数在其定义域内某点 $x_0$ 的极限,可转化为求该点函数值 $f(x_0)$。

**例 1**　求极限$\lim\limits_{x\to 3}\dfrac{x^3-2x-1}{x+2}$。

**解法一**　运用四则运算法则:

$$\lim_{x\to 3}\frac{x^3-2x-1}{x+2}=\frac{\lim\limits_{x\to 3}(x^3-2x-1)}{\lim\limits_{x\to 3}(x+2)}=\frac{\lim\limits_{x\to 3}x^3-\lim\limits_{x\to 3}2x-\lim\limits_{x\to 3}1}{\lim\limits_{x\to 3}x+\lim\limits_{x\to 3}2}=\frac{27-6-1}{3+2}=4$$

**解法二**　由于 $x=3$ 是函数 $y=\dfrac{x^3-2x-1}{x+2}$定义域内的点,运用定理 3:

$$\lim_{x\to 3}\frac{x^3-2x-1}{x+2}=\frac{3^3-2\times 3-1}{3+2}=4$$

**例 2**　求下列极限。

(1) $\lim\limits_{x\to\infty}\dfrac{2x^3-x^2-3}{5x^3+2x}$　　(2) $\lim\limits_{x\to\infty}\dfrac{2x-3}{x^2+1}$

**解**　(1)由于 $x\to\infty$时,分子、分母的极限都不趋于确定的常数,所以不能直接用商的运算法则,可先用 $x^3$ 除以分子和分母,然后求极限。

$$\lim_{x\to\infty}\frac{2x^3-x^2-3}{5x^3+2x}=\lim_{x\to\infty}\frac{2-\frac{1}{x}-\frac{3}{x^3}}{5+\frac{2}{x^2}}=\frac{\lim\limits_{x\to\infty}\left(2-\frac{1}{x}-\frac{3}{x^3}\right)}{\lim\limits_{x\to\infty}\left(5+\frac{2}{x^2}\right)}=\frac{2-0-0}{5+0}=\frac{2}{5}$$

(2) 先用 $x^2$ 除以分子和分母,然后求极限。

$$\lim_{x\to\infty}\frac{2x-3}{x^2+1}=\lim_{x\to\infty}\frac{\frac{2}{x}-\frac{3}{x^2}}{1+\frac{1}{x^2}}=\frac{\lim\limits_{x\to\infty}\frac{2}{x}-\lim\limits_{x\to\infty}\frac{3}{x^2}}{1+\lim\limits_{x\to\infty}\frac{1}{x^2}}=\frac{0-0}{1+0}=0$$

**例 3**　求下列极限。

(1) $\lim\limits_{x\to 2}\dfrac{x^2-x-2}{x^2-2x}$　　(2) $\lim\limits_{x\to 2}\dfrac{\sqrt{x+2}-2}{x-2}$　　(3) $\lim\limits_{x\to 1}\left(\dfrac{1}{1-x}-\dfrac{3}{1-x^3}\right)$

**解**　(1) $\lim\limits_{x\to 2}\dfrac{x^2-x-2}{x^2-2x}=\lim\limits_{x\to 2}\dfrac{x+1}{x}=\dfrac{2+1}{2}=\dfrac{3}{2}$

(2) $\lim\limits_{x\to 2}\dfrac{\sqrt{x+2}-2}{x-2}=\lim\limits_{x\to 2}\dfrac{x-2}{(x-2)(\sqrt{x+2}+2)}=\lim\limits_{x\to 2}\dfrac{1}{\sqrt{x+2}+2}=\dfrac{1}{\sqrt{2+2}+2}=\dfrac{1}{4}$

(3) $\lim\limits_{x\to1}\left(\frac{1}{1-x}-\frac{3}{1-x^3}\right)=\lim\limits_{x\to1}\frac{1+x+x^2-3}{(1-x)(1+x+x^2)}=\lim\limits_{x\to1}\frac{(x-1)(x+2)}{(1-x)(1+x+x^2)}$

$$=\lim_{x\to1}\frac{-(x+2)}{1+x+x^2}=\frac{-(1+2)}{1+1+1^2}=-1$$

**例 4** 求极限$\lim\limits_{x\to\frac{\pi}{2}}\ln\sin x$。

**解** $$\lim_{x\to\frac{\pi}{2}}\ln\sin x=\ln(\lim_{x\to\frac{\pi}{2}}\sin x)=\ln1=0$$

## 二、两个重要极限

1. $\lim\limits_{x\to0}\frac{\sin x}{x}=1$

虽然 $x\to0$ 包括 $x\to0^+$ 和 $x\to0^-$，但由于$\frac{\sin x}{x}$是偶函数，所以只需考虑 $x\to0^+$ 时函数$\frac{\sin x}{x}$值的变化即可。表 1-2 列出了 $x$ 取正值无限趋于 0 时，函数$\frac{\sin x}{x}$值的变化情况。

**表 1-2**

| $x$ | 0.2 | 0.1 | 0.05 | 0.02 | … |
|---|---|---|---|---|---|
| $\frac{\sin x}{x}$ | 0.9933 | 0.9983 | 0.9996 | 0.9999 | … |

从表 1-2 可以看出：当 $x\to0^+$ 时，对应的函数$\frac{\sin x}{x}$值无限趋于常数 1。

可以证明极限$\lim\limits_{x\to0}\frac{\sin x}{x}=1$，显然有$\lim\limits_{x\to0}\frac{x}{\sin x}=1$ 成立。

一般地，当 $u(x)\to0$ 时，有公式 $\lim\limits_{u(x)\to0}\frac{\sin u(x)}{u(x)}=1$ 或 $\lim\limits_{u(x)\to0}\frac{u(x)}{\sin u(x)}=1$ 成立。

这个极限有以下两个特征：

(1) 分子是一个正弦型函数 $\sin u(x)$，分母正好是角度表达式 $u(x)$；

(2) 角度表达式 $u(x)$的极限为零。

**例 5** 求下列极限。

(1) $\lim\limits_{x\to0}\frac{\sin5x}{x}$  (2) $\lim\limits_{x\to0}\frac{x}{\sin2x}$  (3) $\lim\limits_{x\to0}\frac{\sin2x}{\sin3x}$

**解** (1) $\lim\limits_{x\to0}\frac{\sin5x}{x}=\lim\limits_{x\to0}5\cdot\frac{\sin5x}{5x}=5\lim\limits_{5x\to0}\frac{\sin5x}{5x}=5\times1=5$

(2) $\lim\limits_{x\to0}\frac{x}{\sin2x}=\lim\limits_{x\to0}\frac{2x}{\sin2x}\cdot\frac{1}{2}=\frac{1}{2}\lim\limits_{x\to0}\frac{2x}{\sin2x}=\frac{1}{2}$

(3) $\lim\limits_{x\to0}\frac{\sin2x}{\sin3x}=\lim\limits_{x\to0}\frac{\sin2x}{2x}\cdot\frac{3x}{\sin3x}\cdot\frac{2}{3}=\frac{2}{3}$

**例 6** 求下列极限。

(1) $\lim\limits_{x\to\frac{\pi}{2}}\frac{\cos x}{\frac{\pi}{2}-x}$  (2) $\lim\limits_{x\to0}\frac{1-\cos x}{x^2}$  (3) $\lim\limits_{x\to\infty}x\sin\frac{1}{x}$

**解** (1) $\lim\limits_{x\to\frac{\pi}{2}}\dfrac{\cos x}{\dfrac{\pi}{2}-x}=\lim\limits_{\frac{\pi}{2}-x\to 0}\dfrac{\sin\left(\dfrac{\pi}{2}-x\right)}{\dfrac{\pi}{2}-x}=1$

(2) $\lim\limits_{x\to 0}\dfrac{1-\cos x}{x^2}=\lim\limits_{x\to 0}\dfrac{(1-\cos x)(1+\cos x)}{x^2(1+\cos x)}=\lim\limits_{x\to 0}\dfrac{1-\cos^2 x}{x^2(1+\cos x)}$

$$=\lim_{x\to 0}\frac{\sin^2 x}{x^2(1+\cos x)}=\lim_{x\to 0}\left(\frac{\sin x}{x}\right)^2\cdot\lim_{x\to 0}\frac{1}{1+\cos x}$$

$$=\left(\lim_{x\to 0}\frac{\sin x}{x}\right)^2\cdot\frac{1}{1+\cos 0}$$

$$=\frac{1}{2}$$

(3) $\lim\limits_{x\to\infty}x\sin\dfrac{1}{x}=\lim\limits_{\frac{1}{x}\to 0}\dfrac{\sin\dfrac{1}{x}}{\dfrac{1}{x}}=1$

2. $\lim\limits_{x\to\infty}\left(1+\dfrac{1}{x}\right)^x=\mathrm{e}$

通过表 1-3 观察当 $x\to\infty$ 时，函数 $\left(1+\dfrac{1}{x}\right)^x$ 的变化趋势。

**表 1-3**

| $x$ | 1 | 2 | 3 | 4 | 5 | 10 | 100 | 1000 | 10000 | … |
|---|---|---|---|---|---|---|---|---|---|---|
| $\left(1+\frac{1}{x}\right)^x$ | 2 | 2.250 | 2.370 | 2.441 | 2.488 | 2.594 | 2.705 | 2.717 | 2.718 | … |

从表 1-3 容易看出：当 $x\to\infty$ 时，函数 $\left(1+\dfrac{1}{x}\right)^x$ 越来越接近 e，可证明其极限是存在的且极限值为无理数 e=2.718281828459045…，即

$$\lim_{x\to\infty}\left(1+\frac{1}{x}\right)^x=\mathrm{e}$$

一般地，当 $u(x)\to\infty$ 时，有公式 $\lim\limits_{u(x)\to\infty}\left(1+\dfrac{1}{u(x)}\right)^{u(x)}=\mathrm{e}$ 成立。

在公式 $\lim\limits_{x\to\infty}\left(1+\dfrac{1}{x}\right)^x=\mathrm{e}$ 中，令 $t=\dfrac{1}{x}$，则当 $x\to\infty$ 时，$t\to 0$，于是得

$$\lim_{t\to 0}(1+t)^{\frac{1}{t}}=\mathrm{e}$$

这个极限有以下两个特征：

(1) 函数是一个指数式，底数是 1 加上一个极限为 0 的函数；

(2) 指数正好是底中极限为 0 的函数的倒数。

**例 7** 求下列极限。

(1) $\lim\limits_{x\to\infty}\left(1+\dfrac{1}{2x}\right)^x$　　(2) $\lim\limits_{x\to\infty}\left(1-\dfrac{1}{x}\right)^{3x}$

(3) $\lim\limits_{x\to 0}(1+x)^{\frac{2}{x}}$　　　(4) $\lim\limits_{x\to\infty}\left(1+\frac{1}{x}\right)^{x+3}$

**解** (1) $\lim\limits_{x\to\infty}\left(1+\frac{1}{2x}\right)^{x}=\lim\limits_{x\to\infty}\left[\left(1+\frac{1}{2x}\right)^{2x}\right]^{\frac{1}{2}}=\left[\lim\limits_{x\to\infty}\left(1+\frac{1}{2x}\right)^{2x}\right]^{\frac{1}{2}}=\sqrt{e}$

(2) $\lim\limits_{x\to\infty}\left(1-\frac{1}{x}\right)^{3x}=\lim\limits_{x\to\infty}\left[\left(1+\frac{1}{-x}\right)^{-x}\right]^{-3}=\left[\lim\limits_{x\to\infty}\left(1+\frac{1}{-x}\right)^{-x}\right]^{-3}=e^{-3}$

(3) $\lim\limits_{x\to 0}(1+x)^{\frac{2}{x}}=\lim\limits_{x\to 0}\left[(1+x)^{\frac{1}{x}}\right]^{2}=\left[\lim\limits_{x\to 0}(1+x)^{\frac{1}{x}}\right]^{2}=e^{2}$

(4) $\lim\limits_{x\to\infty}\left(1+\frac{1}{x}\right)^{x+3}=\lim\limits_{x\to\infty}\left(1+\frac{1}{x}\right)^{x}\cdot\left(1+\frac{1}{x}\right)^{3}$

$=\lim\limits_{x\to\infty}\left(1+\frac{1}{x}\right)^{x}\cdot\lim\limits_{x\to\infty}\left(1+\frac{1}{x}\right)^{3}=e\times 1=e$

**★★ 扩展模块**

**例 8** 证明重要极限$\lim\limits_{x\to 0}\frac{\sin x}{x}=1$。

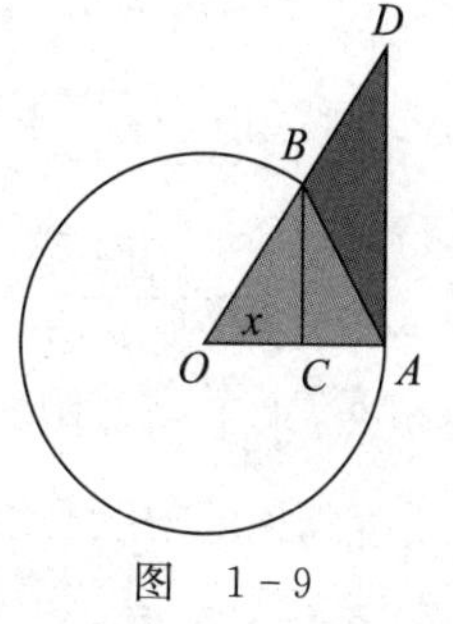


图 1-9

**证明** 做单位圆如图 1-9 所示，取$\angle AOB=x$(rad)，于是有$BC=\sin x$，$\overset{\frown}{AB}=x$，$AD=\tan x$。由图得 $S_{\triangle OAB}<S_{扇形OAB}<S_{\triangle OAD}$，即

$$\frac{1}{2}\sin x<\frac{1}{2}x<\frac{1}{2}\tan x$$

即

$$\sin x<x<\tan x$$

$\sin x$ 除以各项，有 $\cos x<\frac{\sin x}{x}<1$。上述不等式是当 $0<x<\frac{\pi}{2}$时得到的，但当$-\frac{\pi}{2}<x<0$时，关系式也成立。

因为$\lim\limits_{x\to 0}\cos x=1$，$\lim\limits_{x\to 0}1=1$，由极限的迫敛性定理可知，介于它们之间的函数$\frac{\sin x}{x}$，当$x\to 0$ 时极限也是 1，即$\lim\limits_{x\to 0}\frac{\sin x}{x}=1$。

## 习题 1-3

### A 组

1. 求下列极限。

(1) $\lim\limits_{x\to 1}\frac{x^2-5x+1}{2x-1}$　　(2) $\lim\limits_{x\to\frac{\pi}{4}}\frac{\sin 2x-1}{4x+\tan x}$　　(3) $\lim\limits_{x\to 1}\frac{x^2-4x+3}{x^2+x-2}$

(4) $\lim\limits_{x\to\infty}\frac{3x^2-x+2}{4x^2+2}$　　(5) $\lim\limits_{x\to 0}\sqrt{x^2-2x+5}$　　(6) $\lim\limits_{x\to 1}\sin(\ln x)$

2. 求下列极限。

(1) $\lim\limits_{x\to 0}\dfrac{\sin x}{3x}$　　(2) $\lim\limits_{x\to 0}\dfrac{x}{\sin 2x}$　　(3) $\lim\limits_{x\to 0}\dfrac{x-\sin x}{x+\sin x}$

(4) $\lim\limits_{x\to -1}\dfrac{\sin(x+1)}{x+1}$　　(5) $\lim\limits_{x\to \pi}\dfrac{\sin x}{\pi-x}$　　(6) $\lim\limits_{x\to 0}\dfrac{x+\sin x}{x}$

3. 求下列极限。

(1) $\lim\limits_{x\to\infty}\left(1+\dfrac{1}{x}\right)^{2x}$　　(2) $\lim\limits_{x\to\infty}\left(1-\dfrac{3}{x}\right)^{2x}$　　(3) $\lim\limits_{x\to\infty}\left(1+\dfrac{1}{x-1}\right)^{x}$

(4) $\lim\limits_{x\to 0}(1-x)^{\frac{1}{x}}$　　(5) $\lim\limits_{x\to 0}(1-3x)^{\frac{2}{x}}$　　(6) $\lim\limits_{x\to 0}(1+3x)^{\frac{1}{x}}$

B 组

1. 求下列极限。

(1) $\lim\limits_{x\to 1}\dfrac{x^3-1}{\sqrt{x}-1}$　　(2) $\lim\limits_{x\to\infty}(\sqrt{x^2+1}-\sqrt{x^2-1})$

(3) $\lim\limits_{x\to+\infty}(\sqrt{x+5}-\sqrt{x})$　　(4) $\lim\limits_{n\to\infty}\left(1+\dfrac{1}{2}+\dfrac{1}{4}+\cdots+\dfrac{1}{2^n}\right)$

(5) $\lim\limits_{x\to 0}\dfrac{\sqrt{3+x}-\sqrt{3}}{x}$　　(6) $\lim\limits_{x\to 2}\dfrac{\sqrt{x-1}-1}{2-x}$

2. 求下列极限。

(1) $\lim\limits_{x\to 0}\dfrac{\sin 3x}{\tan 4x}$　　(2) $\lim\limits_{x\to 0}\dfrac{\arctan x}{x}$　　(3) $\lim\limits_{x\to 0}\dfrac{\sin x}{x^2+3x}$

(4) $\lim\limits_{x\to\infty}\left(\dfrac{x+1}{x-1}\right)^{x}$　　(5) $\lim\limits_{x\to 1}(2-x)^{\frac{2}{x-1}}$　　(6) $\lim\limits_{x\to\infty}\left(\dfrac{x}{x+1}\right)^{x}$

3. 求下列极限。

(1) $\lim\limits_{x\to+\infty}\sin(\sqrt{x+2}-\sqrt{x})$　　(2) $\lim\limits_{x\to+\infty}(\ln|\sin x|-\ln|x|)$

(3) $\lim\limits_{x\to+\infty}\ln\left(1+\dfrac{1}{x}\right)^{x}$　　(4) $\lim\limits_{x\to+\infty}x[\ln(x+1)-\ln x]$

4. $\lim\limits_{x\to\infty}\left(\dfrac{x^2+1}{x+1}-ax-b\right)=0$，求 $a$，$b$ 的值。

## 第四节　无穷小与无穷大

★ 基础模块

### 一、无穷小

在实际问题中，经常会遇到极限为零的变量。例如，当关掉电动机的电源时，转子的转动速度逐渐慢下来，最后停止转动。又如，单摆离开铅垂位置而摆动，由于空气阻力和摩擦力的作用,它的振幅越来越小,直至停止。在这些变化过程中,转子的转速、单摆的振幅都逐渐变小并趋向于零。对于这种变量,给出下面的定义。

1. 无穷小的定义

**定义 1** 如果函数 $f(x)$ 当 $x\to x_0$ 时的极限为零,即 $\lim\limits_{x\to x_0}f(x)=0$,则称函数 $f(x)$ 为 $x\to x_0$ 时的无穷小量,简称无穷小。

**注意**:定义中的 $x\to x_0$ 也可改为 $x\to x_0^-$,$x\to x_0^+$,$x\to\infty$,$x\to-\infty$,$x\to+\infty$,以下不再说明。

例如,$\lim\limits_{x\to\infty}\dfrac{1}{x}=0$,所以当 $x\to\infty$ 时,$\dfrac{1}{x}$ 是无穷小;

$\lim\limits_{x\to+\infty}\dfrac{1}{e^x}=0$,所以当 $x\to+\infty$ 时,$\dfrac{1}{e^x}$ 是无穷小;

$\lim\limits_{x\to\frac{\pi}{2}}\cos x=0$,所以当 $x\to\dfrac{\pi}{2}$ 时,$\cos x$ 是无穷小。

关于无穷小的定义,需作如下说明。

(1) 无穷小是一个变量,它描述变量变化的一种特殊状态,即“无限趋于零”,并非很小的数。在所有实数中,零是唯一可以当作无穷小的数。

(2) 一个函数是否为无穷小,是与自变量的变化趋势有关的。在表述无穷小时,一定要明确自变量的变化趋势。例如,函数 $\dfrac{1}{x}$ 是 $x\to\infty$ 时的无穷小,但是当 $x\to0$ 时它并不是无穷小,这是因为 $\dfrac{1}{x}$ 的绝对值无限增大,即极限 $\lim\limits_{x\to0}\dfrac{1}{x}$ 不存在。

2. 无穷小的性质

(1) 有限个无穷小的代数和仍为无穷小。

(2) 有限个无穷小的乘积仍是无穷小。

(3) 有界函数与无穷小的乘积仍为无穷小。特别地,常数与无穷小之积仍是无穷小。

**例 1** 求 $\lim\limits_{x\to\infty}\dfrac{\sin x}{x}$。

**解** 因为 $\dfrac{\sin x}{x}=\dfrac{1}{x}\sin x$,当 $x\to\infty$ 时,$\dfrac{1}{x}$ 是无穷小,$\sin x$ 是有界函数,由性质(3)可知,$\dfrac{\sin x}{x}$ 是当 $x\to\infty$ 时的无穷小,所以

$$\lim_{x\to\infty}\frac{\sin x}{x}=0$$

**例 2** 求 $\lim\limits_{x\to0}x^2\sin\dfrac{1}{x}$。

**解** 因为 $x\to0$ 时,$x^2$ 是无穷小,$\sin\dfrac{1}{x}$ 是有界函数,因此 $\lim\limits_{x\to0}x^2\sin\dfrac{1}{x}=0$。

### 3. 函数极限与无穷小的关系

一般地，函数极限与无穷小之间具有以下关系。

**定理 1** 具有极限的函数等于它的极限与一个无穷小之和；反之，如果函数可以表示为常数与无穷小之和，那么该常数就是这个函数的极限。即

$$\lim_{x \to x_0} f(x) = A \Leftrightarrow f(x) = A + \alpha$$

其中 $\alpha$ 是当 $x \to x_0$ 时的无穷小。

## 二、无穷大

### 1. 无穷大的定义

**定义 2** 若 $x \to x_0$ 时函数 $f(x)$ 的绝对值无限增大，则称函数 $f(x)$ 为 $x \to x_0$ 时的无穷大量，简称无穷大，记作 $\lim\limits_{x \to x_0} f(x) = \infty$。

若 $x \to x_0$ 时，函数 $f(x)$ 从某一时刻起取正值，且无限增大，则称函数 $f(x)$ 为 $x \to x_0$ 时的正无穷大量，简称正无穷大，记作 $\lim\limits_{x \to x_0} f(x) = +\infty$。

若 $x \to x_0$ 时，函数 $f(x)$ 从某一时刻起取负值，且 $|f(x)|$ 无限增大，则称函数 $f(x)$ 为 $x \to x_0$ 时的负无穷大量，简称负无穷大，记作 $\lim\limits_{x \to x_0} f(x) = -\infty$。

例如，$\lim\limits_{x \to 0} \dfrac{1}{x} = \infty$，所以当 $x \to 0$ 时，$\dfrac{1}{x}$ 是无穷大。

### 2. 无穷大与无穷小的关系

**定理 2** 若 $f(x)$ 为 $x \to x_0$ 时的无穷大，则 $\dfrac{1}{f(x)}$ 为 $x \to x_0$ 时的无穷小；反之，若 $f(x)$ 为 $x \to x_0$ 时的无穷小，且 $f(x) \neq 0$，则 $\dfrac{1}{f(x)}$ 为 $x \to x_0$ 时的无穷大。

下面利用无穷小与无穷大的关系求解一些函数的极限。

**例 3** 求极限 $\lim\limits_{x \to 1} \dfrac{x}{x-1}$。

**解** 因为 $\lim\limits_{x \to 1} \dfrac{x-1}{x} = 0$，即 $\dfrac{x-1}{x}$ 是 $x \to 1$ 时的无穷小，则它的倒数 $\dfrac{x}{x-1}$ 是 $x \to 1$ 时的无穷大，即

$$\lim_{x \to 1} \frac{x}{x-1} = \infty$$

**例 4** $\lim\limits_{x \to \infty} (x^2 - 3x + 2)$。

**解** 因为 $\lim\limits_{x \to \infty} \dfrac{1}{x^2 - 3x + 2} = 0$，即 $\dfrac{1}{x^2 - 3x + 2}$ 是 $x \to \infty$ 时的无穷小，所以它的倒数 $x^2 - 3x + 2$ 是无穷大，即

$$\lim_{x \to \infty} (x^2 - 3x + 2) = \infty$$

**例 5** 求极限 $\lim\limits_{x \to \infty} \dfrac{x^2 + 1}{2x - 3}$。

**解** 由于$\frac{x^2+1}{2x-3}=\frac{1}{\frac{2x-3}{x^2+1}}$，当 $x\to\infty$ 时$\frac{2x-3}{x^2+1}$是无穷小，因此 $x\to\infty$ 时$\frac{x^2+1}{2x-3}$是无穷大，即

$$\lim_{x\to\infty}\frac{x^2+1}{2x-3}=\infty$$

归纳上节的例 2 及本节的例 5 可得出如下结论：当 $a_m\neq 0,b_n\neq 0,m$ 和 $n$ 是非负整数时，极限

$$\lim_{x\to\infty}\frac{a_mx^m+a_{m-1}x^{m-1}+\cdots+a_0}{b_nx^n+b_{n-1}x^{n-1}+\cdots+b_0}=\begin{cases}\frac{a_m}{b_n}, & \text{当 } m=n \text{ 时}\\ 0, & \text{当 } m<n \text{ 时}\\ \infty, & \text{当 } m>n \text{ 时}\end{cases}$$

3. 无穷小的阶

无穷小是以 0 为极限的函数，而不同的无穷小趋于零的速度有快有慢。为了比较无穷小趋于零的速度，下面给出无穷小的阶的定义。

**定义 3** 设 $f(x),g(x)$ 是 $x\to x_0$ 时的无穷小。

(1) 如果$\lim\limits_{x\to x_0}\frac{f(x)}{g(x)}=0$，则称当 $x\to x_0$ 时 $f(x)$是比 $g(x)$高阶的无穷小，或称 $g(x)$是比 $f(x)$低阶的无穷小；

(2) 如果$\lim\limits_{x\to x_0}\frac{f(x)}{g(x)}=C(C\neq 0)$，则称 $f(x)$与 $g(x)$是 $x\to x_0$ 时的同阶无穷小。

特别地，当 $C=1$，即$\lim\limits_{x\to x_0}\frac{f(x)}{g(x)}=1$ 时，则称 $f(x)$与 $g(x)$是 $x\to x_0$ 时的等价无穷小，记作 $f(x)\sim g(x)$。

例如，$\lim\limits_{x\to 0}4x^3=0,\lim\limits_{x\to 0}x^2=0$，而$\lim\limits_{x\to\infty}\frac{4x^3}{x^2}=0$，所以 $4x^3$ 是比 $x^2$ 高阶的无穷小，$x^2$ 是比 $4x^3$ 低阶的无穷小。

又如，$\lim\limits_{x\to 0}\sin x=0,\lim\limits_{x\to 0}\tan x=0$，而$\lim\limits_{x\to 0}\frac{\sin x}{\tan x}=1$，所以当 $x\to 0$ 时，$\sin x$ 与 $\tan x$ 是等价无穷小，即 $\sin x\sim\tan x$。

**例 6** 比较当 $x\to 0$ 时，无穷小 $x^2-x^3$ 与 $2x-x^2$ 阶的高低。

**解** 因为$\lim\limits_{x\to 0}\frac{x^2-x^3}{2x-x^2}=\lim\limits_{x\to 0}\frac{x(x-x^2)}{x(2-x)}=0$，所以 $x^2-x^3$ 是比 $2x-x^2$ 高阶的无穷小。

**★★ 扩展模块**

等价无穷小在求两个无穷小之比的极限时有重要的作用，因此有如下定理。

**定理 3** 设 $x\to x_0$ 时，$\alpha\sim\alpha',\beta\sim\beta'$，且$\lim\limits_{x\to x_0}\frac{\beta'}{\alpha'}$存在，则$\lim\limits_{x\to x_0}\frac{\beta'}{\alpha'}=\lim\limits_{x\to x_0}\frac{\beta}{\alpha}$。

**证明**

$$\lim_{x\to x_0}\frac{\beta}{\alpha}=\lim_{x\to x_0}\left(\frac{\beta}{\beta'}\cdot\frac{\beta'}{\alpha'}\cdot\frac{\alpha'}{\alpha}\right)=\lim_{x\to x_0}\frac{\beta}{\beta'}\cdot\lim_{x\to x_0}\frac{\beta'}{\alpha'}\cdot\lim_{x\to x_0}\frac{\alpha'}{\alpha}=\lim_{x\to x_0}\frac{\beta'}{\alpha'}$$

下面是常用的几个等价无穷小代换。

$x\to 0$ 时，有：

$$\sin x\sim x,\tan x\sim x,\arctan x\sim x,1-\cos x\sim\frac{x^2}{2}$$

$$\ln(1+x)\sim x,\mathrm{e}^x-1\sim x,\sqrt{1+x}-1\sim\frac{1}{2}x$$

**例 7** 求下列极限。

(1) $\lim\limits_{x\to 0}\frac{\tan 2x}{\sin 5x}$　　(2) $\lim\limits_{x\to 0}\frac{\sin x}{x^3+3x}$

**解** (1) 当 $x\to 0$ 时，$\tan 2x\sim 2x$，$\sin 5x\sim 5x$，所以

$$\lim_{x\to 0}\frac{\tan 2x}{\sin 5x}=\lim_{x\to 0}\frac{2x}{5x}=\frac{2}{5}$$

(2) 当 $x\to 0$ 时，$\sin x\sim x$，所以

$$\lim_{x\to 0}\frac{\sin x}{x^3+3x}=\lim_{x\to 0}\frac{x}{x^3+3x}=\lim_{x\to 0}\frac{1}{x^2+3}=\frac{1}{3}$$

## 习题 1-4

### A 组

1. 下列说法是否正确，为什么？

(1) $0.001^{1000}$ 是无穷小。

(2) 无穷小是比 $10^{-1000}$ 更小的常数。

(3) $1000^{10000}$ 是无穷大。

(4) 无穷大必须是正数。

(5) 无穷大的倒数是无穷小，则无穷小的倒数一定是无穷大。

2. 观察下列函数，指出哪些是无穷小，哪些是无穷大。

(1) $3x^2$（$x\to 0$ 时）　　(2) $\frac{1}{3-x}$（$x\to 3$ 时）　　(3) $\ln x$（$x\to+\infty$ 时）

(4) $\frac{\sin x}{x^2}$（$x\to\infty$ 时）　　(5) $\frac{1+2x}{x^2}$（$x\to\infty$ 时）　　(6) $\mathrm{e}^x$（$x\to-\infty$ 时）

3. 求下列极限。

(1) $\lim\limits_{x\to\infty}\frac{\cos x}{x^2}$　　(2) $\lim\limits_{x\to 3}\frac{x+1}{x^2-9}$　　(3) $\lim\limits_{x\to\infty}\frac{x^3-4x+1}{2x^2+x-1}$

(4) $\lim\limits_{x\to\infty}\frac{x^3+x}{4x^3+3x-1}$　　(5) $\lim\limits_{x\to\infty}\frac{x^2+1}{x^3+2x}$　　(6) $\lim\limits_{x\to\infty}\frac{\arcsin x}{x}$

B 组

1. 自变量 $x$ 如何变化时，函数 $y=\dfrac{x+1}{x-1}$是无穷小或无穷大?

2. 求下列极限。

(1) $\lim\limits_{x\to\infty}\dfrac{x-\cos x}{x}$　　(2) $\lim\limits_{x\to 0}\dfrac{\tan 3x}{2x}$

(3) $\lim\limits_{x\to 0}\dfrac{1-\cos x}{\sin^3 x}$　　(4) $\lim\limits_{x\to 0}\dfrac{e^x-1}{2x}$

3. 如果 $x\to 0$ 时，要无穷小$(1-\cos x)$与 $a\sin^2\dfrac{x}{2}$等价，求 $a$ 的值。

# 第五节　函数的连续性

自然界许多现象，如气温的变化、植物的生长、飞船的飞行路程等，都是随时间连续不断地变化着的，这种现象在数学上表现为连续函数的模型。

★ 基础模块

## 一、函数连续性的概念

**定义 1**　设函数 $y=f(x)$在点 $x_0$ 某邻域 $U(x_0,\delta)$内有定义，如果$\lim\limits_{x\to x_0}f(x)=f(x_0)$，则称函数 $y=f(x)$在点 $x_0$ 处连续，并称 $x_0$ 为函数的连续点。如果函数在 $x_0$ 处不连续，则称 $x_0$ 为函数的间断点。

如果 $\lim\limits_{x\to x_0^-}f(x)=f(x_0)$，则称函数 $y=f(x)$在点 $x_0$ 处左连续；如果 $\lim\limits_{x\to x_0^+}f(x)=f(x_0)$，则称函数 $y=f(x)$在点 $x_0$ 处右连续。

根据上述定义和第二节定理 2，不难得出以下定理。

**定理 1**　函数 $y=f(x)$在点 $x_0$ 处连续的充要条件是：$y=f(x)$在点 $x_0$ 处既是左连续，又是右连续。

**例 1**　讨论函数 $f(x)=\begin{cases}x\sin\dfrac{1}{x}, & x\neq 0\\ 0, & x=0\end{cases}$ 在点 $x=0$ 处的连续性。

**解**　由于$\lim\limits_{x\to 0}f(x)=\lim\limits_{x\to 0}x\sin\dfrac{1}{x}=0$，而 $f(0)=0$，所以函数 $f(x)$在点 $x=0$ 处连续。

**例 2**　讨论函数 $f(r)=\begin{cases}x+2, x\geqslant 0\\ x-2, x<0\end{cases}$ 在点 $x-0$ 处的连续性。

**解**　因为 $\lim\limits_{x\to 0^+}f(x)=\lim\limits_{x\to 0^+}(x+2)=2$，$\lim\limits_{x\to 0^-}f(x)=\lim\limits_{x\to 0^-}(x-2)=-2$，而 $f(0)=2$，所以 $f(x)$在点 $x=0$ 处右连续，而在 $x=0$ 处不是左连续，从而它在 $x=0$ 处不连续，即 $x=0$

为间断点，如图 1－10 所示。

连续定义也可以用另外的形式给出，为此先给出增量的概念，如图 1－11 所示。

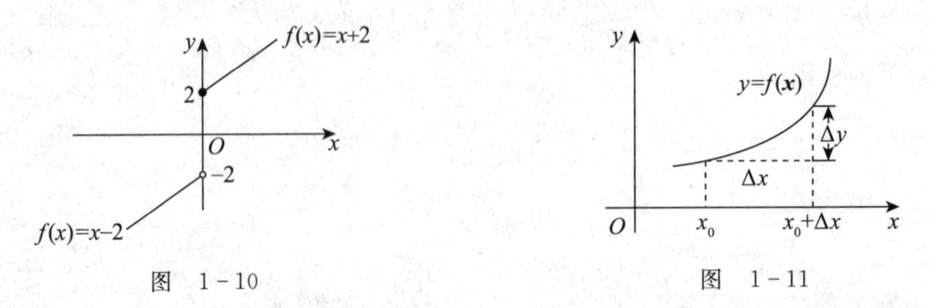


图 1－10　　图 1－11

设函数 $y=f(x)$在 $x_0$ 的某邻域$U(x_0,\delta)$内有定义，$x$ 是$U(x_0,\delta)$内的另外一点，当自变量 $x$ 从 $x_0$(初值)变到 $x$(终值)，终值与初值之差 $x-x_0$ 称为自变量 $x$ 的增量(或称为改变量)，记作 $\Delta x$，即 $\Delta x=x-x_0$。相应的函数值之差 $f(x)-f(x_0)$称为函数 $y$ 的增量(或称为函数改变量)，记作 $\Delta y$，即 $\Delta y=f(x)-f(x_0)$。

由 $\Delta x=x-x_0$ 可得 $x=x_0+\Delta x$，所以 $\Delta y=f(x)-f(x_0)=f(x_0+\Delta x)-f(x_0)$。由增量概念可以看出，$x\to x_0$ 时，$\Delta x\to 0$，而 $f(x)\to f(x_0)$相当于 $\Delta y\to 0$。

函数的连续性定义又可表述如下。

**定义 2**　设函数 $y=f(x)$在点 $x_0$ 某邻域$U(x_0,\delta)$内有定义，当自变量 $x$ 在点 $x_0$ 处有改变量 $\Delta x$ 时，相应的函数改变量为 $\Delta y$，如果$\lim\limits_{\Delta x\to 0}\Delta y=0$，则称函数 $y=f(x)$在点 $x_0$ 处连续。

如果函数 $f(x)$在开区间$(a,b)$内每一点都连续，则称 $f(x)$在开区间$(a,b)$内连续，并称区间$(a,b)$为函数的连续区间。

如果函数 $f(x)$在开区间$(a,b)$内连续，同时在左端点 $a$ 右连续，在右端点 $b$ 左连续，则称 $f(x)$在闭区间$[a,b]$上连续。

根据定义 1 和极限运算法则，可推出以下结论。

(1) 连续函数的和、差、积、商仍然是连续函数(对于商，分母不为 0)。

(2) 连续函数的复合函数仍然是连续函数。

(3) 基本初等函数在其定义域内都连续。

(4) 所有初等函数在其定义域内也都是连续函数。

## 二、闭区间上连续函数的性质

通常，闭区间上的连续函数有以下重要性质。在此不作证明，只从几何角度直观加以说明。

**性质 1**(最值性)　如果函数 $f(x)$在闭区间$[a,b]$上连续，则函数 $f(x)$在闭区间$[a,b]$上有最大值和最小值。

例如，如图 1－12 所示，函数 $f(x)$在闭区间$[a,b]$上连续，在点 $\xi_1$ 处取得最大值 $M$，在点 $\xi_2$ 处取得最小值 $m$。

需要注意的是：当函数在开区间$(a,b)$内连续或在闭区间上有间断点时，函数在该区间不一定有最大值或最小值。

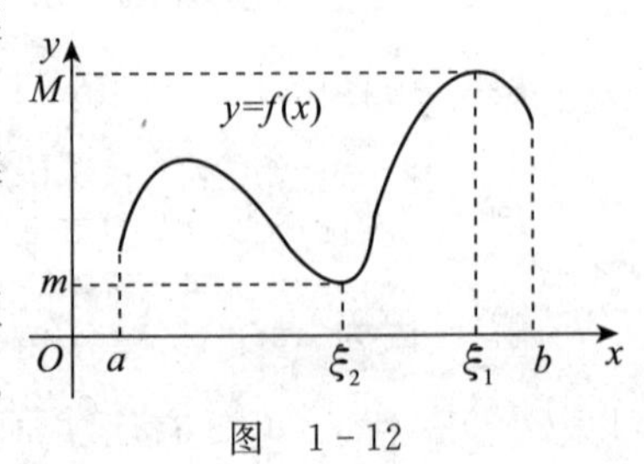


图 1－12

例如，函数 $y=\tan x$ 在开区间 $\left(-\frac{\pi}{2},\frac{\pi}{2}\right)$ 内是连续的，但它在开区间 $\left(-\frac{\pi}{2},\frac{\pi}{2}\right)$ 内没有最大值，也没有最小值，如图 1－13 所示。再如，函数 $y=\frac{1}{x}$ 在区间 $[-1,1]$ 上存在间断点 $x=0$，但它在该区间上也没有最大值和最小值，如图 1－14 所示。

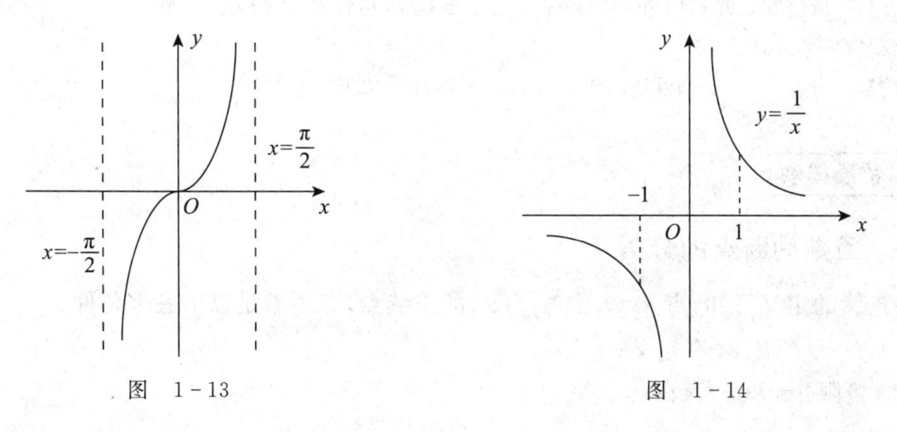


图 1－13　　图 1－14

**性质 2**(有界性)　如果函数 $f(x)$ 在闭区间 $[a,b]$ 上连续，则函数 $f(x)$ 在闭区间 $[a,b]$ 上有界，即存在正数 $M$，使得

$$|f(x)|\leqslant M,\quad x\in[a,b]$$

事实上，当函数 $f(x)$ 在闭区间 $[a,b]$ 上连续时，$f(x)$ 在 $[a,b]$ 上有最大值和最小值，当然也就有界。

**性质 3**(介值定理)　若函数 $f(x)$ 在闭区间 $[a,b]$ 上连续，$m$ 和 $M$ 分别是 $f(x)$ 在 $[a,b]$ 上的最小值和最大值，则对介于 $m$ 与 $M$ 之间的任一实数 $c(m<c<M)$，至少存在一点 $\xi\in(a,b)$，使得 $f(\xi)=c$。

性质 3 的几何意义是：函数 $y=f(x)$ 图像在区间 $[a,b]$ 上是一段连续曲线，而 $c$ 是介于最小值 $m$(图像最低点)与最大值 $M$(图像最高点)之间的一个常数，则直线 $y=c$ 至少与曲线 $y=f(x)$ 相交一点 $\xi\in(a,b)$，如图 1－15 所示。

**性质 4**(零点存在性)　如果函数 $f(x)$ 在闭区间 $[a,b]$ 上连续，且函数值 $f(a)$ 与 $f(b)$ 异号，则在开区间 $(a,b)$ 内至少存在一点 $\xi$，使得 $f(\xi)=0$。

从几何角度上看，性质 4 表示：如果连续曲线 $y=f(x)$ 的两个端点分别位于 $x$ 轴的两侧，那么曲线与 $x$ 轴至少有一个交点，如图 1－16 所示。

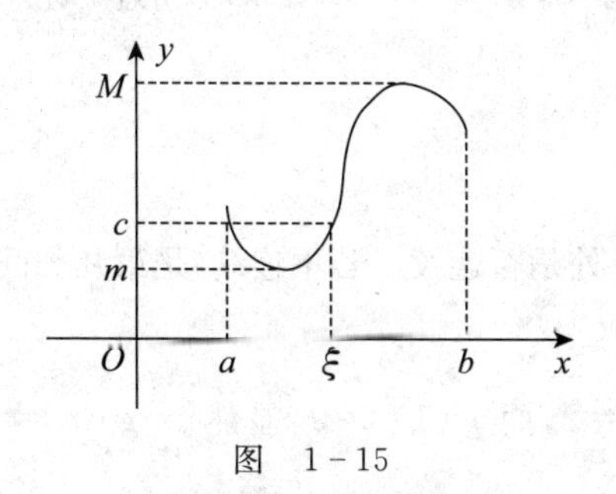


图 1－15

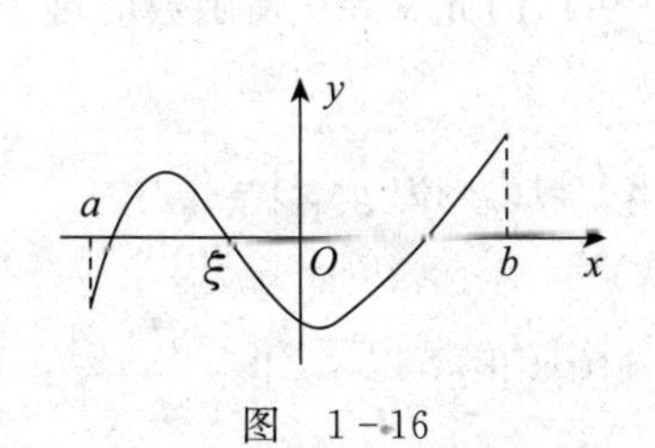


图 1－16

由于 $f(\xi)=0$ 表明 $\xi$ 是方程 $f(x)=0$ 的根，因此可用性质 4 来判定方程 $f(x)=0$ 在某个范围内是否有解。通常又把性质 4 称为根的存在性定理。

**例 3** 证明方程 $x^5+x-1=0$ 在开区间 $(0,1)$ 内至少有一实根。

**证明** 设 $f(x)=x^5+x-1$，则 $f(x)$ 在闭区间 $[0,1]$ 上连续，且 $f(0)=-1<0$，$f(1)=1>0$。由性质 4 可知，至少存在点 $\xi\in(0,1)$，使得 $f(\xi)=0$，即

$$\xi^5+\xi-1=0$$

所以方程 $x^5+x-1=0$ 在开区间 $(0,1)$ 内至少有一实根。

**★★ 扩展模块**

## 三、函数间断点的分类

由连续的定义可知，点 $x_0$ 为函数 $f(x)$ 的连续点，必须满足以下三个条件：

(1) $f(x)$ 在点 $x_0$ 有定义；

(2) 极限 $\lim\limits_{x\to x_0}f(x)$ 存在；

(3) $\lim\limits_{x\to x_0}f(x)=f(x_0)$。

上述三个条件有一个不满足，点 $x_0$ 就是函数 $f(x)$ 的间断点。下面按间断点处函数左右极限的特点，对间断点进行分类。

如果函数在间断点处的左、右极限都存在，就称这类间断点为第一类间断点；否则称为第二类间断点。在第一类间断点中，左、右极限相等的间断点称为可去间断点；左、右极限不相等的间断点称为跳跃间断点。在第二类间断点中，左、右极限至少有一个为无穷大的间断点称为无穷间断点。

**例 4** 指出下列函数的间断点，并指出间断点的类型。

(1) $f(x)=\dfrac{3}{x-2}$

(2) $g(x)=\dfrac{\sin x}{x}$

**解** (1) 因为 $x=2$ 时分母为 0，函数无定义，所以 $x=2$ 是函数 $f(x)$ 的间断点且为第二类间断点。

(2) 因为函数 $g(x)=\dfrac{\sin x}{x}$ 在 $x=0$ 处无定义，所以 $x=0$ 是函数的间断点；由于 $\lim\limits_{x\to 0}\dfrac{\sin x}{x}=1$，因此 $x=0$ 是函数的可去间断点。

**例 5** 讨论函数 $g(x)=\begin{cases}\dfrac{x^2-1}{x-1} & x\neq 1\\ 0 & x=1\end{cases}$ 在 $x=1$ 处是否连续。若不连续，是第几类间断点？

**解** 因为 $\lim\limits_{x\to 1}g(x)=\lim\limits_{x\to 1}\dfrac{x^2-1}{x-1}=\lim\limits_{x\to 1}(x+1)=2$，而 $g(1)=0$，显然 $\lim\limits_{x\to 1}g(x)\neq g(1)$，所以函数在 $x=1$ 处不连续。$x=1$ 是函数 $g(x)$ 的间断点且为第一类间断点。

**例 6** 求函数 $f(x)=\dfrac{x}{\sin x}$ 的间断点并确定其类型。

**解** 所给函数在 $x=n\pi(n=0,\pm1,\pm2,\cdots)$ 处无定义，故 $x=n\pi(n=0,\pm1,\pm2,\cdots)$ 是函数的间断点。

当 $x=0$ 时，$\lim\limits_{x\to0}\dfrac{x}{\sin x}=1=f(0-0)=f(0+0)$，故 $x=0$ 是第一类间断点，且是可去间断点。若补充定义 $f(0)=1$，则 $f(x)$ 在 $x=0$ 处连续。

当 $x=n\pi(n=\pm1,\pm2,\cdots)$ 时，$\lim\limits_{x\to n\pi}\dfrac{x}{\sin x}=\infty$，故 $x=n\pi$ 是第二类间断点，且是无穷间断点。

## 习题 1-5

### A 组

1. 讨论下列分段函数在分界点处的连续性。

(1) $f(x)=\begin{cases}\dfrac{\sin x}{x}, & x\neq0\\ 1, & x=0\end{cases}$　　(2) $f(x)=\begin{cases}x^2, & 0<x\leqslant3\\ 2x+1, & 3<x<+\infty\end{cases}$

2. 已知分段函数

$$f(x)=\begin{cases}x^3-2, & x<2\\ kx, & x\geqslant2\end{cases}$$

在分界点 $x=2$ 处连续，求常数 $k$ 的值。

3. 求常数 $m$ 的值，使得分段函数

$$f(x)=\begin{cases}x^3+1, & x<1\\ mx, & x\geqslant1\end{cases}$$

在定义域 $(-\infty,+\infty)$ 内连续。

4. 证明方程 $2x^3-3x=1$ 在区间 $(1,2)$ 内至少有一个实根。

### B 组

1. 求下列函数的间断点，并指出间断点的类型。

(1) $f(x)=\dfrac{1}{(x+2)^2}$　　(2) $f(x)=\dfrac{\sin(x+1)}{x^2-1}$

(3) $f(x)=\begin{cases}2\sin x, & x\geqslant0\\ 1+\cos x, & x<0\end{cases}$　　(4) $f(x)=\dfrac{x^2-1}{x^2-3x+2}$

(5) $f(x)=\begin{cases}\cos\dfrac{\pi x}{2}, & |x|\leqslant1\\ |x-1|, & |x|>1\end{cases}$　　(6) $f(x)=\dfrac{x-1}{|x-1|}$

2. 设函数 $f(x)=\begin{cases}\dfrac{\sin3x}{x}, & x<0\\ k, & x=0\\ \dfrac{\ln(1+3x)}{x}, & x>0\end{cases}$，试问 $k$ 为何值时，能使函数 $f(x)$ 在 $x=0$ 处连续。

3. 设函数 $f(x)$ 在区间 $[a,b]$ 上连续，且 $f(a)<a$，$f(b)>b$，证明在区间 $(a,b)$ 内至少存在一点 $\xi$，使得 $f(\xi)=\xi$。

# 应用与实践

在日常生活与工作中，特别是在经济领域，企业或者个人在进行经济管理决策或者经营决策时，经常需要对贷款或者投资的可行性进行分析。

## 一、复利问题

复利是计算利息的一种方法。复利是指不仅计算本金的利息，而且还要计算利息的利息。也就是说，本期的本金加上利息作为下期计算利息的基数，俗称“利滚利”。

设 $A_0$ 是本金，$r$ 是计息期的利率，$t$ 是计息期数，$A$ 是本利和，则

第一个计息期末的本利和：$A=A_0(1+r)$；

第二个计息期末的本利和：$A=A_0(1+r)+[A_0(1+r)]r=A_0(1+r)^2$；

……

第 $t$ 个计息期末的本利和：$A=A_0(1+r)^t$。

因此，本金为 $A_0$，计息期的利率为 $r$，计息期数为 $t$ 的本利和为

$$A=A_0(1+r)^t \tag{1-1}$$

若每期结算 $m$ 次，则此时每期的利率可认为是 $\frac{r}{m}$，由此推得 $t$ 期末的本利和为

$$A=A_0\left(1+\frac{r}{m}\right)^{mt} \tag{1-2}$$

若每期的结算次数 $m\to\infty$（即每时每刻结算）时，$t$ 期末的本利和为

$$A=\lim_{m\to\infty}A_0\left(1+\frac{r}{m}\right)^{mt}=A_0\lim_{m\to\infty}\left[\left(1+\frac{r}{m}\right)^{mt}\right]=A_0\mathrm{e}^{rt}$$

即
$$A=A_0\mathrm{e}^{rt} \tag{1-3}$$

公式(1-1)、(1-2)称为离散复利公式，公式(1-3)称为连续复利公式。其中 $A_0$ 称为现值（或初值），$A$ 称为终值（或未来值）。显然，用公式(1-3)计算的结果比用公式(1-1)和(1-2)计算的结果要大些。同理，若用 $r$ 表示人口的年平均增长率，$A_0$ 表示原有人口数，则 $A_0e^{rt}$ 表示 $t$ 年末的人口数。

例如，现将 100 元现金存入银行，年利率为 1.98%，分别用离散型和连续型的复利公式计算 10 年末的本利和（不扣利息税）。

**解** 若一年结算一次，10 年末的本利和为

$$A=100(1+0.0198)^{10}\text{ 元}\approx 121.66\text{ 元}$$

而用连续复利公式，10 年末的本利和为 $A=100\mathrm{e}^{0.0198\times 10}$ 元 $\approx 121.90$ 元。

又如，某厂 1980 年的产值为 1000 万元，到 2000 年年末产值翻两番，利用连续复利公式求出每年的平均增长率。

**解** 已知 $A=4000$，$A_0=1000$，$t=20$，将它们代入公式 $A=A_0\mathrm{e}^{rt}$，得

$$4000=1000e^{20r},\quad e^{20r}=4, 20r=\ln4=2\ln2$$

解得 $r=6.93\%$，$r$ 即为所求的平均增长率。

若已知未来值 $A$，求现在值 $A_0$，则称为现值问题。由复利公式(1－1)和(1－2)，得离散现值公式为

$$A_0=A(1+r)^{-t} \tag{1-4}$$

$$A_0=A\left(1+\frac{r}{m}\right)^{-mt} \tag{1-5}$$

$$A_0=Ae^{-rt} \tag{1-6}$$

再如，设年投资收益率为9%，按连续复利公式计算，现投资多少元，10年末可以达200万元？

**解** $A_0=Ae^{-rt}$，而 $A=200$ 万元，$r=0.09$，$t=10$，由此得

$$A_0=200e^{-0.9}(\text{万元})\approx 81.314(\text{万元})$$

## 二、抵押贷款问题

设某两室一厅商品房价值100000元，王某自筹了40000元，要购房还需要贷款60000元，贷款月利率为1%，条件是每月还一些，25年内还清，假如还不起，房子归债权人。问王某具有每月还贷款多少元的能力才能贷款购房呢？

**分析**：起始贷款60000元，贷款月利率 $r=0.01$，贷款期限 $n$(月)＝25(年)×12(月/年)＝300(月)，每月还 $x$ 元，$y_n$ 表示第 $n$ 月仍欠债主的钱。建立模型：

$$y_0=60000$$

$$y_1=y_0(1+r)-x$$

$$y_2=y_1(1+r)-x=y_0(1+r)^2-x[(1+r)+1]$$

$$y_3=y_2(1+r)-x=y_0(1+r)^3-x[(1+r)^2+(1+r)+1]$$

$$=y_0(1+r)^n-\frac{x[(1+r)^n-1]}{r}$$

当贷款还清时，$y_n=0$，可得 $x=\dfrac{y_0r(1+r)^n}{(1+r)^n-1}$。

把 $n=300$，$r=0.01$，$y_0=60000$ 代入得 $x\approx 632$。

即王某具有每月还贷款632元的能力才能贷款。

## 三、融资问题

某企业获投资50万元，该企业将投资作为抵押品向银行贷款，得到相当于抵押品价值的75%的贷款，该企业将此贷款再进行投资，并将再投资作为抵押品又向银行贷款，仍得到相当于抵押品价值的75%的贷款，企业又将此贷款再次进行投资，这样贷款—投资—再投资—再投资，如果反复进行扩大再生产，问该企业可获得投资共计多少万元？

**分析**：设企业获投资本金为 $A$，贷款额占抵押品价值的百分比为 $r(0<r<1)$，第 $n$ 次投资或再投资(贷款)额为 $a_n$，$n$ 次投资与再投资的资金总和为 $S_n$，投资与再投资的资金总和为 $S$。

$a_1=A$

$a_2 = Ar$

$a_3 = Ar^2$

$\vdots$

$a_n = Ar^{n-1}$

则 $$S_n = a_1 + a_2 + a_3 + \cdots + a_n = A + Ar + Ar^2 + \cdots + Ar^{n-1} = \frac{A(1-r^n)}{1-r}$$

$$S = \lim_{n\to\infty} S_n = \lim_{n\to\infty} \frac{A(1-r^n)}{1-r} = \frac{A}{1-r} \left(\lim_{n\to\infty} r^n = 0\right)$$

在本问题中，$A=50$ 万元，$r=0.75$，代入上式得 $S=\frac{50}{1-0.75}$ 万元 $=200$ 万元。

## 本章知识结构图

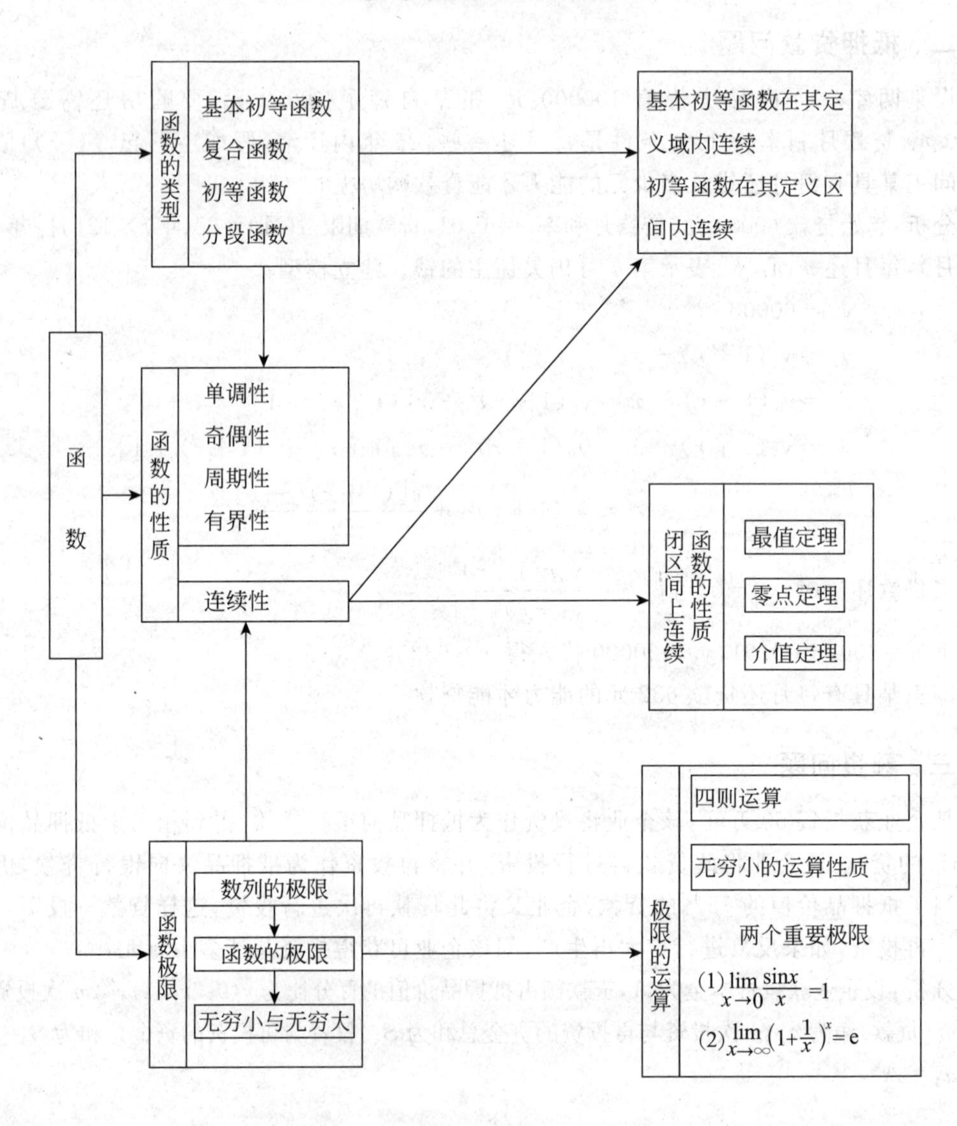

# 复习题一

## A 组

1. 填空题。

(1) 设函数 $f(x)=\begin{cases}1-3x, x\geqslant 0\\ x^2-1, x<0\end{cases}$,则函数值 $f(-3)=$______。

(2) 已知函数 $f(x)=x^2+2x$,则函数 $f\left(\frac{1}{x}\right)=$______。

(3) 复合函数 $y=\sqrt{3x-2}$ 是由______函数复合而成的。

(4) 极限 $\lim\limits_{n\to 0}x^2\sin\frac{1}{x^2}=$______。

(5) 若函数 $f(x)$ 在点 $x_0$ 处连续,则 $\lim\limits_{x\to x_0}[f(x)-f(x_0)]=$______。

(6) 极限 $\lim\limits_{x\to 1}\frac{\sin(x-1)}{x^2-1}=$______。

(7) 设 $f(x)=\begin{cases}x^2+m, x\geqslant 0\\ 2\cos x, x<0\end{cases}$,若 $\lim\limits_{x\to 0}f(x)$ 存在,则 $m=$______。

(8) 若 $x\to\infty$ 时,$f(x)$ 与 $\frac{1}{x}$ 是等价无穷小量,则 $\lim\limits_{x\to\infty}xf(x)=$______。

(9) 设函数 $f(x)=\begin{cases}(1-x)^{\frac{1}{x}}, & x\neq 0\\ a, & x=0\end{cases}$,在点 $x=0$ 处连续,则 $a=$______。

(10) 设函数 $f(x)$ 在点 $x=1$ 处连续,且 $f(1)=3$,则 $\lim\limits_{x\to 1}f(x)=$______。

2. 单项选择题。

(1) 下列各对函数中(　　)是同一个函数。

A. $f(x)=\frac{x^2}{x}$ 与 $g(x)=x$　　B. $f(x)=e^{\ln x}$ 与 $g(x)=x$

C. $f(x)=\sqrt{x^2}$ 与 $g(x)=|x|$　　D. $f(x)=\sin^2x+\cos^2x$ 与 $g(x)=1$

(2) 已知函数 $f(x)$ 的定义域为$[0,1]$,则复合函数 $f(3x-1)$ 的定义域是(　　)。

A. $[0,1]$　　B. $\left[-\frac{1}{3},\frac{2}{3}\right]$

C. $\left[\frac{1}{3},\frac{2}{3}\right]$　　D. $\left[-\frac{1}{3},\frac{1}{3}\right]$

(3) 函数 $y=\sin 2x$ 在其定义域内不是(　　)。

A. 周期函数　　B. 有界函数

C. 奇函数　　D. 单调函数

(4) 极限 $\lim\limits_{x\to x_0^-}f(x)$ 与 $\lim\limits_{x\to x_0^+}f(x)$ 都存在是函数极限 $\lim\limits_{x\to x_0}f(x)$ 存在的(　　)。

A. 充分非必要条件　　B. 必要非充分条件

C. 充要条件　　D. 无关条件

(5) 若极限$\lim\limits_{x\to\infty}f(x)=A$,$\lim\limits_{x\to\infty}g(x)=A$($A$ 为有限值),则下列等式中(　　)不一定成立。

A. $\lim\limits_{x\to\infty}[f(x)+g(x)]=2A$　　B. $\lim\limits_{x\to\infty}[f(x)-g(x)]=0$

C. $\lim\limits_{x\to\infty}f(x)\cdot g(x)=A^2$　　D. $\lim\limits_{x\to\infty}\dfrac{f(x)}{g(x)}=1$

(6) 若$\lim\limits_{x\to1}\dfrac{ax^2+x-3}{x-1}=b$,则常数 $a$、$b$ 的值为(　　)。

A. $a=2,b=5$　　B. $a=2,b=-5$

C. $a=-2,b=5$　　D. $a=-2,b=-5$

(7) 当(　　)时,变量 $y=\dfrac{x+1}{x-2}$是无穷小量。

A. $x\to2$　　B. $x\to\infty$　　C. $x\to1$　　D. $x\to-1$

(8) 若极限$\lim\limits_{x\to\infty}\left(1+\dfrac{k}{x}\right)^x=e^2$,则有(　　)成立。

A. $k=2$　　B. $k=-2$　　C. $k=\dfrac{1}{2}$　　D. $k=-\dfrac{1}{2}$

3. 求下列极限。

(1) $\lim\limits_{x\to\infty}\dfrac{x^4+2}{(3x^2+1)^2}$　　(2) $\lim\limits_{x\to3}\dfrac{x-3}{\sqrt{x-2}-1}$

(3) $\lim\limits_{x\to4}\sqrt{2x-3}$　　(4) $\lim\limits_{x\to\infty}\left(1-\dfrac{3}{x}\right)^x$

(5) $\lim\limits_{x\to1}\dfrac{\sin(x-1)}{x-1}$　　(6) $\lim\limits_{x\to0}x^2\cos\dfrac{1}{x}$

(7) $\lim\limits_{x\to0}(1-3x)^{\frac{3}{x}}$　　(8) $\lim\limits_{x\to\infty}\left(\dfrac{x-1}{x}\right)^x$

4. 讨论函数 $f(x)=\begin{cases}\dfrac{\ln(1-x)}{x}, & x<0\\ 1, & x=0\\ \dfrac{\ln(1+x)}{x}, & x>0\end{cases}$在 $x=0$ 处的连续性。

5. 求函数 $f(x)=\sin x+\dfrac{1}{x(x-1)}$的间断点。

## B　组

1. 填空题。

(1) $\lim\limits_{x\to0}\dfrac{e-e^{\cos x}}{\sqrt[3]{1+x^2}-1}=$__________.

(2) 设函数 $f(x)=\begin{cases}x^2+1, & |x|\leqslant c\\ \dfrac{2}{|x|}, & |x|>c\end{cases}$ 在 $(-\infty,+\infty)$ 内连续，则 $c=$________。

(3) 若 $\lim\limits_{x\to 0}\dfrac{\sin x}{e^x-a}(\cos x-b)=5$，则 $a=$________，$b=$________。

(4) $\lim\limits_{x\to\infty}\dfrac{x^3+x^2+1}{2^x+x^3}(\sin x+\cos x)$________。

(5) $\lim\limits_{n\to\infty}\left(\dfrac{n+1}{n}\right)^{(-1)^n}=$________。

(6) 极限 $\lim\limits_{x\to\infty}x\sin\dfrac{2x}{x^2+1}=$________。

2. 选择题。

(1) 已知当 $x\to 0$ 时，函数 $f(x)=3\sin x-\sin 3x$ 与 $cx^k$ 是等价无穷小，则(　　)。

A. $k=1,c=4$　　B. $k=1,c=-4$　　C. $k=3,c=4$　　D. $k=3,c=-4$

(2) 若 $\lim\limits_{x\to 0}\left[\dfrac{1}{x}-\left(\dfrac{1}{x}-a\right)e^x\right]=1$，则 $a$ 等于(　　)。

A. 0　　B. 1　　C. 2　　D. 3

(3) 函数 $f(x)=\dfrac{x-x^3}{\sin\pi x}$ 的可去间断点的个数为(　　)个。

A. 1　　B. 2　　C. 3　　D. 无穷多

(4) 当 $x\to 0$ 时，$f(x)=x-\sin ax$ 与 $g(x)=x^2\ln(1-bx)$ 是等价无穷小，则(　　)。

A. $a=1,b=-\dfrac{1}{6}$　　B. $a=1,b=\dfrac{1}{6}$

C. $a=-1,b=-\dfrac{1}{6}$　　D. $a=-1,b=\dfrac{1}{6}$

(5) 当 $x\to 0^+$ 时，与 $\sqrt{x}$ 等价的无穷小量是(　　)。

A. $1-e^{\sqrt{x}}$　　B. $\ln(1+\sqrt{x})$

C. $\sqrt{1+\sqrt{x}}-1$　　D. $1-\cos\sqrt{x}$

(6) 设 $f(x)$ 在 $(-\infty,+\infty)$ 内有定义，且 $\lim\limits_{x\to\infty}f(x)=a$，$g(x)=\begin{cases}f\left(\dfrac{1}{x}\right), & x\neq 0\\ 0, & x=0\end{cases}$，则(　　)。

A. $x=0$ 必是 $g(x)$ 的第一类间断点

B. $x=0$ 必是 $g(x)$ 的第二类间断点

C. $x=0$ 必是 $g(x)$ 的连续点

D. $g(x)$ 在点 $x=0$ 处的连续性与 $a$ 的值有关

3. 计算题。

(1) 求极限 $\lim\limits_{x\to 0}\dfrac{\sqrt{1+2\sin x}-x-1}{x\ln(1+x)}$。

(2) 求极限 $\lim\limits_{x\to+\infty}\left(x^{\frac{1}{x}}-1\right)^{\frac{1}{\ln x}}$。

(3) 求极限 $\lim\limits_{x\to0}\dfrac{1}{x^2}\ln\dfrac{\sin x}{x}$。

(4) 求 $\lim\limits_{x\to0}\left(\dfrac{1+x}{1-\mathrm{e}^{-x}}-\dfrac{1}{x}\right)$。

(5) 求 $\lim\limits_{x\to0}\left(\dfrac{1}{\sin^2 x}-\dfrac{\cos^2 x}{x^2}\right)$。

4. 证明：$4\arctan x-x+\dfrac{4\pi}{3}-\sqrt{3}=0$ 恰有 2 个实根。

# 第二章　导数与微分

微分学是微积分的重要组成部分，它的基本概念是导数和微分。其中导数是反映函数相对于自变量变化快慢程度的概念，即变化率；微分反映当自变量有微小变化时，函数大约有多少变化。本章从实际问题出发，引入导数与微分的概念，并讨论导数与微分的计算方法及其应用。

## 第一节　导数的概念

★ 基础模块

### 一、问题的提出

**引例 1**　变速直线运动的速度问题。

设一质点从点 $O$ 出发做变速直线运动，其运动方程为 $s=s(t)$。求质点在任一时刻 $t_0$ 的瞬时速度，如图 2-1 所示。

当质点做匀速直线运动时，其速度 $v$ 等于经过的路程 $s$ 与所用时间 $t$ 之比，即

$$v=\frac{s}{t}$$

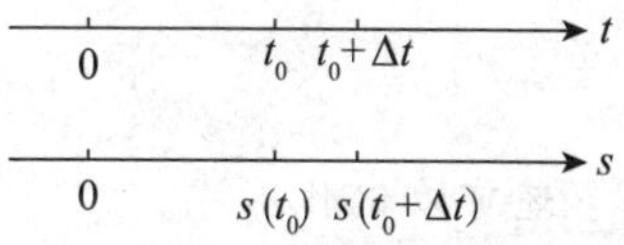

图 2-1

设变速直线运动的质点在时刻 $t_0$ 到 $t_0+\Delta t$ 内所经过的路程为 $\Delta s$，即

$$\Delta s=s(t_0+\Delta t)-s(t_0)$$

则在时间段 $\Delta t$ 内的平均速度

$$\bar{v}=\frac{\Delta s}{\Delta t}=\frac{s(t_0+\Delta t)-s(t_0)}{\Delta t}$$

显然，时间段 $\Delta t$ 越小，质点运动速度变化越小，可近似看作匀速直线运动，平均速度 $\bar{v}$ 越接近质点在 $t_0$ 时刻的瞬时速度 $v(t_0)$。即当 $\Delta t\to 0$ 时，平均速度 $\bar{v}$ 的极限便是质点在 $t_0$ 时刻的瞬时速度，

$$v(t_0)=\lim_{\Delta t\to 0}\frac{\Delta s}{\Delta t}=\lim_{\Delta t\to 0}\frac{s(t_0+\Delta t)-s(t_0)}{\Delta t}$$

**引例 2**　曲线的切线斜率问题。

设一曲线方程为 $y=f(x)$，求曲线上任一点 $M_0(x_0,y_0)$ 的切线斜率。在曲线 $y=f(x)$ 上的点 $M_0(x_0,y_0)$ 近旁任取一点 $M(x_0+\Delta x,y_0+\Delta y)$ 作割线 $MM_0$，如图 2-2 所示。

设割线 $MM_0$ 的倾斜角为 $\beta\left(\beta\neq\frac{\pi}{2}\right)$，则割线的斜率为

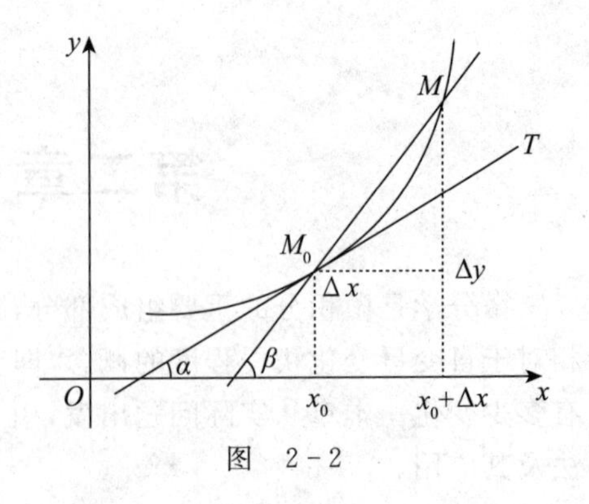

图 2-2

$$k_1=\tan\beta=\frac{\Delta y}{\Delta x}=\frac{f(x_0+\Delta x)-f(x_0)}{\Delta x}$$

当 $\Delta x\to 0$ 时，点 $M$ 沿曲线无限趋近于点 $M_0$，此时割线 $MM_0$ 就无限趋近于 $M_0$ 处的切线 $M_0T$，割线 $MM_0$ 的斜率 $k_1$ 的极限值就是切线 $M_0T$ 的斜率 $k$，即

$$k=\lim_{\Delta x\to 0}k_1=\lim_{\Delta x\to 0}\frac{\Delta y}{\Delta x}=\lim_{\Delta x\to 0}\frac{f(x_0+\Delta x)-f(x_0)}{\Delta x}$$

上述两个问题，虽然实际意义不同，但从数量关系来看，它们有相同的数学形式：当自变量的改变量趋于零时，求函数的改变量与自变量的改变量之比的极限。还有许多实际问题，比如电流强度、线密度、角速度、比热等，都可归结为这类比的极限，我们把它定义为导数。

## 二、导数的定义

**定义** 设函数 $y=f(x)$ 在点 $x_0$ 的某邻域内有定义，自变量 $x$ 在点 $x_0$ 处有改变量 $\Delta x(\Delta x\neq 0)$，相应的函数改变量 $\Delta y=f(x_0+\Delta x)-f(x_0)$。当 $\Delta x\to 0$ 时，若比值 $\frac{\Delta y}{\Delta x}$ 的极限存在，则称函数 $y=f(x)$ 在点 $x_0$ 处可导，并称此极限值为函数 $y=f(x)$ 在点 $x_0$ 处的导数值，记作 $f'(x_0)$，即

$$f'(x_0)=\lim_{\Delta x\to 0}\frac{\Delta y}{\Delta x}=\lim_{\Delta x\to 0}\frac{f(x_0+\Delta x)-f(x_0)}{\Delta x}$$

还可以记作：

$$y'\big|_{x=x_0}\quad 或\quad \frac{\mathrm{d}y}{\mathrm{d}x}\Big|_{x=x_0}\quad 或\quad \frac{\mathrm{d}}{\mathrm{d}x}f(x)\Big|_{x=x_0}$$

如果极限 $\lim\limits_{\Delta x\to 0}\frac{\Delta y}{\Delta x}$ 不存在，则称函数 $y=f(x)$ 在点 $x_0$ 处不可导。

**注意**：导数的定义式也可取其他的不同形式，常见的有

$$f'(x_0)=\lim_{h\to 0}\frac{f(x_0+h)-f(x_0)}{h}$$

或

$$f'(x_0)=\lim_{x\to x_0}\frac{f(x)-f(x_0)}{x-x_0}$$

如果函数 $y=f(x)$ 在区间 $(a,b)$ 内任意点 $x$ 处都可导，则称函数 $y=f(x)$ 在区间 $(a,b)$ 内可导。对每一个 $x\in(a,b)$ 都对应着函数 $y=f(x)$ 的一个导数值，于是得到一个新的函数 $f'(x)$，这个新的函数 $f'(x)$ 称为函数 $y=f(x)$ 的导函数，简称为导数，记作 $f'(x)$，即

$$f'(x)=\lim_{\Delta x\to 0}\frac{\Delta y}{\Delta x}=\lim_{\Delta x\to 0}\frac{f(x+\Delta x)-f(x)}{\Delta x}$$

还可以记作：

$$y' \quad 或 \quad \frac{\mathrm{d}y}{\mathrm{d}x} \quad 或 \quad \frac{\mathrm{d}}{\mathrm{d}x}f(x)$$

显然，函数 $y=f(x)$ 在点 $x_0$ 处的导数值 $f'(x_0)$，就是导函数 $f'(x)$ 在点 $x_0$ 的函数值，即

$$f'(x_0)=f'(x)\big|_{x=x_0}$$

由导数的定义可知：引例 1 中变速直线运动 $s=s(t)$ 的质点在 $t_0$ 时刻的瞬时速度为 $v(t_0)=s'(t_0)$；引例 2 中曲线 $y=f(x)$ 在点 $M(x_0,y_0)$ 处切线的斜率 $k=f'(x_0)$。

通常，按照导数定义求导数的步骤如下：① 求增量 $\Delta y=f(x+\Delta x)-f(x)$；② 算比值 $\frac{\Delta y}{\Delta x}$；③ 取极限 $\lim\limits_{\Delta x\to 0}\frac{\Delta y}{\Delta x}$。

**例 1**　求常量函数 $y=C$ 的导数。

**解**　因为 $f'(x)=\lim\limits_{\Delta x\to 0}\frac{\Delta y}{\Delta x}=\lim\limits_{\Delta x\to 0}\frac{f(x+\Delta x)-f(x)}{\Delta x}=\lim\limits_{\Delta x\to 0}\frac{C-C}{\Delta x}=0$

所以

$$(C)'=0$$

**例 2**　求函数 $f(x)=x^2$ 在点 $x=2$ 处的导数。

**解**

$$\Delta y=f(2+\Delta x)-f(2)=(2+\Delta x)^2-2^2=4\Delta x+(\Delta x)^2$$

$$\frac{\Delta y}{\Delta x}=\frac{4\Delta x+(\Delta x)^2}{\Delta x}=4+\Delta x$$

所以

$$f'(2)=\lim_{\Delta x\to 0}\frac{\Delta y}{\Delta x}=\lim_{\Delta x\to 0}(4+\Delta x)=4$$

**例 3**　求函数 $f(x)=\sqrt{x}\,(x>0)$ 的导数 $f'(x)$，并求 $f'(4)$，$f'(\pi)$。

**解**

$$\Delta y=f(x+\Delta x)-f(x)=\sqrt{x+\Delta x}-\sqrt{x}$$

$$\frac{\Delta y}{\Delta x}=\frac{\sqrt{x+\Delta x}-\sqrt{x}}{\Delta x}$$

$$f'(x)=\lim_{\Delta x\to 0}\frac{\Delta y}{\Delta x}=\lim_{\Delta x\to 0}\frac{\sqrt{x+\Delta x}-\sqrt{x}}{\Delta x}$$

$$=\lim_{\Delta x\to 0}\frac{\left(\sqrt{x+\Delta x}-\sqrt{x}\right)\left(\sqrt{x+\Delta x}+\sqrt{x}\right)}{\Delta x\left(\sqrt{x+\Delta x}+\sqrt{x}\right)}$$

$$=\lim_{\Delta x\to 0}\frac{1}{\sqrt{x+\Delta x}+\sqrt{x}}=\frac{1}{2\sqrt{x}}$$

所以

$$f'(4)=\frac{1}{2\sqrt{4}}=\frac{1}{4},\quad f'(\pi)=\frac{1}{2\sqrt{\pi}}=\frac{\sqrt{\pi}}{2\pi}$$

**例 4**　求幂函数 $y=f(x)=x^n\,(n\in\mathbf{Z}^+)$ 的导数。

**解**　因为 $f'(x)=\lim\limits_{\Delta x\to 0}\frac{\Delta y}{\Delta x}=\lim\limits_{\Delta x\to 0}\frac{f(x+\Delta x)-f(x)}{\Delta x}$

$$=\lim_{\Delta x\to 0}\frac{(x+\Delta x)^n-x^n}{\Delta x}$$

$$=\lim_{\Delta x\to 0}\frac{C_n^0x^n+C_n^1x^{n-1}(\Delta x)+\cdots+C_n^kx^{n-k}(\Delta x)^k+\cdots+C_n^n(\Delta x)^n-x^n}{\Delta x}$$
$$=\lim_{\Delta x\to 0}[nx^{n-1}+C_n^2x^{n-2}(\Delta x)+\cdots+C_n^kx^{n-k}(\Delta x)^{k-1}+\cdots+C_n^n(\Delta x)^{n-1}]$$
$$=nx^{n-1}$$

所以
$$(x^n)'=nx^{n-1}$$

可以证明,对任意实数 $\alpha$,也有 $(x^\alpha)'=\alpha x^{\alpha-1}$。

同样,利用导数的定义可以推出下列函数的导数公式:

$$(\sin x)'=\cos x\quad(\cos x)'=-\sin x\quad(\log_a x)'=\frac{1}{x\ln a}\quad(\ln x)'=\frac{1}{x}$$

## 三、导数的几何意义

由引例2可知,函数 $y=f(x)$ 在点 $x=x_0$ 处的导数 $f'(x_0)$ 表示曲线 $y=f(x)$ 上点 $M_0(x_0,y_0)$ 的切线斜率,这就是导数的几何意义。如图2-3所示。若切线的倾斜角为 $\alpha$,则

$$k=\tan\alpha=f'(x_0)$$

**注意**:如果 $f'(x_0)$ 为无穷大,此时函数 $y=f(x)$ 在点 $x=x_0$ 处不可导,切线斜率 $k=\tan\alpha$ 不存在;当曲线 $y=f(x)$ 在点 $M_0(x_0,y_0)$ 处连续时,曲线 $y=f(x)$ 在点 $M_0$ 处有垂直于 $x$ 轴的切线。

在工程技术上经常要用到法线的有关知识,通常把过切点且与切线垂直的直线称为法线。

根据导数的几何意义及直线方程的点斜式可得:过曲线 $y=f(x)$ 上点 $M_0(x_0,y_0)$ 的切线方程为

$$y-y_0=f'(x_0)(x-x_0)$$

对应的法线方程为

$$y-y_0=-\frac{1}{f'(x_0)}(x-x_0),\quad(f'(x_0)\neq 0)$$

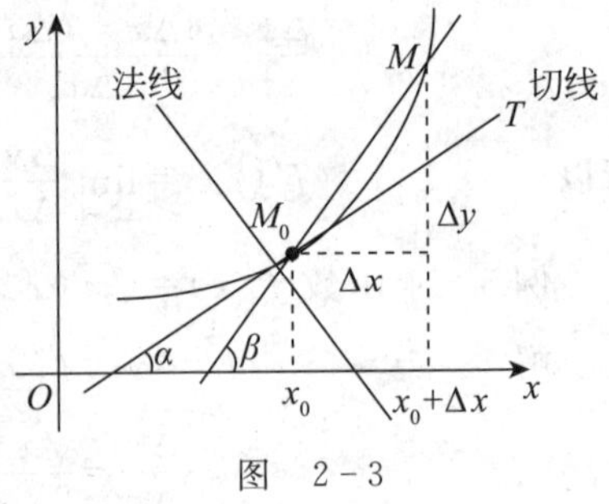

图 2-3

当 $f'(x_0)=0$ 时,切线方程为 $y=y_0$,法线方程为 $x=x_0$。

**例5** 求曲线 $y=\sqrt{x}$ 在点(4,2)处的切线方程与法线方程。

**解** 由例3知 $y'=\frac{1}{2\sqrt{x}}$,可得切线斜率 $k_{切}=y'|_{x=4}=\frac{1}{2\sqrt{4}}=\frac{1}{4}$,法线斜率为 $k_{法}=-4$,故所求切线方程为

$$y-2=\frac{1}{4}(x-4)$$

即

$$x-4y+4=0$$

而法线方程为

$$y-2=-4(x-4)$$

即

$$4x+y-18=0$$

## 四、可导与连续的关系

函数 $y=f(x)$ 在某一点 $x_0$ 处可导与连续有以下关系。

**定理** 如果函数 $y=f(x)$ 在点 $x_0$ 处可导，则函数 $y=f(x)$ 在点 $x_0$ 处连续。

该定理的逆命题不一定成立。例如，函数 $y=\sqrt[3]{x}$ 在点 $x=0$ 处是连续的，但不可导。因为 $\Delta y=\sqrt[3]{0+\Delta x}-\sqrt[3]{0}=\sqrt[3]{\Delta x}$，而 $\lim\limits_{\Delta x\to 0}\dfrac{\Delta y}{\Delta x}=\lim\limits_{\Delta x\to 0}\dfrac{\sqrt[3]{\Delta x}}{\Delta x}=\lim\limits_{\Delta x\to 0}\dfrac{1}{\sqrt[3]{(\Delta x)^2}}=\infty$，也即极限 $\lim\limits_{\Delta x\to 0}\dfrac{\Delta y}{\Delta x}$ 不存在，所以 $y=\sqrt[3]{x}$ 在点 $x=0$ 处不可导，而 $y=\sqrt[3]{x}$ 在点 $x=0$ 处是连续的，如图 2-4 所示。

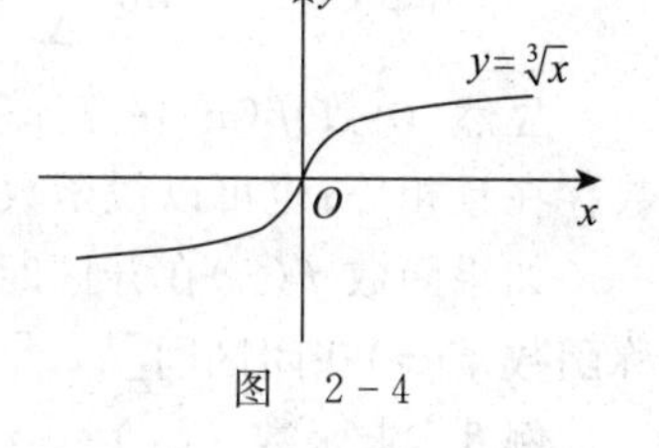

图 2-4

**★★ 扩展模块**

**例 6** 函数 $y=f(x)=\sin x$，求 $f'(x)$。

**解**

$$f'(x)=\lim_{\Delta x\to 0}\frac{\Delta y}{\Delta x}=\lim_{\Delta x\to 0}\frac{\sin(x+\Delta x)-\sin x}{\Delta x}$$

$$=\lim_{\Delta x\to 0}\frac{2\cos\left(x+\dfrac{\Delta x}{2}\right)\sin\dfrac{\Delta x}{2}}{\Delta x}$$

$$=\lim_{\Delta x\to 0}\cos\left(x+\frac{\Delta x}{2}\right)\cdot\lim_{\frac{\Delta x}{2}\to 0}\frac{\sin\dfrac{\Delta x}{2}}{\dfrac{\Delta x}{2}}=\cos x$$

**例 7** 设函数 $y=f(x)=\log_a x(a>0,a\neq 1)$，求 $f'(x)$。

**解**

$$f'(x)=\lim_{\Delta x\to 0}\frac{\Delta y}{\Delta x}=\lim_{\Delta x\to 0}\frac{\log_a(x+\Delta x)-\log_a x}{\Delta x}$$

$$=\lim_{\Delta x\to 0}\left[\log_a\left(1+\frac{\Delta x}{x}\right)^{\frac{1}{\Delta x}}\right]=\log_a\left[\lim_{\Delta x\to 0}\left(1+\frac{\Delta x}{x}\right)^{\frac{x}{\Delta x}\cdot\frac{1}{x}}\right]$$

$$=\log_a\left[\lim_{\frac{\Delta x}{x}\to 0}\left(1+\frac{\Delta x}{x}\right)^{\frac{x}{\Delta x}}\right]^{\frac{1}{x}}$$

$$=\log_a e^{\frac{1}{x}}=\frac{1}{x}\log_a e=\frac{1}{x\ln a}$$

根据函数 $y=f(x)$ 在点 $x_0$ 处的导数的定义式 $f'(x_0)=\lim\limits_{\Delta x\to 0}\dfrac{\Delta y}{\Delta x}=\lim\limits_{\Delta x\to 0}\dfrac{f(x_0+\Delta x)-f(x_0)}{\Delta x}$，求导数时，$x\to x_0$ 的方式是任意的。若 $x$ 仅从 $x_0$ 的左侧趋于 $x_0$（记作 $\Delta x\to 0^-$ 或 $x\to x_0^-$）时，极限

$$\lim_{\Delta x\to 0^-}\frac{\Delta y}{\Delta x}=\lim_{\Delta x\to 0^-}\frac{f(x_0+\Delta x)-f(x_0)}{\Delta x}$$

存在，则称该极限为函数 $y=f(x)$ 在点 $x_0$ 处的左导数，记为 $f'_-(x_0)$，即

$$f'_-(x_0)=\lim_{\Delta x\to 0^-}\frac{\Delta y}{\Delta x}=\lim_{\Delta x\to 0^-}\frac{f(x_0+\Delta x)-f(x_0)}{\Delta x}=\lim_{x\to x_0^-}\frac{f(x)-f(x_0)}{x-x_0}$$

类似地，可定义函数 $y=f(x)$ 在点 $x_0$ 处的右导数：

$$f'_+(x_0)=\lim_{\Delta x\to 0^+}\frac{\Delta y}{\Delta x}=\lim_{\Delta x\to 0^+}\frac{f(x_0+\Delta x)-f(x_0)}{\Delta x}=\lim_{x\to x_0^+}\frac{f(x)-f(x_0)}{x-x_0}$$

显然，函数 $f(x)$ 在点 $x_0$ 处可导的充要条件是：函数 $f(x)$ 在点 $x_0$ 处的左导数和右导数存在且相等；也可以说函数 $f(x)$ 在点 $x_0$ 处既左可导又右可导。

如果函数 $f(x)$ 在开区间 $(a,b)$ 内可导，且函数 $f(x)$ 在 $a$ 点右可导和在 $b$ 点左可导，则称函数 $f(x)$ 在闭区间 $[a,b]$ 上可导。

**例 8** 求函数 $f(x)=|x|$ 在点 $x=0$ 处的导数。

**解**

$$\Delta y=f(0+\Delta x)-f(0)=|0+\Delta x|-|0|=|\Delta x|$$

$$\frac{\Delta y}{\Delta x}=\frac{|\Delta x|}{\Delta x}$$

点 $x=0$ 处的左导数 $$f'_-(0)=\lim_{\Delta x\to 0^-}\frac{\Delta y}{\Delta x}=\lim_{\Delta x\to 0^-}\frac{|\Delta x|}{\Delta x}=-1$$

点 $x=0$ 处的右导数 $$f'_+(0)=\lim_{\Delta x\to 0^+}\frac{\Delta y}{\Delta x}=\lim_{\Delta x\to 0^+}\frac{|\Delta x|}{\Delta x}=1$$

因为函数 $f(x)=|x|$ 在点 $x=0$ 处的左右导数不相等，所以函数 $f(x)=|x|$ 在点 $x=0$ 处的导数不存在。

**例 9** 证明 43 页的定理。

**证明** 因为函数 $y=f(x)$ 在 $x_0$ 处可导，所以

$$f'(x_0)=\lim_{\Delta x\to 0}\frac{\Delta y}{\Delta x}$$

根据极限与无穷小量的关系，得

$$\frac{\Delta y}{\Delta x}-f'(x_0)=\alpha \quad (\text{当 } \Delta x\to 0 \text{ 时，}\alpha \text{ 为无穷小量})$$

于是

$$\Delta y=f'(x_0)\Delta x+\alpha\Delta x$$

所以

$$\lim_{\Delta x\to 0}\Delta y=\lim_{\Delta x\to 0}[f'(x_0)\Delta x+\alpha\Delta x]=0$$

可见，函数 $y=f(x)$ 在点 $x_0$ 处连续。

## 习题 2-1

### A 组

1. 求曲线 $y=x^2$ 在点 $(2,4)$ 处的切线方程与法线方程。

2. 在曲线 $y=x^3$ 上求一点，使曲线在该点的切线斜率等于 12。

3. 判断下列命题是否正确。

(1) 若函数 $y=f(x)$ 在点 $x_0$ 处不可导，则 $y=f(x)$ 在点 $x_0$ 处间断。

(2) 若曲线 $y=f(x)$ 点 $x_0$ 处有切线，则 $y=f(x)$ 在该点处可导。

(3) 若 $f'(x_0)$ 存在，则 $\lim\limits_{x\to x_0} f(x)$ 存在。

(4) 若 $f(x)$ 在 $x_0$ 处可导，则 $f(x)$ 在 $x_0$ 处必有定义。

(5) 若 $f'(x_0)=0$，则曲线在该点处的切线平行于 $x$ 轴。

4. 以初速度 $v_0$ 向上抛一物体，经过 $t$s 后，其上升高度为 $h(t)=v_0t-\frac{1}{2}gt^2$，求：

(1) 物体从时刻 $t_0$ 到 $t_0+\Delta t$ 这段时间内所走过的距离 $\Delta h$ 及平均速度 $\bar{v}$；

(2) 物体在 $t_0$s 时的瞬时速度 $v(t_0)$；

(3) 若 $v_0=10\text{m/s}$，$g=9.8\text{m/s}^2$，求当 $t_0=1\text{s}$ 时的瞬时速度。

B 组

1. 利用导数的定义求函数 $y=3x^2+2x-1$ 在点 $x=1$ 处的导数值。

2. 利用导数的定义求下列函数的导数。

(1) $y=x^3$　　(2) $y=2x+1$

3. 问 $a$、$b$ 为何值时，才能使函数 $f(x)=\begin{cases} x^2, & x\leqslant 2 \\ ax+b, & x>2 \end{cases}$，在点 $x=2$ 处连续且可导？

4. 讨论函数 $y=\begin{cases} x\sin\dfrac{1}{x}, & x\neq 0 \\ 0 & x=0 \end{cases}$，在 $x=0$ 处的连续性与可导性。

5. 如果函数 $f(x)$ 为偶函数，且 $f'(0)$ 存在，证明 $f'(0)=0$。

6. 设函数 $g(x)$ 在 $a$ 点连续，证明函数 $f(x)=(x-a)\cdot g(x)$ 在 $a$ 点可导，并求 $f'(a)$。

## 第二节　函数的求导法则

利用导数的定义，可以计算函数的导数，但计算比较烦琐，甚至很困难。本节将学习函数的导数运算及求导法则，以简化求导数的计算。

★ 基础模块

### 一、导数的四则运算

**定理 1**（导数的四则运算法则）　若函数 $u=u(x)$ 和 $v=v(x)$ 都在点 $x$ 处可导，那么函数 $u(x)\pm v(x)$，$u(x)v(x)$，$\dfrac{u(x)}{v(x)}(v(x)\neq 0)$，都在点 $x$ 处可导，并且

(1) $[u(x)\pm v(x)]'=u'(x)\pm v'(x)$；

(2) $[u(x)v(x)]'=u'(x)v(x)+u(x)v'(x)$；

(3) $\left[\dfrac{u(x)}{v(x)}\right]'=\dfrac{u'(x)v(x)-u(x)v'(x)}{[v(x)]^2}$。

**特别地**：当 $u(x)=C$（常数）时，有 $[Cv(x)]'=Cv'(x)$。

法则(1)、(2) 可推广到有限个可导函数的情形，即

如果 $u_1=u_1(x), u_2=u_2(x), \cdots, u_n=u_n(x)$ 都可导，则

(1) $(u_1 \pm u_2 \pm \cdots \pm u_n)'=u_1' \pm u_2' \pm \cdots \pm u_n'$；

(2) $(u_1 u_2 \cdots u_n)'=u_1' u_2 \cdots u_n+u_1 u_2' u_3 \cdots u_n+\cdots+u_1 u_2 \cdots u_{n-1} u_n'$。

**例 1** 设 $f(x)=2x^2+x\sin x-\lg 2$，求 $f'(x)$。

**解**
$$\begin{aligned} f'(x) &= (2x^2+x\sin x-\lg 2)'=(2x^2)'+(x\sin x)'-(\lg 2)' \\ &= 4x+(x)'\sin x+x(\sin x)'-0=4x+\sin x+x\cos x \end{aligned}$$

**例 2** 设 $f(x)=\dfrac{1+\ln x}{x}$，求 $f'(x)$ 及 $f'(\mathrm{e})$。

**解** $f'(x)=\left(\dfrac{1+\ln x}{x}\right)'=\dfrac{(1+\ln x)'x-(1+\ln x)(x)'}{x^2}=\dfrac{\dfrac{1}{x}\cdot x-(1+\ln x)\cdot 1}{x^2}=-\dfrac{\ln x}{x^2}$

$$f'(\mathrm{e})=-\frac{\ln \mathrm{e}}{\mathrm{e}^2}=-\mathrm{e}^{-2}$$

**例 3** 求函数 $y=\tan x$ 的导数。

**解**
$$\begin{aligned} y' &= (\tan x)'=\left(\frac{\sin x}{\cos x}\right)'=\frac{(\sin x)'\cos x-\sin x(\cos x)'}{\cos^2 x} \\ &= \frac{\cos^2 x+\sin^2 x}{\cos^2 x}=\frac{1}{\cos^2 x}=\sec^2 x \end{aligned}$$

类似可得 $(\cot x)'=-\csc^2 x$

**例 4** 求函数 $y=\sec x$ 的导数。

**解**
$$\begin{aligned} y' &= (\sec x)'=\left(\frac{1}{\cos x}\right)'=\frac{(1)'\cdot\cos x-1\cdot(\cos x)'}{\cos^2 x} \\ &= \frac{\sin x}{\cos^2 x}=\sec x\cdot\tan x \end{aligned}$$

类似可得 $(\csc x)'=-\csc x\cdot\cot x$

至此，我们得到以下基本初等函数求导公式。

(1) 常数函数：$(C)'=0$ （$C$ 为常数）。

(2) 幂函数：$(x^\alpha)'=\alpha x^{\alpha-1}$ （$\alpha$ 为实数）。

(3) 三角函数：

$(\sin x)'=\cos x$； $(\cos x)'=-\sin x$；

$(\tan x)'=\sec^2 x$； $(\cot x)'=-\csc^2 x$；

$(\sec x)'=\sec x\cdot\tan x$； $(\csc x)'=-\csc x\cdot\cot x$。

(4) 对数函数：

$(\log_a x)'=\dfrac{1}{x\ln a}$； $(\ln x)'=\dfrac{1}{x}$。

## 二、复合函数的导数

**定理 2**（复合函数求导法则） 若函数 $u=\varphi(x)$ 在点 $x$ 处可导，函数 $y=f(u)$ 在对应点

$u$ 处可导，则复合函数 $y=f[\varphi(x)]$ 在点 $x$ 处可导，且

$$y'_x=y'_u\cdot u'_x$$

或者

$$y'_x=f'(u)\cdot\varphi'(x)\quad 或\quad \frac{\mathrm{d}y}{\mathrm{d}x}=\frac{\mathrm{d}y}{\mathrm{d}u}\cdot\frac{\mathrm{d}u}{\mathrm{d}x}$$

**证明** 设 $x$ 有增量 $\Delta x$，则对应的 $u$、$y$ 分别有增量 $\Delta u$、$\Delta y$。因为 $u=\varphi(x)$ 在点 $x$ 处可导，所以 $u=\varphi(x)$ 在点 $x$ 处连续。因此当 $\Delta x\to 0$ 时，$\Delta u\to 0$；当 $\Delta u\neq 0$ 时，由

$$\frac{\Delta y}{\Delta x}=\frac{\Delta y}{\Delta u}\cdot\frac{\Delta u}{\Delta x}\quad 及\quad \lim_{\Delta x\to 0}\frac{\Delta y}{\Delta u}=\lim_{\Delta u\to 0}\frac{\Delta y}{\Delta u}$$

得

$$\lim_{\Delta x\to 0}\frac{\Delta y}{\Delta x}=\lim_{\Delta x\to 0}\frac{\Delta y}{\Delta u}\lim_{\Delta x\to 0}\frac{\Delta u}{\Delta x}=\lim_{\Delta u\to 0}\frac{\Delta y}{\Delta u}\cdot\lim_{\Delta x\to 0}\frac{\Delta u}{\Delta x}$$

即

$$\frac{\mathrm{d}y}{\mathrm{d}x}=\frac{\mathrm{d}y}{\mathrm{d}u}\cdot\frac{\mathrm{d}u}{\mathrm{d}x}$$

也就是：复合函数对自变量的导数等于复合函数对中间变量的导数乘以中间变量对自变量的导数。该法则可推广到有限多个中间变量的复合函数上。

**例 5** 求下列函数的导数。

(1) $y=(3x+2)^{10}$　　　(2) $y=\mathrm{e}^{2x}$

**解**

(1) 设 $y=u^{10}$，$u=3x+2$，则 $y'_u=10u^9$，$u'_x=3$，从而

$$y'_x=y'_u\cdot u'_x=10u^9\cdot 3=30(3x+2)^9$$

(2) 设 $y=\mathrm{e}^u$，$u=2x$，则 $y'_u=\mathrm{e}^u$，$u'_x=2$，从而

$$y'_x=y'_u\cdot u'_x=\mathrm{e}^u\cdot 2=2\mathrm{e}^{2x}$$

运算熟练后，可不必写出中间变量，直接利用复合函数求导法则由外向里，逐层进行求导即可。

**例 6** 求函数 $y=\sin 3x$ 的导数。

**解**
$$y'=(\sin 3x)'=\cos 3x\cdot(3x)'=3\cos 3x$$

**例 7** 求函数 $y=\tan^2 x$ 的导数。

**解**
$$y'=2\tan x\cdot(\tan x)'=2\tan x\cdot\sec^2 x$$

## 三、反函数的导数

我们已经知道了三角函数与对数函数的导数公式，为了求反三角函数与指数函数的导数公式，给出以下定理。

**定理 3** 设函数 $y=f(x)$ 为 $x=\varphi(y)$ 的反函数，且 $x=\varphi(y)$ 在区间 $I$ 内满足条件：

(1) $\varphi'(y)\neq 0$；

(2) $x=\varphi(y)$ 在 $I$ 内严格单调。

那么 $f(x)$ 在对应区间内可导，且有

$$f'(x)=\frac{1}{\varphi'(y)}\quad 或\quad \frac{\mathrm{d}y}{\mathrm{d}x}=\frac{1}{\frac{\mathrm{d}x}{\mathrm{d}y}}$$

证明略。

**例 8** 求指数函数 $y=a^x(a>0,a\neq1)$ 的导数。

**解** $y=a^x,x\in(-\infty,+\infty)$ 是对数函数 $x=\log_a y,y\in(0,+\infty)$ 的反函数，由定理 3 可得，

$$(a^x)'=\frac{1}{(\log_a y)'}=\frac{1}{\frac{1}{y\ln a}}=y\ln a=a^x\ln a$$

特别地，
$$(\mathrm{e}^x)'=\mathrm{e}^x$$

同样地，用反函数求导法则可以推出如下导数公式：

$$(\arcsin x)'=\frac{1}{\sqrt{1-x^2}} \qquad (\arccos x)'=-\frac{1}{\sqrt{1-x^2}}$$

$$(\arctan x)'=\frac{1}{1+x^2} \qquad (\text{arccot}\,x)'=-\frac{1}{1+x^2}$$

**★★ 扩展模块**

**例 9** 求函数 $y=\left(\frac{x}{2x+1}\right)^3$ 的导数。

**解** $y'=3\left(\frac{x}{2x+1}\right)^2\left(\frac{x}{2x+1}\right)'=3\cdot\left(\frac{x}{2x+1}\right)^2\frac{(x)'\cdot(2x+1)-x\cdot(2x+1)'}{(2x+1)^2}$

$=3\left(\frac{x}{2x+1}\right)^2\cdot\frac{1}{(2x+1)^2}=\frac{3x^2}{(2x+1)^4}$

**例 10** 求函数 $y=(x+\sin^2x)^3$ 的导数。

**解** $y'=3(x+\sin^2x)^2(x+\sin^2x)'=3(x+\sin^2x)^2[1+2\sin x\cdot(\sin x)']$

$=3(x+\sin^2x)^2(1+2\sin x\cos x)=3(x+\sin^2x)^2(1+\sin 2x)$

**例 11** 求函数 $y=\frac{1}{x-\sqrt{x^2-1}}$ 的导数。

**解** 先分母有理化

$$y=\frac{x+\sqrt{x^2-1}}{(x-\sqrt{x^2-1})(x+\sqrt{x^2-1})}=x+\sqrt{x^2-1}=x+(x^2-1)^{\frac{1}{2}}$$

再求导数

$$y'=1+\frac{1}{2\sqrt{x^2-1}}(x^2-1)'=1+\frac{x}{\sqrt{x^2-1}}$$

**例 12** 求下列函数的导数。

(1) $y=f(2^x)$　　(2) $y=\sin[f(\sqrt{x})]$

**解** (1) $y'=[f(2^x)]'=f'(2^x)\cdot(2^x)'=f'(2^x)\cdot2^x\cdot\ln2$

(2) $y'=\{\sin[f(\sqrt{x})]\}'=\cos[f(\sqrt{x})]\cdot[f(\sqrt{x})]'=\cos[f(\sqrt{x})]\cdot[f'(\sqrt{x})]\cdot(\sqrt{x})'$

$=\cos[f(\sqrt{x})]\cdot[f'(\sqrt{x})]\cdot\frac{1}{2\sqrt{x}}$

## 习题 2-2

### A 组

1. 求下列函数在给定点的导数。

(1) $y=x^5+3\sin x$ 在 $x=0$ 及 $x=\frac{\pi}{2}$ 处；

(2) $y=3x^2+x\cos x-1$ 在 $x=\pi$ 及 $x=-\pi$ 处。

2. 求下列函数的导数。

(1) $y=x^2(2+\sqrt{x})$　　(2) $y=\frac{x^4+x^2+1}{\sqrt{x}}$　　(3) $y=\frac{1+\cos x}{1-\cos x}$

(4) $y=3\ln x-\frac{2}{x}$　　(5) $y=x^2\sin x+\cos\frac{\pi}{6}$　　(6) $y=x^3\log_5 x$

(7) $y=x\log_2 x+\ln x$　　(8) $y=x\tan x-2\sec x$　　(9) $y=\frac{\cos x}{x^2}$

(10) $y=\frac{1}{x+\ln x}$

3. 求下列函数的导数。

(1) $y=(2x+5)^4$　　(2) $y=\cos(4-3x)$　　(3) $y=\mathrm{e}^{-3x^2}$

(4) $y=\ln(1+x^2)$　　(5) $y=\frac{1}{\sqrt[3]{1-5x}}$　　(6) $y=\sec\left(x-\frac{\pi}{8}\right)$

(7) $y=\ln\cos x$　　(8) $y=\lg(1+10^x)$

### B 组

1. 判断下列命题是否成立。

(1) 若 $u(x)$ 和 $v(x)$ 在点 $x_0$ 处都不可导，则 $u(x)+v(x)$ 在点 $x_0$ 处也一定不可导。

(2) 若 $u(x)$ 在点 $x_0$ 处可导，而 $v(x)$ 在点 $x_0$ 处不可导，则 $u(x)+v(x)$ 在点 $x_0$ 处一定不可导。

2. 求下列函数的导数。

(1) $y=x\sin x\ln x$　　(2) $y=(x-a)(x-b)(x-c)$　($a,b,c$ 为常量)

(3) $y=\frac{x\sin x}{1+\tan x}$　　(4) $y=\tan\mathrm{e}^{\frac{1}{x}}$　　(5) $y=\ln\cos\sqrt{x}$

(6) $y=\ln\ln\ln x$　　(7) $y=\sin^4 5x$　　(8) $y=\frac{1}{x}-\arctan\frac{1}{x}$

(9) $y=\cot 3t+\sin(2^t)$　　(10) $y=x^2\mathrm{e}^{\frac{1}{x}}$　　(11) $y=x\arccos\sqrt{x}$

(12) $y-\frac{\sin 3x}{x}$　　(13) $y=\frac{1}{\mathrm{e}^{3x}+1}$　　(14) $y=(\arcsin x)^2$

(15) $y=\arctan x^2$

3. 曲线 $y=2\sin x-\ln 3$ 上哪些点的切线与直线 $y=\sqrt{3}x+1$ 平行？

4. 已知 $f(x)$ 可导，求下列函数的导数。

(1) $y=f(\sqrt{x})$　(2) $y=\sqrt{f(x)}$　(3) $y=f(e^x)$

(4) $y=e^{f(x)}$　(5) $y=f(\sin 2x)$　(6) $y=\sin f(2x)$

(7) $y=f(e^x)e^{f(x)}$　(8) $y=f(\cos^2 x)$

# 第三节　初等函数求导数举例与高阶导数

★ 基础模块

我们已经得到了基本初等函数的求导公式，以及函数的求导法则、复合函数的求导法则和反函数的求导法则，基本解决了初等函数的求导问题。本节我们将进一步举例说明函数求导的计算方法。首先，将基本初等函数的求导公式及函数的求导法则小结如下。

1. 基本初等函数的求导公式

(1) $(C)'=0$　($C$ 为常数)　(2) $(x^\alpha)'=\alpha x^{\alpha-1}$　($\alpha$ 为实数)

(3) $(\sin x)'=\cos x$　(4) $(\cos x)'=-\sin x$

(5) $(\tan x)'=\sec^2 x$　(6) $(\cot x)'=-\csc^2 x$

(7) $(\sec x)'=\sec x\tan x$　(8) $(\csc x)'=-\csc x\cot x$

(9) $(a^x)'=a^x\ln a$　(10) $(e^x)'=e^x$

(11) $(\log_a x)'=\dfrac{1}{x\ln a}$　(12) $(\ln x)'=\dfrac{1}{x}$

(13) $(\arcsin x)'=\dfrac{1}{\sqrt{1-x^2}}$　(14) $(\arccos x)'=-\dfrac{1}{\sqrt{1-x^2}}$

(15) $(\arctan x)'=\dfrac{1}{1+x^2}$　(16) $(\text{arccot}\, x)'=-\dfrac{1}{1+x^2}$

2. 函数的求导法则

(1) $(u\pm v)'=u'\pm v'$　($u=u(x)$，$v=v(x)$，以下同)。

(2) $(uv)'=u'v+uv'$，特别地 $(Cu)'=Cu'$　($C$ 为常数)。

(3) $\left(\dfrac{u}{v}\right)'=\dfrac{u'v-uv'}{v^2}$ ($v\neq 0$)。

(4) 设 $y=f(u)$，$u=\varphi(x)$，则复合函数 $y=f[\varphi(x)]$ 的导数 $y'_x=y'_u\cdot u'_x$。

(5) 函数 $y=f(x)$ 为 $x=\varphi(y)$ 的反函数，则 $f'(x)=\dfrac{1}{\varphi'(y)}$ 或 $\dfrac{dy}{dx}=\dfrac{1}{\frac{dx}{dy}}\left(\dfrac{dx}{dy}\neq 0\right)$。

**例 1**　求下列函数的导数。

(1) $y=x^5-5^x+5\sqrt[5]{x}+\ln 5-5$　(2) $y=\dfrac{x+1}{\sqrt{x}}$　(3) $y=\dfrac{\sin x}{1+\cos x}$

**解**　(1) $y'=(x^5)'-(5^x)'+(5\sqrt[5]{x})'+(\ln 5)'-(5)'=5x^4-5^x\cdot\ln 5+\dfrac{1}{\sqrt[5]{x^4}}$

(2) 方法一：直接用商的求导法则

$$y'=\frac{(x+1)'\cdot\sqrt{x}-(x+1)\cdot(\sqrt{x})'}{(\sqrt{x})^2}=\frac{1}{x}\left[\sqrt{x}-(x+1)\frac{1}{2\sqrt{x}}\right]=\frac{1}{2\sqrt{x}}\left(1-\frac{1}{x}\right)$$

方法二：先化简再求导

$$y=\frac{x+1}{\sqrt{x}}=x^{\frac{1}{2}}+x^{-\frac{1}{2}}$$

$$y'=\left(x^{\frac{1}{2}}\right)'+\left(x^{-\frac{1}{2}}\right)'=\frac{1}{2}x^{-\frac{1}{2}}-\frac{1}{2}x^{-\frac{3}{2}}=\frac{1}{2\sqrt{x}}\left(1-\frac{1}{x}\right)$$

(3) $$y'=\frac{(\sin x)'(1+\cos x)-\sin x(1+\cos x)'}{(1+\cos x)^2}=\frac{\cos x(1+\cos x)-\sin x(-\sin x)}{(1+\cos x)^2}$$

$$=\frac{\cos x+\cos^2x+\sin^2x}{(1+\cos x)^2}=\frac{1}{1+\cos x}$$

**例 2** 已知 $f(x)=\ln(\sqrt{1-x})$，求 $f'\left(\frac{1}{2}\right)$。

**解** $$f'(x)=(\ln\sqrt{1-x})'=\frac{1}{\sqrt{1-x}}\cdot(\sqrt{1-x})'=\frac{1}{\sqrt{1-x}}\cdot\frac{1}{2\sqrt{1-x}}(1-x)'$$

$$=-\frac{1}{2(1-x)}$$

$$f'\left(\frac{1}{2}\right)=-\frac{1}{2\left(1-\frac{1}{2}\right)}=-1$$

**例 3** 求函数 $y=2^{\sin x}+\cos\sqrt{x}$ 的导数。

**解** $$y'=2^{\sin x}\ln2\cdot(\sin x)'-\sin\sqrt{x}\cdot(\sqrt{x})'=2^{\sin x}\cdot\ln2\cdot\cos x-\frac{\sin\sqrt{x}}{2\sqrt{x}}$$

3. 高阶导数

**定义** 如果函数 $y=f(x)$ 的导数 $f'(x)$ 仍可导，那么 $[f'(x)]'$ 叫作函数 $y=f(x)$ 的二阶导数，记作 $y''$，即

$$y''=[f'(x)]'$$

或者记作

$$f''(x) \quad 或 \quad \frac{\mathrm{d}^2y}{\mathrm{d}x^2}$$

并称导数 $f'(x)$ 为函数 $y=f(x)$ 的一阶导数。

一般地，函数 $y=f(x)$ 的 $n-1$ 阶导数的导数称为 $y=f(x)$ 的 $n$ 阶导数，记作

$$y^{(n)} \quad 或 \quad f^{(n)}(x) \quad 或 \quad \frac{\mathrm{d}^ny}{\mathrm{d}x^n}$$

二阶及二阶以上的导数称为高阶导数。

求函数的高阶导数，就是将函数逐阶求导，本质上与求一阶导数一样。前面介绍的求导数公式和法则都适用于高阶导数的计算。

**例 4** 求函数 $y=\ln(1+x^2)$ 的二阶导数。

**解**

$$y'=\frac{1}{1+x^2}(1+x^2)'=\frac{2x}{1+x^2}$$

$$y''=\frac{(2x)'(1+x^2)-2x(1+x^2)'}{(1+x^2)^2}=\frac{2(1+x^2)-4x^2}{(1+x^2)^2}=\frac{2(1-x^2)}{(1+x^2)^2}$$

4. 二阶导数的物理意义

若做变速直线运动物体的运动方程为 $s=s(t)$，由第一节可知 $v(t)=s'(t)$，而速度对时间的变化率为加速度，即 $a(t)=v'(t)$，所以有

$$a(t)=v'(t)=[s'(t)]'=s''(t)$$

即路程 $s=s(t)$ 对时间 $t$ 的二阶导数为加速度 $a(t)=s''(t)=\frac{\mathrm{d}^2s}{\mathrm{d}t^2}$。

**例 5** 已知物体的运动方程为 $s=A\cos(\omega t+\varphi)$（其中 $A$、$\omega$、$\varphi$ 是常数），求物体的速度和加速度。

**解**

$$s=A\cos(\omega t+\varphi)$$

$$v=s'=[A\cos(\omega t+\varphi)]'=-A\omega\sin(\omega t+\varphi)$$

$$a=s''=[-A\omega\sin(\omega t+\varphi)]'=-A\omega^2\cos(\omega t+\varphi)$$

**★★ 扩展模块**

**例 6** 已知 $f(x)=\ln(x+\sqrt{x^2+1})$，求 $f'(\sqrt{3})$。

**解**

$$f'(x)=\frac{1}{x+\sqrt{x^2+1}}(x+\sqrt{x^2+1})'=\frac{1}{x+\sqrt{x^2+1}}\left[1+\frac{1}{2\sqrt{x^2+1}}(x^2+1)'\right]$$

$$=\frac{1}{x+\sqrt{x^2+1}}\left(1+\frac{2x}{2\sqrt{x^2+1}}\right)=\frac{1}{\sqrt{x^2+1}}$$

$$f'(\sqrt{3})=\frac{1}{\sqrt{(\sqrt{3})^2+1}}=\frac{1}{2}$$

**例 7** 求函数 $y=\arctan\sqrt{x}$ 的导数。

**解**

$$y'=\frac{1}{1+(\sqrt{x})^2}(\sqrt{x})'=\frac{1}{2(1+x)\sqrt{x}}$$

**例 8** 求函数 $y=\ln\sqrt{\frac{1-\sin x}{1+\sin x}}$ 的导数。

**解** 有些函数的表达式很复杂时，直接求导比较烦琐，一般可先化简再求导。

$$y=\ln\sqrt{\frac{1-\sin x}{1+\sin x}}=\ln\left(\frac{1-\sin x}{1+\sin x}\right)^{\frac{1}{2}}=\frac{1}{2}[\ln(1-\sin x)-\ln(1+\sin x)]$$

$$y'=\frac{1}{2}[\ln(1-\sin x)-\ln(1+\sin x)]'=\frac{1}{2}\left[\frac{1}{1-\sin x}(1-\sin x)'-\frac{1}{1+\sin x}(1+\sin x)'\right]$$

$$=\frac{1}{2}\left(\frac{-\cos x}{1-\sin x}-\frac{\cos x}{1+\sin x}\right)=\frac{1}{2}\left(\frac{-\cos x-\cos x\sin x-\cos x+\cos x\sin x}{1-\sin^2 x}\right)$$

$$=\frac{-\cos x}{\cos^2 x}=-\sec x$$

**例 9** 求函数 $y=(1+x^2)\arctan x$ 的二阶导数。

**解**
$$y'=2x\arctan x+(1+x^2)\cdot\frac{1}{1+x^2}=2x\arctan x+1$$

$$y''=(2x\arctan x+1)'=2\arctan x+\frac{2x}{1+x^2}$$

**例 10** 已知函数 $y=\sin x$，求 $y^{(n)}$。

**解**
$$y'=\cos x=\sin\left(x+\frac{\pi}{2}\right)$$

$$y''=-\sin x=\sin\left(x+2\cdot\frac{\pi}{2}\right)$$

$$y'''=-\cos x=\sin\left(x+3\cdot\frac{\pi}{2}\right)$$

$$y^{(4)}=\sin x=\sin\left(x+4\cdot\frac{\pi}{2}\right)$$

$$\cdots$$

所以
$$y^{(n)}=\sin\left(x+\frac{n\pi}{2}\right)$$

**例 11** 设函数 $y=f(\sin x)$，$f(u)$关于 $u$ 可导，求 $y''$。

**解**
$$y'=f'(\sin x)(\sin x)'=f'(\sin x)\cos x$$
$$y''=f''(\sin x)(\sin x)'\cos x+f'(\sin x)(\cos x)'$$
$$=f''(\sin x)\cos^2 x-f'(\sin x)\sin x。$$

## 习题 2-3

### A 组

1. 求下列函数的导数。

(1) $y=x^2\left(\ln^2 x-\ln x+\frac{1}{2}\right)$　　(2) $y=x(\sin\ln x-\cos\ln x)$

(3) $y=e^x\sin e^x+\cos e^x$　　(4) $y=\sqrt[3]{x+\sqrt{x}}$

(5) $y=\sin^n x\cos nx$

2. 求下列给定点的导数。

(1) 已知 $f(x)=\frac{3}{5-x}+\frac{x^2}{5}$，求 $f'(0)$；

(2) 已知 $f(x)=x\ln(x+1)$，求 $f''(1)$ 。

3. 求下列函数的二阶导数。

(1) $y=x^4-2x^3+3$　　(2) $y=e^x\cos x$

(3) $y=\ln^2 x$　　(4) $y=(x^2+1)e^{-x}$

B 组

1. 求下列函数的导数。

(1) $y=x\sqrt{1-x^2}+\arcsin x$　　(2) $y=\cos(\arccos\sqrt{1-3x})$

(3) $y=e^{\arctan\sqrt{x}}$　　(4) $y=\sqrt{x}\ln(1+x)-2\sqrt{x}+2\arctan\sqrt{x}$

(5) $y=\dfrac{1+x^2}{2}(\arctan x)^2-x\arctan x+\dfrac{1}{2}\ln(1+x^2)$

2. 已知函数 $f(x)$二阶可导,求下列函数的二阶导数。

(1) $y=f(\ln x)$　　(2) $y=\ln f(x)$

3. 求下列函数的 $n$ 阶导数。

(1) $y=(1+x)^n$　　(2) $y=e^{2x}$　　(3) $y=\ln(1+x)$

# 第四节　隐函数及参数方程所确定的函数的导数

★ 基础模块

## 一、隐函数的导数

前面所讨论的函数都是 $y=f(x)$的形式,即因变量 $y$ 可由自变量 $x$ 的解析式 $f(x)$直接表示出来的函数,通常将函数 $y=f(x)$叫作显函数。

但是有些函数的表达方式却不是这样。例如,方程 $x^2-y^3+1=0$ 也表示一个函数,因为当自变量 $x$ 在$(-\infty,+\infty)$内每取一个值时,变量 $y$ 都有确定的值与之对应,通常把由方程 $F(x,y)=0$ 所确定的 $y$ 是 $x$ 的函数叫作隐函数。

把一个隐函数化成显函数,叫作隐函数的显化。例如,由方程 $x^2-y^3+1=0$ 解出 $y=\sqrt[3]{x^2+1}$。但往往从方程 $F(x,y)=0$ 中不易或无法解出函数变量 $y$ 关于自变量 $x$ 的表达式,即隐函数无法显化。例如,$e^y-xy+e^x=0$ 就无法从中解出 $y$。

对于由方程 $F(x,y)=0$ 所确定的隐函数求导当然不能完全寄希望于把它显化,下面我们就来讨论隐函数导数的求导方法。

假设由方程 $F(x,y)=0$ 所确定的函数为 $y=f(x)$,把它代回方程 $F(x,y)=0$ 中,会得到恒等式 $F[x,y(x)]\equiv 0$。把恒等式的两边同时对 $x$ 求导,所得的结果也必然相等。

隐函数求导的方法:将方程 $F(x,y)=0$ 两边同时对自变量 $x$ 求导,在求导过程中变量 $y$ 是自变量 $x$ 的函数,$y$ 的函数是 $x$ 的复合函数,利用复合函数求导法则求导,再从等式中解出 $y'$,便可得到所求导数 $y'_x$。

**例 1**　求下列隐函数的导数。

(1) 设 $e^y-xy+e^x=0$,求 $y'_x$　　(2) 设 $x=\sin\dfrac{y}{x}+e^3$,求 $y'_x$

**解**　(1) 方程两边同时对 $x$ 求导,得

$$e^y\cdot y'-(y+xy')+e^x=0$$

$$(\mathrm{e}^y - x)y' = y - \mathrm{e}^x$$

解得

$$y' = \frac{y - \mathrm{e}^x}{\mathrm{e}^y - x}$$

(2) 方程两边对 $x$ 求导，得

$$1 = \cos\frac{y}{x} \cdot \frac{y'x - y}{x^2}$$

整理得

$$y' = \frac{y}{x} + \frac{x}{\cos\dfrac{y}{x}}$$

**注意**：(1) 求导过程中，方程中的 $y$ 是 $x$ 的函数，而 $y$ 的函数如 $\mathrm{e}^y$ 等可看成是 $x$ 的复合函数。

(2) 在求得的导数 $y'$ 的表达式中允许含有 $y$。

## 二、由参数方程确定的函数的导数

设函数 $y=f(x)$ 由参数方程 $\begin{cases} x=\varphi(t) \\ y=\psi(t) \end{cases}$ $(\alpha \leqslant t \leqslant \beta)$ 所确定，其中 $\varphi(t)$ 与 $\psi(t)$ 都可导，且 $\varphi'(t) \neq 0$，$t$ 为参数。函数 $y=\psi(t)$ 可以看成由 $y=f(x)$ 和 $x=\varphi(t)$ 复合而成的复合函数，由复合函数求导法则，有

$$\frac{\mathrm{d}y}{\mathrm{d}t} = \frac{\mathrm{d}y}{\mathrm{d}x} \cdot \frac{\mathrm{d}x}{\mathrm{d}t}$$

所以

$$\frac{\mathrm{d}y}{\mathrm{d}x} = \frac{\dfrac{\mathrm{d}y}{\mathrm{d}t}}{\dfrac{\mathrm{d}x}{\mathrm{d}t}} = \frac{\psi'(t)}{\varphi'(t)}$$

即由参数方程 $\begin{cases} x=\varphi(t) \\ y=\psi(t) \end{cases}$ $(\alpha \leqslant t \leqslant \beta)$ 确定的函数 $y=f(x)$ 的导数为

$$\frac{\mathrm{d}y}{\mathrm{d}x} = \frac{\psi'(t)}{\varphi'(t)} \quad (\varphi'(t) \neq 0)$$

**例 2** 求椭圆曲线 $\begin{cases} x=a\cos t \\ y=b\sin t \end{cases}$ 在 $t=\dfrac{\pi}{4}$ 处的切线方程和法线方程。

**解** 当 $t=\dfrac{\pi}{4}$ 时，$x=\dfrac{\sqrt{2}}{2}a$，$y=\dfrac{\sqrt{2}}{2}b$，即曲线的切点为 $\left(\dfrac{\sqrt{2}}{2}a, \dfrac{\sqrt{2}}{2}b\right)$，

又

$$\frac{\mathrm{d}y}{\mathrm{d}x} = \frac{\psi'(t)}{\varphi'(t)} = \frac{b\cos t}{-a\sin t} = -\frac{b}{a}\cot t$$

则

$$k_{切} - \frac{\mathrm{d}y}{\mathrm{d}x}\bigg|_{x=\frac{\sqrt{2}}{2}a} = -\frac{b}{a}\cot t\bigg|_{t=\frac{\pi}{4}} = -\frac{b}{a}$$

$$k_{法} = \frac{-1}{k_{切}} = \frac{a}{b}$$

故椭圆在 $t=\frac{\pi}{4}$ 处的切线方程为

$$y-\frac{\sqrt{2}}{2}b=-\frac{b}{a}\left(x-\frac{\sqrt{2}}{2}a\right)$$

即

$$bx+ay-\sqrt{2}ab=0$$

法线方程为

$$y-\frac{\sqrt{2}}{2}b=\frac{a}{b}\left(x-\frac{\sqrt{2}}{2}a\right)$$

即

$$2ax-2by+\sqrt{2}b^2-\sqrt{2}a^2=0$$

★★ 扩展模块

## 三、对数求导法

根据隐函数求导方法，对于某些显函数，通过两边取对数转化为隐函数再求导数，会更加易于计算。现在来看下面的例子。

**例 3** 求函数 $y=x^x$ 的导数。

**解** 两边取对数有

$$\ln y=x\ln x$$

方程两边对 $x$ 求导得

$$\frac{1}{y}\cdot y'=\ln x+1$$

$$y'=y(\ln x+1)=x^x(\ln x+1)$$

**例 4** 求函数 $y=\sqrt[5]{\frac{(x+1)(x-2)^2}{(x+3)(x-4)}}$ 的导数。

**解** 两边取对数有

$$\ln y=\frac{1}{5}[\ln(x+1)+2\ln(x-2)-\ln(x+3)-\ln(x-4)]$$

方程两边对 $x$ 求导得

$$\frac{1}{y}\cdot y'=\frac{1}{5}\left(\frac{1}{x+1}+\frac{2}{x-2}-\frac{1}{x+3}-\frac{1}{x-4}\right)$$

$$\begin{aligned}y'&=\frac{1}{5}y\left(\frac{1}{x+1}+\frac{2}{x-2}-\frac{1}{x+3}-\frac{1}{x-4}\right)\\&=\frac{1}{5}\sqrt[5]{\frac{(x+1)(x-2)^2}{(x+3)(x-4)}}\left(\frac{1}{x+1}+\frac{2}{x-2}-\frac{1}{x+3}-\frac{1}{x-4}\right)\end{aligned}$$

**例 5** 求由方程 $x-y+\frac{1}{2}\sin y=0$ 所确定的隐函数 $y$ 的二阶导数 $\frac{d^2y}{dx^2}$。

**解** 将方程两边对 $x$ 求导得

$$1-\frac{dy}{dx}+\frac{1}{2}\cos y\ \frac{dy}{dx}=0$$

由上式得
$$\frac{dy}{dx}=\frac{2}{2-\cos y}$$

对上式继续对自变量 $x$ 求导得

$$\frac{d^2y}{dx^2}=\frac{0\cdot(2-\cos y)-2\cdot(0+\sin y\cdot y')}{(2-\cos y)^2}$$

整理得
$$\frac{d^2y}{dx^2}=\frac{-2\sin y\cdot\dfrac{2}{2-\cos y}}{(2-\cos y)^2}=\frac{4\sin y}{(\cos y-2)^3}$$

**例 6** 求由参数方程 $\begin{cases}x=1-t^2\\y=t-t^3\end{cases}$ 所确定的函数的二阶导数 $\dfrac{d^2y}{dx^2}$。

**解**
$$\frac{dy}{dx}=\frac{\dfrac{dy}{dt}}{\dfrac{dx}{dt}}=\frac{(t-t^3)'}{(1-t^2)'}=\frac{1-3t^2}{-2t}=\frac{3t^2-1}{2t}$$

$$\frac{d^2y}{dx^2}=\frac{d}{dx}\left(\frac{dy}{dx}\right)=\frac{\dfrac{d\left(\dfrac{dy}{dx}\right)}{dt}}{\dfrac{dx}{dt}}=\frac{\dfrac{6t\cdot 2t-(3t^2-1)\cdot 2}{4t^2}}{-2t}=\frac{3t^2+1}{-4t^3}$$

## 习题 2－4

### A 组

1. 求由下列方程所确定的函数的导数。

(1) $x^3+2x^2y-3xy+9=0$　　(2) $xy=e^{x+y}$

(3) $y=1-e^y\cdot x$　　(4) $e^{xy}+y\ln x=\cos 2x$

(5) $\sin xy-\ln(x+y)=0$

2. 求下列参数方程所确定的函数的导数。

(1) $\begin{cases}x=at^2\\y=bt^3\end{cases}$　　(2) $\begin{cases}x=a\cos^2\varphi\\y=b\sin^2\varphi\end{cases}$

(3) $\begin{cases}x=\theta(1-\sin\theta)\\y=\theta\cos\theta\end{cases}$　　(4) $\begin{cases}x=\dfrac{1}{t+1}\\y=\left(\dfrac{t}{t+1}\right)^3\end{cases}$

3. 求参数方程 $\begin{cases}x=2e^t\\y=e^{-t}\end{cases}$ 在 $t=0$ 处的切线方程与法线方程。

B 组

1. 求由下列方程所确定的函数的导数。

(1) $y=\left(\dfrac{x}{1+x}\right)^{x}$　　(2) $y=x^{x^{2}}$　　(3) $y=(\cos x)^{\sin x}$

2. 求参数方程$\begin{cases}x=a\cos^{3}t\\y=b\sin^{3}t\end{cases}$,所确定的函数的二阶导数。

# 第五节　函数的微分

**★ 基础模块**

本章前几节我们学习了函数变化率的求解方法及应用,在实际问题中,有时还需要研究当自变量 $x$ 有微小变化时,函数改变量 $\Delta y$ 的近似值。

## 一、函数微分的概念

首先讨论一个例子。

**例 1**　设有一个边长为 $x_0$ 的正方形金属薄片,受热后它的边长伸长了 $\Delta x$,问其面积增加了多少?

**解**　正方形的面积 $A$ 与边长 $x$ 的函数关系为

$$A=x^{2}$$

如图 2-5 所示,正方形金属薄片受热后,边长由 $x_0$ 伸长到 $x_0+\Delta x$,这时面积 $A$ 相应的改变量为

$$\Delta A=(x_0+\Delta x)^{2}-x_0^{2}=2x_0\Delta x+(\Delta x)^{2}$$

从上式可以看出,$\Delta A$ 由两部分组成,第一部分 $2x_0\Delta x$ 是 $\Delta x$ 的线性函数;第二部分 $(\Delta x)^{2}$ 是 $\Delta x\to 0$ 时比 $\Delta x$ 较高阶的无穷小量。当 $\Delta x$ 很小时,第二部分的值比第一部分的值小得多,在误差允许的情况下可以忽略不计,因此可用第一部分 $2x_0\Delta x$ 作为 $\Delta A$ 的近似值,即

$$\Delta A\approx 2x_0\Delta x$$

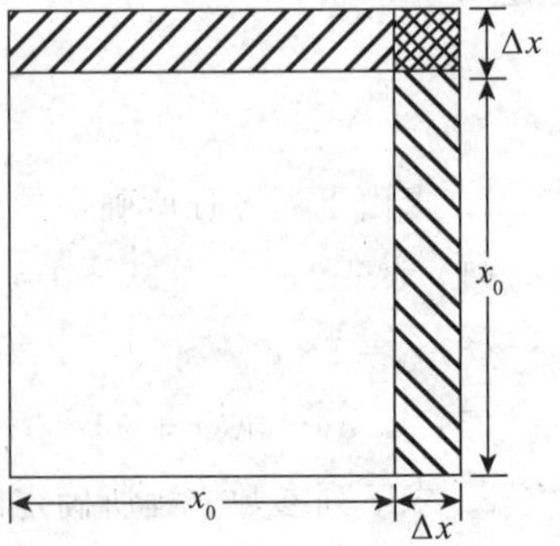

图 2-5

显然,$2x_0\Delta x$ 容易计算,它与 $\Delta A$ 是一次函数关系,并且是面积改变量 $\Delta A$ 的主要部分(也称为线性主部)。又由于 $A'|_{x=x_0}=2x_0=A'(x_0)$,因此上式可改写为

$$\Delta A\approx A'(x_0)\Delta x$$

通常,$A'(x_0)\Delta x$ 称为面积函数 $A=x^{2}$ 在 $x_0$ 处的微分。

一般地,有如下定义。

**定义**　设函数 $y=f(x)$ 在点 $x$ 处可导,则称 $f'(x)\Delta x$ 为函数 $y=f(x)$ 在点 $x$ 处的微

分，记作 dy，即

$$dy=f'(x)\Delta x$$

由导数定义、极限与无穷小量的关系知：当 $y=f(x)$ 在点 $x$ 处可导时，有

$$\frac{\Delta y}{\Delta x}-f'(x)=\alpha \quad (\text{其中当 } \Delta x\to 0 \text{ 时}, \alpha \text{ 是无穷小})$$

故
$$\Delta y=f'(x)\Delta x+\alpha\cdot\Delta x$$

可见，微分有以下特点。

(1) 微分 dy 是函数改变量 $\Delta y$ 的主要部分(函数增量的线性主部)，当 $|\Delta x|$ 很小时，用它近似代替 $\Delta y$，其误差 $\alpha\cdot\Delta x$ 是比 $\Delta x$ 较高阶的无穷小量。

(2) 微分 $dy=f'(x)\Delta x$ 是 $\Delta x$ 的线性函数，以导数 $f'(x)$ 为系数，较容易计算。

根据微分的定义，得

$$dx=(x)'\cdot\Delta x=\Delta x$$

也就是，自变量 $x$ 的微分 dx 就是自变量的改变量 $\Delta x$，即

$$dx=\Delta x$$

通常，把函数 $y=f(x)$ 在 $x$ 处的微分 $dy=f'(x)\cdot\Delta x$ 写成

$$dy=f'(x)dx$$

或者
$$f'(x)=\frac{dy}{dx}$$

也就是，函数导数等于函数微分与自变量微分之商。因此，导数也叫作微商，函数可导也称为函数可微，反之亦然。

由微分的定义可以看出，微分与导数虽然是两个不同的概念，但关系密切，求出导数立即可得微分，求出微分也可得导数。

(3) 计算函数 $y=f(x)$ 的微分时，可先求出函数的导数 $y'=f'(x)=\frac{dy}{dx}$，再写出微分 $dy=f'(x)\cdot dx$ 即可。

**例 2** 求函数 $f(x)=x^2+1$ 在点 $x=1$ 处当 $\Delta x=0.1$ 时的增量 $\Delta y$ 与 dy。

**解**

$$\Delta y=f(1+0.1)-f(1)=[(1+0.1)^2+1]-(1^2+1)=0.21$$

$$f'(x)=(x^2+1)'=2x$$

$$dx=\Delta x=0.1$$

$$dy=2x\cdot dx=2\times1\times0.1=0.2$$

**例 3** 求函数 $y=\ln(1-2x)$ 的微分。

**解**
$$y'=\frac{1}{1-2x}(1-2x)'=\frac{-2}{1-2x}=\frac{2}{2x-1}$$

$$dy=f'(x)dx=\frac{2}{2x-1}dx$$

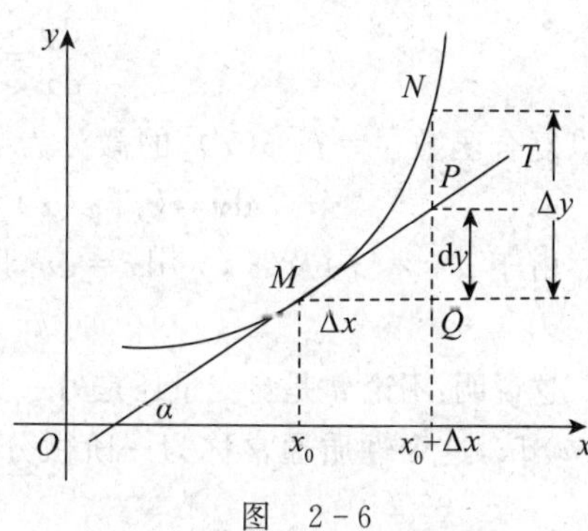


图 2-6

如图 2-6 所示，函数 $y=f(x)$ 在 $x_0$ 处的微分 $dy=f'(x_0)dx$ 正好是曲线 $y=f(x)$ 在点 $M(x_0, y_0)$ 处的切线 $MT$ 的纵坐标的增量 $QP$，这就是微分的几何意义。它是曲线 $y=f(x)$ 在该点的纵坐标

改变量 $QN$ 的近似值，且误差 $|\Delta y-\mathrm{d}y|=PN$。当 $\Delta x\to 0$ 时，它是比 $\Delta x$ 较高阶的无穷小量。

## 二、微分的基本公式和运算法则

由于函数微分等于函数导数与自变量微分之积，因此容易得到以下微分公式和运算法则。

1. 微分的基本公式

(1) $\mathrm{d}(C)=0$　（$C$ 为常数）

(2) $\mathrm{d}(x^{\alpha})=\alpha x^{\alpha-1}\mathrm{d}x$　（$\alpha$ 为实数）

(3) $\mathrm{d}(\sin x)=\cos x\,\mathrm{d}x$

(4) $\mathrm{d}(\cos x)=-\sin x\,\mathrm{d}x$

(5) $\mathrm{d}(\tan x)=\sec^2 x\,\mathrm{d}x$

(6) $\mathrm{d}(\cot x)=-\csc^2\mathrm{d}x$

(7) $\mathrm{d}(\sec x)=\tan x\sec x\,\mathrm{d}x$

(8) $\mathrm{d}(\csc x)=-\cot x\csc x\,\mathrm{d}x$

(9) $\mathrm{d}(a^x)=a^x\ln a\,\mathrm{d}x$

(10) $\mathrm{d}(\mathrm{e}^x)=\mathrm{e}^x\mathrm{d}x$

(11) $\mathrm{d}(\ln x)=\frac{1}{x}\mathrm{d}x$

(12) $\mathrm{d}(\log_a x)=\frac{1}{x\ln a}\mathrm{d}x$

(13) $\mathrm{d}(\arcsin x)=\frac{1}{\sqrt{1-x^2}}\mathrm{d}x$

(14) $\mathrm{d}(\arccos x)=-\frac{1}{\sqrt{1-x^2}}\mathrm{d}x$

(15) $\mathrm{d}(\arctan x)=\frac{1}{1+x^2}\mathrm{d}x$

(16) $\mathrm{d}(\mathrm{arccot}\,x)=-\frac{1}{1+x^2}\mathrm{d}x$

2. 微分的运算法则

如果函数 $u=u(x)$，$v=v(x)$ 在点 $x$ 处都可微，那么 $u\pm v$、$uv$、$\frac{u}{v}(v\neq 0)$ 在点 $x$ 处也可微，且

$$\mathrm{d}(u\pm v)=\mathrm{d}u\pm\mathrm{d}v$$

$$\mathrm{d}(uv)=v\mathrm{d}u+u\mathrm{d}v$$

$$\mathrm{d}\left(\frac{u}{v}\right)=\frac{v\mathrm{d}u-u\mathrm{d}v}{v^2}\quad(v\neq 0)$$

3. 复合函数的微分

当 $y=f(u)$ 及 $u=\varphi(x)$ 都可导时，由微分定义及复合函数求导法则，可得复合函数 $y=f[\varphi(x)]$ 的导数为

$$\frac{\mathrm{d}y}{\mathrm{d}x}=f'[\varphi(x)]\cdot\varphi'(x)$$

所以复合函数 $y=f[\varphi(x)]$ 的微分为

$$\mathrm{d}y=\{f[\varphi(x)]\}'\mathrm{d}x=f'[\varphi(x)]\cdot\varphi'(x)\mathrm{d}x$$

由于 $u=\varphi(x)$ 及 $\varphi'(x)\mathrm{d}x=\mathrm{d}u$，所以

$$\mathrm{d}y=f'(u)\mathrm{d}u$$

这说明：不论 $u$ 是自变量还是另一变量的可微函数，函数 $y=f(u)$ 的微分形式都是 $\mathrm{d}y=f'(u)\mathrm{d}u$，这个性质通常称为一阶微分形式的不变性。

**例 4** 求下列函数的微分。

(1) $y=\frac{\ln x}{x^2}$　　　　(2) $y=e^{\sin x}$

**解** (1)

$$dy=\frac{x^2 d(\ln x)-\ln x\, d(x^2)}{x^4}$$

$$=\frac{x^2\cdot\frac{1}{x}dx-\ln x\cdot 2x\,dx}{x^4}=\frac{1-2\ln x}{x^3}dx$$

(2)

$$dy=e^{\sin x}d(\sin x)=e^{\sin x}\cos x\,dx$$

**★★ 扩展模块**

## 三、微分在近似计算中的应用

由前面讨论可知，如果函数 $y=f(x)$ 在 $x_0$ 处可微，当 $|\Delta x|$ 很小时，有近似公式

$$\Delta y\approx dy=f'(x_0)\Delta x$$

也即

$$f(x_0+\Delta x)-f(x_0)\approx f'(x_0)\Delta x$$

或者

$$f(x_0+\Delta x)\approx f(x_0)+f'(x_0)\Delta x$$

令 $x_0+\Delta x=x$，则

$$f(x)\approx f(x_0)+f'(x_0)(x-x_0)$$

利用上述公式，可求函数改变量 $\Delta y$ 或函数 $f(x)$ 的近似值。但要注意选择适当的函数 $f(x)$ 和点 $x_0$，使得 $f(x_0)$ 与 $f'(x_0)$ 容易计算，且使 $|x-x_0|=|\Delta x|$ 很小。

**例 5** 求下列数值的近似值，精确到 0.0001。

(1) arctan0.98　　　　(2) cos60°30′

**解** (1) 设 $f(x)=\arctan x$，则 $f'(x)=\frac{1}{1+x^2}$

取 $x_0=1$，$\Delta x=-0.02$，易求得

$$f(1)=\arctan 1=\frac{\pi}{4}\qquad f'(1)=\frac{1}{1+x^2}\bigg|_{x=1}=\frac{1}{2}$$

由 $f(x_0+\Delta x)\approx f(x_0)+f'(x_0)\Delta x$ 得

$$\arctan 0.98=\arctan(1-0.02)\approx\arctan 1+\frac{1}{2}\times(-0.02)$$

$$=\frac{\pi}{4}-0.01\approx 0.7754$$

(2) 设 $f(x)=\cos x$，并取 $x_0=\frac{\pi}{3}$，$\Delta x=\frac{\pi}{360}$，则

$$f'(x)=-\sin x\qquad f\left(\frac{\pi}{3}\right)=\cos\frac{\pi}{3}=\frac{1}{2}\qquad f'\left(\frac{\pi}{3}\right)=-\sin\frac{\pi}{3}=-\frac{\sqrt{3}}{2}$$

由 $f(x_0+\Delta x)=f(x_0)+f'(x_0)\Delta x$，得

$$\cos 60°30' = \cos\left(\frac{\pi}{3}+\frac{\pi}{360}\right) \approx \cos\frac{\pi}{3}+\left(-\sin\frac{\pi}{3}\right)\cdot\frac{\pi}{360}$$

$$\approx \frac{1}{2}-0.866\times 0.008727 \approx 0.4924$$

当$|x|$很小时，可推得如下几个常用的近似计算公式。

(1) $\sqrt[n]{1+x}\approx 1+\frac{1}{n}x$　(2) $\sin x\approx x$　(3) $\tan x\approx x$

(4) $\ln(1+x)\approx x$　(5) $e^x\approx 1+x$

**例 6**　计算$\sqrt{1.02}$的近似值。

**解**　由近似公式$\sqrt[n]{1+x}\approx 1+\frac{1}{n}x$，得

$$\sqrt{1.02}=\sqrt{1+0.02}\approx 1+\frac{1}{2}\times 0.02=1.01$$

## 习题 2-5

### A 组

1. 设函数 $y=x^3+x+1$，当 $x=2$ 且 $\Delta x$ 分别为 1，0.1，0.001 时，求 $\Delta y$ 和 $dy$ 的值。

2. 求下列函数在给定点的微分。

(1) 已知 $y=(1+x^2)\arctan x$，当 $x=1$。

(2) 已知 $y=xe^{x^2}$，当 $x=0$。

(3) 已知 $y=\frac{1}{2}\cos 3x$，当 $x=\frac{\pi}{2}$。

3. 将适当的函数填入下列括号内，使等式成立。

(1) $d(\quad)=2dx$　(2) $d(\quad)=x\,dx$

(3) $d(\quad)=\frac{1}{1+x^2}dx$　(4) $d(\quad)=2(x+1)dx$

(5) $d(\quad)=\cos 2x\,dx$　(6) $d(\quad)=3e^{2x}dx$

(7) $d(\quad)=\frac{1}{x^2}dx$　(8) $d(\quad)=2^x dx$

(9) $d(\quad)=\frac{1}{\sqrt{x}}dx$　(10) $d(\quad)=e^{x^2}dx^2$

(11) $d(\sin^2 x)=(\quad)d(\sin x)$　(12) $d[\ln(2x+3)]=(\quad)d(2x+3)=(\quad)dx$

4. 求下列函数的微分。

(1) $y=\frac{1}{x}+2\sqrt{x}$　(2) $y=\ln(\ln x)$

## B 组

1. 设 $y=f(x)$ 在点 $x_0$ 的某邻域有定义，且 $f(x_0+\Delta x)-f(x_0)=a\Delta x+b(\Delta x)^2$，其中 $a,b$ 为常数，下列结论是否正确？

(1) $f(x)$ 在点 $x_0$ 处可导，且 $f'(x_0)=a$。

(2) $f(x)$ 在点 $x_0$ 处可微，且 $\mathrm{d}y|_{x=x_0}=a\mathrm{d}x$。

(3) $f(x_0+\Delta x)\approx f(x_0)+a\Delta x$（$|\Delta x|$很小时）。

2. 函数 $f(x)$ 在某点可微、可导、连续三者间有何关系？

3. 求下列函数的微分。

(1) $y=x\sin 2x$　　(2) $y=\arctan e^x$　　(3) $y=3^{\ln\tan x}$

(4) $y=\dfrac{x}{\sqrt{x^2+1}}$　　(5) $y=\arcsin\sqrt{1-x^2}$　　(6) $y=[\ln(1-x)]^2$

4. 利用微分求下列数的近似值。

(1) $e^{1.01}$　　(2) $\tan 45°10'$　　(3) $\sqrt[3]{998}$

5. 一个金属圆管的内半径为 $r$，厚度为 $h$，当 $h$ 很小时，求圆管截面积的近似值。

6. 一个球壳的外直径为 20cm，厚度为 2mm，求球壳体积的近似值（精确到 $1\text{mm}^3$）。

# 本章知识结构图

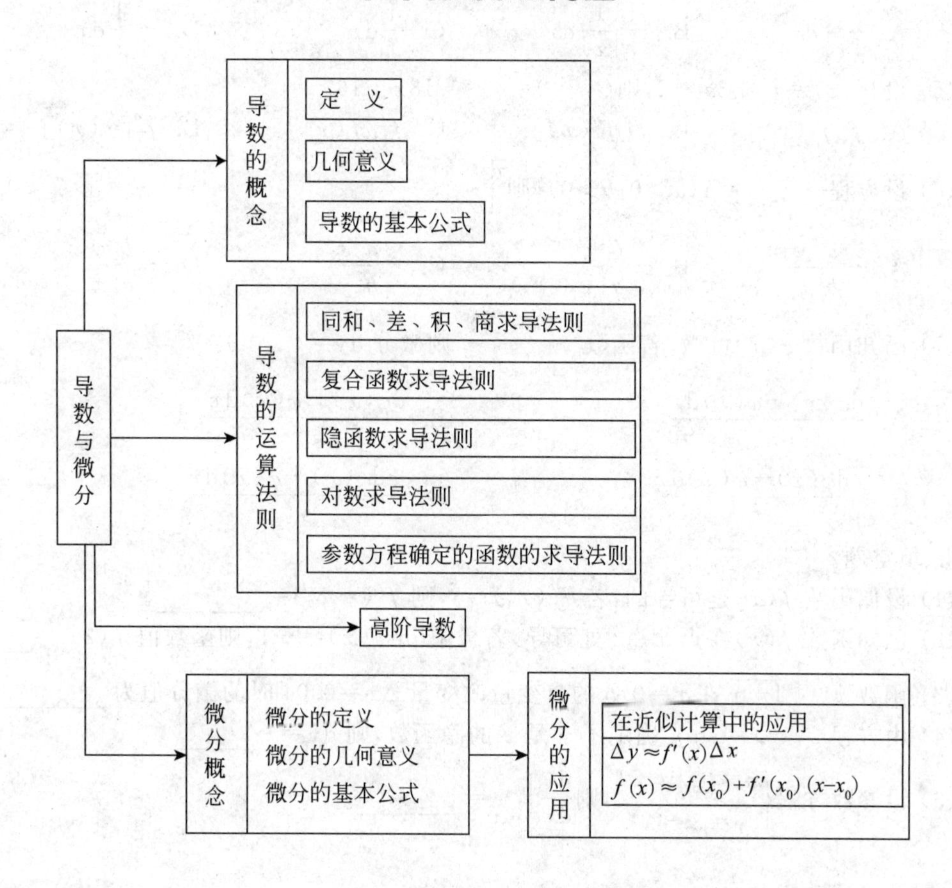

# 复习题二

## A 组

1. 选择题。

(1) 设 $f(x)=x(x-1)(x-2)\cdots(x-999)$，则 $f'(0)=($　　$)$。

A. 999　　B. $-999$　　C. $999!$　　D. $-999!$

(2) 下列论断中，(　　)是正确的。

A. 若 $f(x)$在点 $x_0$ 有极限，则 $f(x)$在点 $x_0$ 处可导

B. 若 $f(x)$在点 $x_0$ 处连续，则 $f(x)$在点 $x_0$ 处可导

C. 若 $f(x)$在点 $x_0$ 处可导，则 $f(x)$在点 $x_0$ 有极限

D. 若 $f(x)$在点 $x_0$ 不可导，则 $f(x)$在点 $x_0$ 不连续

(3) 设 $f(x)$在点 $x_0$ 处可导，下列极限中等于 $f'(x_0)$的是(　　)。

A. $\lim\limits_{h\to 0}\dfrac{f(x_0+2h)-f(x_0)}{h}$　　B. $\lim\limits_{h\to 0}\dfrac{f(x_0-3h)-f(x_0)}{h}$

C. $\lim\limits_{h\to 0}\dfrac{f(x_0)-f(x_0-h)}{h}$　　D. $\lim\limits_{h\to 0}\dfrac{f(x_0)-f(x_0+h)}{h}$

(4) 设 $y=\ln|x|$，则 $\mathrm{d}y=($　　$)$。

A. $\dfrac{1}{|x|}\mathrm{d}x$　　B. $-\dfrac{1}{|x|}\mathrm{d}x$　　C. $\dfrac{1}{x}\mathrm{d}x$　　D. $-\dfrac{1}{x}\mathrm{d}x$

(5) 设 $f(x)=x^2+3x-2$，则(　　)$=4x^2+18x+16$。

A. $f[f'(x)]$　　B. $f[f''(x)]$　　C. $f'[f(x)]$　　D. $f''[f(x)]$

(6) 设方程$\dfrac{x^2}{a^2}+\dfrac{y^2}{b^2}=1(a>0,b>0)$，则$\dfrac{\mathrm{d}y}{\mathrm{d}x}=($　　$)$。

A. $-\dfrac{a^2y}{b^2x}$　　B. $-\dfrac{b^2x}{a^2y}$　　C. $-\dfrac{a^2x}{b^2y}$　　D. $-\dfrac{b^2y}{a^2x}$

(7) 已知函数 $\varphi(x)$可微，若函数 $y=\dfrac{\varphi(x)}{x}$，则微分 $\mathrm{d}y=($　　$)$。

A. $\dfrac{\mathrm{d}\varphi(x)-\varphi(x)\mathrm{d}x}{x^2}$　　B. $\dfrac{\mathrm{d}\varphi(x)+\varphi(x)\mathrm{d}x}{x^2}$

C. $\dfrac{x\mathrm{d}\varphi(x)-\varphi(x)\mathrm{d}x}{x^2}$　　D. $\dfrac{x\mathrm{d}\varphi(x)+\varphi(x)\mathrm{d}x}{x^2}$

2. 填空题。

(1) 设偶函数 $f(x)$是可导的，若 $f'(x_0)=3$，则 $f'(-x_0)=$________。

(2) 已知函数 $f(x)$在点 $x=2$ 处可导，若极限$\lim\limits_{x\to 2}f(x)=-1$，则函数值 $f(2)=$____。

(3) 函数 $y=\sqrt{1+x}$ 在 $x=0$ 处的自变量改变量 $\Delta x=0.04$ 时的微分值为________。

(4) 由方程 $2y-x=\sin y$ 确定了 $y$ 是 $x$ 的隐函数，则 $\mathrm{d}y=$________。

(5) 设参数方程$\begin{cases}x=t^3+t-1\\ y=3-2t^2\end{cases}$，则$\left.\dfrac{\mathrm{d}y}{\mathrm{d}x}\right|_{t=1}=$________。

(6) 已知函数 $y=a^x(a>0,a\neq 0)$，则 $n$ 阶导数 $y^{(n)}=$______。

(7) 抛物线 $y^2=2px(p>0)$ 在点 $M\left(\frac{p}{2},p\right)$ 处的切线方程是______。

(8) 设质点的运动方程为 $s(t)=t^2+2t-3$，则质点在 2s 末的加速度为______。

3. 求下列函数的导数。

(1) $y=\dfrac{\sin^2 x}{\sin x^2}$ (2) $y=\sin^5 x\cos 5x$

(3) $y=\sqrt{1+\ln^2 x}$ (4) $y=\sin\sqrt{1+x^2}$

(5) $y=x\arctan\sqrt{x}$ (6) $y=\ln(\arctan\sqrt{1+x^2})$

(7) $y=\arcsin\sqrt{\sin x}$ (8) $y=x^2\sqrt{1+\sqrt{x}}$

(9) $y=\ln^3(x^2)$ (10) $y=\ln[\ln^2(\ln^3 x)]$

(11) $y=x\mathrm{e}^x(\sin x+\cos x)$ (12) $y=\mathrm{e}^{-x}\cos 3x$

4. 求下列隐函数的导数。

(1) $x^3+6xy+5y^3=3$ (2) $\ln\sqrt{x^2+y^2}=\arctan\dfrac{y}{x}$

(3) $x\cos y=\sin(x+y)$ (4) $x(1+y^2)-\ln(x^2+2y)=0$

5. 求下列参数方程所确定的函数的导数。

(1) $\begin{cases}x=\sqrt{1+t}\\ y=\sqrt{1-t}\end{cases}$ (2) $\begin{cases}x=\mathrm{e}^{2t}\cos^2 t\\ y=\mathrm{e}^{2t}\sin^2 t\end{cases}$

## B 组

1. 单项选择题。

(1) 设 $f(0)=0$ 且极限 $\lim\limits_{x\to 0}\dfrac{f(x)}{x}$ 存在，则 $\lim\limits_{x\to 0}\dfrac{f(x)}{x}=$(　　)。

A. $f(0)$ B. $f'(0)$ C. $f'(x)$ D. 0

(2) 已知函数值 $f(0)=0$，若极限 $\lim\limits_{x\to 0}\dfrac{f\left(\frac{1}{2}x\right)}{x}=2$，则导数值 $f'(0)=$(　　)。

A. $\dfrac{1}{4}$ B. 4 C. $\dfrac{1}{2}$ D. 2

(3) 设 $y=\sin x$，则 $y=\sin x$ 的 50 阶导数 $y^{(50)}=$(　　)。

A. $-\sin x$ B. $\sin x$ C. $-\cos x$ D. $\cos x$

(4) 设函数 $f(x)$ 在 $x=0$ 处连续，且 $\lim\limits_{h\to 0}\dfrac{f(h^2)}{h^2}=1$，则(　　)。

A. $f(0)=0$ 且 $f'_-(0)$ 存在 B. $f(0)=1$ 且 $f'_-(0)$ 存在

C. $f(0)=0$ 且 $f'_+(0)$ 存在 D. $f(0)=1$ 且 $f'_+(0)$ 存在

(5) 设函数 $f(x)=(\mathrm{e}^x-1)(\mathrm{e}^{2x}-2)\cdots(\mathrm{e}^{nx}-n)$，其中 $n$ 为正整数，则 $f'(0)=$(　　)。

A. $(-1)^{n-1}(n-1)!$ B. $(-1)^n(n-1)!$

C. $(-1)^{n-1}n!$ D. $(-1)^{n}n!$

(6) 已知 $f(x)$在 $x=0$ 处可导,且 $f(0)=0$,则$\lim\limits_{x\to 0}\dfrac{x^2 f(x)-2f(x^3)}{x^3}=$( )

A. $-2f'(0)$ B. $-f'(0)$ C. $f'(0)$ D. 0

2. 填空题。

(1) 已知函数 $f(\sqrt{x})=\arctan x$,则导数 $f'(x)=$________。

(2) 设 $f(x)=\lim\limits_{t\to 0}x(1+3t)^{\frac{x}{t}}$,则 $f'(x)=$________。

(3) 已知曲线 $y=x^3-3a^2x+b$ 与 $x$ 轴相切,则 $b^2$ 可以通过 $a$ 表示为 $b^2=$________。

(4) 设 $f(x)=\begin{cases} x^{\lambda}\cos\dfrac{1}{x}, & 若\ x\neq 0 \\ 0, & 若\ x=0 \end{cases}$,其导函数在 $x=0$ 处连续,则 $\lambda$ 的取值范围是________。

(5) 设函数 $f(x)$在 $x=2$ 的某领域内可导,且 $f'(x)=\mathrm{e}^{f(x)}$,$f(2)=1$,则 $f'''(2)=$________。

3. 求下列函数的二阶导数。

(1) $y=x\mathrm{e}^{x^2}$ (2) $y=\cos^2 x\ln x$ (3) $\mathrm{e}^y+xy=\mathrm{e}$

4. 过曲线 $y=-x^2$ 上两点 $P(1,-1)$、$Q\left(-\dfrac{1}{4},\dfrac{1}{16}\right)$各作一条切线,求它们的方程,并求两条切线间的夹角。

5. 证明题。

(1) 设 $f(x)$是可导的奇函数,求证 $f'(x)$是偶函数。

(2) 若偶函数 $y=f(x)$在点 $x=0$ 处可导,求证 $f'(0)=0$。

# 第三章　导数的应用

上一章，我们学习了导数的概念、导数的几何意义和计算方法，以及如何用导数知识求解已知曲线上某一点的切线方程。本章将进一步讨论导数的应用——利用导数的概念和计算方法解决一些实际问题。

## 第一节　微分中值定理

★ 基础模块

### 一、罗尔定理

**定理1**（罗尔(Rolle)定理）　若函数 $f(x)$ 在闭区间 $[a,b]$ 上连续，在开区间 $(a,b)$ 内可导，且端点处函数值 $f(a)=f(b)$，则在开区间 $(a,b)$ 内至少存在一点 $\xi$，使得

$$f'(\xi)=0 \quad (a<\xi<b)$$

从几何直观分析罗尔定理的含义如下：根据定理1条件可知，函数 $y=f(x)$，$x\in[a,b]$ 的图像是一段连续曲线，该曲线除端点外有不垂直于 $x$ 轴的切线，且两端点纵坐标相等。结论是：在曲线上至少有一点 $M$ 使曲线在该点处的切线平行于 $x$ 轴，如图3-1所示。

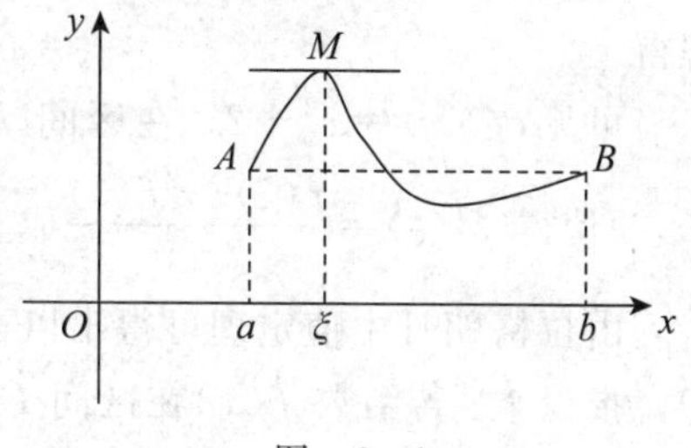


图　3-1

证明略。

### 二、拉格朗日中值定理

**定理2**（拉格朗日(Lagrange)中值定理）　若函数 $f(x)$ 在闭区间 $[a,b]$ 上连续，在开区间 $(a,b)$ 内可导，则在开区间 $(a,b)$ 内至少存在一点 $\xi(a<\xi<b)$，使得

$$f'(\xi)=\frac{f(b)-f(a)}{b-a} \quad (a<\xi<b)$$

或

$$f(b)-f(a)=f'(\xi)(b-a) \quad (a<\xi<b)$$

通常将 $f'(\xi)=\dfrac{f(b)-f(a)}{b-a}(a<\xi<b)$ 称为拉格朗日中值公式。

当 $f(a)=f(b)$ 时，拉格朗日中值定理便是罗尔定理，即罗尔定理是拉格朗日中值定理的特殊情形。

从几何直观分析，拉格朗日中值定理的含义如下：根据定理 2 条件知，函数 $y=f(x)$，$x\in[a,b]$ 的图像是一段连续曲线，该曲线除端点外处处有不垂直于 $x$ 轴的切线。结论是：在曲线上至少有一点 $M$ 使曲线在该点处的切线斜率等于$\frac{f(b)-f(a)}{b-a}$。

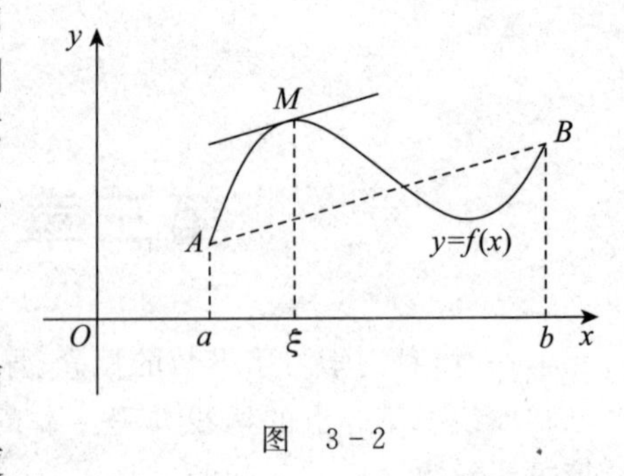


图 3-2

由于$\frac{f(b)-f(a)}{b-a}$是曲线 $y=f(x)$ 上 $A$、$B$ 两端点连线 $AB$ 的斜率，即在曲线上至少有一点 $M$ 使曲线在该点的切线平行于直线 $AB$，如图 3-2 所示。

**例 1** 验证函数 $f(x)=x^2+2x$ 在区间$[0,2]$上满足拉格朗日中值定理的条件，并求出拉格朗日定理结论中的 $\xi$ 值。

**解** 显然，函数 $f(x)=x^2+2x$ 在$[0,2]$上连续，在$(0,2)$内可导，且

$$f'(x)=(x^2+2x)'=2x+2$$

令

$$f'(\xi)=\frac{f(2)-f(0)}{2-0}$$

即

$$2\xi+2=\frac{8-0}{2}$$

解得

$$\xi=1\in(0,2)$$

可见，$f(x)=x^2+2x$ 在区间$[0,2]$上满足拉格朗日中值定理的条件，且存在 $\xi=1\in(0,2)$使得 $f'(\xi)=\frac{f(2)-f(0)}{2-0}$成立。

由拉格朗日中值定理可得出以下推论。

**推论 1** 若函数 $f(x)$在区间 $I$ 上一阶导数 $f'(x)$恒为零，则在该区间 $I$ 上函数 $f(x)$恒为一个常数。

**证明** 在区间 $I$ 上任取两点 $x_1$、$x_2$，不妨设 $x_1<x_2$。显然，$f(x)$在闭区间$[x_1,x_2]$上连续，在开区间$(x_1,x_2)$内可导，因此，在$(x_1,x_2)$内至少有一点 $\xi$，使得

$$f(x_2)-f(x_1)=f'(\xi)(x_2-x_1)\quad(x_1<\xi<x_2)$$

由于函数 $f(x)$在区间 $I$ 上一阶导数 $f'(x)$恒为零，从而 $f'(\xi)=0$，于是

$$f(x_2)-f(x_1)=0$$

即

$$f(x_2)=f(x_1)$$

可见，在区间 $I$ 上任意两点 $x_1$、$x_2$ 的函数值相等，所以在区间 $I$ 上函数 $f(x)$恒为一个常数。

**推论 2** 若函数 $f(x)$与 $g(x)$在区间 $I$ 上一阶导数恒相等，即 $f'(x)=g'(x)$，则在区间 $I$ 上 $f(x)$与 $g(x)$之差恒为一个常数，即 $f(x)-g(x)\equiv C$（$C$ 为常数）。

**证明** 设 $F(x)=f(x)-g(x)$ 则 $F'(x)=f'(x)-g'(x)=0$。

由推论 1 得

$$F(x)\equiv C$$

即

$$f(x)-g(x)\equiv C \quad (C\text{ 为常数})$$

**★★ 扩展模块**

**定理 3**(柯西(Cauchy)定理) 如果函数 $f(x)$ 及 $F(x)$ 满足以下条件：

(1) 在闭区间 $[a,b]$ 上连续；

(2) 在开区间 $(a,b)$ 内可导，且 $F'(x)\neq 0$。

那么在 $(a,b)$ 内至少有一点 $\xi$，使得

$$\frac{f(b)-f(a)}{F(b)-F(a)}=\frac{f'(\xi)}{F'(\xi)} \quad (a<\xi<b)$$

容易看出，如果 $F(x)=x$，那么 $F(b)-F(a)=b-a$，并且 $F'(x)=1, F'(\xi)=1$，从而上式变为

$$f(b)-f(a)=f'(\xi)(b-a) \quad (a<\xi<b)$$

所以可以把柯西定理看成是拉格朗日中值定理的推广。

以上介绍了罗尔定理、拉格朗日定理和柯西定理，由于三个定理中的 $\xi$ 都是 $(a,b)$ 内的某一个值，所以这三个定理统称为微分中值定理，其中尤以拉格朗日中值定理应用最为广泛。

**例 2** 证明拉格朗日中值定理。

**分析**：如图 3-2 所示，由于直线 $AB$ 的方程 $y=f(a)+\frac{f(b)-f(a)}{b-a}(x-a)$ 是关于 $x$ 的线性函数，并且在闭区间 $[a,b]$ 上连续，在开区间 $(a,b)$ 内可导，导数正好是直线 $AB$ 的斜率 $\frac{f(b)-f(a)}{b-a}$。所以证明拉格朗日中值定理，可考虑用 $y=f(a)+\frac{f(b)-f(a)}{b-a}\cdot(x-a)$ 和 $f(x)$ 构造一个满足罗尔定理条件的函数。

**证明** 作辅助函数

$$F(x)=f(x)-f(a)-\frac{f(b)-f(a)}{b-a}(x-a)$$

显然，$F(x)$ 在闭区间 $[a,b]$ 上连续，且 $F(a)=F(b)=0$，在开区间 $(a,b)$ 内可导，且

$$F'(x)=f'(x)-\frac{f(b)-f(a)}{b-a}$$

由罗尔定理可知，在开区间 $(a,b)$ 内至少存在一点 $\xi$，使 $F'(\xi)=0$，即

$$f'(\xi)-\frac{f(b)-f(a)}{b-a}=0 \quad (a<\xi<b)$$

所以

$$f'(\xi)=\frac{f(b)-f(a)}{b-a} \quad (a<\xi<b)$$

或者

$$f(b)-f(a)=f'(\xi)(b-a) \quad (a<\xi<b)$$

**例 3** 证明：当 $0<a<b$ 时，不等式 $\frac{b-a}{b}<\ln\frac{b}{a}<\frac{b-a}{a}$ 成立。

**证明** 设函数 $f(x)=\ln x$，显然 $f(x)$ 在区间 $[a,b](a>0)$ 上满足拉格朗日中值定理条件，且 $f'(x)=\frac{1}{x}$。由拉格朗日中值定理，得

$$f(b)-f(a)=f'(\xi)(b-a)\quad(a<\xi<b)$$

而
$$f(a)=\ln a\quad f(b)=\ln b\quad f'(\xi)=\frac{1}{\xi}$$

所以
$$\ln b-\ln a=\frac{1}{\xi}(b-a)$$

从而
$$\ln\frac{b}{a}=\frac{b-a}{\xi}$$

由 $0<a<\xi<b$，得

$$\frac{1}{b}<\frac{1}{\xi}<\frac{1}{a}$$

所以
$$\frac{b-a}{b}<\frac{b-a}{\xi}<\frac{b-a}{a}$$

即
$$\frac{b-a}{b}<\ln\frac{b}{a}<\frac{b-a}{a}$$

## 习题 3-1

### A 组

1. 验证函数 $f(x)=x\sqrt{2-x}$ 在区间 $[0,2]$ 上满足罗尔定理条件，并求出罗尔定理结论中的 $\xi$ 值。

2. 验证函数 $f(x)=\ln x$ 在区间 $[1,\mathrm{e}]$ 上满足拉格朗日中值定理的条件，并求出拉格朗日中值定理结论中的 $\xi$ 值。

3. 不用求出函数 $f(x)=(x-1)(x-2)(x-3)(x-4)$ 的导数，判断方程 $f'(x)=0$ 有几个实根，并指出它们所在的区间。

### B 组

1. 利用拉格朗日中值定理，证明下列不等式。

(1) 当 $x>1$ 时，$\mathrm{e}^x>\mathrm{e}x$。

(2) 设 $b>a>0$，则 $\frac{b-a}{1+b^2}<\arctan b-\arctan a<\frac{b-a}{1+a^2}$。

(3) 当 $x>0$ 时，$\frac{x}{1+x}<\ln(1+x)<x$。

2. 对下列函数验证柯西定理的条件。

(1) $f(x)=x^2$，$F(x)=\sqrt{x}$，在区间 $[1,4]$ 上。

(2) $f(x)=\sin x, F(x)=\cos x$,在区间$\left[0,\frac{\pi}{2}\right]$上。

3. 证明 $\arcsin x+\arccos x=\frac{\pi}{2}$在$[-1,1]$上恒成立。

# 第二节 函数的单调性、极值与最值

★ 基础模块

## 一、函数的单调性

我们知道,利用函数的单调性定义判断函数的单调性往往比较复杂。下面介绍利用导数判断函数的单调性的方法。

如图 3-3 所示,如果函数 $f(x)$在区间$[a,b]$上单调增加(或单调减少),那么它的图形在区间$[a,b]$是沿 $x$ 轴上升(或下降)的一条曲线。此时,$f'(x)\geqslant 0$(或 $f'(x)\leqslant 0$)。由此可见,函数的单调性与导数有着密切的联系。

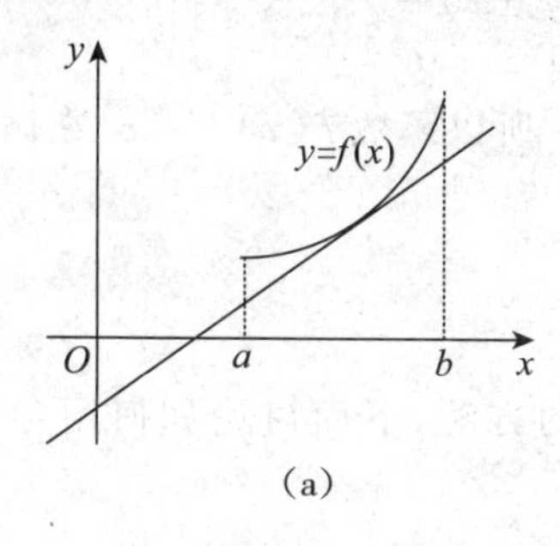

(a)

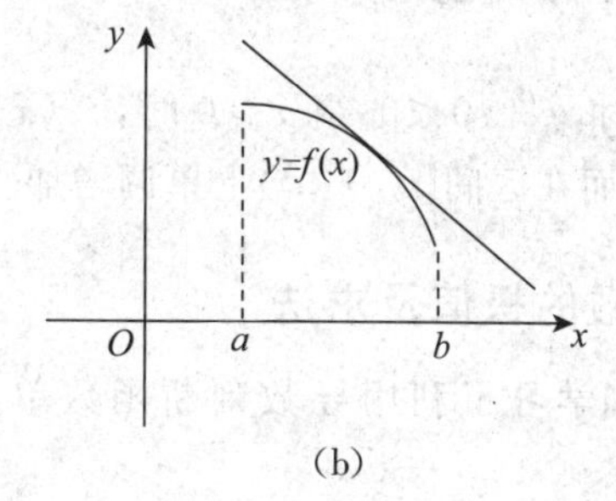

(b)

图 3-3

一般地,关于函数的单调性有以下判断定理。

**定理 1** 设函数 $f(x)$在区间 $I$ 内可导,对于任意 $x\in I$,

(1) 若 $f'(x)>0$,则 $f(x)$在 $I$ 内单调增加;

(2) 若 $f'(x)<0$,则 $f(x)$在 $I$ 内单调减少。

**证明** (1) 任取两点 $x_1$、$x_2\in I$,且设 $x_1<x_2$,易知 $f(x)$在区间$[x_1,x_2]$上满足拉格朗日中值定理的条件,因此有

$$f(x_2)-f(x_1)=f'(\xi)(x_2-x_1) \quad (x_1<\xi<x_2)$$

由条件知 $f'(\xi)>0$,且 $x_2-x_1>0$,所以

$$f(x_2)-f(x_1)=f'(\xi)(x_2-x_1)>0$$

即

$$f(x_1)<f(x_2)$$

由函数的单调性定义可知,$f(x)$在 $I$ 内是单调增加函数。

同理可证(2)。

**推论** 若函数 $f(x)$的一阶导数 $f'(x)$在区间 $I$ 内除个别点处为零,其余点处均为正(或负)时,$f(x)$在此区间仍是单调增加(或减少)的。

**例 1** 求函数 $f(x)=x^3-3x^2-9x+14$ 的单调区间。

**解** $f(x)$的定义域为$(-\infty,+\infty)$,则

$$f'(x)=3x^2-6x-9=3(x-3)(x+1)$$

令 $f'(x)=0$,即 $3(x-3)(x+1)=0$,解得 $x_1=-1,x_2=3$。

用点 $x_1=-1,x_2=3$ 把定义域$(-\infty,+\infty)$分为三个区间$(-\infty,-1)$,$(-1,3)$,$(3,+\infty)$,列表 3-1 讨论如下。

表 3-1

| $x$ | $(-\infty,-1)$ | $-1$ | $(-1,3)$ | 3 | $(3,+\infty)$ |
|---|---|---|---|---|---|
| $f'(x)$ | + | 0 | − | 0 | + |
| $f(x)$ | ↗ | 19 | ↘ | −13 | ↗ |

由表 3-1 知,区间$[-1,3]$为函数 $f(x)$的单调减少区间;区间$(-\infty,-1]$,$[3,+\infty)$为函数 $f(x)$的单调增加区间。

**例 2** 讨论函数 $f(x)=\sqrt[3]{x^2}$ 的单调性。

**解** 函数 $f(x)$的定义域为$(-\infty,+\infty)$,则 $f'(x)=\dfrac{2}{3\sqrt[3]{x}}$。当 $x=0$ 时,$f'(x)$不存在;当 $x<0$ 时,$f'(x)<0$;当 $x>0$ 时,$f'(x)>0$。所以函数$f(x)=\sqrt[3]{x^2}$ 在区间$(-\infty,0]$上单调减少,而在区间$[0,+\infty)$上单调增加。

## 二、函数的极值及求法

前面我们学习了利用导数判断函数单调性的方法,下面讨论如何用导数求函数的极值。

**定义** 设函数 $f(x)$在某邻域 $U(x_0,\delta)$内有定义,如果对于邻域内 $U(x_0,\delta)$任意 $x\neq x_0$,都有 $f(x)<f(x_0)$(或 $f(x)>f(x_0)$),则称 $f(x_0)$为函数 $f(x)$的极大值(或极小值)。

函数的极大值和极小值统称为函数的极值,使函数取得极值的点称为函数的极值点。

极值是一个局部性概念,它只是在极值点的某邻域内做比较时,其函数值最大(或最小),而在整个定义域内不一定是最大值(或最小值),因此极大值不一定比极小值大,如图 3-4 中的点 $x_2$ 与 $x_6$ 处的值。

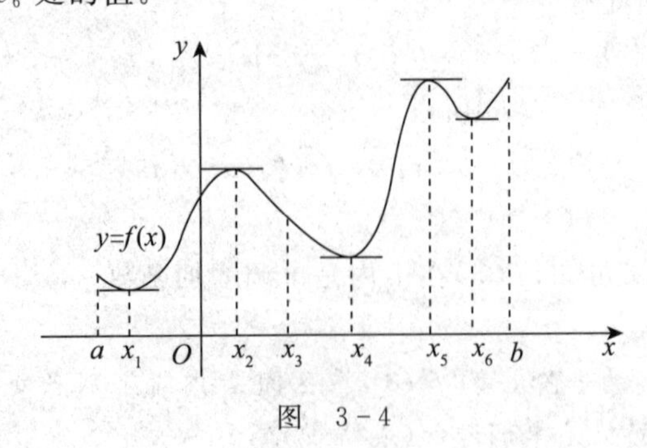


图 3-4

**定理2**(极值存在的必要条件) 若函数 $f(x)$ 在 $x_0$ 处可导,且 $f(x)$ 在 $x_0$ 处取得极值,则 $f'(x_0)=0$。

证明略。

使导数 $f'(x)$ 等于零的点称为函数 $f(x)$ 的驻点。

由定理2知,可导函数的极值点一定是驻点。但驻点不一定是极值点,如 $x=0$ 是函数 $f(x)=x^3$ 的驻点,但不是其极值点。那么什么情况下,驻点才是函数的极值点?

**定理3**(极值存在的第一充分条件) 设函数 $f(x)$ 在点 $x_0$ 处连续,在某空心邻域 $U^o(x_0,\delta)$ 内可导。

(1) 若当 $x\in(x_0-\delta,x_0)$ 时 $f'(x)>0$,而当 $x\in(x_0,x_0+\delta)$ 时 $f'(x)<0$,则 $f(x)$ 在 $x_0$ 处取得极大值;

(2) 若当 $x\in(x_0-\delta,x_0)$ 时 $f'(x)<0$,而当 $x\in(x_0,x_0+\delta)$ 时 $f'(x)>0$,则 $f(x)$ 在 $x_0$ 处取得极小值;

(3) 若 $x\in U^o(x_0,\delta)$ 时,$f'(x)$ 的符号保持不变,则 $f(x)$ 在 $x_0$ 处没有极值。

证明略。

由定理3可知一般的函数,其极值点也有可能是不可导点。

求函数极值的一般步骤如下。

(1) 写出函数的定义域,并求出导数 $f'(x)$。

(2) 求出 $f(x)$ 的所有驻点及导数不存在的点,并用这些点将定义域分为若干个区间。

(3) 列表考查各区间内导数 $f'(x)$ 的符号,可知驻点和不可导点两侧导数的正负,用定理3判断该点是否为极值点,并求出相应的极值。

**例3** 求函数 $f(x)=2x^3-3x^2$ 的极值。

**解** $f(x)$ 的定义域为 $(-\infty,+\infty)$,则

$$f'(x)=(2x^3-3x^2)'=6x^2-6x=6x(x-1)$$

令 $f'(x)=0$,解得驻点 $x_1=0$,$x_2=1$。

用驻点 $x_1=0$,$x_2=1$ 将定义域 $(-\infty,+\infty)$ 分为三个区间 $(-\infty,0)$,$(0,1)$,$(1,+\infty)$,列表3-2讨论如下。

表 3-2

| $x$ | $(-\infty,0)$ | 0 | $(0,1)$ | 1 | $(1,+\infty)$ |
|---|---|---|---|---|---|
| $f'(x)$ | + | 0 | − | 0 | + |
| $f(x)$ | ↗ | 极大值0 | ↘ | 极小值−1 | ↗ |

由表3-2可知,函数 $f(x)$ 在 $x_1=0$ 处取得极大值为 $f(0)=0$,在 $x_2=1$ 处取得极小值为 $f(1)=-1$。

当函数 $f(x)$ 在驻点处的二阶导数存在且不为零时,有如下的判定定理。

**定理4**(极值存在的第二充分条件) 若函数 $f(x)$ 在点 $x_0$ 处的二阶导数存在,且 $f'(x_0)=0$, $f''(x_0)\neq 0$,则:

(1) 当 $f''(x_0)<0$ 时,函数 $f(x)$ 在 $x_0$ 处取得极大值;

(2) 当 $f''(x_0)>0$ 时,函数 $f(x)$ 在 $x_0$ 处取得极小值。

证明略。

**例 4** 求函数 $f(x)=(x^2-1)^3+1$ 的极值。

**解** $f(x)$的定义域为$(-\infty,+\infty)$则

$$f'(x)=6x(x^2-1)^2 \quad f''(x)=6(x^2-1)(5x^2-1)$$

令 $f'(x)=0$，解得驻点 $x_1=-1, x_2=0, x_3=1$。

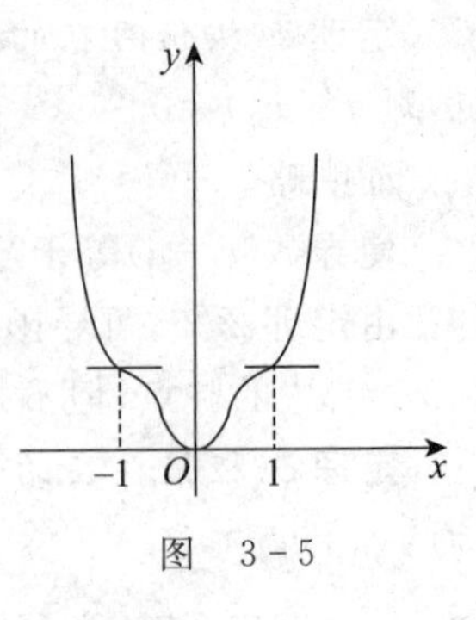

图 3-5

$f''(0)=6>0$，故函数 $f(x)$ 在 $x=0$ 处取得极小值 $f(0)=0$；$f''(-1)=f''(1)=0$，定理 4 无法判断，改用定理 3 判断。

由于在 $x_1=-1$ 的左、右两侧都有 $f'(x)<0$，因此 $f(x)$ 在 $x_1=-1$ 处没有极值。

同理可得，函数 $f(x)$ 在 $x_1=1$ 处没有极值。函数 $f(x)$ 的图像如图 3-5 所示。

由例 4 知，当 $f'(x_0)=f''(x_0)=0$ 时，用定理 4 无法判断。此时，需用定理 3 进行判断。

## 三、函数的最大值与最小值

在生产实践中，经常会遇到求利润最大、成本最低、用料最省、产量最高等问题，这些问题在数学上都归纳为求函数的最大值、最小值的问题。

根据闭区间上连续函数的性质可知，若函数 $f(x)$在区间$[a,b]$上连续，则 $f(x)$在$[a,b]$上一定有最大值和最小值。这就为求连续函数的最大值和最小值提供了理论依据。下面就来讨论如何求出闭区间上函数的最大值和最小值。

若函数 $f(x)$在区间$(a,b)$内取得最大（小）值，则最大（小）值必是 $f(x)$的极大（小）值，函数的极值点必定是驻点或不可导点。因此，只要比较函数驻点、不可导点、区间端点的函数值，便能从中找出函数的最大值和最小值。

求函数闭区间上连续函数 $f(x)$最大（小）值的步骤如下。

(1) 求一阶导数 $f'(x)$。

(2) 令 $f'(x)=0$，求出驻点，并确定函数不可导点。

(3) 计算驻点、不可导点、区间端点的函数值，比较得出最大（小）值。

**例 5** 求函数 $f(x)=x^3-3x^2-9x+5$ 在区间$[-4,4]$上的最大值和最小值。

**解** (1) $f'(x)=3x^2-6x-9=3(x+1)(x-3)$。

(2) 令 $f'(x)=0$，得驻点 $x_1=-1, x_2=3$；$f'(x)$在$(-4,4)$内可导，即没有不可导点。

(3) $f(-1)=10, f(3)=-22, f(-4)=-71, f(4)=-15$。

比较可知，函数 $f(x)$在区间$[-4,4]$上的最大值为 $f(-1)=10$，最小值为 $f(-4)=-71$。

如果闭区间上的连续函数 $f(x)$在区间内只有一个可能的极值点，并且函数在该点确有极大值（或极小值），则不必再与端点的函数值进行比较，即可断定这就是函数在所给闭区间上的最大值（或最小值）。此结果对于开区间及无穷区间也适用。在实际问题中常常根据实际意义进行判断，若实际意义中有最大（最小）值，则此唯一可能的极值点的函数值即为最大（最小）值。

**例 6** 将边长为 $a$ 的一块正方形铁皮的四角各截去一个相等的小正方形，然后折起各边，做成一个无盖的长方体铁盒，问当截去的小正方形的边长是多少时，所得长方体铁盒的容积最大？

**解** 如图 3-6 所示，设小正方形的边长为 $x$，则盒底的边长为 $a-2x$，其容积为

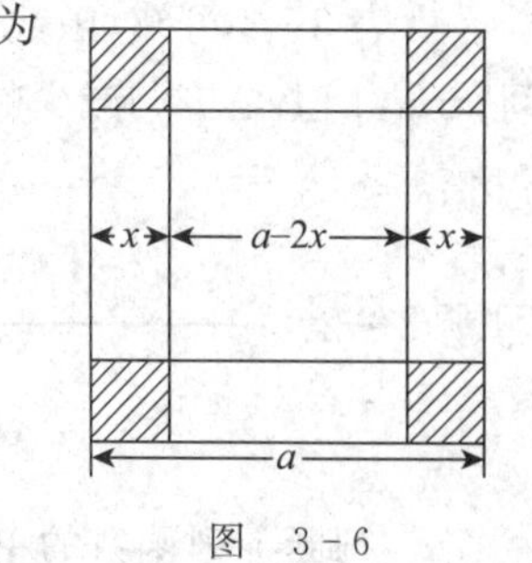

图 3-6

$$V(x)=(a-2x)^2x \quad x\in\left(0,\frac{a}{2}\right)$$

又 $$V'(x)=[(a-2x)^2x]'=(a-2x)^2-4x(a-2x)$$
$$=(a-2x)(a-6x)$$
$$V''(x)=-8a+24x$$

令 $V'(x)=0$，解得驻点 $x_1=\frac{a}{6}$，$x_2=\frac{a}{2}$。

因为在区间$\left(0,\frac{a}{2}\right)$内只有一个驻点 $x_1=\frac{a}{6}$，又 $V''\left(\frac{a}{6}\right)=-8a+4a=-4a<0$，可知当 $x_1=\frac{a}{6}$时，函数 $V(x)$取得极大值$\frac{2a^3}{27}$。

由于在给定区间$\left(0,\frac{a}{2}\right)$内 $V(x)$只有一个极值点，且为极大值点，因此这个极大值同时也是最大值。即当截去的小正方形的边长是$\frac{1}{6}a$ 时，所得长方体铁盒的容积最大。

## ★★ 扩展模块

**例 7** 证明：当 $x>0$ 时 $x>\ln(x+1)$。

**证明** 设 $f(x)=x-\ln(x+1)$，则 $f'(x)=[x-\ln(1+x)]'=1-\frac{1}{1+x}=\frac{x}{1+x}$。

当 $x>0$ 时，$f'(x)=\frac{x}{1+x}>0$，即函数 $f(x)$在$(0,+\infty)$内是单调增加的。所以当 $x>0$ 时，$f(x)>f(0)=0$，或者 $x-\ln(1+x)>0$，即 $x>\ln(1+x)$ $(x>0)$。

**例 8** 求函数 $f(x)=(x-4)\sqrt[3]{(x+1)^2}$ 的单调区间和极值。

**解** $f(x)$的定义域为$(-\infty,+\infty)$，则

$$f'(x)=\left[(x-4)\sqrt[3]{(x+1)^2}\right]'=\frac{5(x-1)}{3\sqrt[3]{x+1}}$$

令 $f'(x)=0$，解得驻点 $x=1$。

又当 $x=-1$ 时，$f'(x)$不存在，即 $x=-1$ 是函数的不可导点。

用驻点和不可导点将定义域$(-\infty,+\infty)$分为三个区间$(-\infty,-1)$，$(-1,1)$，$(1,+\infty)$，列表 3-3 讨论如下。

表 3-3

| $x$ | $(-\infty,-1)$ | $-1$ | $(-1,1)$ | $1$ | $(1,+\infty)$ |
|---|---|---|---|---|---|
| $f'(x)$ | + | 不存在 | − | 0 | + |
| $f(x)$ | ↗ | 极大值 0 | ↘ | 极小值$-3\sqrt[3]{4}$ | ↗ |

由表 3-3 可知，函数 $f(x)$ 在区间 $(-\infty,-1]$ 和 $[1,+\infty)$ 上都是单调增加的，而在区间 $[-1,1]$ 上是单调减少的；在 $x=-1$ 处取得极大值 $f(-1)=0$，在 $x=1$ 处取得极小值 $f(1)=-3\sqrt[3]{4}$。

## 习题 3-2

### A 组

1. 判断下列函数的单调性。

(1) $f(x)=x+\cos x$　　(2) $f(x)=x^3+x$。

2. 求下列函数的单调区间。

(1) $f(x)=2x^3-6x^2-18x-7$

(2) $f(x)=(x-1)(x+1)^3$

(3) $f(x)=2x+\dfrac{8}{x}$

3. 下面的命题正确吗？为什么？

(1) 极值点一定是函数的驻点；反过来，驻点也一定是极值点。

(2) 若 $f(x_1)$ 和 $f(x_2)$ 分别是函数 $f(x)$ 在 $(a,b)$ 内的极大值和极小值，则 $f(x_1)>f(x_2)$。

(3) 若 $f'(x_0)=0, f''(x_0)=0$，则 $f(x)$ 在点 $x_0$ 处没有极值。

4. 求下列函数的极值。

(1) $y=2x^3-6x^2-18x+7$　　(2) $y=x^2\ln x$　　(3) $y=x+\dfrac{a^2}{x}(a>0)$

5. 试问 $a$ 为何值时，函数 $y=a\sin x+\dfrac{1}{3}\sin 3x$ 在 $x=\dfrac{\pi}{3}$ 处有极值？是极大值还是极小值？并求出此极值。

6. 求下列函数的最大(小)值。

(1) $y=x^4-2x^2+5,\ -2\leqslant x\leqslant 2$

(2) $y=x+2\sqrt{x},\ 0\leqslant x\leqslant 4$

7. 有一块宽为 $2a$ 的长方形铁片，将它的两个边缘折起成为一个开口水槽，水槽横截面为一矩形(如图 3-7 所示)，矩形高为 $x$，试问 $x$ 取何值时，水槽的截面积最大？

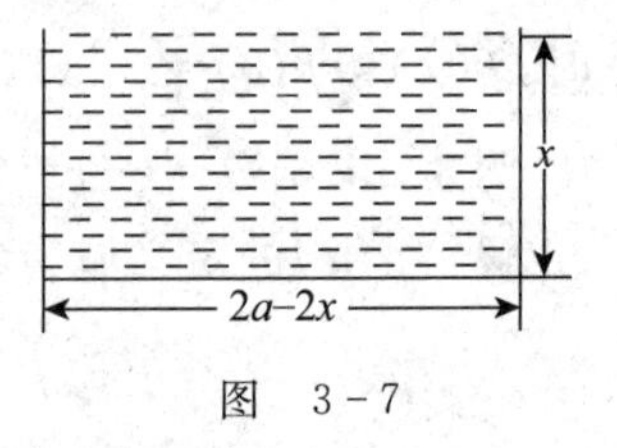


图 3-7

### B 组

1. 用函数单调性证明下列不等式。

(1) 当 $x>0$ 时，$e^x>1+x$。

(2) 当 $x>1$ 时，$e^x>ex$。

(3) 若 $x>0$，则 $\dfrac{x}{1+x}<\ln(1+x)<x$。

(4) 当 $x>1$ 时，$2\sqrt{x}>3-\dfrac{1}{x}$。

2. 已知 $f(x)=x^3+ax^2+bx$ 在 $x=1$ 处有极值 $-12$，试确定常系数 $a$ 与 $b$。

3. 求函数 $y=\sqrt[3]{(2x-x^2)^2}$ 的极值。

4. 一艘轮船在航行中的燃料费用和它的速度的立方成正比。已知当速度为 10km/h 时，燃料费为每小时 6 元，而其他与速度无关的费用为每小时 96 元。问轮船的速度为多少时，每航行 1km 所消耗的费用最少？

## *第三节　函数图像的描绘

我们利用函数的导数研究了函数的单调性与极值，但是这些还无法准确地描述函数的形态。为了能更准确地描绘函数图像，还需进一步研究曲线的凹凸性、拐点和渐近线问题。

### 一、曲线的凹凸性与拐点

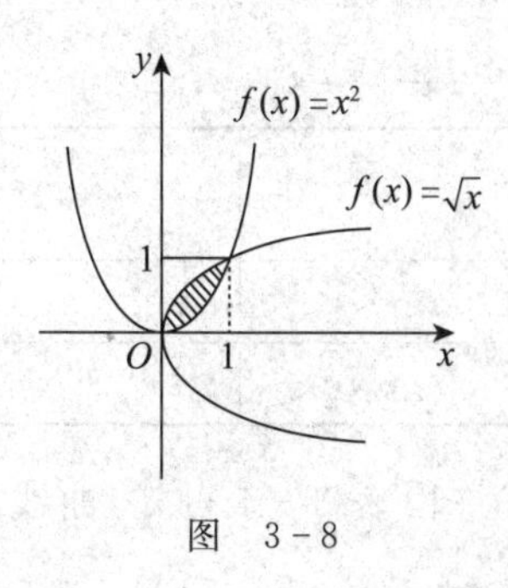


图　3-8

从函数 $f(x)=x^2$ 和 $f(x)=\sqrt{x}$ 的图像可以看出，虽然它们在 $[0,+\infty)$ 内都是单调增加的，但图形的形状却不相同。$f(x)=x^2$ 的图形是凹的曲线，而 $f(x)=\sqrt{x}$ 的图形却是凸的曲线，如图 3-8 所示。函数 $f(x)=x^2$ 的图形上每一点的切线都位于曲线下方；而 $f(x)=\sqrt{x}$ 的图形上每一点的切线都位于曲线上方。下面给出曲线凹凸性的概念。

**定义 1**　如果在区间 $I$ 内，曲线 $y=f(x)$ 上每一点的切线都位于曲线的下方，则称曲线 $y=f(x)$ 在区间 $I$ 内是凹的，区间 $I$ 称为曲线 $y=f(x)$ 的凹区间，如图 3-9 所示；如果在区间 $I$ 内，曲线 $y=f(x)$ 上每一点的切线都位于曲线的上方，则称曲线 $y=f(x)$ 在区间 $I$ 内是凸的，区间 $I$ 称为曲线 $y=f(x)$ 的凸区间，如图 3-10 所示。

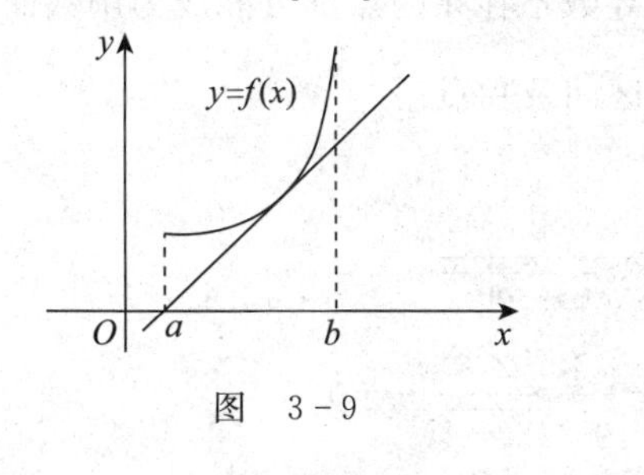


图　3-9

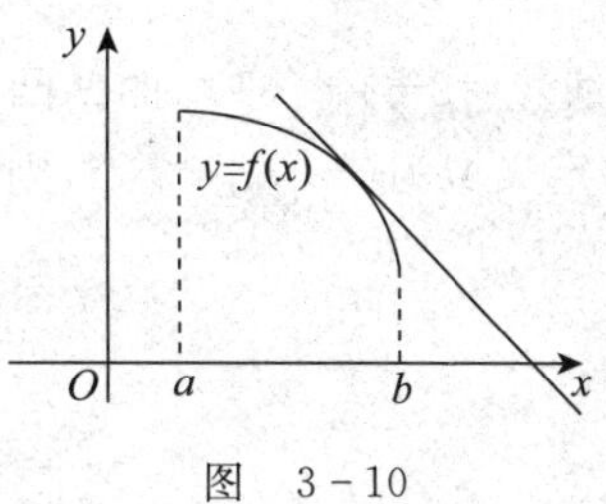


图　3-10

对于函数在区间 $I$ 内的凹凸性，有以下判定定理。

**定理**　设函数 $f(x)$ 在区间 $I$ 上具有二阶导数，对于任意 $x\in I$，

(1) 若 $f''(x)>0$，则曲线 $y=f(x)$ 在区间 $I$ 内是凹的；

(2) 若 $f''(x)<0$，则曲线 $y=f(x)$ 在区间 $I$ 内是凸的。

**例 1**　判断曲线 $y=\ln x$ 的凹凸性。

**解**　函数 $y=\ln x$ 的定义域为 $(0,+\infty)$，则

$$y'=\frac{1}{x}\qquad y''=-\frac{1}{x^2}<0\qquad x\in(0,+\infty)$$

因此，曲线 $y=\ln x$ 在 $(0,+\infty)$ 内是凸的。

**例 2** 判断曲线 $y=3x^4-4x^3+1$ 的凹凸性。

**解** 函数的定义域为$(-\infty,+\infty)$,则

$$y'=12x^3-12x^2$$

$$y''=36x^2-24x=36x\left(x-\frac{2}{3}\right)$$

令 $y''=0$,解得 $x_1=0,x_2=\frac{2}{3}$。

用 $x_1=0,x_2=\frac{2}{3}$ 将函数的定义域$(-\infty,+\infty)$分为三个区间$(-\infty,0)$,$\left(0,\frac{2}{3}\right)$,$\left(\frac{2}{3},+\infty\right)$,列表 3-4 讨论如下。

表 3-4

| $x$ | $(-\infty,0)$ | $0$ | $\left(0,\frac{2}{3}\right)$ | $\frac{2}{3}$ | $\left(\frac{2}{3},+\infty\right)$ |
|---|---|---|---|---|---|
| $y''$ | $+$ | $0$ | $-$ | $0$ | $+$ |
| $y$ | 凹 | | 凸 | | 凹 |

由表 3-4 可知,曲线在区间$(-\infty,0)$、$\left(\frac{2}{3},+\infty\right)$内都是凹的,在区间$\left(0,\frac{2}{3}\right)$上是凸的。

从例 2 中看到,点$(0,1)$、$\left(\frac{2}{3},\frac{11}{27}\right)$是曲线凹与凸的分界点,把这种点定义如下。

**定义 2** 曲线凹与凸的分界点称为曲线的拐点。

通常,使函数二阶导数为零的点、二阶导数不存在的点都可能成为函数曲线的拐点。

**例 3** 求曲线 $y=2+(x-1)^{\frac{1}{3}}$ 的凹凸区间及拐点。

**解** 函数的定义域为$(-\infty,+\infty)$,则

$$y'=\frac{1}{3\sqrt[3]{(x-1)^2}}$$

$$y''=-\frac{2}{9\sqrt[3]{(x-1)^5}}\neq 0$$

易知,在点 $x=1$ 处函数 $y=2+(x-1)^{\frac{1}{3}}$ 连续,但 $y'$ 及 $y''$ 均不存在。用 $x=1$ 将定义域$(-\infty,+\infty)$分为两个区间$(-\infty,1)$,$(1,+\infty)$。

在$(-\infty,1)$内,$y''>0$,曲线是凹的;在$(1,+\infty)$内,$y''<0$,曲线是凸的;点$(1,2)$为曲线 $y=2+(x-1)^{\frac{1}{3}}$ 的拐点。

## 二、曲线的渐近线

为了更准确地描绘出函数图形,还需进一步给出曲线的水平渐近线、铅直渐近线及斜渐近线的求法。

1. 水平渐近线

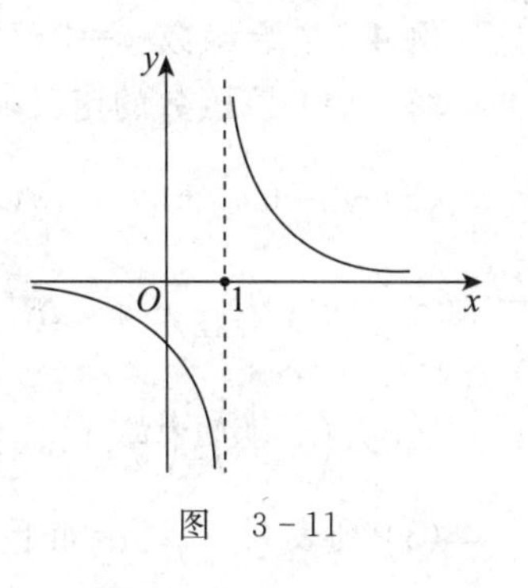

图 3-11

若函数 $y=f(x)$的定义域是无限区间，且有$\lim\limits_{x\to\infty}f(x)=A\left(\text{或}\lim\limits_{x\to-\infty}f(x)=A\text{ 或 }\lim\limits_{x\to+\infty}f(x)=A\right)$，则直线 $y=A$ 是曲线 $y=f(x)$的水平渐近线。如$\lim\limits_{x\to\infty}\dfrac{1}{x-1}=0$，则 $y=0$ 为曲线 $y=\dfrac{1}{x-1}$的水平渐近线，如图 3-11 所示。

2. 铅直渐近线

对于函数 $y=f(x)$，若$\lim\limits_{x\to a}f(x)=\infty\left(\text{或}\lim\limits_{x\to a^+}f(x)=\infty\text{ 或}\lim\limits_{x\to a^-}f(x)=\infty\right)$，则直线 $x=a$ 为曲线 $y=f(x)$的铅直渐近线。如$\lim\limits_{x\to 1}\dfrac{1}{x-1}=\infty$，则 $x=1$ 为曲线 $y=\dfrac{1}{x-1}$的铅直渐近线，如图 3-11 所示。

3. 斜渐近线

当 $x$ 趋向于无穷大时，曲线 $y=f(x)$无限接近于一条固定直线 $y=Ax+B$$\left(y=f(x)\right.$与直线 $y=Ax+B$ 的垂直距离无限小$\left.\right)$，即$\lim\limits_{x\to\infty}[f(x)-(Ax+B)]=0$，则称 $y=Ax+B$ 为函数 $f(x)$的斜渐近线。

斜渐近线的求法：设$\lim\limits_{x\to\infty}\dfrac{f(x)}{x}=A$，$\lim\limits_{x\to\infty}[f(x)-Ax]=B$，则 $y=Ax+B$ 为函数 $f(x)$的斜渐近线。

**注意**：当 $A=0$ 时，有$\lim\limits_{x\to\infty}f(x)=B$，此时称 $y=B$ 为函数 $f(x)$的水平渐近线。所以，水平渐近线只是斜渐近线的一种特殊情况。

## 三、描绘函数图像的步骤

根据前面讨论的函数的单调性、极值、凹凸性及拐点等函数的各种形态，应用于函数的作图上，一般步骤如下。

(1) 确定函数 $y=f(x)$的定义域，并判断函数的奇偶性。

(2) 求出 $f'(x)=0$ 及 $f''(x)=0$ 的全部实根及 $f'(x)$、$f''(x)$不存在的点，用这些点将定义域划分为若干区间。

(3) 列表讨论函数的单调性、极值、凹凸性及拐点。

(4) 确定曲线的渐近线。

(5) 描绘出表中所得到的点。为使图像更准确，一般还需补充一些点，如曲线与坐标轴的交点等，用平滑曲线连接这些点即可作出函数 $y=f(x)$的图像。

**例 4**　描绘函数 $y=2x^3-3x^2$ 的图像。

**解**　(1) 该函数的定义域为$(-\infty,+\infty)$，函数没有对称性和周期性。

(2) $y'=6x^2-6x=6x(x-1)$，$y''=12x-6=12\left(x-\dfrac{1}{2}\right)$。

令 $y'=0$ 得驻点 $x_1=0,x_2=1$；令 $y''=0$ 得 $x=\dfrac{1}{2}$，这些点将定义域$(-\infty,+\infty)$分为

$(-\infty,0)$，$\left(0,\dfrac{1}{2}\right)$，$\left(\dfrac{1}{2},1\right)$，$(1,+\infty)$。

(3) 列表 3-5 讨论如下。

表　3-5

| $x$ | $(-\infty,0)$ | 0 | $\left(0,\frac{1}{2}\right)$ | $\frac{1}{2}$ | $\left(\frac{1}{2},1\right)$ | 1 | $(1,+\infty)$ |
|---|---|---|---|---|---|---|---|
| $y'$ | + | 0 | − | − | − | 0 | + |
| $y''$ | − | − | − | 0 | + | + | + |
| $y$ | 是凸的增函数 | 极大值 0 | 是凸的减函数 | 拐点$\left(\frac{1}{2},-\frac{1}{2}\right)$ | 是凹的减函数 | 极小值−1 | 是凹的增函数 |

(4) $\lim\limits_{x\to\infty}f(x)=\infty$，曲线无渐近线。

(5) 与坐标轴的交点为$(0,0)$，$\left(\dfrac{3}{2},0\right)$，补充点$\left(-\dfrac{1}{2},-1\right)$。

根据上述特征，画出函数图像如图 3-12 所示。

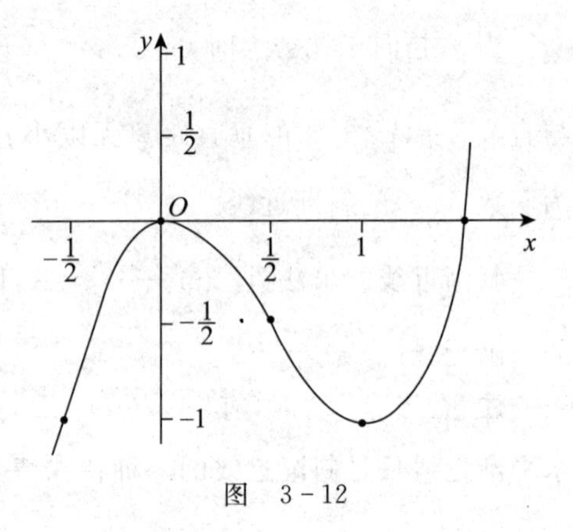

图　3-12

**例 5**　描绘函数 $y=\dfrac{1}{\sqrt{2\pi}}e^{-\frac{x^2}{2}}$ 的图形。

**解**　(1) 该函数的定义域为$(-\infty,+\infty)$，函数为偶函数。

图形关于 $y$ 轴对称，且 $y>0$，即曲线位于$x$ 轴上方。

(2) $y'=-\dfrac{x}{\sqrt{2\pi}}e^{-\frac{x^2}{2}}$，$y''=-\dfrac{1}{\sqrt{2\pi}}(1-x^2)e^{-\frac{x^2}{2}}$。令 $y'=0$ 得驻点为 $x=0$；令 $y''=0$ 得 $x=\pm1$。

(3) 列表 3-6 讨论(由对称性只在$[0,+\infty)$上讨论)如下。

表　3-6

| $x$ | 0 | $(0,1)$ | 1 | $(1,+\infty)$ |
|---|---|---|---|---|
| $y'$ | 0 | − | − | − |
| $y''$ | − | − | 0 | + |
| $y$ | 极大值$\frac{1}{\sqrt{2\pi}}$ | 是凸的减函数 | 拐点$\left(1,\frac{1}{\sqrt{2\pi e}}\right)$ | 是凹的减函数 |

(4) 由$\lim\limits_{x\to\infty}\frac{1}{\sqrt{2\pi}}e^{-\frac{x^2}{2}}=0$,可知 $y=0$ 为曲线的水平渐近线。

(5) 根据上述特征在$[0,+\infty)$上作图,然后利用对称性得到函数在$(-\infty,+\infty)$上的图像,如图 3-13 所示。

**注意**:此曲线称为概率曲线。

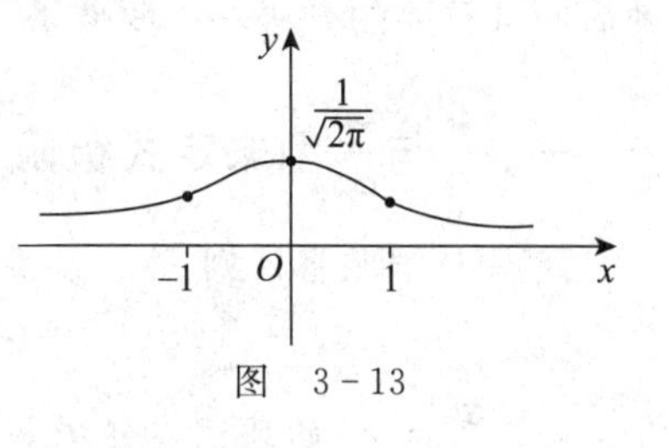

图 3-13

## 习题 3-3

### A 组

1. 求下列函数的凹凸区间及拐点。

(1) $y=(x+1)^4+e^x$ (2) $y=\ln(1+x^2)$ (3) $y=xe^{-x}$

2. 曲线 $y=ax^3+bx^2$ 以(1,3)为拐点,求 $a,b$ 的值。

3. 求下列曲线的渐近线。

(1) $y=e^{-x^2}$ (2) $y=\frac{e^x}{x^2-1}$

4. 描绘下列函数的图像。

(1) $y=x^3-x^2-x+1$ (2) $y=x-\ln(x+1)$

(3) $y=\frac{x}{1+x^2}$ (4) $y=\frac{e^x}{x}$

### B 组

1. 求下列函数的凹凸区间及拐点。

(1) $y=e^{\arctan x}$ (2) $y=a-\sqrt[3]{x-b}$

2. 已知函数 $y=ax^3+bx^2+cx+d$ 有拐点$(-1,4)$,且在 $x=0$ 处有极小值 2,求 $a,b,c,d$ 的值。

3. 研究函数的形态并作出图像。

(1) $y=\ln(x^2-1)$ (2) $y=x+e^{-x}$

# 第四节 罗彼塔法则

**★ 基础模块**

当 $x\to x_0$(或 $x\to\infty$)时,函数 $f(x)$与 $g(x)$的极限都为零(或无穷大),比值$\frac{f(x)}{g(x)}$的极限可能存在,也可能不存在。通常把这种类型的极限称为未定式极限,简记为$\frac{0}{0}$或$\frac{\infty}{\infty}$。对于这类极限,即使它存在也不能用商的极限运算法则求解。下面我们给出求这类极限的一种简便且重要的方法——罗彼塔(L'Hospital)法则。

## 一、$\frac{0}{0}$与$\frac{\infty}{\infty}$型未定式极限

**定理1**(罗彼塔法则1) 若函数$f(x)$与$g(x)$满足：

(1) $\lim\limits_{x\to x_0}f(x)=\lim\limits_{x\to x_0}g(x)=0$；

(2) 在点$x_0$的某空心邻域$U^o(x_0,\delta)$内可导，且$g'(x)\neq 0$；

(3) $\lim\limits_{x\to x_0}\frac{f'(x)}{g'(x)}=A$(或$\infty$)，

则

$$\lim_{x\to x_0}\frac{f(x)}{g(x)}=\lim_{x\to x_0}\frac{f'(x)}{g'(x)}=A(\text{或}\ \infty)$$

证明略。

**例1** 求$\lim\limits_{x\to 0}\frac{1-\cos x}{x^2}$。

**解** 这是$\frac{0}{0}$型未定式

$$\lim_{x\to 0}\frac{1-\cos x}{x^2}=\lim_{x\to 0}\frac{(1-\cos x)'}{(x^2)'}=\lim_{x\to 0}\frac{\sin x}{2x}=\frac{1}{2}$$

当$\lim\limits_{x\to x_0}f(x)=\infty$，$\lim\limits_{x\to x_0}g(x)=\infty$时，相应的罗彼塔法则如下。

**定理2**(罗彼塔法则2) 若函数$f(x)$与$g(x)$满足：

(1) $\lim\limits_{x\to x_0}f(x)=\lim\limits_{x\to x_0}g(x)=\infty$；

(2) 在点$x_0$的某空心邻域内$U^o(x_0,\delta)$内可导，且$g'(x)\neq 0$；

(3) $\lim\limits_{x\to x_0}\frac{f'(x)}{g'(x)}=A$(或$\infty$)，

则

$$\lim_{x\to x_0}\frac{f(x)}{g(x)}=\lim_{x\to x_0}\frac{f'(x)}{g'(x)}=A(\text{或}\ \infty)$$

证明略。

**注意**：(1) 在定理1、2中，若将$x\to x_0$改为$x\to\infty$、$x\to x_0^+$、$x\to x_0^-$，结论仍成立。

(2) 若应用罗彼塔法则得到的$\lim\limits_{x\to x_0}\frac{f'(x)}{g'(x)}$仍为$\frac{0}{0}$型$\left(\text{或}\frac{\infty}{\infty}\text{型}\right)$，且$f'(x)$与$g'(x)$满足定理条件，则可再次使用罗彼塔法则。

**例2** 求下列未定式极限。

(1) $\lim\limits_{x\to 0}\frac{\tan x-x}{x-\sin x}$ (2) $\lim\limits_{x\to 0^+}\frac{\ln\cot x}{\ln x}$ (3) $\lim\limits_{x\to+\infty}\frac{e^x}{x^2+x-1}$

**解** (1) 这是$\frac{0}{0}$型未定式极限。

$$\lim_{x\to 0}\frac{\tan x-x}{x-\sin x}=\lim_{x\to 0}\frac{\sec^2 x-1}{1-\cos x}=\lim_{x\to 0}\frac{2\sec^2 x\tan x}{\sin x}=\lim_{x\to 0}\frac{2}{\cos^3 x}=2$$

(2) 这是$\frac{\infty}{\infty}$型未定式极限。

$$\lim_{x\to0^+}\frac{\ln\cot x}{\ln x}=\lim_{x\to0^+}\frac{\frac{-\csc^2 x}{\cot x}}{\frac{1}{x}}=-\lim_{x\to0^+}\frac{x}{\sin x\cos x}=-\lim_{x\to0^+}\frac{x}{\sin x}\cdot\lim_{x\to0^+}\frac{1}{\cos x}=-1$$

(3) 这是$\frac{\infty}{\infty}$型未定式极限。

$$\lim_{x\to+\infty}\frac{e^x}{x^2+x-2}=\lim_{x\to+\infty}\frac{e^x}{2x+1}=\lim_{x\to+\infty}\frac{e^x}{2}=+\infty$$

必须指出:① 连续应用罗彼塔法则时,每一步都必须检验是否满足罗彼塔法则的条件。例如,

$$\lim_{x\to1}\frac{x^3-3x+2}{x^3-x^2-x+1}\overset{\frac{0}{0}}{=}\lim_{x\to1}\frac{3x^2-3}{3x^2-2x-1}\overset{\frac{0}{0}}{=}\lim_{x\to1}\frac{6x}{6x-2}=\frac{3}{2}$$

**注意**:因为$\lim\limits_{x\to1}6x=6$,$\lim\limits_{x\to1}(6x-2)=4$,所以不能再用罗彼塔法则了。

② 罗彼塔法则中的条件(3)要求,在自变量的某一变化过程中$\frac{f'(x)}{g'(x)}$的极限存在或为无穷大,否则不能用罗彼塔法则。例如,

$$\lim_{x\to0}\frac{x^2\sin\frac{1}{x}}{\sin x}=\lim_{x\to0}\frac{2x\sin\frac{1}{x}-\cos\frac{1}{x}}{\cos x}$$

由于极限$\lim\limits_{x\to0}\frac{2x\sin\frac{1}{x}-\cos\frac{1}{x}}{\cos x}$既不存在,也不是无穷大,因此不能用罗彼塔法则。其计算应改为

$$\lim_{x\to0}\frac{x^2\sin\frac{1}{x}}{\sin x}=\lim_{x\to0}\left(\frac{x}{\sin x}\cdot x\sin\frac{1}{x}\right)=\lim_{x\to0}\frac{x}{\sin x}\cdot\lim_{x\to0}x\sin\frac{1}{x}=1\cdot0=0$$

最后还须说明罗彼塔法则并不能求解所有的极限。

例如,$\lim\limits_{x\to+\infty}\frac{e^x+e^{-x}}{e^x-e^{-x}}=\lim\limits_{x\to+\infty}\frac{e^x-e^{-x}}{e^x+e^{-x}}=\lim\limits_{x\to+\infty}\frac{e^x+e^{-x}}{e^x-e^{-x}}$,这时产生了循环,也就不能求出极限,但$\lim\limits_{x\to+\infty}\frac{e^x+e^{-x}}{e^x-e^{-x}}=\lim\limits_{x\to+\infty}\frac{1+e^{-2x}}{1-e^{-2x}}=1$。

**★★ 扩展模块**

## 二、其他未定式极限

除了常见的$\frac{0}{0}$或$\frac{\infty}{\infty}$型未定式极限外,还有$0\cdot\infty$、$\infty-\infty$、$0^0$、$1^\infty$、$\infty^0$型的未定式极限,

它们可转化为$\frac{0}{0}$或$\frac{\infty}{\infty}$型，再用罗彼塔法则计算。下面举例说明。

**例 3** 求下列未定式的极限。

(1) $\lim\limits_{x\to0^+}x^n\ln x(n>0)$ (2) $\lim\limits_{x\to+\infty}x\left(\frac{\pi}{2}-\arctan x\right)$

(3) $\lim\limits_{x\to0}\left(\frac{1}{\sin x}-\frac{1}{x}\right)$ (4) $\lim\limits_{x\to0^+}x^x$

**解** (1) 这是 $0\cdot\infty$型未定式极限。

$$\lim_{x\to0^+}x^n\ln x=\lim_{x\to0^+}\frac{\ln x}{\frac{1}{x^n}}\overset{\frac{\infty}{\infty}}{=}\lim_{x\to0^+}\frac{\frac{1}{x}}{\frac{-n}{x^{n+1}}}=\lim_{x\to0^+}\left(-\frac{x^n}{n}\right)=0$$

(2) 这是$\infty\cdot0$型未定式极限。

$$\lim_{x\to+\infty}x\left(\frac{\pi}{2}-\arctan x\right)=\lim_{x\to+\infty}\frac{\frac{\pi}{2}-\arctan x}{\frac{1}{x}}\overset{\frac{0}{0}}{=}\lim_{x\to+\infty}\frac{-\frac{1}{1+x^2}}{-\frac{1}{x^2}}=\lim_{x\to+\infty}\frac{x^2}{1+x^2}=1$$

(3) 这是$\infty-\infty$型未定式极限。

$$\lim_{x\to0}\left(\frac{1}{\sin x}-\frac{1}{x}\right)=\lim_{x\to0}\frac{x-\sin x}{x\sin x}\overset{\frac{0}{0}}{=}\lim_{x\to0}\frac{1-\cos x}{\sin x+x\cos x}\overset{\frac{0}{0}}{=}\lim_{x\to0}\frac{\sin x}{2\cos x-x\sin x}=0$$

(4) 这是 $0^0$ 型未定式极限。

$$\lim_{x\to0^+}x^x=\lim_{x\to0^+}\mathrm{e}^{\ln x^x}=\lim_{x\to0^+}\mathrm{e}^{x\ln x}=\mathrm{e}^{\lim\limits_{x\to0^+}x\ln x}$$

又
$$\lim_{x\to0^+}x\ln x=\lim_{x\to0^+}\frac{\ln x}{\frac{1}{x}}\overset{\frac{\infty}{\infty}}{=}\lim_{x\to0^+}\frac{\frac{1}{x}}{-\frac{1}{x^2}}=-\lim_{x\to0^+}x=0$$

所以
$$\lim_{x\to0^+}x^x=\mathrm{e}^0=1$$

## 习题 3-4

### A 组

1. 若$\lim\limits_{x\to x_0}\frac{f'(x)}{g'(x)}$不存在(除$\infty$以外)，是否$\lim\limits_{x\to x_0}\frac{f(x)}{g(x)}$也不存在？为什么？

2. 验证极限$\lim\limits_{x\to\infty}\frac{x-\sin x}{x+\sin x}$存在，但不能用罗彼塔法则计算。

3. 用罗彼塔法则求下列极限。

(1) $\lim\limits_{x\to0}\frac{\mathrm{e}^x-\mathrm{e}^{-x}}{x}$ (2) $\lim\limits_{x\to a}\frac{x^m-a^m}{x^n-a^n}$ (3) $\lim\limits_{x\to0}\frac{\mathrm{e}^{x^2}-1}{\cos x-1}$

(4) $\lim\limits_{x\to0}\frac{x-x\cos x}{x-\sin x}$ (5) $\lim\limits_{x\to1}\left(\frac{2}{x^2-1}-\frac{1}{x-1}\right)$ (6) $\lim\limits_{x\to1}\left(\frac{1}{\ln x}-\frac{x}{\ln x}\right)$

B 组

用罗彼塔法则求下列极限。

(1) $\lim\limits_{x\to\infty} x\sin\dfrac{k}{x}$　　(2) $\lim\limits_{x\to 0}(1+\sin x)^{\frac{1}{x}}$　　(3) $\lim\limits_{x\to\frac{\pi}{2}^-}(\cos x)^{\frac{\pi}{2}-x}$

(4) $\lim\limits_{x\to 0^+} x^{\sin x}$　　(5) $\lim\limits_{x\to 0^+}\dfrac{\ln x}{\ln\sin x}$　　(6) $\lim\limits_{x\to 0^+}\sin x\cdot\ln x$

(7) $\lim\limits_{x\to+\infty}\dfrac{\ln\left(1+\dfrac{1}{x}\right)}{\operatorname{arccot}x}$　　(8) $\lim\limits_{x\to 0^+}\dfrac{\ln\sin 3x}{\ln\sin x}$　　(9) $\lim\limits_{x\to\frac{\pi}{2}}\dfrac{\tan x}{\tan 3x}$

## *第五节 曲　率

在生产实践中，常常需要考虑曲线的弯曲程度。如建筑工程中的各种钢梁、机械加工车床上的轴承等，在外力作用下会产生弯曲变形，因此，在设计时需要预计出它们的弯曲程度。如何描述其弯曲程度，是本节要讨论的曲率的概念。

### 一、弧微分

如图 3-14 所示，设函数 $f(x)$ 在区间 $(a,b)$ 内具有连续导数，在曲线 $y=f(x)$ 上任取一定点 $M_0(x_0,y_0)$ 作为度量弧长的基点，并规定以 $x$ 增大的方向作为曲线的正方向。在曲线上任取一点 $M(x,y)$，用 $s$ 表示曲线从基点 $M_0$ 到点 $M$ 的一段有向弧 $\overset{\frown}{M_0M}$ 的值，简称弧 $s$（当有向弧 $\overset{\frown}{M_0M}$ 的方向与曲线的正方向一致时，$s>0$；相反时，$s<0$）。$s$ 的绝对值为弧 $\overset{\frown}{M_0M}$ 的长度。显然，$s$ 是关于 $x$ 的函数，记 $s=s(x)$，而且 $s$ 是 $x$ 的单调增加函数。

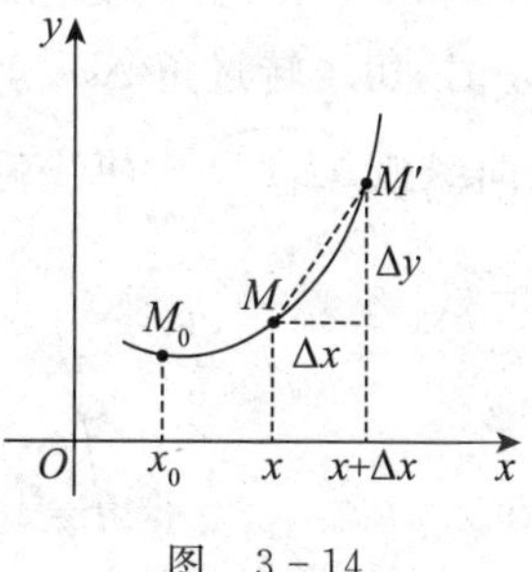

图 3-14

下面求函数 $s(x)$ 的导数和微分。

设对应于 $x$ 的增量为 $\Delta x$，在曲线 $y=f(x)$ 上与 $x+\Delta x$ 对应的点为 $M'(x+\Delta x,y+\Delta y)$，则函数 $s(x)$ 的增量为

$$\Delta s=\overset{\frown}{MM'}=\overset{\frown}{M_0M'}-\overset{\frown}{M_0M}$$

于是

$$\begin{aligned}\left(\frac{\Delta s}{\Delta x}\right)^2&=\left(\frac{\overset{\frown}{MM'}}{\Delta x}\right)^2=\left(\frac{\overset{\frown}{MM'}}{|MM'|}\right)^2\cdot\frac{|MM'|^2}{(\Delta x)^2}\\&=\left(\frac{\overset{\frown}{MM'}}{|MM'|}\right)^2\cdot\frac{(\Delta x)^2+(\Delta y)^2}{(\Delta x)^2}\\&=\left(\frac{\overset{\frown}{MM'}}{|MM'|}\right)^2\cdot\left[1+\left(\frac{\Delta y}{\Delta x}\right)^2\right]\end{aligned}$$

从而$\dfrac{\Delta s}{\Delta x}=\dfrac{|\widehat{MM'}|}{|MM'|}\cdot\sqrt{1+\left(\dfrac{\Delta y}{\Delta x}\right)^2}$（因为$s=s(x)$为单调增加函数，故取正号）。

又当$\Delta x\to 0$时，$M'\to M$，可得$\lim\limits_{\Delta x\to 0}\dfrac{|\widehat{MM'}|}{|MM'|}=\lim\limits_{M'\to M}\dfrac{|\widehat{MM'}|}{|MM'|}=1$，$\lim\limits_{\Delta x\to 0}\dfrac{\Delta y}{\Delta x}=y'$，因而，

$\lim\limits_{\Delta x\to 0}\dfrac{\Delta s}{\Delta x}=\lim\limits_{\Delta x\to 0}\dfrac{\widehat{MM'}}{|MM'|}\cdot\lim\limits_{\Delta x\to 0}\sqrt{1+\left(\dfrac{\Delta y}{\Delta x}\right)^2}=\sqrt{1+y'^2}$，即

$$\frac{\mathrm{d}s}{\mathrm{d}x}=\sqrt{1+y'^2}$$

所以

$$\mathrm{d}s=\sqrt{1+y'^2}\,\mathrm{d}x \tag{3-1}$$

这就是弧微分公式。

## 二、曲率的定义

如图3-15所示，虽然曲线弧$\widehat{M_0M_1}$和$\widehat{M_1M_2}$的长度一样，但它们的切线的变化不同。对于曲线弧$\widehat{M_0M_1}$，当动点沿曲线从点$M_0$移动到点$M_1$时，切线转过角$\Delta\varphi_1$就是从$M_0$到$M_1$切线方向变化的大小。同样，对于曲线弧$\widehat{M_1M_2}$，当动点沿曲线从点$M_1$移动到$M_2$时，切线转过角$\Delta\varphi_2$就是从$M_1$到$M_2$切线方向变化的大小。容易看出$\Delta\varphi_1<\Delta\varphi_2$，表示曲线弧$\widehat{M_1M_2}$比曲线弧$\widehat{M_0M_1}$弯曲得更厉害。

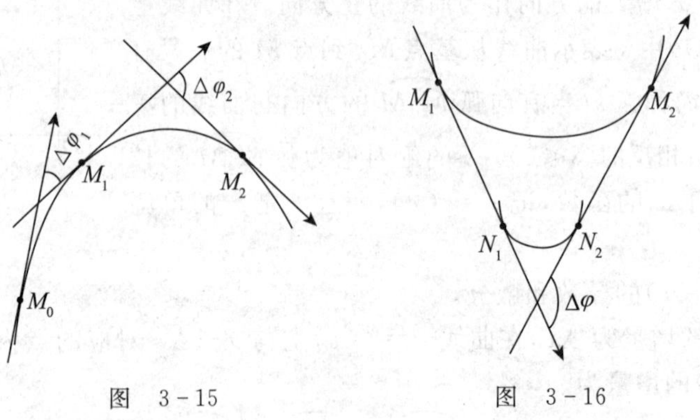


图 3-15　　　　图 3-16

但仅从切线方向变化的角度$\Delta\varphi$还不足以反映曲线的弯曲程度。如图3-16所示，两弧$\widehat{M_1M_2}$及$\widehat{N_1N_2}$的切线方向改变的角度$\Delta\varphi$相同，但很明显，它们的弯曲程度却不同，弧长较短的曲线比弧长较长的曲线弯曲得更厉害。

综合上述分析可知，曲线的弯曲程度不仅与其切线方向变化角度有关，还与所考虑的曲线段的弧长有关。一般地，曲线弯曲程度的概念——曲率的描述如下。

**定义1**　如图3-17所示，在光滑曲线(若曲线上每一点处都有切线，且切线随切点的移动而连续转动，这样的曲线称为光滑曲线)$C:y=f(x)$上选定一点$M_0$作为度量弧长的基点，设曲线上点$M$对应于弧$s$，曲线上与点$M$邻近的一点$M'$对应于弧$s+\Delta s$，当动点$M$

沿着曲线 $C$ 移动到 $M'$ 时，切线的倾斜角由 $\alpha$ 变到 $\alpha+\Delta\alpha$，则比值 $\frac{|\Delta\alpha|}{|\Delta s|}$ 称为弧段 $\widehat{MM'}$ 的平均曲率，记作 $\overline{K}$，即

$$\overline{K}=\left|\frac{\Delta\alpha}{\Delta s}\right|$$

当 $\Delta s\to 0$（即 $M'\to M$）时，平均曲率的极限 $\lim\limits_{\Delta s\to 0}\left|\frac{\Delta\alpha}{\Delta s}\right|$ 叫作曲线 $C$ 在点 $M$ 处的曲率，记作 $K$，即

$$K=\lim_{\Delta s\to 0}\left|\frac{\Delta\alpha}{\Delta s}\right|$$

由导数的定义，有

$$K=\left|\frac{\mathrm{d}\alpha}{\mathrm{d}s}\right| \tag{3-2}$$

易知，直线上任意点处的曲率都等于零。

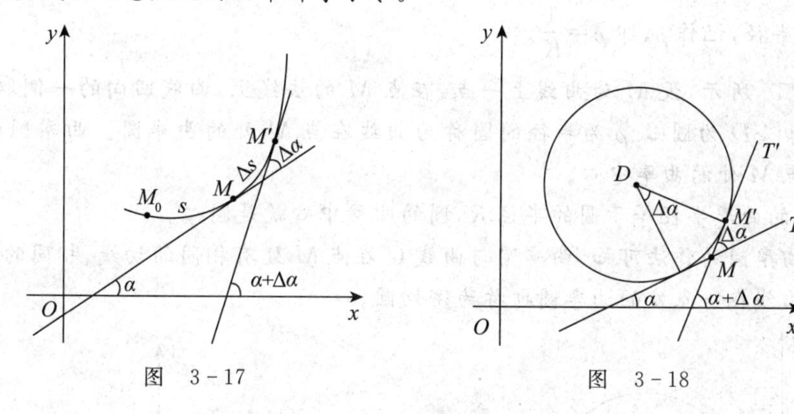


图 3-17　　图 3-18

**例 1**　证明圆上任一点的曲率等于半径的倒数。

**证明**　如图 3-18 所示，设圆的半径为 $R$，在点 $M$、$M'$ 处圆的切线所成的角 $\angle\alpha$ 等于圆心角 $\angle MDM'$。又 $\angle MDM'=\frac{\angle s}{R}$，于是 $\frac{\angle\alpha}{\angle s}=\frac{\frac{\angle s}{R}}{\angle s}=\frac{1}{R}$，所以，$K=\lim\limits_{\Delta s\to 0}\left|\frac{\angle\alpha}{\angle s}\right|=\frac{1}{R}$。

此结论说明，圆的弯曲程度处处相同，且半径越小曲率越大，弯曲越厉害。

设曲线的直角坐标方程是 $y=f(x)$，且 $f(x)$ 具有二阶导数。因为切线斜率 $\tan\alpha=y'$，所以 $\alpha=\arctan y'$，对此式两边微分得

$$\mathrm{d}\alpha=\frac{y''}{1+y'^2}\mathrm{d}x$$

又知 $\mathrm{d}s=\sqrt{1+y'^2}\,\mathrm{d}x$，再由曲率公式(3-2)，得

$$K=\frac{|y''|}{\sqrt{(1+y'^2)^3}} \tag{3-3}$$

**注意**：在实际应用中，常常出现 $y'$ 很小的情况，即 $|y'|$ 与 1 比较起来很小，这时 $y'^2$ 可忽略不计，因此，得到曲率的近似公式

$$K \approx |y''|$$

**例 2**　求双曲线 $xy=4$ 在点(2,2)处的曲率。

**解**　由 $y=\frac{4}{x}$，可得 $y'=-\frac{4}{x^2}$，$y''=\frac{8}{x^3}$，

$$y'|_{x=2}=-1 \quad y''|_{x=2}=1$$

由式(3-3)得曲线 $xy=4$ 在点(2,2)处的曲率为

$$K=\frac{1}{\sqrt{[1+(-1)^2]^3}}=\frac{1}{2\sqrt{2}}=\frac{\sqrt{2}}{4}$$

## 三、曲率半径与曲率圆

由例 1 可知，圆周上任意一点的曲率为常数，且恰好等于圆的半径的倒数。换言之，圆的半径正好是曲率 $K(K\neq 0)$的倒数。

**定义 2**　如果光滑曲线 $C$ 上一点 $M$ 处的曲率 $K$ 不为零，则曲率 $K$ 的倒数叫作曲线在点 $M$ 的曲率半径，记作 $\rho$，即 $\rho=\frac{1}{K}$。

如图 3-19 所示，设 $M$ 为曲线上一点，在点 $M$ 的法线上，曲线凹向的一侧取点 $D$，使 $|MD|=\rho$，则以 $D$ 为圆心、$\rho$ 为半径的圆称为曲线在点 $M$ 处的曲率圆。曲率圆的圆心 $D$ 称为曲线在点 $M$ 处的曲率中心。

例如，圆的曲率半径等于圆的半径 $R$，圆的曲率中心就是圆心。

由以上曲率圆的作法可知，曲率圆与曲线 $C$ 在点 $M$ 处有相同的切线、相同的凹向和相同的曲率。曲线在一点处的曲率圆也称为密切圆。

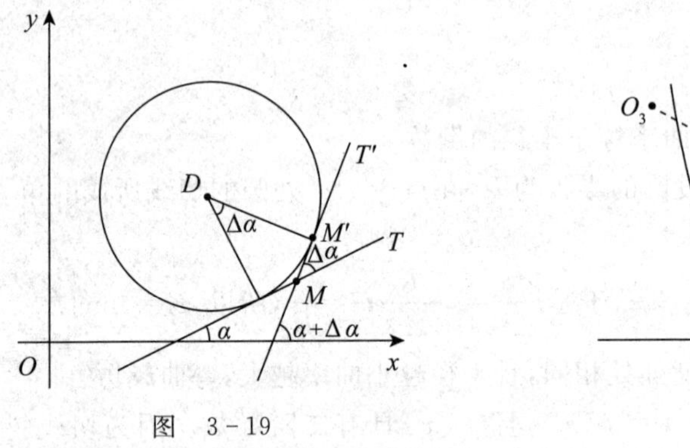


图　3-19

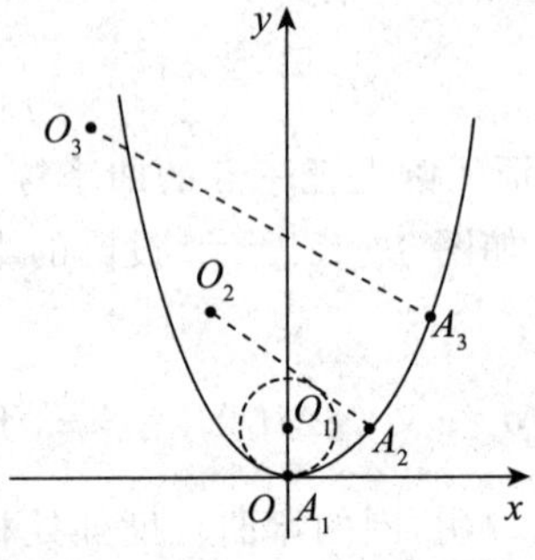

图　3-20

**例 3**　求抛物线 $y=x^2$ 上任一点处的曲率和曲率半径。

**解**
$$y'=2x \quad y''=2$$

曲率
$$K=\frac{|y''|}{\sqrt{(1+y'^2)^3}}=\frac{2}{\sqrt{(1+4x^2)^3}}$$

曲率半径为
$$\rho=\frac{1}{K}=\frac{1}{2}\sqrt{(1+4x^2)^3}$$

从例 3 中的 $K=\frac{2}{\sqrt{(1+4x^2)^3}}$可以看出，在原点处 $y=x^2$ 的曲率 $K$ 最大，曲率半径最

小。随着曲线 $y=x^2$ 从原点处逐渐上升，$\sqrt{(1+4x^2)^3}$ 逐渐增大，曲率 $K$ 逐渐减小，曲率半径 $\rho=\frac{1}{K}$ 逐渐增大，如图 3-20 所示。

## 习题 3-5

A 组

1. 求抛物线 $y=x^2+x$ 的弧微分。
2. 求椭圆 $4x^2+y^2=4$ 在点(0,2)处的曲率。
3. 求曲线 $y=x^3$ 在点(0,0)及点(1,1)处的曲率。

B 组

1. 求曲线 $y=\ln\sec x$ 在点$(x,y)$处的曲率及曲率半径。
2. 在区间$(0,\pi)$内，求曲线 $y=\sin x$ 上曲率最大的点，并求出该点处的曲率半径。
3. 求曲线 $y=\ln x$ 上曲率取极值的点。

# *第六节　导数在经济中的应用

在经济领域中，常常需要考虑成本的收益、利润等问题。本节将应用导数知识讨论经济学中的边际分析与弹性分析等问题。

## 一、经济方面的常用函数

1. 成本函数

成本是指生产经营所需的投入。成本通常可划分为固定成本(如厂房及设备等)和变动成本(如材料费、水电与燃料费、人员工资等)。

设 $Q$ 为产品的产量，$C$ 为产品的成本，则成本 $C$ 是产量 $Q$ 的函数：

$$C=C(Q)$$

由于固定成本不受产量的影响，只有变动成本受产量的影响，若设固定成本为 $C_0$，变动成本 $C_1=C_1(Q)$是产量的函数，则

$$C=C(Q)=C_0+C_1(Q)$$

随着产量的增加，成本也会增大，因此成本函数是一个增函数。

平均成本是指生产一定产量的产品时，所需总成本与产量之比，即均摊到每个产品的成本。平均成本函数为

$$\bar{C}=\bar{C}(Q)=\frac{C(Q)}{Q}=\frac{C_0}{Q}+\frac{C_1(Q)}{Q}$$

2. 需求函数与供给函数

经济学中，“需求”是指在一定的价格条件下，消费者愿意购买且有支付能力购买某一商品的数量；“供给”是指在一定的价格条件下，生产者愿意出售并且有可供出售的商品的

数量。

消费者对某一商品需求量的多少与人口数量、消费者收入水平等诸多因素有关。在影响某一商品需求的其他因素不变的情况下，价格成为影响商品需求的主要因素。设 $P$ 为商品的价格，$Q$ 为商品的需求量，则需求量 $Q$ 是价格 $P$ 的函数

$$Q=f(P)$$

这个函数称为需求函数。

一般来说，商品价格低，需求量大；商品价格高，需求量小。因此，需求函数 $Q=f(P)$ 是减函数。在生产实践中，常用下列简单初等函数来拟合需求函数，建立经验曲线。

线性函数 $Q=b-aP \quad a>0,b>0$。

反比函数 $Q=\dfrac{k}{P} \quad k>0,P\neq 0$。

幂函数 $Q=kP^{-\alpha} \quad k>0,\alpha>0,P\neq 0$。

指数函数 $Q=a\mathrm{e}^{-bP} \quad a>0,b>0$。

需求函数 $Q=f(P)$ 的反函数就是价格函数，表示为

$$P=P(Q)$$

在经济工作中，有时还要考虑价格与商品供给量的关系。在影响商品供给量的其他因素不变的情况下，价格成为影响供给量的主要因素。设 $Q$ 为商品的供给量，$P$ 为商品的价格，则供给量 $Q$ 是价格 $P$ 的函数

$$Q=\varphi(P)$$

这个函数称为供给函数。

一般来说，商品价格低，生产者不愿生产，供给少；商品价格高，则供给多。因此，供给函数为增函数。生产实践中，常用下列函数来拟合供给函数，建立经验曲线。

线性函数 $Q=aP-b \quad a>0,b>0$。

幂函数 $Q=kP^{\alpha} \quad k>0,\alpha>0$。

指数函数 $Q=a\mathrm{e}^{bP} \quad a>0,b>0$。

3. 收益函数与利润函数

总收益是指销售一定数量产品所得到的全部收入。设 $P$ 为商品的价格，$Q$ 为商品数量，$R$ 为总收益，则总收益 $R$ 是商品数量 $Q$ 的函数

$$R=R(Q)=PQ$$

这个函数称为收益函数。

当价格 $P=P(Q)$ 是需求量的函数时，收益函数为

$$R=R(Q)=Q\cdot P(Q)$$

平均收益是指平均销售一个产品所得的收入。平均收益函数为

$$\bar{R}=\bar{R}(Q)=\frac{R(Q)}{Q}=P(Q)$$

总利润是指销售一定产量的产品所得的总收入与总成本之差。若用 $L$ 表示总利润，则总利润 $L$ 是产量 $Q$ 的函数

$$L=L(Q)=R(Q)-C(Q)$$

这个函数称为总利润函数。

在经济学中常常关注的是最大利润问题，即总利润的最大值问题。

**例 1** 一家工厂生产某种产品，固定成本为 10000 元，每多生产一单位产品，成本增加 100 元，该产品的需求函数 $Q=500-2P$，求工厂日产量 $Q$ 为多少时，总利润 $L$ 最大？此时总利润是多少？

**解** 总成本函数 $$C(Q)=10000+100Q$$

总收益函数 $$R(Q)=Q\cdot P=Q\cdot\frac{500-Q}{2}=250Q-\frac{Q^2}{2}$$

总利润函数 $$L(Q)=R(Q)-C(Q)=150Q-\frac{Q^2}{2}-10000$$

$$L'(Q)=\left(150Q-\frac{Q^2}{2}-10000\right)'=150-Q$$

令 $L'(Q)=0$，解得 $Q=150$。

又 $L''(Q)=-1<0$，故当 $Q=150$ 时总利润最大，且最大总利润 $L(150)=1250$（元）。

## 二、边际分析

**定义 1** 设函数 $y=f(x)$ 在 $x$ 处可导，则称一阶导函数 $f'(x)$ 为边际函数，$f'(x_0)$ 称为 $f(x)$ 在点 $x_0$ 处的边际函数值。

由导数定义可知，一阶导数 $f'(x_0)$ 表示 $f(x)$ 在点 $x_0$ 处的变化速度，即自变量 $x$ 在点 $x_0$ 处有微小变化时，$f(x)$ 关于 $x$ 的变化率。当 $x$ 在 $x_0$ 处的改变量为一个单位（即 $\Delta x=1$）时，函数 $y$ 的改变量为

$$\Delta y\Big|_{\substack{x=x_0\\ \Delta x=1}}\approx \mathrm{d}y\Big|_{\substack{x=x_0\\ \Delta x=1}}=f'(x)\mathrm{d}x\Big|_{\substack{x=x_0\\ \Delta x=1}}=f'(x_0)$$

上式说明当 $x$ 在 $x_0$ 处改变量为一个单位时，$y$ 近似改变 $f'(x_0)$ 个单位。当 $\Delta x=-1$ 时，即 $x$ 由 $x_0$ 减少一个单位。

在经济学中，成本函数 $C=C(Q)$ 的一阶导数 $C'(Q)$ 称为边际成本，$C'(Q_0)$ 称为产量为 $Q_0$ 时的边际成本值。其经济意义是：$C'(Q_0)$ 表示当产量为 $Q_0$ 时，再生产一个单位的产品所要增加的成本。

**例 2** 已知某商品的总成本函数为 $C(Q)=160+\frac{Q^2}{10}$，求（1）当 $Q=100$ 时的总成本、平均成本及边际成本；（2）当产量 $Q$ 为多少时，平均成本最小？

**解** 由总成本函数 $C(Q)=160+\frac{Q^2}{10}$，得

$$\bar{C}(Q)=\frac{160}{Q}+\frac{Q}{10}$$

$$C'(Q)=\frac{Q}{5}$$

（1）当 $Q=100$ 时，总成本为 $C(100)=1160$，平均成本为 $\bar{C}(100)=11.6$，边际成本为 $C'(100)=20$。

(2) $\overline{C}'(Q)=-\dfrac{160}{Q^2}+\dfrac{1}{10}$，$\overline{C}''(Q)=\dfrac{320}{Q^3}$。

令 $\overline{C}'(Q)=0$，解得 $Q=40$。

又 $\overline{C}''(40)=\dfrac{1}{200}>0$，即当 $Q=40$ 时 $\overline{C}(Q)$ 有最小值。

因此，当 $Q=40$ 时平均成本最小，且平均成本最小为 $\overline{C}(40)=8$。

类似地，经济工作中还常用到以下几个边际概念。

需求函数 $Q=f(P)$ 的一阶导数 $f'(P)$ 称为边际需求。

收益函数 $R=R(Q)$ 的一阶导数 $R'(Q)$ 称为边际收益。

利润函数 $L=L(Q)$ 的一阶导数 $L'(Q)$ 称为边际利润。

## 三、弹性分析

在边际分析中所讨论的函数改变量与函数变化率是绝对改变量与绝对变化率。但在实际应用中，有时仅考虑绝对改变量与绝对变化率是不够的。例如，某商品 A 的价格为 100 元，另一商品 B 的价格为 1000 元，现在两种商品都涨价 5 元，即价格的绝对改变量相同，但商品 A 的价格上涨了 5%，而商品 B 的价格只上涨 0.5%。因此有必要对函数的相对改变量及相对变化率进行研究。

设函数 $y=f(x)$ 在点 $x_0$ 处可导，函数的相对改变量 $\dfrac{\Delta y}{y_0}=\dfrac{f(x_0+\Delta x)-f(x_0)}{f(x_0)}$ 与自变量的相对改变量 $\dfrac{\Delta x}{x_0}$ 之比 $\dfrac{\Delta y/y_0}{\Delta x/x_0}$ 表示函数 $f(x)$ 从 $x_0$ 到 $x_0+\Delta x$ 两点间的平均相对变化率；当 $\Delta x\to 0$ 时，若极限 $\lim\limits_{\Delta x\to 0}\dfrac{\Delta y/y_0}{\Delta x/x_0}$ 存在，则此极限表示函数 $y=f(x)$ 在点 $x_0$ 处的瞬时相对变化率。又因为

$$\lim_{\Delta x\to 0}\frac{\Delta y/y_0}{\Delta x/x_0}=\frac{x_0}{y_0}\lim_{\Delta x\to 0}\frac{\Delta y}{\Delta x}=\frac{x_0}{y_0}f'(x_0)=\frac{f'(x_0)}{f(x_0)}x_0$$

即函数 $y=f(x)$ 在点 $x_0$ 处的瞬时相对变化率为 $\dfrac{f'(x_0)}{f(x_0)}x_0$。

**定义 2** 若函数 $f(x)$ 在任意一点 $x$ 处可导，则函数 $f(x)$ 在点 $x$ 处的瞬时相对变化率 $\dfrac{f'(x)}{f(x)}x$ 称为 $f(x)$ 的弹性函数，记作 $\dfrac{Ey}{Ex}$，即

$$\frac{Ey}{Ex}=\frac{f'(x)}{f(x)}x$$

在经济工作中，常常用到的就是需求与供给对价格的弹性概念。

需求弹性表示当商品的价格发生变动时，需求变动的强弱。由于需求函数 $Q=f(P)$ 为价格的单调减函数，故 $\Delta P$ 与 $\Delta Q$ 异号，$f'(P)<0$，按函数弹性的定义将出现负值，为了用正数表示需求弹性，把需求函数相对变化率加上负号后作为需求弹性。

**定义 3** 设某商品的需求函数 $Q=f(P)$ 在任一点 $P$ 处可导，$-\dfrac{\Delta Q/Q_0}{\Delta P/P_0}=-\dfrac{\Delta Q}{\Delta P}\cdot\dfrac{P_0}{Q_0}$

称为该商品在价格 $P_0$ 到 $P_0+\Delta P$ 间的需求弹性，记作 $\bar{\eta}(P_0,P_0+\Delta P)$，即

$$\bar{\eta}(P_0,P_0+\Delta P)=-\frac{\Delta Q}{\Delta P}\cdot\frac{P_0}{Q_0}$$

$-\frac{f'(P)}{f(P)}P$ 称为该商品在价格 $P$ 时的需求弹性函数，记作 $\eta(P)$，即

$$\eta(P)=-\frac{f'(P)}{f(P)}P=-f'(P)\frac{P}{Q}$$

由于供给函数 $Q=\varphi(P)$ 是单调增函数，所以 $\Delta P$ 与 $\Delta Q$ 同号。供给弹性函数的概念如下。

**定义 4** 设某商品的供给函数 $Q=\varphi(P)$ 在任一点 $P$ 处可导，$\frac{\Delta Q/Q_0}{\Delta P/P_0}=\frac{\Delta Q}{\Delta P}\cdot\frac{P_0}{Q_0}$ 称为该商品在价格 $P_0$ 到 $P_0+\Delta P$ 之间的供给弹性，记作 $\bar{\varepsilon}(P_0,P_0+\Delta P)$，即

$$\bar{\varepsilon}(P_0,P_0+\Delta P)=\frac{\Delta Q}{\Delta P}\cdot\frac{P_0}{Q_0}$$

$\frac{\varphi'(P)}{\varphi(P)}P$ 称为该商品在价格 $P$ 时的供给弹性函数，记作 $\varepsilon(P)$，即

$$\varepsilon(P)=\frac{\varphi'(P)}{\varphi(P)}P=\varphi'(P)\frac{P}{Q}$$

**例 3** 设某产品的需求函数 $Q=9\mathrm{e}^{-\frac{p}{3}}$，其中 $p$ 为价格，求：

(1) 需求弹性函数；

(2) 当 $p=1,p=3,p=6$ 时的需求弹性，并说明其经济意义。

**解** (1) $E_p=\frac{p}{Q}\cdot\frac{\mathrm{d}Q}{\mathrm{d}p}=-\frac{1}{3}p$。

(2) $E_{p=1}=-\frac{1}{3}\approx-0.33$，即当价格 $p=1$ 时，提价 1%，需求量减少约 0.33%。

$E_{p=3}=-1$，即当价格 $p=3$ 时，提价 1%，需求量减少 1%，这表明需求量与价格变动的幅度相同，此时价格最优，可获得最大收入。

$E_{p=6}=-2$，即当价格 $p=6$ 时，提价 1%，需求量减少 2%。

## 习题 3-6

### A 组

1. 已知某商品的成本函数为 $C=C(Q)=100+\frac{Q^2}{4}$，求

(1) 当 $Q=10$ 时的总成本、平均成本、边际成本。

(2) 当产量 $Q$ 为多少时，平均成本最小。

2. 某产品的价格与需求量的关系为 $P=20-\frac{Q}{4}$，求总收益函数，并计算需求量为 20 时的总收益。

3. 某厂家生产一种产品，日总成本为 $C$ 元，其中固定成本为 200 元，每多生产一单位产品，成本增加 10 元。该产品的需求函数 $Q=50-2P$。

(1) 问需求量 $Q$ 为多少时，该厂日利润 $L$ 最大？

(2) 求从 $P=10$ 到 $P=8,15$ 各点间的需求弹性值，并解释其经济意义。

(3) 求需求弹性函数，以及 $P=10$ 时的需求弹性值。

B 组

1. 已知某商品的需求函数 $Q=100-5p$，讨论需求弹性的变化。

2. 某企业某产品的需求弹性为 $-0.3\sim-0.9$，如果该企业准备明年提价 10%，问这种商品的销售量会减少多少？总收益增加多少？

# 应用与实践

通过本章的学习，我们对导数的应用有了初步的了解，在第六节中给出了导数在经济方面的应用，下面再通过一些实例进一步说明导数应用的广泛性。

## 一、如何定价使收入最大问题

某房地产公司有 20 套公寓待出租，当月租金定为 1000 元时，公寓会全部租出去；当租金每月增加 50 元时，就会多一套公寓租不出去。而租出去的公寓每月需花费 100 元的整修维护费，问房租定为多少可获得最大收入？

**分析**：设租金为 $x$ 元/月，租出的公寓有 $20-\left(\frac{x-1000}{50}\right)$ 套，出租公寓所得总收入为

$$R=(x-100)\left(20-\frac{x-1000}{50}\right)=(x-100)\left(40-\frac{x}{50}\right)$$

$$R'=40-\frac{x}{50}-\frac{x-100}{50}=42-\frac{x}{25}$$

令 $R'=0$，解得驻点 $x=1050$。

当 $x\in(0,1050)$ 时，$R'>0$；当 $x\in(1050,+\infty)$ 时，$R'<0$。

可见 $x=1050$ 是极大值点，且 $R(x)$ 只有一个极值点，所以该极值点也是最大值点，即当房租定为 1050 元/月时可获得最大收入，此时总收入为 18050 元。

## 二、隧道的车流量问题

小白接受了某市隧道管理局的一份工作，他的第一项任务就是决定每辆汽车以多大速度通过隧道可使车流量最大。通过大量观察，他得到了一个能很好地描述平均车速(km/h)与车流量(辆/秒)关系的函数：

$$f(v)=\frac{35v}{1.6v+\frac{v^2}{22}+31.1}$$

请问平均车速为多大时，车流量最大？最大的车流量是多少？

**分析**：此问题属于求极值问题。

$$f'(v)=\frac{35\left(1.6v+\frac{v^2}{22}+31.1\right)-35v\left(1.6+\frac{v}{11}\right)}{\left(1.6v+31.1+\frac{v^2}{22}\right)^2}=\frac{35\times31.1-\frac{35}{22}v^2}{\left(1.6v+31.1+\frac{v^2}{22}\right)^2}\approx26.16$$

令 $f'(v)=0$，解得驻点 $v=26.15(\mathrm{km/h})$。

由于这是一个实际问题，且只有一个驻点，因此该驻点就是问题的解，即当 $v=26.16\mathrm{km/h}$ 时，车流量最大，且最大的车流量为 $f(26.16)\approx9$（辆/秒）。

## 本章知识结构图

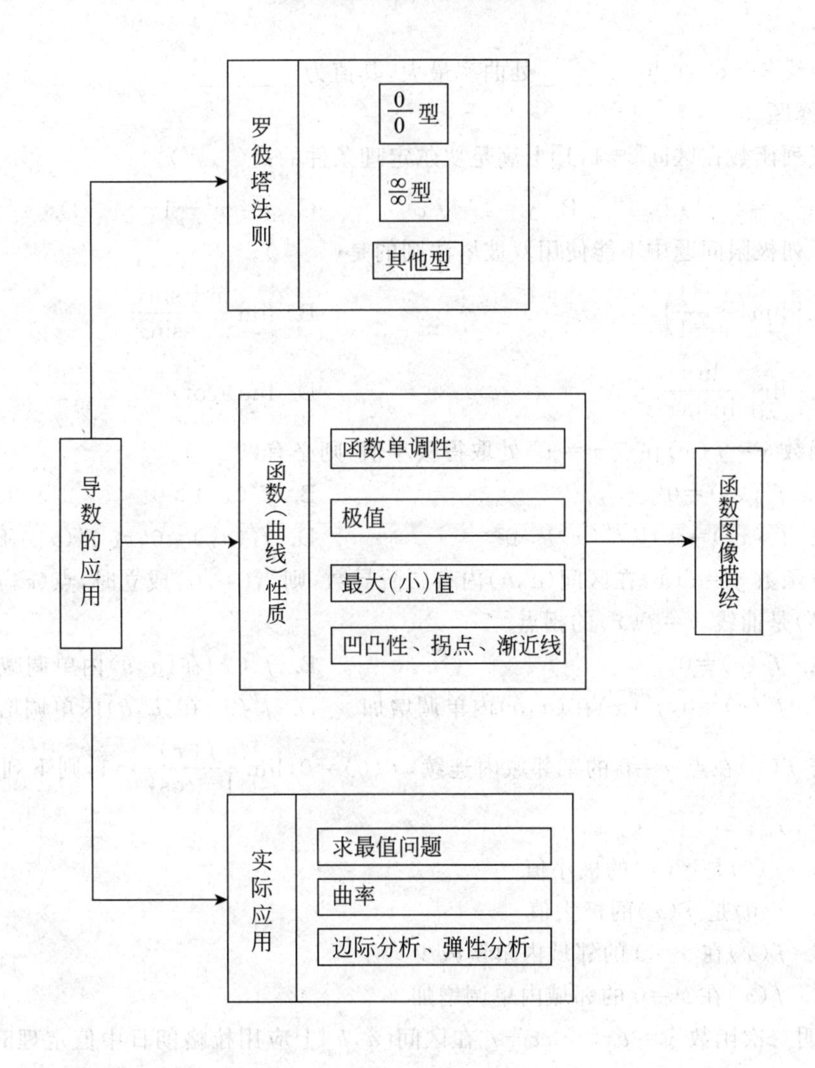

# 复习题三

## A 组

1. 填空题。

(1) 函数 $y=\dfrac{2x}{1+x^2}$ 的单调增加区间是________。

(2) 函数 $y=\ln(x^2+1)$ 在 $[-1,2]$ 上的最大值为________，最小值为________。

(3) 当 $x\to0$ 时，$e^x-(ax^2+bx+1)$ 是比 $x^2$ 高阶的无穷小，$a=$________，$b=$________。

(4) 已知曲线 $y=mx^3+\dfrac{9}{2}x^2$ 的一个拐点处的切线方程为 $9x-2y-3=0$，则 $m=$________。

(5) 曲线 $y=e^x$ 在点________处曲率最大，其值为________。

2. 选择题。

(1) 下列函数在区间 $[-1,1]$ 上满足罗尔定理条件的是(　　)。

A. $y=1-|x|$　　B. $y=1-\sqrt[3]{x^2}$　　C. $y=x^2-1$　　D. $y=xe^{-x}$

(2) 下列极限问题中不能使用罗彼塔法则的是(　　)。

A. $\lim\limits_{x\to\infty}\left(\dfrac{x-1}{x+1}\right)^x$　　B. $\lim\limits_{x\to\infty}\dfrac{x+\sin x}{x-\sin x}$

C. $\lim\limits_{x\to0^+}\dfrac{\ln x}{\ln\sin x}$　　D. $\lim\limits_{x\to0}x\cot x$

(3) 函数 $y=f(x)$ 在点 $x=x_0$ 处取得极小值，则必有(　　)。

A. $f'(x_0)=0$　　B. $f''(x_0)>0$

C. $f'(x_0)=0$ 且 $f''(x_0)>0$　　D. $f'(x_0)=0$，或 $f'(x_0)$ 不存在

(4) 设函数 $y=f(x)$ 在区间 $(a,b)$ 内有二阶导数，则当(　　)成立时，点 $(c,f(c))$（其中 $a<c<b$）是曲线 $y=f(x)$ 的拐点。

A. $f''(c)=0$　　B. $f''(x)$ 在 $(a,b)$ 内单调减少

C. $f''(c)=0$，$f''(x)$ 在 $(a,b)$ 内单调增加　　D. $f''(x)$ 在 $(a,b)$ 内单调增加

(5) 若 $f(x)$ 在点 $x=0$ 的某邻域内连续，$f(0)=0$，$\lim\limits_{x\to0}\dfrac{f(x)}{1-\cos x}=1$，则下列结论中正确的是(　　)。

A. $f(0)$ 是 $f(x)$ 的极小值

B. $f(0)$ 是 $f(x)$ 的极大值

C. $f(x)$ 在 $x=0$ 的邻域内单调减少

D. $f(x)$ 在 $x=0$ 的邻域内单调增加

3. 证明二次函数 $y=px^2+qx+r$ 在区间 $[a,b]$ 上应用拉格朗日中值定理时，所求的 $\xi$ 点总是区间的中点，即 $\xi=\dfrac{1}{2}(a+b)$。

4. 求下列函数的极限。

(1) $\lim\limits_{x\to 0}\dfrac{e^x+e^{-x}-2}{1-\cos x}$　　(2) $\lim\limits_{x\to +\infty}\dfrac{x^2}{e^{3x}}$

(3) $\lim\limits_{x\to 1}\left(\dfrac{1}{\ln x}-\dfrac{1}{x-1}\right)$　　(4) $\lim\limits_{x\to +\infty}\dfrac{x^2+\ln x}{x\ln x}$

5. 证明方程 $e^x+x=2$ 只有一个实根。

6. 讨论下列函数的单调区间与极值、凹凸区间与拐点。

(1) $y=\dfrac{2x}{1+x^2}$　　(2) $y=x-e^x$

7. 求下列函数在所给闭区间上的最大值和最小值。

(1) $f(x)=\sqrt[3]{x^2+x^3}$，$x\in[-2,2]$　　(2) $f(x)=\sqrt{100-x^2}$，$x\in[6,8]$

8. 平面上通过一个已知点 $P(1,4)$ 引一条直线，要使它在两坐标轴上的截距都为正，且使它们的和为最小，求这条直线的方程。

## B 组

1. 填空题。

(1) 若 $\lim\limits_{x\to 0}\dfrac{\sin x}{e^x-a}(\cos x-b)=5$，则 $a=$________，$b=$________。

(2) 极限 $\lim\limits_{x\to\infty}x\sin\dfrac{2x}{x^2+1}=$________。

(3) $\lim\limits_{x\to +\infty}\dfrac{x^3+x^2+1}{2^x+x^3}(\sin x+\cos x)=$________。

(4) 设某产品的需求函数为 $Q=Q(P)$，其对价格 $P$ 的弹性 $\xi_P=0.2$，则当需求量为10000件时，价格增加1元会使产品收益增加________元。

(5) 若曲线 $y=x^3+ax^2+bx+1$ 有拐点 $(-1,0)$，则 $b=$________。

2. 选择题。

(1) 设 $f(x)$ 的导数在 $x=a$ 处连续，有 $\lim\limits_{x\to a}\dfrac{f'(x)}{x-a}=-1$，则（　）。

A. $x=a$ 是 $f(x)$ 的极小值点

B. $x=a$ 是 $f(x)$ 的极大值点

C. $(a,f(a))$ 是曲线 $y=f(x)$ 的拐点

D. $x=a$ 不是 $f(x)$ 的极值点，$(a,f(a))$ 也不是曲线 $y=f(x)$ 的拐点

(2) 设 $f(x)=|x(1-x)|$，则（　）。

A. $x=0$ 是 $f(x)$ 的极值点，但 $(0,0)$ 不是曲线 $y=f(x)$ 的拐点

B. $x=0$ 不是 $f(x)$ 的极值点，但 $(0,0)$ 是曲线 $y=f(x)$ 的拐点

C. $x=0$ 是 $f(x)$ 的极值点，且 $(0,0)$ 是曲线 $y=f(x)$ 的拐点

D. $x=0$ 不是 $f(x)$ 的极值点，$(0,0)$ 也不是曲线 $y=f(x)$ 的拐点

(3) 设 $f(x)=x\sin x+\cos x$，下列命题中正确的是(　　)。

A. $f(0)$是极大值，$f\left(\frac{\pi}{2}\right)$是极小值

B. $f(0)$是极小值，$f\left(\frac{\pi}{2}\right)$是极大值

C. $f(0)$是极大值，$f\left(\frac{\pi}{2}\right)$也是极大值

D. $f(0)$是极小值，$f\left(\frac{\pi}{2}\right)$也是极小值

(4) 设某商品的需求函数为 $Q=160-2P$，其中 $Q$ 和 $P$ 分别表示需求量和价格。如果该商品需求弹性的绝对值等于1，则商品的价格是(　　)。

A. 10　　B. 20　　C. 30　　D. 40

(5) 设函数 $f(x)$，$g(x)$具有二阶导数，且 $g''(x)<0$，若 $g(x_0)=a$ 是 $g(x)$的极值，则 $f(g(x))$在 $x_0$ 处取极大值的一个充分条件是(　　)。

A. $f'(a)<0$　　B. $f'(a)>0$　　C. $f''(a)<0$　　D. $f''(a)>0$

(6) 曲线 $y=\frac{x^2+x}{x^2-1}$的渐近线的条数是(　　)。

A. 0　　B. 1　　C. 2　　D. 3

3. 求下列极限。

(1) $\lim\limits_{x\to 0}\frac{e^{x^2}-e^{2-2\cos x}}{x^4}$

(2) $\lim\limits_{x\to +\infty}\left(x^{\frac{1}{x}}-1\right)^{\frac{1}{\ln x}}$

(3) $\lim\limits_{x\to 0}\frac{1}{x^2}\ln\frac{\sin x}{x}$

(4) $\lim\limits_{x\to 0}(1+2\sin x)^{\frac{1}{x}}$

(5) $\lim\limits_{x\to 0^+}\left(\ln\frac{1}{x}\right)^x$

(6) $\lim\limits_{x\to 0}\frac{(1+x)^{\frac{1}{x}}-e}{x}$

4. 证明下列不等式。

(1) 当 $x>0$ 时，$\ln(x+1)>\frac{\arctan x}{1+x}$。

(2) 当 $x>0$ 时，$\sin x>x-\frac{x^3}{3!}$。

5. 设 $f(x)$在$[0,a]$上连续，在$(0,a)$内可导，且 $f(a)=0$，证明存在一点 $\xi\in(0,a)$，使得

$$f(\xi)+\xi f'(\xi)=0$$

6. 利用中值定理证明$|\arctan a-\arctan b|\leqslant|a-b|$。

# 第四章 不定积分

前面我们学习了函数的导数与微分。本章将学习函数积分学中的一个基本问题——不定积分,即已知某函数的导数或微分,求其原来的函数。这种运算是导数或微分的逆运算,称为积分运算。本章主要介绍不定积分的概念、性质、基本公式及计算方法。

## 第一节 不定积分的概念、性质与基本计算

**★ 基础模块**

### 一、不定积分的概念

1. 原函数

**问题 1** 已知做直线运动的物体在任意时刻 $t$ 的瞬时速度 $v(t)=s'(t)$,求该物体的运动方程 $s=s(t)$。

**问题 2** 已知平面曲线上一点 $M(x,y)$ 处的切线斜率为 $K(x)=f'(x)$,求平面曲线 $y=f(x)$。

上述问题如果不考虑实际意义,就其数学关系来看,就是给定一个函数 $f(x)$,求另一个函数 $F(x)$,使得 $F'(x)=f(x)$。

**定义 1** 设函数 $f(x)$ 在某一区间 $I$ 上有定义,如果存在函数 $F(x)$,使得对于该区间上任意一点 $x$ 都有 $F'(x)=f(x)$ 或 $\mathrm{d}F(x)=f(x)\mathrm{d}x$,则称函数 $F(x)$ 为 $f(x)$ 在该区间上的一个原函数。

如 $(x^3)'=3x^2$,$(x^3+1)'=3x^2$,$(x^3+C)'=3x^2$,则 $x^3$、$x^3+1$、$x^3+C$ 都是 $3x^2$ 的原函数。

**定理 1**(原函数族定理) 若 $F'(x)=f(x)$,则 $F(x)+C$($C$ 为任意常数)就是 $f(x)$ 的所有原函数。

**证明** 设 $G(x)$ 为 $f(x)$ 的任意一个原函数,即 $G'(x)=f(x)$,则

$$[G(x)-F(x)]'=G'(x)-F'(x)=f(x)-f(x)=0$$

根据拉格朗日定理的推论可知,$G(x)-F(x)=C$($C$ 为任意常数),即

$$G(x)=F(x)+C$$

**例 1** 求 $\cos x$ 的全部原函数。

**解** 由于 $(\sin x+C)'=\cos x$($C$ 为任意常数),所以 $\sin x+C$ 是 $\cos x$ 的全部原函数。

**定理 2**(原函数存在定理) 如果函数 $f(x)$ 在 $[a,b]$ 上连续,则函数 $f(x)$ 在该区间上必存在原函数。

该定理的证明在第五章给出。

由于初等函数在其定义区间上都是连续的，所以初等函数在其定义区间上都有原函数。

2. 不定积分的概念

**定义 2** 设 $F(x)$ 是 $f(x)$ 在区间 $I$ 上的一个原函数，那么 $f(x)$ 的全体原函数 $F(x)+C$（$C$ 为任意常数）叫作 $f(x)$ 的不定积分，记作 $\int f(x)\mathrm{d}x$，即

$$\int f(x)\mathrm{d}x=F(x)+C$$

其中，符号 $\int$ 称为积分号，$f(x)$ 称为被积函数，$f(x)\mathrm{d}x$ 称为被积表达式，$x$ 称为积分变量，$C$ 称为积分常数。

由定义 2 知：

(1) 求一个函数的不定积分就是求出它的一个原函数，再加上任意常数 $C$ 即可；

(2) 一个函数的原函数或不定积分都有相应的定义区间，为简便起见，如无特别说明，今后不再注明。

**例 2** 求下列不定积分。

(1) $\int 4x^3\mathrm{d}x$　　(2) $\int \cos x\mathrm{d}x$　　(3) $\int \frac{1}{x}\mathrm{d}x$

**解** (1) 因为 $(x^4)'=4x^3$，所以 $\int 4x^3\mathrm{d}x=x^4+C$。

(2) 因为 $(\sin x)'=\cos x$，所以 $\int \cos x\mathrm{d}x=\sin x+C$。

(3) 因为 $(\ln x)'=\frac{1}{x}$，又 $[\ln(-x)]'=\frac{1}{x}$，所以 $\int \frac{1}{x}\mathrm{d}x=\ln|x|+C$。

通常，求原函数或不定积分的方法叫作**积分法**。

3. 不定积分的性质

根据不定积分的定义，可得以下性质。

**性质 1** $\left[\int f(x)\mathrm{d}x\right]'=f(x)$ 或 $\mathrm{d}\int f(x)\mathrm{d}x=f(x)\mathrm{d}x$。

**性质 2** $\int f'(x)\mathrm{d}x=f(x)+C$ 或 $\int \mathrm{d}f(x)=f(x)+C$。

**性质 3** 若 $\int f(x)\mathrm{d}x=F(x)+C$，则 $\int f(u)\mathrm{d}u=F(u)+C$，其中 $u$ 是 $x$ 的可导函数。

4. 不定积分的几何意义

由于不定积分 $\int f(x)\mathrm{d}x=F(x)+C$ 的结果中包含有任意常数 $C$，所以不定积分表示的不是一个原函数，而是无限多个原函数，通常说成一族原函数，反映在几何上则是一族曲线，它是曲线 $y=F(x)$ 沿 $y$ 轴上下平移得到的。这族曲线称为 $f(x)$ 的积分曲线族，其中的每一条曲线称为 $f(x)$ 的积分曲线。由于在相同的横坐标 $x$ 处，所有积分曲线的斜率均

为 $f(x)$，因此，在每一条积分曲线上，以 $x$ 为横坐标的点处的切线互相平行，如图 4－1 所示，这就是不定积分的几何意义。

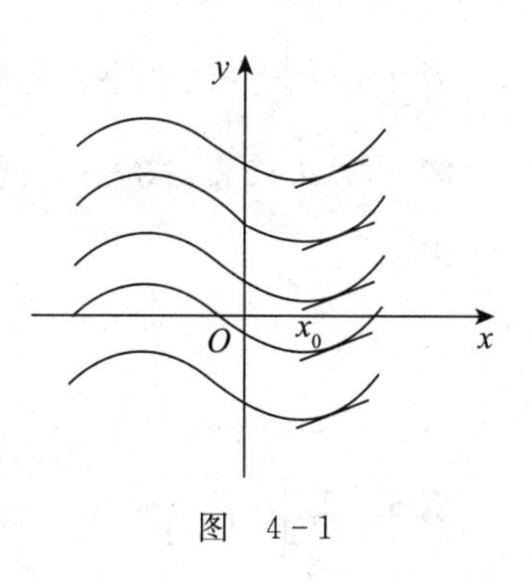

图 4－1

**例 3** 已知某曲线上任一点 $(x,y)$ 处的切线斜率为 $2x$，且此曲线经过 $(1,1)$ 点，求此曲线方程。

**解** 由不定积分的几何意义知，所求曲线为函数 $2x$ 的通过点 $(1,1)$ 的一条积分曲线。

由于 $(x^2)'=2x$，两边积分得曲线方程为

$$y=\int 2x\,\mathrm{d}x=x^2+C$$

又曲线过 $(1,1)$ 点，则有 $1=1+C$，得 $C=0$，故所求曲线方程为 $y=x^2$。

## 二、不定积分的基本计算

### 1. 基本运算法则

**法则 1** 有限个函数代数和的不定积分等于各个函数不定积分的代数和，即

$$\int[f_1(x)\pm f_2(x)\pm\cdots\pm f_n(x)]\mathrm{d}x=\int f_1(x)\mathrm{d}x\pm\int f_2(x)\mathrm{d}x\pm\cdots\pm\int f_n(x)\mathrm{d}x$$

**法则 2** 被积函数中不为零的常数因子可以提到积分号前，即

$$\int kf(x)\mathrm{d}x=k\int f(x)\mathrm{d}x$$

其中 $k$ 为非零的常数。

### 2. 基本积分公式

(1) $\int 0\mathrm{d}x=C$（$C$ 为常数）　　(2) $\int k\mathrm{d}x=kx+C$（$k$ 为常数）

(3) $\int x^\alpha\mathrm{d}x=\dfrac{1}{\alpha+1}x^{\alpha+1}+C(\alpha\neq-1)$　　(4) $\int\dfrac{1}{x}\mathrm{d}x=\ln|x|+C$

(5) $\int \mathrm{e}^x\mathrm{d}x=\mathrm{e}^x+C$　　(6) $\int a^x\mathrm{d}x=\dfrac{a^x}{\ln a}+C$

(7) $\int\sin x\mathrm{d}x=-\cos x+C$　　(8) $\int\cos x\mathrm{d}x=\sin x+C$

(9) $\int\dfrac{1}{\cos^2x}\mathrm{d}x=\int\sec^2x\mathrm{d}x=\tan x+C$　　(10) $\int\dfrac{1}{\sin^2x}\mathrm{d}x=\int\csc^2x\mathrm{d}x=-\cot x+C$

(11) $\int\sec x\cdot\tan x\mathrm{d}x=\sec x+C$　　(12) $\int\csc x\cdot\cot x\mathrm{d}x=-\csc x+C$

(13) $\int\dfrac{1}{\sqrt{1-x^2}}\mathrm{d}x=\arcsin x+C=-\arccos x+C$

(14) $\int\dfrac{1}{1+x^2}\mathrm{d}x=\arctan x+C=-\mathrm{arccot}x+C$

利用不定积分的基本运算法则和基本积分公式，可直接求出一些较简单函数的不定积分，这种求不定积分的方法称为直接积分法。

**例 4** 求$\int(2x^2-3x+1+2^x)\mathrm{d}x$。

**解**
$$\begin{aligned}\int(2x^2-3x+1+2^x)\mathrm{d}x&=\int 2x^2\mathrm{d}x-\int 3x\mathrm{d}x+\int 1\mathrm{d}x+\int 2^x\mathrm{d}x\\&=2\int x^2\mathrm{d}x-3\int x\mathrm{d}x+\int 1\mathrm{d}x+\int 2^x\mathrm{d}x\\&=\frac{2}{3}x^3-\frac{3}{2}x^2+x+\frac{2^x}{\ln 2}+C\end{aligned}$$

**例 5** 求$\int\frac{\mathrm{e}^{2x}-1}{\mathrm{e}^x+1}\mathrm{d}x$。

**解** $\int\frac{\mathrm{e}^{2x}-1}{\mathrm{e}^x+1}\mathrm{d}x=\int\frac{(\mathrm{e}^x+1)(\mathrm{e}^x-1)}{\mathrm{e}^x+1}\mathrm{d}x=\int(\mathrm{e}^x-1)\mathrm{d}x=\int\mathrm{e}^x\mathrm{d}x-\int 1\mathrm{d}x=\mathrm{e}^x-x+C$

**★★ 扩展模块**

**例 6** 求$\int\sin^2\frac{x}{2}\mathrm{d}x$。

**解** $\int\sin^2\frac{x}{2}\mathrm{d}x=\int\frac{1-\cos x}{2}\mathrm{d}x=\frac{1}{2}\left(\int\mathrm{d}x-\int\cos x\mathrm{d}x\right)=\frac{1}{2}(x-\sin x)+C$

**例 7** 求$\int\frac{x^2}{1+x^2}\mathrm{d}x$。

**解**
$$\begin{aligned}\int\frac{x^2}{1+x^2}\mathrm{d}x&=\int\frac{1+x^2-1}{1+x^2}\mathrm{d}x=\int\left(1-\frac{1}{1+x^2}\right)\mathrm{d}x\\&=\int\mathrm{d}x-\int\frac{1}{1+x^2}\mathrm{d}x=x-\arctan x+C\end{aligned}$$

**例 8** 求$\int\left(10^x\cdot\mathrm{e}^x+\cot^2x-\frac{2}{\sqrt{x}}\right)\mathrm{d}x$。

**解**
$$\begin{aligned}\int\left(10^x\cdot\mathrm{e}^x+\cot^2x-\frac{2}{\sqrt{x}}\right)\mathrm{d}x&=\int(10\mathrm{e})^x\mathrm{d}x+\int\cot^2x\mathrm{d}x-2\int x^{-\frac{1}{2}}\mathrm{d}x\\&=\frac{10^x\mathrm{e}^x}{\ln(10\mathrm{e})}+\int(\csc^2x-1)\mathrm{d}x-4\sqrt{x}\\&=\frac{10^x\mathrm{e}^x}{\ln 10+1}-\cot x-x-4\sqrt{x}+C\end{aligned}$$

## 习题 4-1

### A 组

1. 验证下列等式成立(其中 $C$ 为积分常数)。

(1) $\int(4x^3+3x^2+1)\mathrm{d}x=x^4+x^3+x+C$

(2) $\int\cos(4x+3)\mathrm{d}x=\frac{1}{4}\sin(4x+3)+C$

2. 求下列不定积分。

(1) $\int(1-3x^2)\mathrm{d}x$　　(2) $\int(10^x+x^{10}+\sqrt{2})\mathrm{d}x$　　(3) $\int\sqrt{x}(x-3)\mathrm{d}x$

(4) $\int\frac{x+1}{x}\mathrm{d}x$　　(5) $\int 3^x\cdot\mathrm{e}^x\mathrm{d}x$　　(6) $\int(x+1)^2\mathrm{d}x$

3. 设某曲线上任意点处的切线斜率等于该点横坐标的平方，又知该曲线通过原点，求此曲线方程。

B 组

1. 验证下列等式成立(其中 $C$ 为积分常数)。

(1) $\int\frac{1}{\sqrt{1+x^2}}\mathrm{d}x=\ln(x+\sqrt{1+x^2})+C$

(2) $\int\sqrt{a^2-x^2}\,\mathrm{d}x=\frac{a^2}{2}\arcsin\frac{x}{a}+\frac{x}{2}\sqrt{a^2-x^2}+C$

2. 求下列不定积分。

(1) $\int\frac{x^4}{1+x^2}\mathrm{d}x$　　(2) $\int\tan^2 x\,\mathrm{d}x$　　(3) $\int 3\cos^2\frac{x}{2}\mathrm{d}x$

(4) $\int\frac{1}{x^2(1+x^2)}\mathrm{d}x$　　(5) $\int\frac{1}{\sin^2 x\cdot\cos^2 x}\mathrm{d}x$　　(6) $\int\frac{\cos 2x}{\cos x+\sin x}\mathrm{d}x$

3. 某物体做变速直线运动，某时刻的速度是 $v=\cos t$(m/s)，当 $t=\frac{\pi}{2}$(s)时，该物体所经过的路程为 $s=10$m，求物体的运动方程。

## 第二节　第一换元积分法

利用直接积分法可以求一些简单函数的不定积分，而当被积函数较为复杂时，我们需要进一步研究求不定积分的其他方法。尤其当被积函数是复合函数时，直接积分法很难求解.本节和下节中，我们将介绍求不定积分的重要方法——换元积分法。换元积分法又分为第一换元积分法和第二换元积分法两种。本节介绍第一换元积分法。

**★ 基础模块**

**引例**　求 $\int\cos 3x\,\mathrm{d}x$。

**解**　由于被积函数 $\cos 3x$ 为 $x$ 的复合函数，所以不能直接用基本积分公式 $\int\cos x\,\mathrm{d}x$ 进行积分，但可将 $3x$ 换成中间变量 $u$，即令 $u=3x$，$\mathrm{d}u=\mathrm{d}(3x)=3\mathrm{d}x$，故 $\mathrm{d}x=\frac{1}{3}\mathrm{d}u$，从而

$$\int\cos 3x\,\mathrm{d}x=\int\cos u\cdot\frac{1}{3}\mathrm{d}u=\frac{1}{3}\int\cos u\cdot\mathrm{d}u=\frac{1}{3}\sin u+C=\frac{1}{3}\sin 3x+C$$

经验证计算结果是正确的，故给出以下定理。

**定理** 设 $f(u)$ 具有原函数 $F(u)$，$u=\varphi(x)$ 对 $x$ 可导，则有

$$\int f[\varphi(x)]\cdot\varphi'(x)\cdot\mathrm{d}x=\int f(u)\cdot\mathrm{d}u=F(u)+C=F[\varphi(x)]+C$$

**证明** 因为 $F(u)$ 为 $f(u)$ 的原函数，$u=\varphi(x)$ 是 $x$ 的可导(可微)函数，由复合函数微分法，有

$$\mathrm{d}F(u)=f(u)\mathrm{d}u=f[\varphi(x)]\cdot\mathrm{d}\varphi(x)=f[\varphi(x)]\cdot\varphi'(x)\cdot\mathrm{d}x$$

由不定积分定义，有

$$\int f[\varphi(x)]\cdot\varphi'(x)\cdot\mathrm{d}x=F(u)+C=F[\varphi(x)]+C$$

这种换元积分方法就是第一换元积分法。

**例 1** 求 $\int\frac{1}{x+1}\mathrm{d}x$。

**解** 令 $x+1=u$，$\mathrm{d}x=\mathrm{d}u$，于是，

$$\int\frac{1}{x+1}\mathrm{d}x=\int\frac{1}{u}\cdot\mathrm{d}u=\ln|u|+C=\ln|x+1|+C$$

**例 2** 求 $\int(2x-5)^6\mathrm{d}x$。

**解** 令 $u=2x-5$，$\mathrm{d}u=2\mathrm{d}x$，$\mathrm{d}x=\frac{1}{2}\mathrm{d}u$，于是，

$$\int(2x-5)^6\mathrm{d}x=\int u^6\ \frac{1}{2}\mathrm{d}u=\frac{1}{2}\int u^6\mathrm{d}u=\frac{1}{14}u^7+C=\frac{1}{14}(2x-5)^7+C$$

此方法熟练后，可省略“换元”与“回代”两个步骤，直接积出结果。

**例 3** 求 $\int\sin^2x\cos x\mathrm{d}x$。

**解** 被积表达式中的 $\cos x\mathrm{d}x$ 可直接凑成 $\mathrm{d}\sin x$，于是，

$$\int\sin^2x(\cos x\mathrm{d}x)\xlongequal{\text{凑微分}}\int\sin^2x\mathrm{d}\sin x=\frac{1}{3}\sin^3x+C$$

**例 4** 求 $\int\frac{1}{x\ln x}\mathrm{d}x$。

**解**
$$\int\frac{1}{x\ln x}\mathrm{d}x=\int\frac{1}{\ln x}\left(\frac{1}{x}\mathrm{d}x\right)\xlongequal{\text{凑微分}}\int\frac{1}{\ln x}\mathrm{d}\ln x=\ln|\ln x|+C$$

由上面的例题可以看出，第一换元积分法解题的关键就在于“凑微分”，即

$$\varphi'(x)\mathrm{d}x\xlongequal{\text{凑微分}}\mathrm{d}[\varphi(x)]$$

故称第一换元积分法为“凑微分法”。

常见“凑微分”类型如下。

(1) $\mathrm{d}x=\frac{1}{a}\mathrm{d}(ax+b)\quad(a\neq0)$

(2) $x\mathrm{d}x=\frac{1}{2}\mathrm{d}x^2$

(3) $\mathrm{e}^x\mathrm{d}x=\mathrm{d}\mathrm{e}^x$

(4) $\frac{1}{x}\mathrm{d}x=\mathrm{d}(\ln x)$

(5) $\frac{1}{x^2}\mathrm{d}x=-\mathrm{d}\left(\frac{1}{x}\right)$

(6) $\frac{1}{\sqrt{x}}\mathrm{d}x=2\mathrm{d}(\sqrt{x})$

(7) $\sin x\,dx=-d\cos x$ (8) $\cos x\,dx=d\sin x$

(9) $\sec^2 x\,dx=d\tan x$ (10) $\csc^2 x\,dx=-d\cot x$

(11) $\frac{1}{\sqrt{1-x^2}}dx=d(\arcsin x)$ (12) $\frac{1}{1+x^2}dx=d(\arctan x)$

**例 5** 求下列不定积分。

(1) $\int x e^{x^2}dx$ (2) $\int \tan x\,dx$ (3) $\int \frac{\cos x}{1+3\sin x}dx$

**解** (1) $\int x e^{x^2}dx=\frac{1}{2}\int e^{x^2}(2x\,dx)\xlongequal{凑微分}\frac{1}{2}\int e^{x^2}dx^2=\frac{1}{2}e^{x^2}+C$

(2) $\int \tan x\,dx=\int\frac{\sin x}{\cos x}dx\xlongequal{凑微分}-\int\frac{d\cos x}{\cos x}=-\ln|\cos x|+C$

类似地,可得 $\int \cot x\,dx=\ln|\sin x|+C$

(3) $\int\frac{\cos x}{1+3\sin x}dx\xlongequal{凑微分}\int\frac{1}{1+3\sin x}d\sin x=\frac{1}{3}\int\frac{1}{1+3\sin x}d(1+3\sin x)$

$$=\frac{1}{3}\ln|1+3\sin x|+C$$

**例 6** 求 $\int \sin 2x\,dx$。

**解** 方法一 $\int\sin 2x\,dx=\frac{1}{2}\int\sin 2x\,d2x=-\frac{1}{2}\cos 2x+C$

方法二 $\int\sin 2x\,dx=2\int\sin x\cos x\,dx=2\int\sin x\,d\sin x=\sin^2 x+C$

方法三 $\int\sin 2x\,dx=2\int\sin x\cos x\,dx=-2\int\cos x\,d\cos x=-\cos^2 x+C$

例 6 说明:同一个不定积分,选择不同的积分方法,得到的结果形式可能不同,我们可以用导数验证其正确性。在例 6 中,三种解法的原函数仅差一个常数,而其均包含在任意常数 $C$ 中。

**例 7** 求 $\int\sec x\,dx$。

**解**

$$\begin{aligned}\int\sec x\,dx&=\int\frac{\sec x(\sec x+\tan x)}{\sec x+\tan x}dx=\int\frac{\sec^2 x+\sec x\tan x}{\sec x+\tan x}dx\\&=\int\frac{1}{\sec x+\tan x}d(\sec x+\tan x)\\&=\ln|\sec x+\tan x|+C\end{aligned}$$

类似地,可得 $\int\csc x\,dx=\ln|\csc x-\cot x|+C$。

**★★ 扩展模块**

**例 8** 求 $\int\frac{1}{\sqrt{a^2-x^2}}dx\,(a>0)$。

解 $\int \frac{1}{\sqrt{a^2-x^2}}dx=\frac{1}{a}\int \frac{1}{\sqrt{1-\left(\frac{x}{a}\right)^2}}dx=\int \frac{1}{\sqrt{1-\left(\frac{x}{a}\right)^2}}d\left(\frac{x}{a}\right)=\arcsin\frac{x}{a}+C$

**例 9** 求下列不定积分。

(1) $\int \frac{(\arctan x)^2}{1+x^2}dx$  (2) $\int \frac{\sqrt{1-\sqrt{x}}}{\sqrt{x}}dx$

解 (1) $\int \frac{(\arctan x)^2}{1+x^2}dx \xlongequal{凑微分} \int (\arctan x)^2 d(\arctan x)=\frac{1}{3}(\arctan x)^3+C$

(2) $$\int \frac{\sqrt{1-\sqrt{x}}}{\sqrt{x}}dx \xlongequal{凑微分} 2\int \sqrt{1-\sqrt{x}}\,d\sqrt{x}=-2\int \sqrt{1-\sqrt{x}}\,d(1-\sqrt{x})$$
$$=-\frac{4}{3}(1-\sqrt{x})^{\frac{3}{2}}+C$$

**例 10** 求 $\int \frac{1}{e^x+e^{-x}}dx$。

解 被积函数变形为 $\frac{1}{e^x+e^{-x}}=\frac{e^x}{1+(e^x)^2}$，于是

$$\int \frac{1}{e^x+e^{-x}}dx=\int \frac{e^x}{1+(e^x)^2}dx \xlongequal{凑微分} \int \frac{1}{1+(e^x)^2}de^x=\arctan e^x+C$$

**例 11** 求 $\int \frac{1}{x^2+2x+5}dx$。

解 $$\int \frac{1}{x^2+2x+5}dx=\int \frac{1}{(x+1)^2+2^2}dx=\frac{1}{4}\int \frac{1}{1+\left(\frac{x+1}{2}\right)^2}dx$$
$$=\frac{1}{2}\int \frac{1}{\left(\frac{x+1}{2}\right)^2+1}d\left(\frac{x+1}{2}\right)=\frac{1}{2}\arctan\frac{x+1}{2}+C$$

**例 12** 求 $\int \frac{1}{x^2-a^2}dx\,(a\neq 0)$。

解 $$\int \frac{1}{x^2-a^2}dx=\int \frac{1}{(x-a)(x+a)}dx=\frac{1}{2a}\int \left(\frac{1}{x-a}-\frac{1}{x+a}\right)dx$$
$$=\frac{1}{2a}\left[\int \frac{1}{x-a}d(x-a)-\int \frac{1}{x+a}d(x+a)\right]$$
$$=\frac{1}{2a}[\ln|x-a|-\ln|x+a|]+C$$
$$=\frac{1}{2a}\ln\left|\frac{x-a}{x+a}\right|+C$$

**例 13** 求 $\int \cos x\cos\frac{x}{2}dx$。

解 $$\int \cos x\cos\frac{x}{2}dx=\frac{1}{2}\int \left(\cos\frac{3x}{2}+\cos\frac{x}{2}\right)dx$$

$$=\frac{1}{2}\left[\frac{2}{3}\int\cos\frac{3x}{2}\mathrm{d}\left(\frac{3x}{2}\right)+2\int\cos\frac{x}{2}\mathrm{d}\left(\frac{x}{2}\right)\right]$$
$$=\frac{1}{3}\sin\frac{3x}{2}+\sin\frac{x}{2}+C$$

## 习题 4-2

A 组

求下列不定积分。

(1) $\int(2-x)^5\mathrm{d}x$　　(2) $\int\frac{1}{(1-2x)^2}\mathrm{d}x$　　(3) $\int\cos2u\,\mathrm{d}u$

(4) $\int\sin(3x+2)\mathrm{d}x$　　(5) $\int\sqrt{2x+1}\,\mathrm{d}x$　　(6) $\int\sin x\cos x\,\mathrm{d}x$

(7) $\int\frac{\ln^2 x}{x}\mathrm{d}x$　　(8) $\int 2x\sin x^2\,\mathrm{d}x$　　(9) $\int\frac{1}{x^2}\mathrm{e}^{\frac{-1}{x}}\mathrm{d}x$

(10) $\int x(1+2x^2)^2\mathrm{d}x$　　(11) $\int\frac{1}{x\sqrt{1+\ln x}}\mathrm{d}x$　　(12) $\int x^2\sqrt{4-3x^3}\,\mathrm{d}x$

B 组

求下列不定积分。

(1) $\int\frac{2x+2}{\sqrt{x^2+2x-3}}\mathrm{d}x$　　(2) $\int\cos^3 x\,\mathrm{d}x$　　(3) $\int\frac{1}{\sqrt{9-4x^2}}\mathrm{d}x$

(4) $\int\frac{1}{2+2x+x^2}\mathrm{d}x$　　(5) $\int\frac{1+\tan x}{\cos^2 x}\mathrm{d}x$　　(6) $\int\cot^2(2x+3)\mathrm{d}x$

(7) $\int\cos3x\sin2x\,\mathrm{d}x$　　(8) $\int\tan^3 x\,\mathrm{d}x$　　(9) $\int\frac{1}{\sin x\cos x}\mathrm{d}x$

# 第三节　第二换元积分法

第一换元积分法是先将被积函数中的 $\varphi'(x)$ 与 $\mathrm{d}x$ 凑成 $\mathrm{d}\varphi(x)$，然后再设 $u=\varphi(x)$ 进行积分，但有些函数则需要相反方向的换元，即设 $x=\varphi(t)$，将 $t$ 作为新的积分变量进行积分。这就是本节要介绍的第二换元积分法。

**★ 基础模块**

**例 1**　求 $\int\frac{1}{1+\sqrt{x}}\mathrm{d}x$。

**解**　为消去根式，令 $t=\sqrt{x}$，得 $x=t^2$，$\mathrm{d}x=\mathrm{d}t^2=2t\mathrm{d}t$，于是

$$\int\frac{1}{1+\sqrt{x}}\mathrm{d}x=\int\frac{2t}{1+t}\mathrm{d}t=2\int\frac{(1+t)-1}{1+t}\mathrm{d}t=2\int\left(1-\frac{1}{1+t}\right)\mathrm{d}t$$

$$=2\left(\int 1\mathrm{d}t-\int \frac{1}{1+t}\mathrm{d}t\right)$$

$$=2\left[t-\int \frac{1}{1+t}\mathrm{d}(1+t)\right]=2t-2\ln|1+t|+C$$

$$=2\sqrt{x}-2\ln(1+\sqrt{x})+C$$

**例 2** 求 $\int \frac{1}{\sqrt[4]{x}+\sqrt{x}}\mathrm{d}x$。

**解** 为消去根式，令 $t=\sqrt[4]{x}$，则 $x=t^4$，$\mathrm{d}x=4t^3\mathrm{d}t$，于是

$$\int \frac{1}{\sqrt[4]{x}+\sqrt{x}}\mathrm{d}x=\int \frac{1}{t+t^2}\mathrm{d}t^4=\int \frac{4t^3}{t+t^2}\mathrm{d}t=4\int \frac{t^2}{1+t}\mathrm{d}t=4\int \frac{(t^2-1)+1}{1+t}\mathrm{d}t$$

$$=4\int\left(t-1+\frac{1}{1+t}\right)\mathrm{d}t=\frac{4t^2}{2}-4t+4\ln|1+t|+C$$

$$=2\sqrt{x}-4\sqrt[4]{x}+4\ln(1+\sqrt[4]{x})+C$$

从例 1 和例 2 可以看出，如果计算 $\int f(x)\mathrm{d}x$ 有困难，可作变量代换 $x=\varphi(t)$，总结得出以下定理。

**定理** 设 $x=\varphi(t)$ 是单调可导函数，且 $\varphi'(t)\neq 0$，如果 $\int f[\varphi(t)]\cdot\varphi'(t)\mathrm{d}t=F(t)+C$，则有

$$\int f(x)\mathrm{d}x=F[\varphi^{-1}(x)]+C$$

其中 $t=\varphi^{-1}(x)$ 为 $x=\varphi(t)$ 的反函数。这种换元积分方法就是**第二换元积分法**。

| ★★ | 扩展模块 |
|---|---|

**例 3** 求 $\int \sqrt{a^2-x^2}\,\mathrm{d}x\,(a>0)$。

**解** 为消去根式，可利用三角代换。令 $x=a\sin t\left(-\frac{\pi}{2}\leqslant t\leqslant\frac{\pi}{2}\right)$，得 $\mathrm{d}x=a\cos t\,\mathrm{d}t$，于是

$$\int \sqrt{a^2-x^2}\,\mathrm{d}x=a^2\int \cos^2 t\,\mathrm{d}t=a^2\int \frac{1+\cos 2t}{2}\mathrm{d}t$$

$$=\frac{a^2}{2}\left(t+\frac{1}{2}\sin 2t\right)+C$$

$$=\frac{a^2}{2}(t+\sin t\cdot\cos t)+C$$

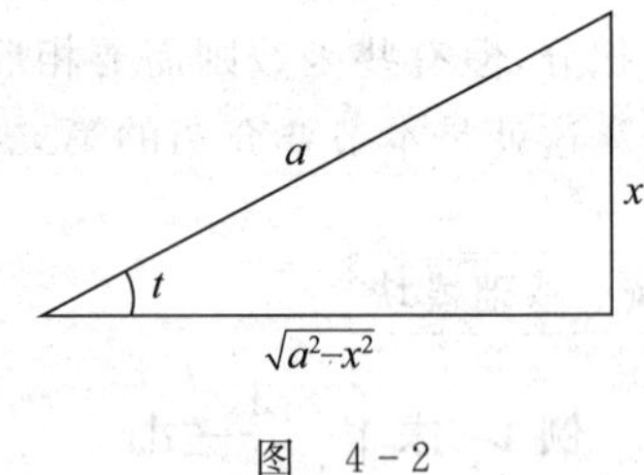


图 4-2

由 $x=a\sin t$，得 $t=\arcsin\frac{x}{a}$，$\cos t=\frac{\sqrt{a^2-x^2}}{a}$，如图 4-2 所示。于是，

$$\int \sqrt{a^2-x^2}\,\mathrm{d}x=\frac{a^2}{2}\left(\arcsin\frac{x}{a}+\frac{x}{a}\cdot\frac{\sqrt{a^2-x^2}}{a}\right)+C=\frac{a^2}{2}\arcsin\frac{x}{a}+\frac{1}{2}x\sqrt{a^2-x^2}+C$$

**例 4** 求$\int \frac{1}{\sqrt{x^2+a^2}}\mathrm{d}x\,(a>0)$。

**解** 令$x=a\tan t\left(-\frac{\pi}{2}<t<\frac{\pi}{2}\right)$，则$\mathrm{d}x=a\sec^2 t\,\mathrm{d}t$。于是

$$\int \frac{1}{\sqrt{x^2+a^2}}\mathrm{d}x=\int \frac{a\sec^2 t}{a\sec t}\mathrm{d}t=\int \sec t\,\mathrm{d}t=\ln|\sec t+\tan t|+C_1$$

由$\tan t=\frac{x}{a}$，得$\sec t=\frac{\sqrt{x^2+a^2}}{a}$，如图 4－3 所示。于是，

$$\int \frac{1}{\sqrt{x^2+a^2}}\mathrm{d}x=\ln\left|\frac{\sqrt{x^2+a^2}}{a}+\frac{x}{a}\right|+C_1=\ln\left|x+\sqrt{x^2+a^2}\right|+C\,(C=C_1-\ln a)$$

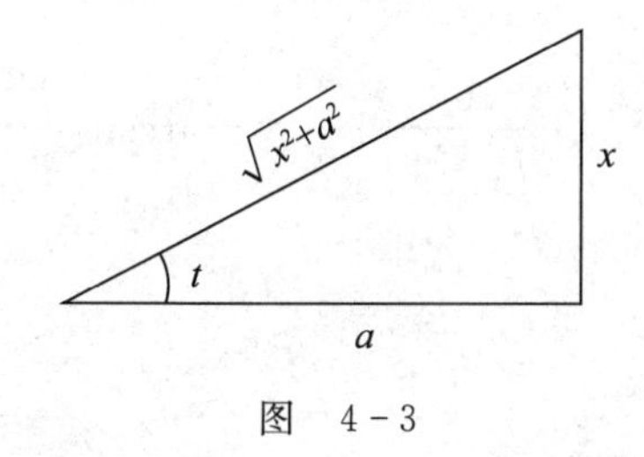

图 4－3

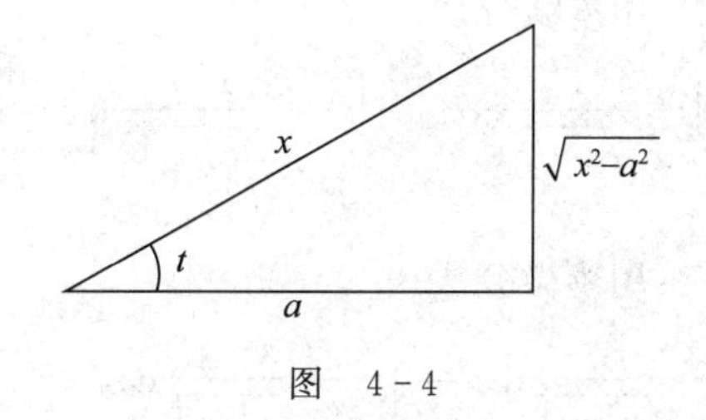

图 4－4

**例 5** 求$\int \frac{1}{\sqrt{x^2-a^2}}\mathrm{d}x\,(a>0)$。

**解** 令$x=a\sec t\left(0<t<\frac{\pi}{2}\right)$，则$\mathrm{d}x=a\sec t\cdot\tan t\,\mathrm{d}t$。于是

$$\int \frac{1}{\sqrt{x^2-a^2}}\mathrm{d}x=\int \frac{a\sec t\tan t}{a\tan t}\mathrm{d}t=\int \sec t\,\mathrm{d}t=\ln|\sec t+\tan t|+C_1$$

由$\sec t=\frac{x}{a}$，得$\tan t=\frac{\sqrt{x^2-a^2}}{a}$，如图 4－4 所示。于是

$$\int \frac{1}{\sqrt{x^2-a^2}}\mathrm{d}x=\ln\left|\frac{\sqrt{x^2-a^2}}{a}+\frac{x}{a}\right|+C_1=\ln\left|x+\sqrt{x^2-a^2}\right|+C\,(C=C_1-\ln a)$$

第二换元积分法是基本积分方法之一，由上面例题可见，使用第二换元积分法的关键在于适当地变换$x=\varphi(t)$，消除被积函数式的根号。第二换元积分法的常见形式如下：被积函数含$\sqrt[n]{ax+b}$，设$t=\sqrt[n]{ax+b}$；被积函数含$\sqrt{a^2-x^2}$，设$x=a\sin t$；被积函数含$\sqrt{a^2+x^2}$，设$x=a\tan t$；被积函数含$\sqrt{x^2-a^2}$，设$x=a\sec t$。

后面三种为三角代换。通过变量替换，将关于$x$的积分转换成关于$t$的积分，对$t$积分的结果必须回代原变量。其中三角代换的代换方法可借助三角形，以便于回代。

第二换元积分法可灵活使用。

**例 6** 求$\int x^2(2-x)^{10}\mathrm{d}x$。

**解** 若将被积函数的10次幂展开是比较麻烦的,因此可用换元积分法解决。

设 $t=2-x$,则 $x=2-t$,$\mathrm{d}x=-\mathrm{d}t$。于是

$$\begin{aligned}\int x^2(2-x)^{10}\mathrm{d}x&=-\int t^{10}(2-t)^2\mathrm{d}t=-\int(4-4t+t^2)t^{10}\mathrm{d}t\\&=-\int(4t^{10}-4t^{11}+t^{12})\mathrm{d}t=-\frac{4}{11}t^{11}+\frac{1}{3}t^{12}-\frac{1}{13}t^{13}+C\\&=-\frac{4}{11}(2-x)^{11}+\frac{1}{3}(2-x)^{12}-\frac{1}{13}(2-x)^{13}+C\end{aligned}$$

**例7** 求 $\int\frac{1}{x\sqrt{x^2-1}}\mathrm{d}x$。

**解** 方法一:用三角代换换元。令 $x=\sec t$,$\mathrm{d}x=\sec t\cdot\tan t\,\mathrm{d}t$,

$$\int\frac{1}{x\sqrt{x^2-1}}\mathrm{d}x=\int\frac{1}{\sec t\cdot\tan t}\cdot\sec t\tan t\,\mathrm{d}t=\int 1\mathrm{d}t=t+C=\arccos\frac{1}{x}+C$$

方法二:用凑微分法。

$$\int\frac{1}{x\sqrt{x^2-1}}\mathrm{d}x=\int\frac{1}{x^2\sqrt{1-\frac{1}{x^2}}}\mathrm{d}x\xlongequal{\text{凑微分}}-\int\frac{1}{\sqrt{1-\frac{1}{x^2}}}\mathrm{d}\,\frac{1}{x}=-\arcsin\frac{1}{x}+C$$

方法三:用凑微分法。

$$\begin{aligned}\int\frac{1}{x\sqrt{x^2-1}}\mathrm{d}x&=\int\frac{x}{x^2\sqrt{x^2-1}}\mathrm{d}x\\&\xlongequal{\text{凑微分}}\int\frac{1}{x^2\sqrt{x^2-1}}\mathrm{d}\,\frac{x^2}{2}=\frac{1}{2}\int\frac{1}{x^2\sqrt{x^2-1}}\mathrm{d}(x^2-1)\\&=\int\frac{1}{x^2}\mathrm{d}\sqrt{x^2-1}=\int\frac{1}{1+(x^2-1)}\mathrm{d}\sqrt{x^2-1}=\arctan\sqrt{x^2-1}+C\end{aligned}$$

例7说明:第一换元积分法与第二换元积分法是帮助我们解决积分问题的数学方法,而数学方法不是一成不变的。

有些积分比较典型,可以当作公式使用。

(1) $\int\tan x\,\mathrm{d}x=-\ln|\cos x|+C$

(2) $\int\cot x\,\mathrm{d}x=\ln|\sin x|+C$

(3) $\int\sec x\,\mathrm{d}x=\ln|\sec x+\tan x|+C$

(4) $\int\csc x\,\mathrm{d}x=\ln|\csc x-\cot x|+C$

(5) $\int\sqrt{a^2-x^2}\,\mathrm{d}x=\frac{a^2}{2}\arcsin\frac{x}{a}+\frac{1}{2}x\sqrt{a^2-x^2}+C\ (a>0)$

(6) $\int\frac{1}{\sqrt{a^2-x^2}}\mathrm{d}x=\arcsin\frac{x}{a}+C\ (a>0)$

(7) $\int\frac{1}{\sqrt{x^2+a^2}}\mathrm{d}x=\ln(x+\sqrt{x^2+a^2})+C\ (a>0)$

(8) $\int \frac{1}{\sqrt{x^2-a^2}}\mathrm{d}x=\ln(x+\sqrt{x^2-a^2})+C\ (a>0)$

(9) $\int \frac{1}{x^2-a^2}\mathrm{d}x=\frac{1}{2a}\ln\left|\frac{x-a}{x+a}\right|+C\ (a\neq 0)$

## 习题 4-3

A 组

求下列不定积分。

(1) $\int \frac{\sqrt{x}}{\sqrt{x}+1}\mathrm{d}x$　　(2) $\int \frac{1}{\sqrt{x}-1}\mathrm{d}x$　　(3) $\int \frac{1}{\sqrt{x}+\sqrt[3]{x}}\mathrm{d}x$

B 组

求下列不定积分。

(1) $\int \frac{\sqrt{a^2-x^2}}{x^2}\mathrm{d}x\,(a>0)$　　(2) $\int \frac{x^3}{\sqrt{1+x^2}}\mathrm{d}x$　　(3) $\int \frac{x}{\sqrt{x^4-1}}\mathrm{d}x$

## *第四节　有理函数的积分

有理函数是指由两个多项式的商所表示的函数,其具体形式如下:

$$\frac{P(x)}{Q(x)}=\frac{a_0x^n+a_1x^{n-1}+\cdots+a_{n-1}x+a_n}{b_0x^m+b_1x^{m-1}+\cdots+b_{m-1}x+b_m} \tag{4-1}$$

其中 $m$ 和 $n$ 都是非负整数,$a_0\neq 0,b_0\neq 0,a_i,b_j\in\mathbf{R}(i=0,1,2,\cdots,n,j=0,1,2,\cdots,m)$。

设 $P(x)$与 $Q(x)$没有公因式,当 $n<m$ 时,式(4-1)叫作真分式;当 $n\geqslant m$ 时,式(4-1)叫作假分式。

对于假分式可以利用除法将其化为一个多项式与一个真分式之和的形式,如

$$\frac{x^3+2x+1}{x^2+1}=x+\frac{x+1}{x^2+1}$$

而多项式的积分在前面已经学过,因此下面只讨论真分式的积分。

一般来说,真分式的积分总是先将真分式化为部分分式和的形式,然后再求每个部分分式的积分。

下面通过几个例子说明具体做法。

**例 1**　将$\frac{2x-1}{x^2-5x+6}$分解成部分分式。

**解**　由于分式

$$\frac{2x-1}{x^2-5x+6}=\frac{2x-1}{(x-3)(x-2)}$$

所以,设

$$\frac{2x-1}{x^2-5x+6}=\frac{A}{x-3}+\frac{B}{x-2}$$

其中 $A,B$ 为待定常数,整理上式得

$$2x-1=A(x-2)+B(x-3)=(A+B)x-(2A+3B)$$

通过比较系数得,方程组

$$\begin{cases}A+B=2\\2A+3B=1\end{cases}$$

解得

$$A=5,\quad B=-3$$

因此部分分式为

$$\frac{2x-1}{x^2-5x+6}=\frac{5}{x-3}-\frac{3}{x-2}$$

**例 2** 将$\frac{1}{x(x-1)^2}$分解成部分分式。

**解** 设

$$\frac{1}{x(x-1)^2}=\frac{A}{x}+\frac{B}{(x-1)^2}+\frac{C}{x-1}$$

其中 $A,B,C$ 为待定常数,整理得

$$1=A(x-1)^2+Bx+Cx(x-1) \tag{4-2}$$

对式(4-2)中的 $x$ 取特殊值。

令 $x=0$,得 $A=1$。

令 $x=1$,$B=1$。

令 $x=2$,得 $1=A+2B+2C$,即 $C=-1$。

所以

$$\frac{1}{x(x-1)^2}=\frac{1}{x}+\frac{1}{(x-1)^2}-\frac{1}{x-1}$$

**例 3** 将$\frac{x^2+2x-1}{(x-1)(x^2-x+1)}$分解成部分分式。

**解** 设

$$\frac{x^2+2x-1}{(x-1)(x^2-x+1)}=\frac{A}{x-1}+\frac{Bx+C}{x^2-x+1}$$

并整理,得

$$x^2+2x-1=A(x^2-x+1)+(Bx+C)(x-1)=(A+B)x^2+(C-A-B)x+A-C$$

比较系数,得

$$\begin{cases}A+B=1\\C-A-B=2\\A-C=-1\end{cases}$$

解得

$$A=2,\quad B=-1,\quad C=3$$

因此

$$\frac{x^2+2x-1}{(x-1)(x^2-x+1)}=\frac{2}{x-1}-\frac{x-3}{x^2-x+1}$$

**例 4** 求$\int\frac{2x-1}{x^2-5x+6}\mathrm{d}x$。

**解** 由例 1 知

$$\frac{2x-1}{x^2-5x+6}=\frac{5}{x-3}-\frac{3}{x-2}$$

所以

$$\begin{aligned}\int\frac{2x-1}{x^2-5x+6}\mathrm{d}x &=\int\left(\frac{5}{x-3}-\frac{3}{x-2}\right)\mathrm{d}x=\int\frac{5}{x-3}\mathrm{d}x-\int\frac{3}{x-2}\mathrm{d}x\\ &=5\ln|x-3|-3\ln|x-2|+C=\ln\left|\frac{(x-3)^5}{(x-2)^3}\right|+C\end{aligned}$$

**例 5** 求$\int\frac{1}{x(x-1)^2}\mathrm{d}x$。

**解** 由例 2 知

$$\begin{aligned}\int\frac{1}{x(x-1)^2}\mathrm{d}x &=\int\left[\frac{1}{x}+\frac{1}{(x-1)^2}-\frac{1}{x-1}\right]\mathrm{d}x=\int\frac{1}{x}\mathrm{d}x+\int\frac{1}{(x-1)^2}\mathrm{d}x-\int\frac{1}{x-1}\mathrm{d}x\\ &=\ln|x|-\frac{1}{x-1}-\ln|x-1|+C=\ln\left|\frac{x}{x-1}\right|-\frac{1}{x-1}+C\end{aligned}$$

**例 6** 求$\int\frac{1}{x^2(x^2-x+1)}\mathrm{d}x$。

**解** 设$\frac{1}{x^2(x^2-x+1)}=\frac{A}{x}+\frac{B}{x^2}+\frac{Cx+D}{x^2-x+1}$，整理得

$$1=Ax(x^2-x+1)+B(x^2-x+1)+(Cx+D)x^2$$

由多项式相等的条件，比较系数得方程组

$$\begin{cases}A+C=0\\-A+B+D=0\\B=1\\A-B=0\end{cases}$$

解得

$$A=1,\quad B=1,\quad C=-1,\quad D=0$$

于是

$$\frac{1}{x^2(x^2-x+1)}=\frac{1}{x}+\frac{1}{x^2}+\frac{-x}{x^2-x+1}$$

积分得

$$\int\frac{1}{x^2(x^2-x+1)}\mathrm{d}x=\int\frac{1}{x}\mathrm{d}x+\int\frac{1}{x^2}\mathrm{d}x-\int\frac{x}{x^2-x+1}\mathrm{d}x$$

等式右端第三个积分

$$\begin{aligned}\int\frac{x}{x^2-x+1}\mathrm{d}x&=\frac{1}{2}\int\frac{(2x-1)+1}{x^2-x+1}\mathrm{d}x\\&=\frac{1}{2}\left(\int\frac{2x-1}{x^2-x+1}\mathrm{d}x+\int\frac{1}{x^2-x+1}\mathrm{d}x\right)\\&=\frac{1}{2}\left[\int\frac{\mathrm{d}(x^2-x+1)}{x^2-x+1}+\int\frac{\mathrm{d}\left(x-\frac{1}{2}\right)}{\left(x-\frac{1}{2}\right)^2+\frac{3}{4}}\right]\\&=\frac{1}{2}\ln(x^2-x+1)+\frac{1}{\sqrt{3}}\arctan\frac{2x-1}{\sqrt{3}}+C\end{aligned}$$

所以，

$$\int\frac{1}{x^2(x^2-x+1)}\mathrm{d}x=\ln|x|-\frac{1}{x}-\frac{1}{2}\ln|x^2-x+1|-\frac{\sqrt{3}}{3}\arctan\frac{2x-1}{\sqrt{3}}+C$$

## 习题 4-4

A 组

求下列不定积分。

(1) $\int\frac{2x-1}{x^2-3x+2}\mathrm{d}x$　　(2) $\int\frac{x^2}{1-x^4}\mathrm{d}x$　　(3) $\int\frac{x^3}{x+3}\mathrm{d}x$

B 组

求下列不定积分。

(1) $\int\frac{x+4}{x(x^2+4)}\mathrm{d}x$　　(2) $\int\frac{x+2}{x^3-2x^2-x+2}\mathrm{d}x$　　(3) $\int\frac{x^2+1}{(x-1)(x+1)^2}\mathrm{d}x$

# 第五节　分部积分法

当被积函数是两种不同类型函数的乘积时，如 $\int x\mathrm{e}^x\mathrm{d}x$、$\int \mathrm{e}^x\sin x\mathrm{d}x$ 等，用前面讲过的方法一般无法解决积分计算问题，需要一种新的积分方法——分部积分法。

**★ 基础模块**

**定理**　设函数 $u=u(x)$，$v=v(x)$ 具有连续导数，则有

$$\int u\mathrm{d}v=uv-\int v\mathrm{d}u$$

**证明**　由函数乘积的微分法

$$\mathrm{d}(uv)=u\mathrm{d}v+v\mathrm{d}u$$

移项得

$$u\mathrm{d}v=\mathrm{d}(uv)-v\mathrm{d}u$$

对上式两端积分得

$$\int u\mathrm{d}v=\int \mathrm{d}(uv)-\int v\mathrm{d}u$$

即

$$\int u\mathrm{d}v=uv-\int v\mathrm{d}u$$

该式称为分部积分公式。利用分部积分公式求不定积分的方法称为分部积分法。

**例 1** 求 $\int x\sin x\mathrm{d}x$。

**解** 设 $u=x$，$\mathrm{d}v=\sin x\mathrm{d}x=\mathrm{d}(-\cos x)$，则 $\mathrm{d}u=\mathrm{d}x$，$v=-\cos x$。

于是

$$\int x\sin x\mathrm{d}x=-x\cos x-\int(-\cos x)\mathrm{d}x=-x\cos x+\sin x+C$$

**注意**：若设 $u=\sin x$，$\mathrm{d}v=x\mathrm{d}x=\mathrm{d}\left(\frac{1}{2}x^2\right)$，则 $\mathrm{d}u=\cos x\mathrm{d}x$，$v=\frac{1}{2}x^2$。

于是

$$\int x\sin x\mathrm{d}x=\frac{1}{2}x^2\sin x-\frac{1}{2}\int x^2\cos x\mathrm{d}x$$

积分 $\int x^2\cos x\mathrm{d}x$ 比原积分 $\int x\sin x\mathrm{d}x$ 更复杂，因此，这样的设法不合适。

利用分部积分法的关键是恰当地选择 $u$ 和 $\mathrm{d}v$，其原则是：从 $\mathrm{d}v$ 中容易求 $v$；$\int v\mathrm{d}u$ 要比 $\int u\mathrm{d}v$ 容易计算。

**例 2** 求 $\int x\mathrm{e}^x\mathrm{d}x$。

**解** 设 $u=x$，$\mathrm{d}v=\mathrm{e}^x\mathrm{d}x=\mathrm{d}\mathrm{e}^x$，则 $\mathrm{d}u=\mathrm{d}x$，$v=\mathrm{e}^x$。

于是

$$\int x\mathrm{e}^x\mathrm{d}x=x\mathrm{e}^x-\int \mathrm{e}^x\mathrm{d}x=x\mathrm{e}^x-\mathrm{e}^x+C$$

**例 3** 求 $\int x\ln x\mathrm{d}x$。

**解** 设 $u=\ln x$，$\mathrm{d}v=x\mathrm{d}x=\mathrm{d}\left(\frac{1}{2}x^2\right)$，则 $\mathrm{d}u=\frac{1}{x}\mathrm{d}x$，$v=\frac{1}{2}x^2$。

于是

$$\int x\ln x\mathrm{d}x=\frac{1}{2}x^2\ln x-\frac{1}{2}\int x^2\frac{1}{x}\mathrm{d}x=\frac{1}{2}x^2\ln x-\frac{1}{2}\int x\mathrm{d}x=\frac{1}{2}x^2\ln x-\frac{1}{4}x^2+C$$

通过上面几个例题看到，一般选择 $u$ 的某些规律，即按“指三幂对反，谁在后面谁为 $u$”。其中“后面”是指“指数函数、三角函数、幂函数、对数函数、反三角函数”的先后顺序。比如反三角函数排在最后，就应选它为 $u$。

**例 4** 求$\int x\arctan x\,\mathrm{d}x$。

**解**
$$\int x\arctan x\,\mathrm{d}x=\int \arctan x\,\mathrm{d}\frac{x^2}{2}=\frac{x^2}{2}\arctan x-\frac{1}{2}\int\frac{x^2}{1+x^2}\mathrm{d}x$$
$$=\frac{x^2}{2}\arctan x-\frac{1}{2}\int\frac{(x^2+1)-1}{1+x^2}\mathrm{d}x$$
$$=\frac{x^2}{2}\arctan x-\frac{1}{2}\int 1\mathrm{d}x+\frac{1}{2}\int\frac{1}{1+x^2}\mathrm{d}x$$
$$=\frac{x^2}{2}\arctan x-\frac{1}{2}x+\frac{1}{2}\arctan x+C$$
$$=\frac{1}{2}(x^2+1)\arctan x-\frac{1}{2}x+C$$

**例 5** 求$\int(x^2+1)\cos x\,\mathrm{d}x$

**解**
$$\int(x^2+1)\cos x\,\mathrm{d}x=(x^2+1)\sin x-\int\sin x\cdot 2x\,\mathrm{d}x$$
$$=(x^2+1)\sin x-2\int x\sin x\,\mathrm{d}x$$

由例 1 知$\int x\sin x\,\mathrm{d}x$需再用一次分部积分公式,得
$$\int x\sin x\,\mathrm{d}x=-x\cos x+\sin x+C_1$$
因此
$$\int(x^2+1)\cos x\,\mathrm{d}x=(x^2+1)\sin x-2(-x\cos x+\sin x+C_1)$$
$$=(x^2+1)\sin x+2x\cos x-2\sin x+C\quad(C=-2C_1)$$

**例 6** 求$\int \mathrm{e}^x\sin 2x\,\mathrm{d}x$。

**解** 设$u=\sin 2x$,$\mathrm{d}v=\mathrm{e}^x\mathrm{d}x=\mathrm{d}\mathrm{e}^x$,于是
$$\int\mathrm{e}^x\sin 2x\,\mathrm{d}x=\mathrm{e}^x\sin 2x-\int\mathrm{e}^x\mathrm{d}\sin 2x=\mathrm{e}^x\sin 2x-2\int\mathrm{e}^x\cos 2x\,\mathrm{d}x$$
$$=\mathrm{e}^x\sin 2x-2\int\cos 2x\,\mathrm{d}\mathrm{e}^x=\mathrm{e}^x\sin 2x-2\left(\mathrm{e}^x\cos 2x-\int\mathrm{e}^x\mathrm{d}\cos 2x\right)$$
$$=\mathrm{e}^x\sin 2x-2\mathrm{e}^x\cos 2x+2\int\mathrm{e}^x(-\sin 2x)\cdot 2\mathrm{d}x$$
$$=\mathrm{e}^x\sin 2x-2\mathrm{e}^x\cos 2x-4\int\mathrm{e}^x\sin 2x\,\mathrm{d}x$$
所以
$$5\int\mathrm{e}^x\sin 2x\,\mathrm{d}x=\mathrm{e}^x\sin 2x-2\mathrm{e}^x\cos 2x+C_1$$
即

$$\int e^x \sin 2x \, dx = \frac{1}{5} e^x (\sin 2x - 2\cos 2x) + C \quad \left(C = \frac{C_1}{5}\right)$$

由例 5、例 6 看出，分部积分法可以反复使用，而且还可利用解方程的方法求出不定积分。但要注意反复使用分部积分法时，$u$ 的选取要一致，即不能改变 $u$ 的函数类型。

有些不定积分需要综合运用换元积分法与分部积分法。

**例 7** 求 $\int \frac{1}{2}\sin\sqrt{x}\, dx$。

**解** 先用换元积分法，再用分部积分法。

设 $\sqrt{x}=t\,(t>0)$，则 $x=t^2$，$dx=2t\,dt$。于是

$$\int \frac{1}{2}\sin\sqrt{x}\, dx = \int \frac{1}{2}\sin t \cdot 2t\, dt = \int t\sin t\, dt = -\int t\, d\cos t = -t\cos t + \int \cos t\, dt$$

$$= -t\cos t + \sin t + C = -\sqrt{x}\cos\sqrt{x} + \sin\sqrt{x} + C$$

**例 8** 求 $\int \frac{\ln(1+x)}{\sqrt{x}} dx$。

**解** 方法一：先用分部积分法，再用换元积分法。

$$\int \frac{\ln(1+x)}{\sqrt{x}} dx = 2\int \ln(1+x)\, d\sqrt{x} = 2\sqrt{x}\ln(1+x) - 2\int \frac{\sqrt{x}}{1+x} dx$$

设 $\sqrt{x}=t\,(t>0)$，则 $x=t^2$，$dx=2t\,dt$。于是，

$$\int \frac{\sqrt{x}}{1+x} dx = \int \frac{t}{1+t^2} \cdot 2t\, dt = 2\int \frac{(t^2+1)-1}{1+t^2} dt = 2\int \left(1-\frac{1}{1+t^2}\right) dt$$

$$= 2t - 2\arctan t + C_1 = 2\sqrt{x} - 2\arctan\sqrt{x} + C_1$$

因此

$$\int \frac{\ln(1+x)}{\sqrt{x}} dx = 2\sqrt{x}\ln(1+x) - 4\sqrt{x} + 4\arctan\sqrt{x} + C \quad (C=-2C_1)$$

方法二：先用换元积分法，再用分部积分法。

设 $\sqrt{x}=t\,(t>0)$，则 $x=t^2$，$dx=2t\,dt$。于是，

$$\int \frac{\ln(1+x)}{\sqrt{x}} dx = \int \frac{\ln(1+t^2)}{t} dt^2 = 2\int \ln(1+t^2)\, dt = 2t\ln(1+t^2) - 2\int t \cdot \frac{2t}{1+t^2} dt$$

$$= 2t\ln(1+t^2) - 4\int \frac{t^2}{1+t^2} dt = 2t\ln(1+t^2) - 4(t - \arctan t + C_1)$$

$$= 2t\ln(1+t^2) - 4t + 4\arctan t + C$$

$$= 2\sqrt{x}\ln(1+x) - 4\sqrt{x} + 4\arctan\sqrt{x} + C \quad (C=-4C_1)$$

**例 9** 设 $f(x)$ 具有二阶连续的导数，求 $\int x f''(x)\, dx$。

**解** $\int x f''(x)\, dx = \int x\, df'(x) = x f'(x) - \int f'(x)\, dx = x f'(x) - f(x) + C$

## 习题 4-5

A 组

求下列不定积分。

(1) $\int \ln x \mathrm{d}x$　　(2) $\int x f'(x) \mathrm{d}x$

(3) $\int x \mathrm{e}^{-x} \mathrm{d}x$　　(4) $\int x \cos x \mathrm{d}x$

(5) $\int \frac{\ln x}{x^2} \mathrm{d}x$　　(6) $\int x \cdot 5^x \mathrm{d}x$

B 组

1. 求下列不定积分。

(1) $\int \mathrm{e}^{\sin x} \sin x \cos x \mathrm{d}x$　　(2) $\int \sin(\ln x) \mathrm{d}x$

(3) $\int \frac{\ln(\arctan x)}{1+x^2} \mathrm{d}x$　　(4) $\int \ln(1+x^2) \mathrm{d}x$

(5) $\int x \tan^2 x \mathrm{d}x$　　(6) $\int \arcsin x \mathrm{d}x$

(7) $\int x \arccos x \mathrm{d}x$　　(8) $\int \sqrt{x} \mathrm{e}^{\sqrt{x}} \mathrm{d}x$

2. $f(x)$的一个原函数是$\frac{\sin x}{x}$，求$\int x f'(x) \mathrm{d}x$。

# 第六节　积分表的使用

通过前面的讨论可以看出，积分运算具有灵活、复杂、多变的特点。除了前面介绍的类型外，还有很多不同类型的不定积分，为了应用方便，通常把常用的不定积分汇集成表，称为积分表。积分表是根据被积函数的类型排列的。因此，求积分时，可按被积函数的类型直接或间接地到表中查得积分结果。

下面举例说明积分表的使用方法。

★ 基础模块

### 一、直接查表法

**例 1**　求$\int \frac{x}{(2x-3)^2} \mathrm{d}x$。

**解**　被积函数中含有 $ax+b$ 型，在积分表(一)中查公式 7。

因为$\begin{cases} a=-3, b=2 \\ a=2, b=-3 \end{cases}$，所以

$$\int \frac{x}{(2x-3)^2}\mathrm{d}x=\frac{1}{4}\left[\ln(2x-3)-\frac{3}{2x-3}\right]+C$$

**例 2** 求 $\int \frac{\mathrm{d}x}{4x^2+4x-3}$。

**解** 被积函数中含有 $ax^2+bx+c(a>0)$ 型，在积分表(五)中查公式 28。

因为 $a=4,b=4,c=-3,b^2-4ac>0$，所以

$$\int \frac{\mathrm{d}x}{4x^2+4x-3}=\frac{1}{8}\ln\left|\frac{2x-1}{2x+3}\right|+C$$

## 二、先代换后查表

**例 3** 求 $\int \frac{\sqrt{4x^2-9}}{x}\mathrm{d}x$。

**解** 此积分不能到表中直接查找，需要先进行变量代换。

令 $2x=t$，则 $x=\frac{t}{2}$，$\mathrm{d}x=\frac{1}{2}\mathrm{d}t$。于是

$$\int \frac{\sqrt{4x^2-9}}{x}\mathrm{d}x=\int \frac{\sqrt{t^2-3^2}}{\frac{t}{2}}\cdot\frac{1}{2}\mathrm{d}t=\int \frac{\sqrt{t^2-3^2}}{t}\mathrm{d}t$$

查表(六)中公式 54 得

$$\begin{aligned}\int \frac{\sqrt{4x^2-9}}{x}\mathrm{d}x &= \int \frac{\sqrt{t^2-3^2}}{t}\mathrm{d}t=\sqrt{t^2-3^2}-3\arccos\frac{3}{t}+C\\ &=\sqrt{4x^2-9}-3\arccos\frac{3}{2x}+C\end{aligned}$$

| ★★ | 扩展模块 |
|---|---|

## 三、利用递推公式

**例 4** 求 $\int \cos^4 x\mathrm{d}x$。

**解** 查表(十一)中公式 96 得

$$\int \cos^n x\mathrm{d}x=\frac{\cos^{n-1}x\cdot\sin x}{n}+\frac{n-1}{n}\int \cos^{n-2}x\mathrm{d}x$$

当 $n=4$ 时

$$\int \cos^4 x\mathrm{d}x=\frac{\cos^3 x\cdot\sin x}{4}+\frac{3}{4}\int \cos^2 x\mathrm{d}x$$

对积分 $\int \cos^2 x\mathrm{d}x$ 再用公式 96 得

$$\int \cos^2 x\mathrm{d}x=\frac{\cos x\cdot\sin x}{2}+\frac{1}{2}\int \mathrm{d}x=\frac{\sin 2x}{4}+\frac{x}{2}+C_1$$

于是

$$\int \cos^4 x\,\mathrm{d}x = \frac{1}{4}\cos^3 x\sin x + \frac{3}{4}\left(\frac{\sin 2x}{4} + \frac{x}{2} + C_1\right)$$
$$= \frac{1}{4}\cos^3 x\sin x + \frac{3}{16}\sin 2x + \frac{3}{8}x + C \quad \left(C = \frac{3}{4}C_1\right)$$

应该指出，积分运算与微分运算有明显的不同之处，即任何一个初等函数都有导数，而且导数仍然是初等函数。但是，却有许多初等函数求不出积分结果，其原因是这些函数虽然有原函数，但原函数却不能用初等函数表示。最简单的例子如 $\int \frac{1}{\ln x}\mathrm{d}x$、$\int \mathrm{e}^{-x^2}\mathrm{d}x$、$\int \cos(x^2)\mathrm{d}x$、$\int \frac{\sin x}{x}\mathrm{d}x$、$\int \frac{1}{\sqrt{1+x^3}}\mathrm{d}x$ 等。

## 习题 4-6

A 组

查表求下列不定积分。

(1) $\int \frac{1}{x(2+3x)}\mathrm{d}x$　　(2) $\int \frac{x}{\sqrt{x+2}}\mathrm{d}x$

(3) $\int \frac{1}{4x^2+3}\mathrm{d}x$　　(4) $\int \sqrt{9x^2+4}\,\mathrm{d}x$

B 组

查表求下列不定积分。

(1) $\int \frac{1}{x(2+3x)}\mathrm{d}x$　　(2) $\int \frac{x}{\sqrt{x+2}}\mathrm{d}x$

(3) $\int \frac{1}{4x^2+3}\mathrm{d}x$　　(4) $\int \cos^5 x\,\mathrm{d}x$

# 应用与实践

### 简单的生死过程模型

设在所考虑的动植物群体中，生物个体的生死与年龄和种群大小无关，种群中成员生殖能力都一样，若生物是两性时，只考虑雌性，假定不会缺少雄性。设 $N(t)$ 表示时刻 $t$ 时的种群大小，$\lambda$ 表示每个个体的生殖率，$\mu$ 表示死亡率，则种群增长的确定性方程为

$$\frac{\mathrm{d}N}{\mathrm{d}t} = (\lambda-\mu)N, \quad N\Big|_{t=0} = N_0$$

由此得

$$\int \frac{\mathrm{d}N}{N} = \int (\lambda-\mu)\mathrm{d}t$$
$$\ln N = (\lambda-\mu)t + C_1$$

$$N=e^{C_1}\cdot e^{(\lambda-\mu)t}=Ce^{(\lambda-\mu)t}\quad (C=e^{C_1})$$

由条件 $N\Big|_{t=0}=N_0$ 解得，积分常数 $C=N_0$。从而

$$N=N_0e^{(\lambda-\mu)t}$$

此式即为种群增长方程。

由上式可以看出，当 $\lambda>\mu$ 时，种群按指数增长；当 $\lambda=\mu$ 时，种群大小保持稳定不变；当 $\lambda<\mu$ 时，种群按指数减少，直至灭亡。

在实际问题中，当群体中个体数目相当小，成员间的竞争不会影响生殖率时，可用本模型研究。

## 本章知识结构图

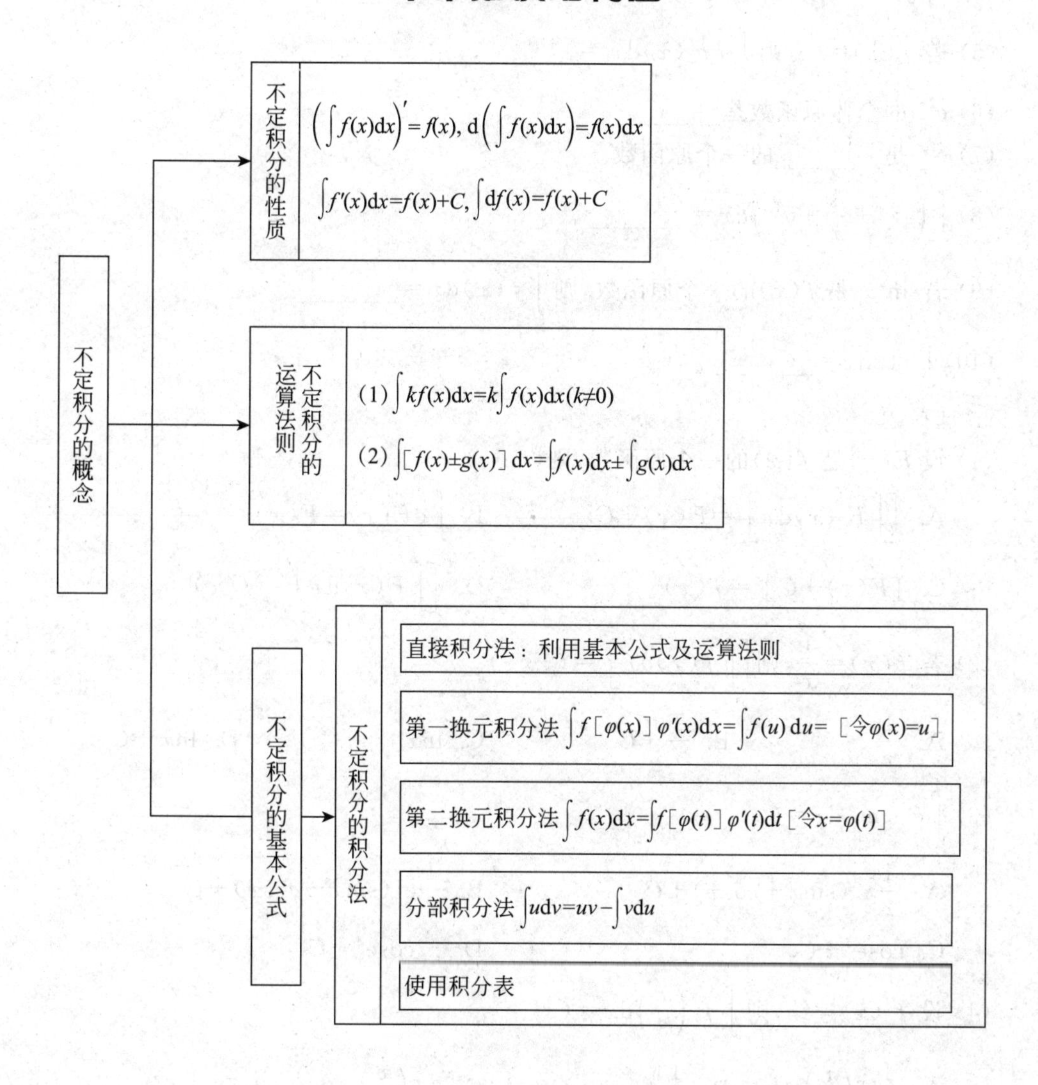

# 复习题四

## A 组

1. 填空题。

(1) $\left[\int e^{-x^2}dx\right]'=$________。

(2) $\int d(x+\cos x)=$________。

(3) $\int f(x)dx=\sin x+x^2+C$,则 $f(x)=$________。

(4) 若 $f'(x)=g'(x)$,则 $f(x)$与 $g(x)$满足关系________。

(5) 若 $f(x)=\dfrac{1}{x}$,则 $\int xf'(x)dx=$________。

(6) $e^{2x}$ 的全体原函数是________。

(7) $e^{2x}$ 是________的一个原函数。

(8) $\int\left(e^{-x}+\dfrac{1}{x}+\sqrt{2}\right)dx=$________。

(9) 若$\sin^2 x$ 是 $f(x)$的一个原函数,则 $\int f(x)dx=$________。

(10) $\int xe^x dx=$________。

2. 选择题。

(1) 设 $F(x)$是 $f(x)$的一个原函数,则(　　)。

A. $\left[\int F'(x)dx\right]'=F(x)+C$　　B. $\int dF(x)=F(x)$

C. $[F(x)+C]'=f(x)$　　D. $\left[\int F(x)dx\right]'=f(x)$

(2) 若 $f(x)=\dfrac{1}{x}$,则$\left[\int f(x)dx\right]'=$(　　)。

A. $\dfrac{1}{x}$　　B. $\dfrac{1}{x}+C$　　C. $\ln x$　　D. $\ln x+C$

(3) $\int e^x\sin e^x dx=$(　　)。

A. $\dfrac{1}{2}e^x(\sin x+\cos x)+C$　　B. $\dfrac{1}{2}e^x(\sin x-\cos x)+C$

C. $\cos e^x+C$　　D. $-\cos e^x+C$

(4) 设 $f'(x)$连续,则 $\int f'\left(\dfrac{x}{3}\right)dx=$(　　)。

A. $\dfrac{1}{3}f\left(\dfrac{x}{3}\right)+C$　B. $\dfrac{1}{3}f(x)+C$　　C. $3f\left(\dfrac{x}{3}\right)+C$　　D. $3f(x)+C$

(5) $\int x\sin x\,dx=$( )。

A. $x\sin x+C$　　B. $x\sin x-\cos x+C$

C. $-x\cos x+C$　　D. $-x\cos x+\sin x+C$

3. 求下列不定积分。

(1) $\int e^{\cos x}\sin x\,dx$　(2) $\int (2^{3x+1}+x^3+1)\,dx$　(3) $\int \frac{e^{\sqrt{x}}}{\sqrt{x}}\,dx$

(4) $\int \sin^2 x\cos x\,dx$　(5) $\int \frac{dx}{\sqrt{x}+2}$　(6) $\int (3x+5)^{99}\,dx$

(7) $\int \frac{\ln x}{x}\,dx$　(8) $\int x^2\ln x\,dx$　(9) $\int \left(\frac{1}{\sin^2 x}+1\right)\cos x\,dx$

4. 设某函数当 $x=1$ 时有极小值，当 $x=-1$ 时有极大值 4，又知函数的导数 $y'=3x^2+ax+b$，求此函数。

5. 设 $f(x)$ 的一个原函数是 $e^{-x}$，求 $\int xf'(x)\,dx$。

## B 组

1. 填空题。

(1) 若 $e^x$ 是 $f(x)$ 的一个原函数，则 $\int xf(x)\,dx=$________。

(2) 若 $\int f(x)\,dx=\cos x+C$，则 $\int \frac{1}{\sqrt{x}}f(\sqrt{x})\,dx=$________。

(3) 若 $f'(e^x)=1+x$，则 $f(x)=$________。

(4) $d\int d\int f(x)\,dx=$________。

(5) $\int f(x)\,dx=\frac{x}{x-1}+C$，则 $f(x)=$________。

(6) 设 $f(x)$ 的一个原函数为 $\ln x$，则 $f'(x)=$________。

(7) 设 $f(x)=\arctan x$，则 $\int (1+x^2)f'(x)\,dx=$________。

(8) 设 $f(x)=x+\sqrt{x}\,(x>0)$，则 $\int f'(x^2)\,dx=$________。

(9) 若 $\int xf(x)\,dx=x\sin x-\int \sin x\,dx$，则 $f(x)=$________。

(10) $\int xf(x^2)f'(x^2)\,dx=$________。

2. 选择题。

(1) 若 $\int f(x)\,dx=x^2+C$，则 $\int xf(1-x^2)\,dx=$( )。

A. $2(1-x^2)^2+C$　　B. $-2(1-x^2)^2+C$

C. $\frac{1}{2}(1-x^2)^2+C$　　D. $-\frac{1}{2}(1-x^2)^2+C$

(2) $\int \frac{\ln x-1}{x^2}\mathrm{d}x=$(　　)。

A. $-\frac{\ln x}{x}+C$　　　　B. $\frac{\ln x}{x}+C$

C. $\frac{\ln x}{x^2}+C$　　　　D. $-\frac{\ln x}{x^2}+C$

(3) 若 $F'(x)=f(x)$，则 $\int \frac{f(-\sqrt{x})}{\sqrt{x}}\mathrm{d}x=$(　　)。

A. $-2F(-\sqrt{x})+C$　　　　B. $-2F(\sqrt{x})+C$

C. $\frac{1}{2}F(-\sqrt{x})+C$　　　　D. $-\frac{1}{2}F(-\sqrt{x})+C$

(4) $\int \mathrm{e}^{\sin\theta}\sin\theta\cos\theta\cdot\mathrm{d}\theta=$(　　)。

A. $\mathrm{e}^{\sin\theta}+C$　　　　B. $\mathrm{e}^{\sin\theta}\sin\theta+C$

C. $\mathrm{e}^{\sin\theta}\cos\theta+C$　　　　D. $\mathrm{e}^{\sin\theta}(\sin\theta-1)+C$

(5) $\int \frac{f'(\ln x)}{x\sqrt{f(\ln x)}}\mathrm{d}x=$(　　)。

A. $\frac{1}{2}\sqrt{f(\ln x)}+C$　　　　B. $\sqrt{f(\ln x)}+C$

C. $2\sqrt{f(\ln x)}+C$　　　　D. $4\sqrt{f(\ln x)}+C$

3. 求下列不定积分。

(1) $\int \mathrm{e}^{2x}x\,\mathrm{d}x$　　(2) $\int \frac{\arctan\sqrt{x}}{\sqrt{x}(1+x)}\mathrm{d}x$　　(3) $\int \sqrt{\mathrm{e}^x-1}\,\mathrm{d}x$

(4) $\int \sec^3 x\,\mathrm{d}x$　　(5) $\int \frac{x\,\mathrm{d}x}{\sqrt{3-x^2}}$　　(6) $\int x\sec x\tan x\,\mathrm{d}x$

(7) $\int \frac{\ln\sin x}{\sin^2 x}\mathrm{d}x$　　(8) $\int \frac{4\cos x}{(2-3\sin x)^2}\mathrm{d}x$　　(9) $\int \sqrt{4-x^2}\,\mathrm{d}x$

4. 计算下列不定积分。

(1) $\int \frac{\arcsin \mathrm{e}^x}{\mathrm{e}^x}\mathrm{d}x$　　　　(2) $\int \frac{x\,\mathrm{e}^{\arctan x}}{(1+x^2)^{\frac{3}{2}}}\mathrm{d}x$

(3) $\int \frac{\arcsin\sqrt{x}+\ln x}{\sqrt{x}}\mathrm{d}x$　　　　(4) $\int \ln\left(1+\sqrt{\frac{1+x}{x}}\right)\mathrm{d}x\ (x>0)$

# 第五章　定积分及其应用

定积分是微积分学研究的主要问题之一。本章将通过几何学与力学的实际问题来引入定积分的概念，然后讨论定积分的性质和计算方法，以及定积分在几何和物理中的应用。

## 第一节　定积分的概念与性质

★ 基础模块

### 一、问题的提出

**引例 1**　求曲边梯形的面积。

由连续曲线 $y=f(x)(f(x)\geqslant 0)$ 及直线 $x=a$、$x=b$、$x$ 轴所围成的平面图形叫曲边梯形，如图 5-1 所示。下面讨论如何求曲边梯形的面积。

先把曲边梯形分割成许多个小曲边梯形，由于 $f(x)$ 是连续变化的，当 $x$ 变化不大时，$f(x)$ 的变化也不大。基于这种考虑，可以用与小曲边梯形同底的小矩形的面积，近似代替小曲边梯形的面积，再把这些小矩形的面积累加起来，便得到曲边梯形面积的近似值。显然，分割得越细，这个近似值就越接近曲边梯形的面积。当分割无限增多，且每个小曲边梯形的底都趋于 0 时，这个近似值的极限就是曲边梯形的面积。

根据上述分析，求曲边梯形的面积可按以下四个步骤进行，如图 5-2 所示。

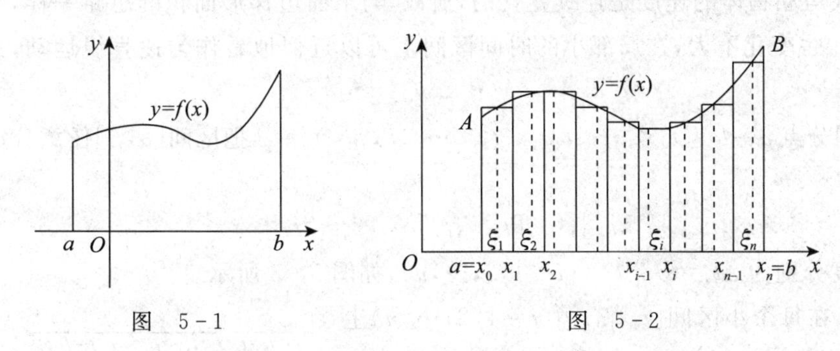


图　5-1　　　图　5-2

(1) 分割。用分点 $a=x_0<x_1<\cdots<x_{i-1}<x_i<\cdots<x_{n-1}<x_n=b$，将区间 $[a,b]$ 任意分割成 $n$ 个小区间：

$$[x_0,x_1],[x_1,x_2],\cdots,[x_{i-1},x_i],\cdots,[x_{n-1},x_n]$$

每个小区间的长度分别为

$$\Delta x_i=x_i-x_{i-1}\quad(i=1,2,\cdots,n)$$

过各分点 $x_i(i=1,2,\cdots,n-1)$ 作 $x$ 轴的垂线，这些直线把曲边梯形 $aABb$ 分割成 $n$ 个小曲边梯形，用 $S$ 表示曲边梯形 $aABb$ 的面积，$\Delta S_i$ 表示第 $i$ 个小曲边梯形面积，则有

$$S=\Delta S_1+\Delta S_2+\Delta S_3+\cdots+\Delta S_n=\sum_{i=1}^{n}\Delta S_i$$

(2) 取近似。在每个小区间 $[x_{i-1},x_i](i=1,2,\cdots,n)$ 上任取一点 $\xi_i$，过 $\xi_i$ 作 $x$ 轴的垂线与曲边交于点 $(\xi_i,f(\xi_i))$，以 $\Delta x_i$ 为底，$f(\xi_i)$ 为高作矩形，则矩形面积 $f(\xi_i)\Delta x_i$ 可近似代替相应小曲边梯形的面积 $\Delta S_i$，即

$$\Delta S_i\approx f(\xi_i)\Delta x_i\quad(i=1,2,\cdots,n)$$

(3) 求和。累加 $n$ 个小矩形的面积即为曲边梯形面积 $S$ 的近似值，即

$$S=\sum_{i=1}^{n}\Delta S_i\approx\sum_{i=1}^{n}f(\xi_i)\Delta x_i$$

(4) 取极限。将区间 $[a,b]$ 分割得越细，$\sum_{i=1}^{n}f(\xi_i)\Delta x_i$ 就越接近曲边梯形的面积 $S$。当分割无限增多，且使得每个小区间的长度都趋于零时，这个和式的极限即为所求曲边梯形的面积 $S$。若令 $\Delta x$ 表示所有 $\Delta x_i(i=1,2,3,\cdots,n)$ 中的最大者，即 $\Delta x=\max\limits_{1\leqslant i\leqslant n}\{\Delta x_i\}$，则

$$S=\lim_{\Delta x\to 0}\sum_{i=1}^{n}f(\xi_i)\Delta x_i$$

可见，求曲边梯形的面积可以归结为求和式的极限。

**引例 2** 求变速直线运动的路程。

设变速直线运动物体的速度为 $v=v(t)$，求物体从时刻 $t=\alpha$ 到时刻 $t=\beta(\alpha<\beta)$ 通过的路程。

该问题的困难是非匀速运动，即 $v(t)$ 不是一个常数，如果物体做匀速运动，即 $v(t)=k$，则物体从时刻 $\alpha$ 到 $\beta$ 通过的路程为

$$s=k(\beta-\alpha)$$

由于变速直线运动物体的速度是连续变化的，所以，与求曲边梯形面积的思路一样，当 $t$ 变化不大时，$v(t)$ 也变化不大，在局部小的时间区间上可以近似地看作匀速直线运动，具体做法如下。

(1) 分割。用分点 $\alpha=t_0<t_1<\cdots<t_{i-1}<t_i<\cdots<t_{n-1}<t_n=\beta$ 把区间 $[\alpha,\beta]$ 任意分成 $n$ 个小区间

$$[t_0,t_1],[t_1,t_2],\cdots,[t_{i-1},t_i]\cdots,[t_{n-1},t_n]$$

每个小区间的长度分别为 $\Delta t_i=t_i-t_{i-1}(i=1,2,\cdots,n)$，如图 5-3 所示。



图 5-3

(2) 取近似。在每个小区间 $[t_{i-1},t_i](i=1,2,\cdots,n)$ 上任取一时刻 $\xi_i(t_{i-1}\leqslant\xi_i\leqslant t_i)$，以 $\xi_i$ 时刻的速度 $v(\xi_i)$ 代替该区间上的速度 $v(t)$，则在时间区间 $[t_{i-1},t_i]$ 上物体通过的路程 $\Delta s_i$ 的近似值为 $v(\xi_i)\Delta t_i$，即

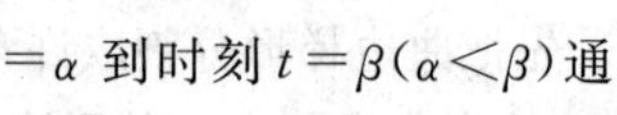

$$\Delta s_i\approx v(\xi_i)\Delta t_i\quad(i=1,2,\cdots,n)$$

(3) 求和。将每个小区间上物体所通过的路程的近似值累加起来，就得到时刻 $t=\alpha$ 到时刻 $t=\beta(\alpha<\beta)$ 物体所通过路程 $s$ 的近似值，即

$$s=\sum_{i=1}^{n}\Delta s_i\approx\sum_{i=1}^{n}v(\xi_i)\Delta t_i$$

(4) 取极限。当分点无限增多,且小区间长度中最大的一个趋于零时,$\sum\limits_{i=1}^{n}v(\xi_i)\Delta t_i$ 的极限就是物体在区间$[\alpha,\beta]$上通过的路程 $s$。若令 $\Delta t$ 表示所有 $\Delta t_i(i=1,2,3,\cdots,n)$中的最大者,即 $\Delta t=\max\limits_{1\leqslant i\leqslant n}\{\Delta t_i\}$,则

$$s=\lim_{\Delta t\to 0}\sum_{i=1}^{n}v(\xi_i)\Delta t_i$$

类似的例子还有许多,如非均匀生产的产量问题、总成本问题、非均匀销售的总收益问题等。尽管其具体含义各不相同,但解决问题的思路和方法是一样的,都可以归结为同一模型的数学问题——计算结构相同的和式的极限$\lim\limits_{\Delta x\to 0}\sum\limits_{i=1}^{n}f(\xi_i)\Delta x_i$。

## 二、定积分的定义

**定义** 设函数 $f(x)$在区间$[a,b]$上有定义,用分点 $a=x_0<x_1<\cdots<x_{i-1}<x_i<\cdots<x_{n-1}<x_n=b$,把区间$[a,b]$任意分成 $n$ 个小区间$[x_{i-1},x_i](i=1,2,\cdots,n)$,记第 $i$ 个小区间长度为 $\Delta x_i$ 且 $\Delta x_i=x_i-x_{i-1}(i=1,2,\cdots,n)$,在小区间$[x_{i-1},x_i]$上任取一点 $\xi_i\in[x_{i-1},x_i]$,作乘积 $f(\xi_i)\Delta x_i(i=1,2,\cdots,n)$,把所有这些乘积相加得和式 $\sum_{i=1}^{n}f(\xi_i)\Delta x_i$,并记 $\Delta x=\max\limits_{1\leqslant i\leqslant n}\{\Delta x_i\}$。若极限$\lim\limits_{\Delta x\to 0}\sum_{i=1}^{n}f(\xi_i)\Delta x_i$ 存在,则称函数 $f(x)$在区间$[a,b]$上可积,此极限值称为函数 $f(x)$在区间$[a,b]$上的定积分,记作$\int_a^b f(x)\mathrm{d}x$,即

$$\int_a^b f(x)\mathrm{d}x=\lim_{\Delta x\to 0}\sum_{i=1}^{n}f(\xi_i)\Delta x_i$$

其中,$f(x)$称为被积函数,$f(x)\mathrm{d}x$ 称为被积表达式,$x$ 称为积分变量,区间$[a,b]$称为积分区间,$a$ 称为积分下限,$b$ 称为积分上限,符号“$\int_a^b f(x)\mathrm{d}x$”读作“函数 $f(x)$从 $a$ 到 $b$ 的定积分”。

根据定积分的定义,前面两个引例可以用定积分表示如下。

(1) 曲边梯形 $aABb$ 的面积 $S$ 是函数 $y=f(x)$在区间$[a,b]$上的定积分,即

$$S=\int_a^b f(x)\mathrm{d}x$$

(2) 以速度 $v(t)$做变速直线运动的物体从时刻 $\alpha$ 到 $\beta(\alpha<\beta)$所经过的路程 $s$ 是速度函数 $v=v(t)$在时间区间$[\alpha,\beta]$上的定积分,即

$$s=\int_\alpha^\beta v(t)\mathrm{d}t$$

关于定积分的定义,应注意以下三点。

(1) 当 $f(x)$在$[a,b]$上可积时,其结果是一个常数,只与被积函数、积分区间$[a,b]$有关,而与积分变量用什么字母表示无关,即

$$\int_a^b f(x)\mathrm{d}x=\int_a^b f(u)\mathrm{d}u=\int_a^b f(t)\mathrm{d}t$$

(2) 定积分定义中 $a<b$，如果 $b<a$，则

$$\int_a^b f(x)\mathrm{d}x=-\int_b^a f(x)\mathrm{d}x$$

特别地，当 $a=b$ 时，有

$$\int_a^a f(x)\mathrm{d}x=0$$

(3) 可以证明：闭区间上的连续函数是可积的；闭区间上仅有有限个间断点的有界函数是可积的。

## 三、定积分的几何意义

由引例 1 知，当 $f(x)\geqslant 0$ 时，定积分 $\int_a^b f(x)\mathrm{d}x$ 在几何上表示曲线 $y=f(x)$ 与直线 $x=a$，$x=b$ 和 $x$ 轴围成的曲边梯形面积 $S$，即 $S=\int_a^b f(x)\mathrm{d}x$，如图 5-4 所示。

当 $f(x)\leqslant 0$ 时，定积分 $\int_a^b f(x)\mathrm{d}x$ 在几何上表示曲边梯形面积的负值，即 $S=-\int_a^b f(x)\mathrm{d}x$，如图 5-5 所示。

当 $f(x)$ 在区间 $[a,b]$ 上有正有负时，定积分 $\int_a^b f(x)\mathrm{d}x$ 表示曲线 $y=f(x)$ 与直线 $x=a$，$x=b$ 和 $x$ 轴围成的曲边梯形面积的代数和，即 $\int_a^b f(x)\mathrm{d}x=S_1-S_2+S_3$，如图 5-6 所示。

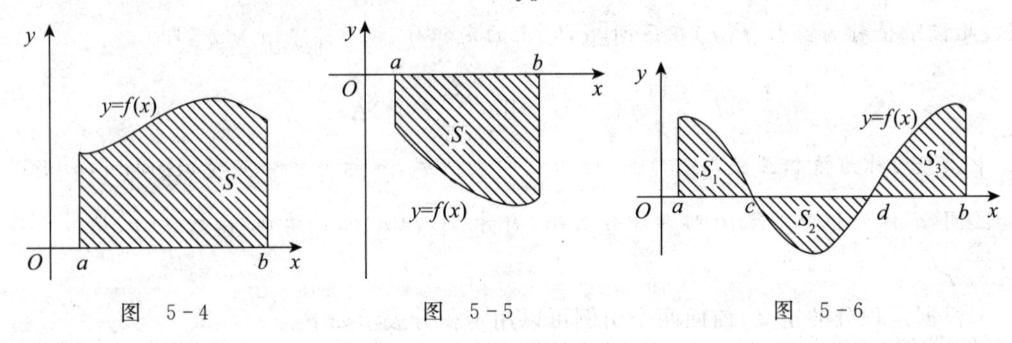


图 5-4　　图 5-5　　图 5-6

**例 1**　用定积分表示图 5-7 中阴影部分的面积。

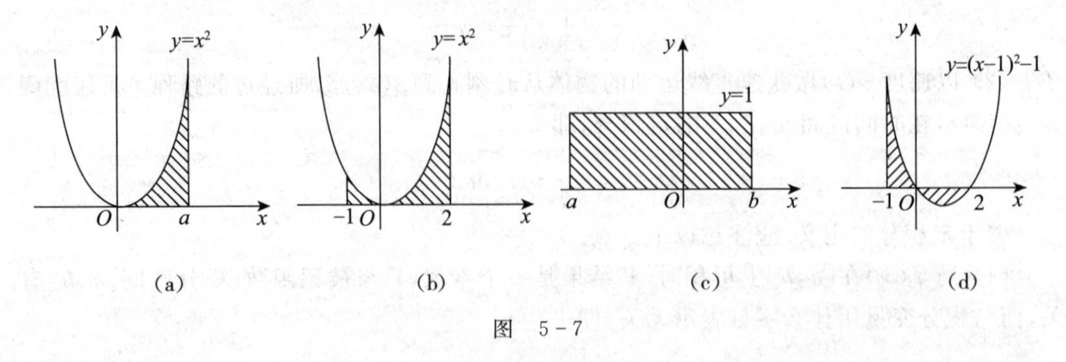


图 5-7

**解**　(1) 由图 5-7(a) 知 $y=x^2$ 在 $[0,a]$ 上连续，且 $f(x)\geqslant 0$，根据定积分的几何意义

可得阴影部分的面积为

$$S=\int_0^a f(x)\mathrm{d}x=\int_0^a x^2\mathrm{d}x$$

(2) 由图 5-7(b)知 $y=x^2$ 在$[-1,2]$上连续，且 $f(x)\geqslant 0$，根据定积分的几何意义可得阴影部分的面积为

$$S=\int_{-1}^2 x^2\mathrm{d}x$$

(3) 由图 5-7(c)知 $y=1$ 在$[a,b]$上连续，根据定积分的几何意义可得阴影部分的面积为

$$S=\int_a^b 1\mathrm{d}x=\int_a^b \mathrm{d}x$$

(4) 由图 5-7(d)知 $y=(x-1)^2-1$ 在$[-1,2]$上连续，且在$[-1,0]$上 $f(x)\geqslant 0$，在$[0,2]$上 $f(x)\leqslant 0$，根据定积分的几何意义可得阴影部分的面积为

$$S=\int_{-1}^0[(x-1)^2-1]\mathrm{d}x-\int_0^2[(x-1)^2-1]\mathrm{d}x$$

## 四、定积分的性质

根据定积分的定义，不难推出定积分有以下性质，其中涉及的函数在所讨论的区间上都是可积的。

**性质 1** 被积式中的常数因子可以提到积分号前面，即

$$\int_a^b kf(x)\mathrm{d}x=k\int_a^b f(x)\mathrm{d}x \quad (k\text{ 为常数})$$

**性质 2** 两个函数代数和的积分等于这两个函数积分的代数和，即

$$\int_a^b[f(x)\pm g(x)]\mathrm{d}x=\int_a^b f(x)\mathrm{d}x\pm\int_a^b g(x)\mathrm{d}x$$

这个性质可以推广到有限多个函数的代数和形式，即

$$\int_a^b[f_1(x)\pm f_2(x)\pm\cdots\pm f_n(x)]\mathrm{d}x=\int_a^b f_1(x)\mathrm{d}x\pm\int_a^b f_2(x)\mathrm{d}x\pm\cdots\pm\int_a^b f_n(x)\,\mathrm{d}x$$

**性质 3** 若点 $c$ 将区间$[a,b]$分成两个区间$[a,c]$和$[c,b]$，则

$$\int_a^b f(x)\mathrm{d}x=\int_a^c f(x)\mathrm{d}x+\int_c^b f(x)\mathrm{d}x$$

这一性质称为定积分的可加性，分点 $c$ 既可在区间$[a,b]$内，也可在区间$[a,b]$外，且对有限个分点都成立。

**性质 4** 如果在区间$[a,b]$上，$f(x)\equiv 1$，则

$$\int_a^b f(x)\mathrm{d}x=\int_a^b 1\mathrm{d}x=\int_a^b \mathrm{d}x=b-a$$

**性质 5** 如果在区间$[a,b]$上，$f(x)$与 $g(x)$总满足条件 $f(x)\leqslant g(x)$，则

$$\int_a^b f(x)\mathrm{d}x\leqslant\int_a^b g(x)\mathrm{d}x$$

**性质 6** 如果函数 $f(x)$在区间$[a,b]$上有最大值 $M$ 和最小值 $m$，则

$$m(b-a)\leqslant\int_a^b f(x)\mathrm{d}x\leqslant M(b-a)$$

**性质7**(积分中值定理)　如果函数 $f(x)$ 在区间 $[a,b]$ 上连续,则在区间 $[a,b]$ 上至少存在一点 $\xi$,使得

$$\int_a^b f(x)\mathrm{d}x = f(\xi)(b-a) \quad (\xi \in [a,b])$$

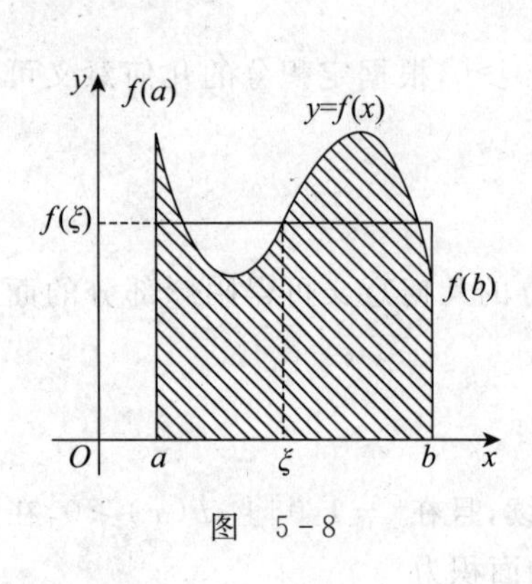


图　5-8

该性质的几何意义是:在区间 $[a,b]$ 上至少存在一点 $\xi$,使得以区间 $[a,b]$ 为底,以曲线 $f(x)$ 为曲边的曲边梯形的面积等于同一底边上以 $f(\xi)$ 为高的矩形面积,如图5-8所示。

**例2**　比较下列定积分的大小。

(1) $\int_0^1 x^2\mathrm{d}x$ 与 $\int_0^1 x^3\mathrm{d}x$

(2) $\int_1^{\mathrm{e}} \ln x\,\mathrm{d}x$ 与 $\int_1^{\mathrm{e}} \ln^2 x\,\mathrm{d}x$

**解**　(1) 因为在 $[0,1]$ 区间上有 $x^2 \geqslant x^3$,所以 $\int_0^1 x^2\mathrm{d}x > \int_0^1 x^3\mathrm{d}x$。

(2) 因为在 $[1,\mathrm{e}]$ 区间上有 $\ln x \geqslant \ln^2 x$,所以 $\int_1^{\mathrm{e}} \ln x\,\mathrm{d}x > \int_1^{\mathrm{e}} \ln^2 x\,\mathrm{d}x$。

**例3**　估计定积分 $\int_{-1}^1 \mathrm{e}^{-x^2}\mathrm{d}x$ 的取值范围。

**解**　先求 $f(x)=\mathrm{e}^{-x^2}$ 在 $[-1,1]$ 上的最大值和最小值。因为 $f'(x)=-2x\mathrm{e}^{-x^2}$,令 $f'(x)=0$,得驻点为 $x=0$,比较 $f(x)$ 在驻点及区间端点处的函数值。

$f(0)=\mathrm{e}^0=1, f(-1)=f(1)=\mathrm{e}^{-1}=\dfrac{1}{\mathrm{e}}$,故最小值 $m=\dfrac{1}{\mathrm{e}}$,最大值 $M=1$。

由性质6得,$\dfrac{2}{\mathrm{e}} \leqslant \int_{-1}^1 \mathrm{e}^{-x^2}\mathrm{d}x \leqslant 2$。

**★★　扩展模块**

**例4**　用定积分定义计算 $\int_0^1 x^2\mathrm{d}x$。

**解**　因为函数 $y=x^2$ 在区间 $[0,1]$ 上连续,故在 $[0,1]$ 上可积。将区间 $[0,1]$ 进行 $n$ 等分,并取 $\xi_i$ 为每个小区间的右端点,如图5-9所示,则每个区间的长度都为 $\dfrac{1}{n}$,且 $\xi_i=\dfrac{i}{n}\ (i=1,2,\cdots,n)$,于是

$$\int_0^1 x^2\mathrm{d}x = \lim_{\Delta x\to 0}\sum_{i=1}^n f(\xi_i)\Delta x_i = \lim_{n\to\infty}\sum_{i=1}^n \frac{i^2}{n^2}\cdot\frac{1}{n} = \lim_{n\to\infty}\frac{1}{n^3}\sum_{i=1}^n i^2$$

$$= \lim_{n\to\infty}\frac{1}{n^3}\cdot\frac{n(n+1)(2n+1)}{6} = \frac{1}{3}$$

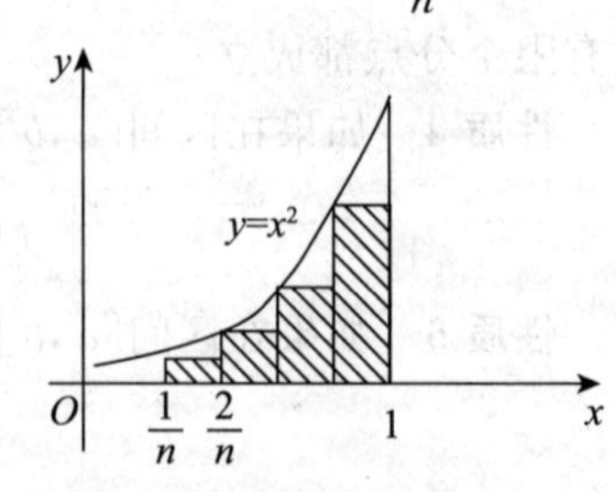


图　5-9

即

$$\int_0^1 x^2\mathrm{d}x = \frac{1}{3}$$

**例 5** 证明性质 7 积分中值定理。

**证明** 设 $m$ 和 $M$ 分别为 $f(x)$在$[a,b]$上的最小值和最大值(闭区间上的连续函数一定存在最大值和最小值)。由性质 6 得

$$m(b-a) \leqslant \int_a^b f(x)\mathrm{d}x \leqslant M(b-a)$$

两边同时除以 $b-a(b-a>0)$,得

$$m \leqslant \frac{1}{b-a}\int_a^b f(x)\mathrm{d}x \leqslant M$$

这说明 $\frac{1}{b-a}\int_a^b f(x)\mathrm{d}x$ 是函数 $f(x)$介于最小值 $m$ 和最大值 $M$ 之间的一个函数值。由闭区间上连续函数的介值定理知,至少存在一点 $\xi\in[a,b]$,使得

$$\frac{1}{b-a}\int_a^b f(x)\mathrm{d}x = f(\xi)$$

即
$$\int_a^b f(x)\mathrm{d}x = f(\xi)(b-a)$$

## 习题 5-1

### A 组

1. 用定积分表示下列各组曲线围成平面图形的面积。

(1) $y=\sin x, x=0, x=\pi, y=0$

(2) $y=\mathrm{e}^x, x=-\mathrm{e}, x=\mathrm{e}, y=0$

(3) $y=x^2+1, x=1, x=2, y=0$

(4) $y=x^2, y=x+2$

2. 利用定积分的几何意义说明下列等式。

(1) $\int_0^2 2x\,\mathrm{d}x=4$　　(2) $\int_0^1\sqrt{1-x^2}\,\mathrm{d}x=\frac{\pi}{4}$

(3) $\int_{-\pi}^{\pi}\sin x\,\mathrm{d}x=0$　　(4) $\int_{-\frac{\pi}{2}}^{\frac{\pi}{2}}\cos x\,\mathrm{d}x=2\int_0^{\frac{\pi}{2}}\cos x\,\mathrm{d}x$

3. 设一物体做直线运动,其初速度为 $v_0$,加速度为 $a$($v_0$,$a$ 均为常数),用定积分表示此物体在时间间隔$[0,2]$内所经过的路程。

4. 比较下列定积分的大小。

(1) $\int_0^{\frac{\pi}{4}}\cos x\,\mathrm{d}x$ 与 $\int_0^{\frac{\pi}{4}}\sin x\,\mathrm{d}x$　　(2) $\int_0^1 5^x\,\mathrm{d}x$ 与 $\int_0^1 10^x\,\mathrm{d}x$

(3) $\int_2^4 x\,\mathrm{d}x$ 与 $\int_2^4 x^2\,\mathrm{d}x$　　(4) $\int_0^1\mathrm{e}^x\,\mathrm{d}x$ 与 $\int_0^1\mathrm{e}^{x^2}\,\mathrm{d}x$

5. 估计下列定积分的取值范围。

(1) $\int_0^1(1+x^2)\mathrm{d}x$　　(2) $\int_1^{\mathrm{e}}\mathrm{e}^x\,\mathrm{d}x$　　(3) $\int_0^2\mathrm{e}^{x^2-x}\,\mathrm{d}x$

B 组

1. 利用定积分定义计算下列积分。

(1) $\int_0^1 x\,dx$  (2) $\int_0^1 e^x\,dx$

2. 有一质量不均匀分布的细杆，其长度为 $L$，取杆的一端为原点，细杆所在的直线为 $x$ 轴。假设细杆上任一点的线密度(单位长度的质量)为 $\rho=\rho(x)$，试用定积分表示此细杆的质量 $M$。

# 第二节 微积分基本公式

★ 基础模块

## 一、牛顿-莱布尼茨公式

利用定义计算定积分的值是十分复杂的，有时甚至无法计算。为此必须寻找到计算定积分的简便方法。

从第一节知道，以速度 $v(t)$ 作变速直线运动的物体，在时间间隔 $[\alpha,\beta]$ 上通过的路程为

$$s=\int_\alpha^\beta v(t)\,dt$$

如果变速直线运动物体的路程 $s=s(t)$，则其在时间间隔 $[\alpha,\beta]$ 上通过的路程为 $s(\beta)-s(\alpha)$，从而可得这两者应相等，即

$$\int_\alpha^\beta v(t)\,dt=s(\beta)-s(\alpha)$$

由于 $s(t)$ 是 $v(t)$ 的一个原函数，因此，上式表明函数 $v(t)$ 在 $[\alpha,\beta]$ 上的定积分等于 $v(t)$ 的原函数 $s(t)$ 在区间 $[\alpha,\beta]$ 上的增量。

我们知道，原函数和定积分是从不同的角度引出的两个不同的概念，上述问题虽然具有特殊性，但它确实反映了定积分与原函数间的内在联系，具有普遍意义。于是我们给出微积分基本公式：牛顿-莱布尼茨公式。

**定理 1** 设函数 $f(x)$ 在区间 $[a,b]$ 上连续，$F(x)$ 是 $f(x)$ 的一个原函数，则

$$\int_a^b f(x)\,dx=F(b)-F(a)$$

这个公式称为牛顿-莱布尼茨公式，也称为微积分基本公式。它将定积分计算问题转变成为求被积函数的一个原函数在 $[a,b]$ 上的增量 $F(b)-F(a)$ 的问题，从而大大地简化了定积分的计算。

为了方便起见，通常用符号 $F(x)\big|_a^b$ (或 $[F(x)]_a^b$) 表示增量 $F(b)-F(a)$，因此，牛顿-莱布尼茨公式又写作

$$\int_a^b f(x)\,dx=F(x)\big|_a^b=F(b)-F(a)$$

**例 1** 计算下列定积分。

(1) $\int_{1}^{2} x^{2} \mathrm{d}x$　　(2) $\int_{0}^{1} \mathrm{e}^{x} \mathrm{d}x$　　(3) $\int_{0}^{\frac{\pi}{2}} \cos x \mathrm{d}x$

**解** (1) 因为$\left(\frac{x^{3}}{3}\right)'=x^{2}$，即$\frac{x^{3}}{3}$是 $x^{2}$ 的一个原函数，所以

$$\int_{1}^{2} x^{2} \mathrm{d}x=\left.\frac{x^{3}}{3}\right|_{1}^{2}=\frac{8}{3}-\frac{1}{3}=\frac{7}{3}$$

(2) 因为$(\mathrm{e}^{x})'=\mathrm{e}^{x}$，所以

$$\int_{0}^{1} \mathrm{e}^{x} \mathrm{d}x=\mathrm{e}^{x}\big|_{0}^{1}=\mathrm{e}^{1}-\mathrm{e}^{0}=\mathrm{e}-1$$

(3) 因为$(\sin x)'=\cos x$，所以

$$\int_{0}^{\frac{\pi}{2}} \cos x \mathrm{d}x=\left.\sin x\right|_{0}^{\frac{\pi}{2}}=\sin \frac{\pi}{2}-\sin 0=1$$

可见，利用牛顿-莱布尼茨公式计算定积分的关键是求出被积函数的一个原函数，而求原函数可利用不定积分的计算方法。

**例 2** 求$\int_{0}^{1} \frac{x}{\sqrt{1+x^{2}}} \mathrm{d}x$。

**解** $\int_{0}^{1} \frac{x}{\sqrt{1+x^{2}}} \mathrm{d}x=\frac{1}{2} \int_{0}^{1}(1+x^{2})^{-\frac{1}{2}} \mathrm{d}(1+x^{2})=\left.\frac{1}{2} \times 2(1+x^{2})^{\frac{1}{2}}\right|_{0}^{1}=\sqrt{2}-1$

**例 3** 求$\int_{0}^{4}|3-x| \mathrm{d}x$。

**解** 由于

$$|3-x|=\begin{cases}3-x, & 0 \leqslant x \leqslant 3 \\ x-3, & 3 \leqslant x \leqslant 4\end{cases}$$

根据定积分的可加性得

$$\begin{aligned}\int_{0}^{4}|3-x| \mathrm{d}x &=\int_{0}^{3}(3-x) \mathrm{d}x+\int_{3}^{4}(x-3) \mathrm{d}x=\left.\left(3x-\frac{x^{2}}{2}\right)\right|_{0}^{3}+\left.\left(\frac{x^{2}}{2}-3x\right)\right|_{3}^{4} \\ &=\left(9-\frac{9}{2}\right)+(8-12)-\left(\frac{9}{2}-9\right)=5\end{aligned}$$

从例 3 看出，当被积函数含有绝对值或为分段函数时，应利用定积分的可加性分别计算各个区间上的定积分。

应当注意，用牛顿-莱布尼茨公式计算定积分时，一定要满足定理 1 的条件，否则就会出现错误的结果。例如：

$$\int_{-1}^{1} \frac{1}{x^{2}} \mathrm{d}x=-\left.\frac{1}{x}\right|_{-1}^{1}=-2$$

这一结果显然是错误的，因为在$[-1,1]$上$\frac{1}{x^{2}}>0$，因此该积分不可能为负值。产生错误的原因在于$\frac{1}{x^{2}}$在$[-1,1]$上是不连续的，不满足公式的条件，故不能使用牛顿-莱布尼茨公式。

★★ 扩展模块

## 二、变上限积分函数

设函数 $f(x)$ 在区间 $[a,b]$ 上连续，对于任意的 $x\in[a,b]$，$f(x)$ 在 $[a,x]$ 上也连续，因此，定积分 $\int_a^x f(t)\mathrm{d}t$ 存在。对于给定的 $x\in[a,b]$ 的每一个值，$\int_a^x f(t)\mathrm{d}t$ 都有唯一确定的值与之对应，因而 $\int_a^x f(t)\mathrm{d}t$ 是定义在 $[a,b]$ 上关于积分上限的一个函数，称为变上限积分函数，记作 $\varphi(x)=\int_a^x f(t)\mathrm{d}t\,(x\in[a,b])$。

如图 5-10 所示，当 $f(x)\geqslant 0$ 时，变上限积分函数 $\varphi(x)$ 在几何上表示曲边梯形面积 $\varphi(x)$ 随右侧邻边位置 $x$ 的变化而变化。

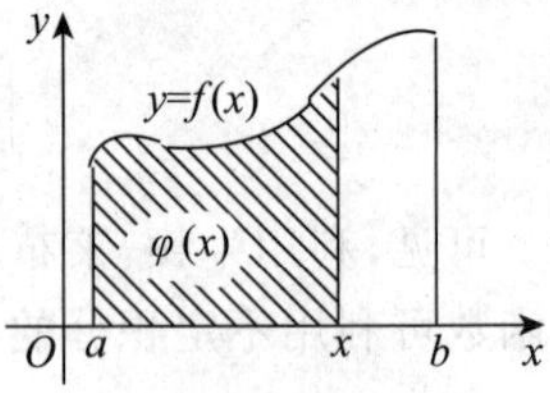

图 5-10

**定理 2**（原函数存在定理） 如果函数 $f(x)$ 在区间 $[a,b]$ 上连续，则变上限积分函数

$$\varphi(x)=\int_a^x f(t)\mathrm{d}t$$

在区间 $[a,b]$ 上可导，且 $\varphi'(x)=\left(\int_a^x f(t)\mathrm{d}t\right)'=f(x)$。

**证明**

$$\begin{aligned}\Delta\varphi&=\varphi(x+\Delta x)-\varphi(x)=\int_a^{x+\Delta x} f(t)\mathrm{d}t-\int_a^x f(t)\mathrm{d}t\\&=\int_a^x f(t)\mathrm{d}t+\int_x^{x+\Delta x} f(t)\mathrm{d}t-\int_a^x f(t)\mathrm{d}t\\&=\int_x^{x+\Delta x} f(t)\mathrm{d}t\end{aligned}$$

由积分中值定理知，至少存在一定点 $\xi\in[x,x+\Delta x]$，使得

$$\int_x^{x+\Delta x} f(t)\mathrm{d}t=f(\xi)\Delta x$$

即

$$\Delta\varphi=f(\xi)\Delta x$$

已知 $f(x)$ 是连续函数，当 $\Delta x\to 0$ 时，$\xi\to x$，所以 $f(\xi)\to f(x)$，从而有

$$\varphi'(x)=\lim_{\Delta x\to 0}\frac{\Delta\varphi}{\Delta x}=\lim_{\xi\to x}f(\xi)=f(x)$$

定理 2 说明：变上限积分函数 $\int_a^x f(t)\mathrm{d}t$ 对积分上限 $x$ 的导数等于被积函数在积分上限 $x$ 处的值 $f(x)$，也即变上限积分函数 $\varphi(x)=\int_a^x f(t)\mathrm{d}t$ 是函数 $f(x)$ 在区间 $[a,b]$ 上的一个原函数。

**例 4** 已知 $F(x)=\int_a^x \sin t\,\mathrm{d}t$，求 $F'(x)$。

**解** 由定理 2 得

$$F'(x)=\left(\int_a^x \sin t\,\mathrm{d}t\right)'=\sin x$$

**例 5** 求 $\dfrac{d}{dx}\int_x^5 (t^2+e^{-t})dt$。

**解** $\dfrac{d}{dx}\int_x^5 (t^2+e^{-t})dt=\left(\int_x^5 (t^2+e^{-t})dt\right)'=\left(-\int_5^x (t^2+e^{-t})dt\right)'=-(x^2+e^{-x})$

**例 6** 求 $\lim\limits_{x\to 0}\dfrac{\int_0^x (t-\sin t)dt}{x^2}$。

**解** 由于该极限属于"$\dfrac{0}{0}$"型的不定式，应用罗彼塔法则得

$$\lim_{x\to 0}\frac{\int_0^x (t-\sin t)dt}{x^2}=\lim_{x\to 0}\frac{\left(\int_0^x (t-\sin t)dt\right)'}{(x^2)'}=\lim_{x\to 0}\frac{x-\sin x}{2x}$$

$$=\frac{1}{2}\lim_{x\to 0}\left(1-\frac{\sin x}{x}\right)=\frac{1}{2}\left(1-\lim_{x\to 0}\frac{\sin x}{x}\right)=0$$

一般地，对于上限为 $g(x)$ 的变上限积分函数 $\int_a^{g(x)} f(t)dt$，若 $g(x)$ 可导，则

$$\left[\int_a^{g(x)} f(t)dt\right]'=f[g(x)]\cdot g'(x)$$

**例 7** 证明定理 1 牛顿-莱布尼茨公式。

**证明** 已知 $F(x)$ 是 $f(x)$ 的一个原函数，而 $\int_a^x f(t)dt$ 也是 $f(x)$ 的一个原函数，所以

$$\int_a^x f(t)dt-F(x)=C$$

令 $x=a$，得 $C=-F(a)$。

令 $x=b$，得 $\int_a^b f(t)dt=F(b)+C$，并将 $C=-F(a)$ 代入，可得

$$\int_a^b f(x)dx=F(b)-F(a)$$

## 习题 5-2

### A 组

1. 计算下列定积分。

(1) $\int_0^a (2x^2+x-5)dx$　　(2) $\int_1^4 \sqrt{x}(1-\sqrt{x})dx$

(3) $\int_1^2 \left(x+\dfrac{1}{x}\right)^2 dx$　　(4) $\int_0^\pi (\cos x+\sin x)dx$

(5) $\int_0^{\frac{\pi}{4}} \tan^2\theta d\theta$　　(6) $\int_0^{2\pi} |\sin x| dx$

(7) $\int_{e-1}^2 \dfrac{dx}{1+x}$　　(8) $\int_0^2 f(x)dx$，其中 $f(x)=\begin{cases} x+2, & x\leqslant 1 \\ \dfrac{1}{2}x, & x>1 \end{cases}$

2. 求由 $y=x^2$ 与 $y=x+2$ 所围成图形的面积。

B 组

1. 求函数 $y=\int_0^t \sin x\,\mathrm{d}x$ 当 $t=0$ 及 $t=\frac{\pi}{4}$ 时的导数。

2. 计算下列导数。

(1) $y=\int_0^{x^2} \sqrt{1+t^2}\,\mathrm{d}t$　　(2) $y=\int_x^{x^3} \frac{\mathrm{d}t}{\sqrt{1+t^4}}$

3. 求下列极限。

(1) $\lim\limits_{x\to 0}\frac{\int_0^x \cos t\,\mathrm{d}t}{x}$　　(2) $\lim\limits_{x\to 0}\frac{\int_0^x t\mathrm{e}^t\,\mathrm{d}t}{\int_0^x \mathrm{e}^t\,\mathrm{d}t}$

# 第三节　定积分的换元积分法和分部积分法

由牛顿-莱布尼茨公式可知:计算定积分就是求被积函数的一个原函数在积分区间上的增量。在前一章我们用换元积分法和分部积分法求函数的原函数,类似地可以推导出定积分的换元积分法和分部积分法。

★ 基础模块

## 一、换元积分法

**定理 1**　若函数 $f(x)$在区间$[a,b]$上连续,如果

(1) $x=\varphi(t)$在区间$[\alpha,\beta]$上有连续的导数 $\varphi'(t)$;

(2) 当 $t$ 从 $\alpha$ 变到 $\beta$ 时,$\varphi(t)$从 $\varphi(\alpha)=a$ 单调地变到 $\varphi(\beta)=b$,则

$$\int_a^b f(x)\mathrm{d}x=\int_\alpha^\beta f[\varphi(t)]\varphi'(t)\mathrm{d}t$$

这个公式称为定积分的换元积分公式。

**证明**　设 $F(x)$是 $f(x)$的一个原函数,则

$$\int_a^b f(x)\mathrm{d}x=F(b)-F(a)$$

又由于$[F(\varphi(t))]'=F'(x)\cdot\varphi'(t)=f(x)\cdot\varphi'(t)=f[\varphi(t)]\cdot\varphi'(t)$,可见 $F[\varphi(t)]$是 $f[\varphi(t)]\cdot\varphi'(t)$的一个原函数,因此

$$\int_\alpha^\beta f[\varphi(t)]\varphi'(t)\mathrm{d}t=F[\varphi(t)]\Big|_\alpha^\beta=F[\varphi(\beta)]-F[\varphi(\alpha)]=F(b)-F(a)$$

所以

$$\int_a^b f(x)\mathrm{d}x=\int_\alpha^\beta f[\varphi(t)]\varphi'(t)\mathrm{d}t$$

**例 1**　求$\int_4^9 \frac{1}{\sqrt{x}-1}\mathrm{d}x$。

**解** 设$\sqrt{x}=t$，则 $x=t^2$，$dx=2t\,dt$。当 $x=4$ 时，$t=2$；当 $x=9$ 时，$t=3$。于是

$$\int_4^9 \frac{1}{\sqrt{x}-1}dx=\int_2^3 \frac{1}{t-1}\cdot 2t\,dt=\int_2^3\left(2+\frac{2}{t-1}\right)dt=\left[2t+2\ln(t-1)\right]\Big|_2^3$$
$$=(6+2\ln 2)-(4+2\ln 1)=2+2\ln 2$$

**注意**：运用换元积分公式求定积分时，作变量代换 $x=\varphi(t)$的同时，积分上下限应同时换成新变量 $t$ 的积分上下限。

**例 2** 求$\int_0^{\frac{\pi}{2}}\sin x\cos x\,dx$。

**解** 方法一：

$$\int_0^{\frac{\pi}{2}}\sin x\cos x\,dx=\int_0^{\frac{\pi}{2}}\sin x\,d(\sin x)=\frac{1}{2}\sin^2 x\Big|_0^{\frac{\pi}{2}}=\frac{1}{2}$$

方法二：设 $t=\sin x$，则 $dt=\cos x\,dx$。当 $x=0$ 时，$t=0$；当 $x=\frac{\pi}{2}$时，$t=1$。于是

$$\int_0^{\frac{\pi}{2}}\sin x\cos x\,dx=\int_0^1 t\,dt=\frac{1}{2}t^2\Big|_0^1=\frac{1}{2}$$

方法一采用了“凑微分”的方法，没有引入新的变量，因而积分限不需改变；方法二引入了新的变量，所以积分限必须换成新积分变量对应的积分限。

**例 3** 已知函数 $f(x)$在对称区间$[-a,a]$$(a>0)$上连续，试证明

$$\int_{-a}^a f(x)dx=\begin{cases}2\int_0^a f(x)dx, & (f(x)\text{ 为偶函数})\\ 0, & (f(x)\text{ 为奇函数})\end{cases}$$

**证明**
$$\int_{-a}^a f(x)dx=\int_{-a}^0 f(x)dx+\int_0^a f(x)dx$$

对积分$\int_{-a}^0 f(x)dx$ 换元，令 $x=-t$，则 $dx=-dt$。

当 $x=-a$ 时，$t=a$；当 $x=0$ 时，$t=0$。则得

$$\int_{-a}^0 f(x)dx=-\int_a^0 f(-t)dt=\int_0^a f(-t)dt=\int_0^a f(-x)dx$$

当 $f(x)$为偶函数时，即 $f(-x)=f(x)$，于是

$$\int_{-a}^a f(x)dx=\int_0^a f(x)dx+\int_0^a f(x)dx=2\int_0^a f(x)dx$$

当 $f(x)$为奇函数时，即 $f(-x)=-f(x)$，于是

$$\int_{-a}^a f(x)dx=-\int_0^a f(x)dx+\int_0^a f(x)dx=0$$

**例 4** 计算下列定积分。

(1) $\int_{-2}^2(x^2-4)dx$　　　　(2) $\int_{-\frac{\pi}{2}}^{\frac{\pi}{2}}x^3\cos x\,dx$

**解** (1) 因为 $y=x^2-4$ 是偶函数，所以

$$\int_{-2}^2(x^2-4)dx=2\int_0^2(x^2-4)dx=2\left(\frac{x^3}{3}-4x\right)\Big|_0^2=-\frac{32}{3}$$

(2) 因为 $y=x^3\cos x$ 是奇函数,所以 $\int_{-\frac{\pi}{2}}^{\frac{\pi}{2}} x^3\cos x\,\mathrm{d}x=0$。

## 二、分部积分法

**定理 2** 若函数 $u=u(x)$ 和 $v=v(x)$ 在区间 $[a,b]$ 上有连续的导数,则

$$\int_a^b u\,\mathrm{d}v=(uv)\Big|_a^b-\int_a^b v\,\mathrm{d}u$$

这个公式称为定积分的分部积分公式。

证明方法与不定积分的分部积分公式证明相似,请同学们自行证明。

**例 5** 求 $\int_0^1 x\mathrm{e}^x\,\mathrm{d}x$。

**解** $$\int_0^1 x\mathrm{e}^x\,\mathrm{d}x=\int_0^1 x\,\mathrm{d}(\mathrm{e}^x)=x\mathrm{e}^x\Big|_0^1-\int_0^1 \mathrm{e}^x\,\mathrm{d}x=\mathrm{e}-\mathrm{e}^x\Big|_0^1=1$$

**例 6** 求 $\int_0^1 \mathrm{e}^{\sqrt{x}}\,\mathrm{d}x$。

**解** 令 $\sqrt{x}=t$,则 $x=t^2$,$\mathrm{d}x=2t\,\mathrm{d}t$。

当 $x=0$ 时,$t=0$;当 $x=1$ 时,$t=1$。于是

$$\int_0^1 \mathrm{e}^{\sqrt{x}}\,\mathrm{d}x=2\int_0^1 t\mathrm{e}^t\,\mathrm{d}t=2\int_0^1 t\,\mathrm{d}(\mathrm{e}^t)=2t\mathrm{e}^t\Big|_0^1-2\int_0^1 \mathrm{e}^t\,\mathrm{d}t=2\mathrm{e}-2\mathrm{e}^t\Big|_0^1=2$$

| ★★ | 扩展模块 |
|---|---|

**例 7** 求 $\int_0^a \sqrt{a^2-x^2}\,\mathrm{d}x\ (a>0)$。

**解** 设 $x=a\sin t$,则 $\mathrm{d}x=a\cos t\,\mathrm{d}t$。

当 $x=0$ 时,$t=0$;当 $x=a$ 时,$t=\frac{\pi}{2}$。于是

$$\begin{aligned}\int_0^a \sqrt{a^2-x^2}\,\mathrm{d}x&=\int_0^{\frac{\pi}{2}} a\cos t\cdot(a\cos t)\,\mathrm{d}t=a^2\int_0^{\frac{\pi}{2}}\cos^2 t\,\mathrm{d}t\\&=\frac{a^2}{2}\int_0^{\frac{\pi}{2}}(1+\cos 2t)\,\mathrm{d}t=\frac{a^2}{2}\left(t+\frac{1}{2}\sin 2t\right)\Big|_0^{\frac{\pi}{2}}\\&=\frac{a^2}{2}\left(\frac{\pi}{2}+0\right)=\frac{\pi a^2}{4}\end{aligned}$$

该定积分的几何意义是半径为 $a$,以原点为圆心的圆在第一象限内的面积,即该圆面积的 1/4。

**例 8** 求 $\int_0^{\frac{1}{2}} x\arcsin x\,\mathrm{d}x$。

**解** $$\begin{aligned}\int_0^{\frac{1}{2}} x\arcsin x\,\mathrm{d}x&=\frac{1}{2}\int_0^{\frac{1}{2}}\arcsin x\,\mathrm{d}(x^2)=\frac{1}{2}x^2\arcsin x\Big|_0^{\frac{1}{2}}-\frac{1}{2}\int_0^{\frac{1}{2}}\frac{x^2}{\sqrt{1-x^2}}\mathrm{d}x\\&=\frac{\pi}{48}-\frac{1}{2}\int_0^{\frac{1}{2}}\frac{x^2}{\sqrt{1-x^2}}\mathrm{d}x\end{aligned}$$

对积分 $\int_0^{\frac{1}{2}} \frac{x^2}{\sqrt{1-x^2}}\mathrm{d}x$ 使用换元积分法。

令 $x=\sin t$，则 $\mathrm{d}x=\cos t\,\mathrm{d}t$。当 $x=0$ 时，$t=0$；当 $x=\frac{1}{2}$ 时，$t=\frac{\pi}{6}$。于是

$$\int_0^{\frac{1}{2}} \frac{x^2}{\sqrt{1-x^2}}\mathrm{d}x=\int_0^{\frac{\pi}{6}} \frac{\sin^2 t}{\sqrt{1-\sin^2 t}}\cos t\,\mathrm{d}t=\int_0^{\frac{\pi}{6}}\sin^2 t\,\mathrm{d}t$$

$$=\int_0^{\frac{\pi}{6}} \frac{1-\cos 2t}{2}\mathrm{d}t=\frac{1}{2}\left(t-\frac{1}{2}\sin 2t\right)\Big|_0^{\frac{\pi}{6}}=\frac{\pi}{12}-\frac{\sqrt{3}}{8}$$

所以

$$\int_0^1 x\arcsin x\,\mathrm{d}x=\frac{\pi}{48}-\frac{1}{2}\cdot\left(\frac{\pi}{12}-\frac{\sqrt{3}}{8}\right)=-\frac{\pi}{48}+\frac{\sqrt{3}}{16}$$

由以上例题可以看出，求某些定积分时，需要综合利用分部积分法和换元积分法。

## 习题 5-3

### A 组

1. 计算下列定积分。

(1) $\int_{\frac{\pi}{6}}^{\pi}\sin\left(x+\frac{\pi}{6}\right)\mathrm{d}x$　　(2) $\int_{-2}^{1}\frac{\mathrm{d}x}{(3+x)^2}$

(3) $\int_1^9\frac{\mathrm{d}x}{\sqrt{x}+1}$　　(4) $\int_1^{\mathrm{e}}\frac{\ln x}{x}\mathrm{d}x$

(5) $\int_0^3\frac{x}{\sqrt{1+x}}\mathrm{d}x$　　(6) $\int_0^1\frac{\mathrm{e}^x}{1+\mathrm{e}^x}\mathrm{d}x$

(7) $\int_{-\frac{\pi}{2}}^{\frac{\pi}{2}}2\cos^2\alpha\,\mathrm{d}\alpha$　　(8) $\int_{-\pi}^{\pi}x^2\sin x\,\mathrm{d}x$

2. 计算下列定积分。

(1) $\int_0^1 y\mathrm{e}^{-y}\mathrm{d}y$　　(2) $\int_1^{\mathrm{e}}t\ln t\,\mathrm{d}t$

(3) $\int_0^{\pi}x\sin x\,\mathrm{d}x$　　(4) $\int_0^{\frac{\pi}{2}}x\cos x\,\mathrm{d}x$

(5) $\int_1^2(t^2+1)\ln t\,\mathrm{d}t$　　(6) $\int_{\frac{1}{\mathrm{e}}}^{\mathrm{e}}|\ln x|\,\mathrm{d}x$

### B 组

1. 计算下列定积分。

(1) $\int_0^{\pi}\sqrt{\cos 2t+1}\,\mathrm{d}t$　　(2) $\int_{-1}^{0}\frac{1}{2+2x+x^2}\mathrm{d}x$

(3) $\int_{-2}^{2}x^2\sqrt{4-x^2}\,\mathrm{d}x$　　(4) $\int_1^{\sqrt{3}}\frac{\mathrm{d}y}{y^2\sqrt{y^2+1}}$

(5) $\int_0^{\sqrt{3}} \arctan x \, dx$　　　　(6) $\int_0^1 x \arccos x \, dx$

2. 证明：$\int_t^1 \frac{dx}{1+x^2} = \int_1^{\frac{1}{t}} \frac{dx}{1+x^2} \quad (t>0)$。

## 第四节 广义积分

在解决实际问题时，常常会遇到积分区间为无穷区间，或者被积函数为无界函数的情形，它们已经不属于前面的定积分。因此，有必要对定积分的概念加以推广。

★ 基础模块

### 一、无穷区间上的广义积分

**定义 1** (1) 设函数 $f(x)$在区间$[a,+\infty)$上连续，取 $u>a$，如果极限 $\lim\limits_{u\to+\infty}\int_a^u f(x)dx$ 存在，则称该极限值为 $f(x)$在无穷区间$[a,+\infty)$上的广义积分，记作$\int_a^{+\infty} f(x)dx$，即

$$\int_a^{+\infty} f(x)dx = \lim_{u\to+\infty}\int_a^u f(x)dx$$

此时也称广义积分$\int_a^{+\infty} f(x)dx$ 收敛。若 $\lim\limits_{u\to+\infty}\int_a^u f(x)dx$ 不存在，则称广义积分 $\int_a^{+\infty} f(x)dx$ 发散。

(2) 函数 $f(x)$在区间$(-\infty,b]$上的广义积分定义为

$$\int_{-\infty}^b f(x)dx = \lim_{u\to-\infty}\int_u^b f(x)dx$$

如果极限 $\lim\limits_{u\to-\infty}\int_u^b f(x)dx$ 存在，则称广义积分$\int_{-\infty}^b f(x)dx$ 收敛；若$\lim\limits_{u\to-\infty}\int_u^b f(x)dx$ 不存在，则称广义积分$\int_{-\infty}^b f(x)dx$ 发散。

(3) 设函数 $f(x)$ 在区间$(-\infty,+\infty)$上连续，$c$ 是任意实数，如果广义积分$\int_{-\infty}^c f(x)dx$ 与$\int_c^{+\infty} f(x)dx$ 都收敛，则称广义积分$\int_{-\infty}^{+\infty} f(x)dx$ 收敛，且

$$\int_{-\infty}^{+\infty} f(x)dx = \int_{-\infty}^c f(x)dx + \int_c^{+\infty} f(x)dx$$

即

$$\int_{-\infty}^{+\infty} f(x)dx = \lim_{u_1\to-\infty}\int_{u_1}^c f(x)dx + \lim_{u_2\to+\infty}\int_c^{u_2} f(x)dx$$

若$\int_{-\infty}^c f(x)dx$ 与$\int_c^{+\infty} f(x)dx$ 中有一个发散，则广义积分$\int_{-\infty}^{+\infty} f(x)dx$ 发散。

上述广义积分统称为无穷区间上的广义积分。

**例 1** 求$\int_1^{+\infty} \frac{1}{x^3}dx$。

**解** $\int_{1}^{+\infty}\frac{dx}{x^3}=\lim\limits_{u\to+\infty}\int_{1}^{u}\frac{1}{x^3}dx=\lim\limits_{u\to+\infty}-\frac{1}{2x^2}\Big|_1^u=\lim\limits_{u\to+\infty}\left(-\frac{1}{2u^2}+\frac{1}{2}\right)=\frac{1}{2}$

**例 2** 求 $\int_{-\infty}^{0}xe^x dx$。

**解** $\int_{-\infty}^{0}xe^x dx=\lim\limits_{u\to-\infty}\int_{u}^{0}xe^x dx=\lim\limits_{u\to-\infty}\int_{u}^{0}x de^x=\lim\limits_{u\to-\infty}(xe^x-e^x)\Big|_u^0$

$$=\lim_{u\to-\infty}(e^u-ue^u-1)=-1$$

其中 $\lim\limits_{u\to-\infty}ue^u=\lim\limits_{u\to-\infty}\frac{u}{e^{-u}}=\lim\limits_{u\to-\infty}\frac{(u)'}{(e^{-u})'}=\lim\limits_{u\to-\infty}\frac{1}{-e^{-u}}=0$。

**例 3** 讨论 $\int_{2}^{+\infty}\frac{dx}{x\ln x}$ 的敛散性。

**解** 因为

$$\int_{2}^{+\infty}\frac{dx}{x\ln x}=\lim_{u\to+\infty}\int_{2}^{u}\frac{d\ln x}{\ln x}=\lim_{u\to+\infty}(\ln|\ln x|)\Big|_2^u=\lim_{u\to+\infty}[\ln(\ln u)-\ln(\ln 2)]=+\infty$$

所以,广义积分 $\int_{2}^{+\infty}\frac{dx}{x\ln x}$ 是发散的。

**例 4** 求由曲线 $y=e^{-x}$,$y$ 轴及 $x$ 轴所围成的开口曲边梯形的面积。

**解** 如果按定积分的几何意义,所求的开口曲边梯形的面积 $S$ 应是无穷区间上的积分 $\int_{0}^{+\infty}e^{-x}dx$,如图 5-11 所示。于是所求开口曲边梯形的面积

$$S=\int_{0}^{+\infty}e^{-x}dx=\lim_{u\to+\infty}\int_{0}^{u}e^{-x}dx=\lim_{u\to+\infty}-\int_{0}^{u}e^{-x}d(-x)$$

$$=\lim_{u\to+\infty}-e^{-x}\Big|_0^u=\lim_{u\to+\infty}\left(1-\frac{1}{e^u}\right)=1$$

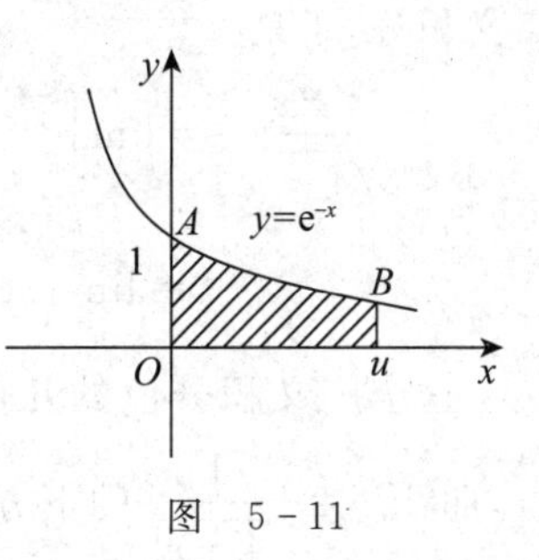


图 5-11

**★★ 扩展模块**

## 二、无界函数的广义积分

**定义 2** (1) 设函数 $f(x)$ 在区间 $(a,b]$ 上连续,且 $\lim\limits_{x\to a^+}f(x)=\infty$,若极限 $\lim\limits_{\varepsilon\to0^+}\int_{a+\varepsilon}^{b}f(x)dx$ 存在,则称此极限值为函数 $f(x)$ 在区间 $(a,b]$ 的广义积分,记作 $\int_{a}^{b}f(x)dx$,即

$$\int_{a}^{b}f(x)dx=\lim_{\varepsilon\to0^+}\int_{a+\varepsilon}^{b}f(x)dx$$

并称广义积分 $\int_{a}^{b}f(x)dx$ 收敛。若极限 $\lim\limits_{\varepsilon\to0^+}\int_{a+\varepsilon}^{b}f(x)dx$ 不存在,则称广义积分 $\int_{a}^{b}f(x)dx$ 发散。

(2) 设函数 $f(x)$ 在区间 $[a,b)$ 上连续,且 $\lim\limits_{x\to b^-}f(x)=\infty$,若极限 $\lim\limits_{\varepsilon\to0^+}\int_{a}^{b-\varepsilon}f(x)dx$ 存在,则称此极限值为函数 $f(x)$ 在区间 $[a,b)$ 的广义积分,记作 $\int_{a}^{b}f(x)dx$,即

$$\int_a^b f(x)\mathrm{d}x = \lim_{\varepsilon\to 0^+}\int_a^{b-\varepsilon} f(x)\mathrm{d}x$$

并称广义积分 $\int_a^b f(x)\mathrm{d}x$ 收敛。若极限 $\lim\limits_{\varepsilon\to 0^+}\int_a^{b-\varepsilon} f(x)\mathrm{d}x$ 不存在，则称广义积分 $\int_a^b f(x)\mathrm{d}x$ 发散。

(3) 设函数 $f(x)$ 在区间 $[a,b]$ 上除点 $c(a<c<b)$ 外连续，且 $\lim\limits_{x\to c} f(x)=\infty$，如果广义积分 $\int_a^c f(x)\mathrm{d}x$ 与 $\int_c^b f(x)\mathrm{d}x$ 都收敛，则称广义积分 $\int_a^b f(x)\mathrm{d}x$ 收敛，而且

$$\int_a^b f(x)\mathrm{d}x = \int_a^c f(x)\mathrm{d}x + \int_c^b f(x)\mathrm{d}x = \lim_{\varepsilon\to 0^+}\int_a^{c-\varepsilon} f(x)\mathrm{d}x + \lim_{\varepsilon\to 0^+}\int_{c+\varepsilon}^b f(x)\mathrm{d}x$$

如果广义积分 $\int_a^c f(x)\mathrm{d}x$ 与 $\int_c^b f(x)\mathrm{d}x$ 中有一个发散，则称广义积分 $\int_a^b f(x)\mathrm{d}x$ 发散。

**例 5** 求 $\int_0^2 \frac{\mathrm{d}x}{\sqrt{4-x^2}}$。

**解** 因为 $\lim\limits_{x\to 2^-}\frac{1}{\sqrt{4-x^2}}=+\infty$，所以 $\int_0^2\frac{\mathrm{d}x}{\sqrt{4-x^2}}$ 是一个无界广义积分，于是

$$\int_0^2\frac{\mathrm{d}x}{\sqrt{4-x^2}} = \lim_{\varepsilon\to 0^+}\int_0^{2-\varepsilon}\frac{\mathrm{d}x}{\sqrt{4-x^2}} = \lim_{\varepsilon\to 0^+}\left(\arcsin\frac{x}{2}\right)\Big|_0^{2-\varepsilon}$$

$$=\lim_{\varepsilon\to 0^+}\left(\arcsin\frac{2-\varepsilon}{2}-0\right)=\arcsin 1=\frac{\pi}{2}$$

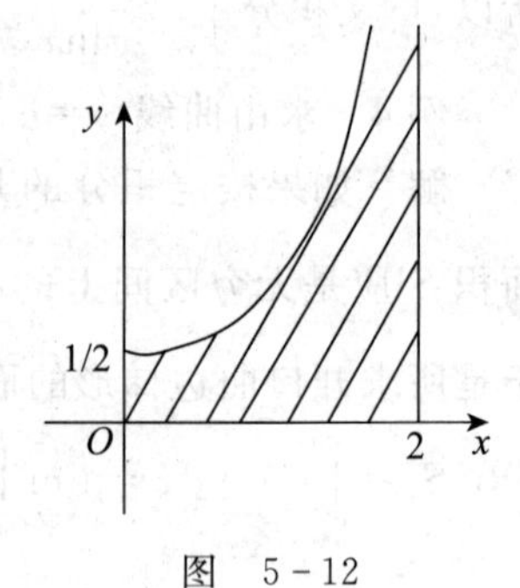

图 5-12

这个广义积分值的几何意义是：表示位于直线 $y=0$ 的上方，曲线 $y=\frac{1}{\sqrt{4-x^2}}$ 的下方，在直线 $x=0$ 与 $x=2$ 之间图形的面积，如图 5-12 所示。

**例 6** 证明广义积分 $\int_0^1\frac{\mathrm{d}x}{x^k}$，当 $k<1$ 时收敛；当 $k\geqslant 1$ 时发散。

**证明** 当 $k=1$ 时，

$$\int_0^1\frac{\mathrm{d}x}{x^k} = \lim_{\varepsilon\to 0^+}\int_{0+\varepsilon}^1\frac{\mathrm{d}x}{x} = \lim_{\varepsilon\to 0^+}[\ln x]\Big|_\varepsilon^1 = \lim_{\varepsilon\to 0^+}(0-\ln\varepsilon)=\infty$$

当 $k\neq 1$ 时，

$$\int_0^1\frac{\mathrm{d}x}{x^k} = \lim_{\varepsilon\to 0^+}\int_{0+\varepsilon}^1\frac{\mathrm{d}x}{x^k} = \lim_{\varepsilon\to 0^+}\left(\frac{x^{-k+1}}{-k+1}\right)\Big|_\varepsilon^1$$

$$=\lim_{\varepsilon\to 0^+}\left(\frac{1}{-k+1}-\frac{\varepsilon^{-k+1}}{-k+1}\right)=\begin{cases}\frac{1}{1-k}, & k<1\\ +\infty, & k>1\end{cases}$$

综上所述，当 $k<1$ 时，广义积分收敛，其值为 $\frac{1}{1-k}$；当 $k\geqslant 1$ 时，广义积分发散。

## 习题 5-4

A 组

1. 判断下列各广义积分的敛散性。

(1) $\int_1^{+\infty}\frac{dx}{x^2}$　　(2) $\int_1^{+\infty}\frac{1}{\sqrt{x}}dx$

(3) $\int_0^{+\infty}e^{-2t}dt$　　(4) $\int_{-\infty}^{+\infty}xe^{-x^2}dx$

(5) $\int_0^{+\infty}\sin x\,dx$　　(6) $\int_e^{+\infty}\frac{1}{x\ln x}dx$

2. 当 $k$ 为何值时，广义积分 $\int_2^{+\infty}\frac{dx}{x(\ln x)^k}$ 收敛？当 $k$ 为何值时，广义积分发散？

B 组

1. 判断下列各广义积分的敛散性。

(1) $\int_{-\infty}^{+\infty}\frac{dx}{x^2+2x+2}$　　(2) $\int_0^{+\infty}te^{-\alpha t}dt$（$\alpha$ 是常数，且 $\alpha>0$）

2. 判断下列各广义积分的敛散性。

(1) $\int_0^1\frac{x}{\sqrt{1-x^2}}dx$　　(2) $\int_1^2\frac{y\,dy}{\sqrt{y-1}}$

(3) $\int_0^1\ln x\,dx$　　(4) $\int_{-1}^1\frac{dx}{x^2}$

# 第五节　定积分在几何中的应用

本节将运用定积分理论与方法来分析、解决一些几何中的问题。

★ 基础模块

### 一、定积分的微元法

首先回顾一下前面求曲边梯形面积 S 的方法与步骤。

(1) 分割。将区间[a,b]分成 n 个小区间，相应地得到 n 个小曲边梯形，设第 i 个小曲边梯形的面积为 $\Delta S_i$。

(2) 取近似。计算 $\Delta S_i$ 的近似值

$$\Delta S_i\approx f(\xi_i)\Delta x_i\quad(x_{i-1}\leqslant\xi_i\leqslant x_i)$$

(3) 求和。将 n 个小曲边梯形的面积的近似值相加，即得 S 的近似值

$$S=\sum_{i=1}^{n}\Delta S_i\approx\sum_{i=1}^{n}f(\xi_i)\Delta x_i\quad(x_{i-1}\leqslant\xi_i\leqslant x_i)$$

(4) 取极限。曲边梯形的面积为

$$S=\sum_{i=1}^{n}\Delta S_i=\lim_{\Delta x\to 0}\sum_{i=1}^{n}f(\xi_i)\Delta x_i=\int_a^b f(x)\mathrm{d}x$$

在以上的步骤中,关键是“取近似”,即写出 $\Delta S_i$ 的近似值 $f(\xi_i)\Delta x_i$。该值一旦确定,被积表达式也就确定了。实际上,只要把 $\xi_i$ 换成 $x$,把 $\Delta x_i$ 换成 $\mathrm{d}x$,就是定积分的被积表达式 $f(x)\mathrm{d}x$。

一般情况下,用定积分求解问题的方法和步骤可简化如下。

(1) 根据实际问题确定积分变量 $x$ 及积分区间$[a,b]$。

(2) 在$[a,b]$内任取小区间$[x,x+\mathrm{d}x]$,求其对应的部分量 $\Delta Q$ 的近似值 $\mathrm{d}Q$。

在实际问题中,寻找 $\Delta Q$ 的近似值 $\mathrm{d}Q$,常常采用“以直代曲”“以恒代变”等方法,将 $\mathrm{d}Q$ 表达为某个连续函数 $f(x)$与 $\mathrm{d}x$ 的乘积形式,即

$$\Delta Q\approx \mathrm{d}Q=f(x)\mathrm{d}x$$

(3) 将 $\mathrm{d}Q$ 从 $a$ 到 $b$ 积分,即得所求整体量 $Q$。

$$Q=\int_a^b \mathrm{d}Q=\int_a^b f(x)\mathrm{d}x$$

其中,部分量 $\Delta Q$ 的近似值 $f(x)\mathrm{d}x$ 称为积分微元(或积分元素)。这种求解问题的方法称为定积分的微元法(或元素法)。

## 二、平面图形的面积计算

### 1. 直角坐标系下面积的计算

由本章第一节的讨论知,由连续曲线 $y=f(x)(f(x)\geqslant 0)$,以及直线 $x=a$,$x=b(a<b)$和 $x$ 轴所围成的曲边梯形的面积为 $S=\int_a^b f(x)\mathrm{d}x$。如果 $y=f(x)$在区间$[a,b]$上有时取正值有时取负值,则所围成图形的面积为 $S=\int_a^b |f(x)|\mathrm{d}x$。

一般地,由上、下两条连续曲线 $y=f(x)$与 $y=g(x)$,以及直线 $x=a$,$x=b(a<b)$所围成的平面图形,如图 5-13 所示,它的面积计算公式为

$$S=\int_a^b[f(x)-g(x)]\mathrm{d}x$$

**例 1** 曲线 $y=x^2$ 和直线 $y=0$,$x=1$,$x=2$ 所围成的平面图形的面积。

**解** 由公式 $S=\int_a^b f(x)\mathrm{d}x$ 可得,所求图形的面积为

$$S=\int_1^2 x^2\mathrm{d}x=\left(\frac{1}{3}x^3\right)\Big|_1^2=\frac{1}{3}\times(8-1)=\frac{7}{3}$$

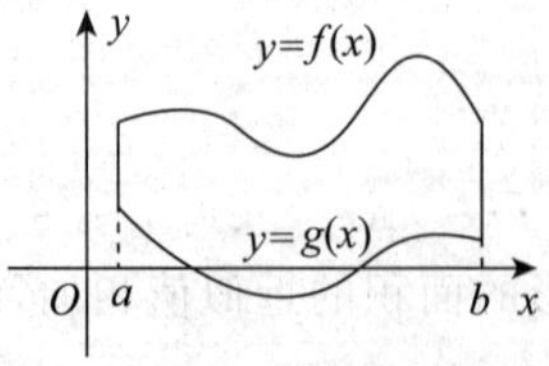

图 5-13

**例 2** 计算由曲线 $y=x^2$ 和 $y^2=x$ 所围成的平面图形的面积。

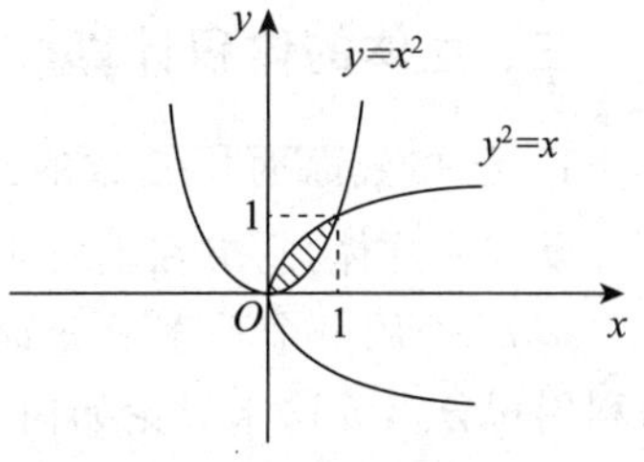

**解** 这两条抛物线所围成的图形如图 5-14 所示。为了确定图形所在范围,先求出这两条抛物线的交点。

图 5-14

解方程组

$$\begin{cases}y=x^2\\y^2=x\end{cases} 得 \begin{cases}x=0\\y=0\end{cases}, \begin{cases}x=1\\y=1\end{cases}$$

即两抛物线的交点为(0,0)和(1,1)。可知,这一图形在直线 $x=0$ 与 $x=1$ 之间。

因此,所求的平面图形面积为

$$S=\int_0^1(\sqrt{x}-x^2)\mathrm{d}x=\left(\frac{2}{3}x^{\frac{3}{2}}-\frac{1}{3}x^3\right)\Bigg|_0^1=\frac{1}{3}$$

2. 极坐标系下面积的计算

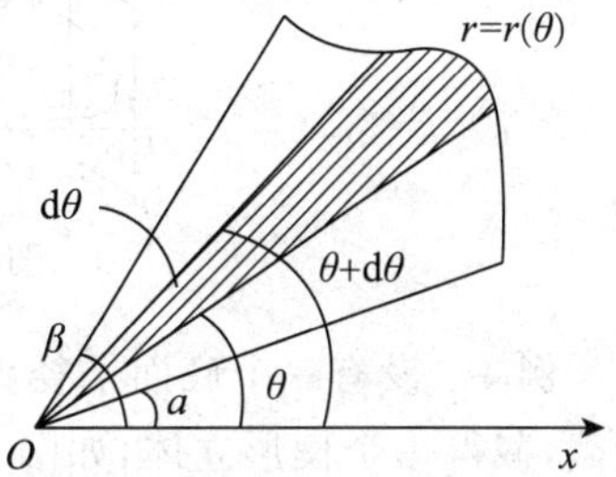

某些平面图形,用极坐标计算它们的面积比较方便。下面用微元法推导在极坐标下"曲边扇形"的面积公式。

"曲边扇形"是指由曲线 $r=r(\theta)$ 及两条射线 $\theta=\alpha$、$\theta=\beta$ 所围成的图形,如图 5-15 所示。

图 5-15

以极角 $\theta$ 为积分变量,其变化范围为$[\alpha,\beta]$,在$[\alpha,\beta]$上任取一小区间$[\theta,\theta+\mathrm{d}\theta]$,与它相应的小曲边扇形的面积近似等于以 $\mathrm{d}\theta$ 为圆心角、$r=r(\theta)$为半径的扇形面积,从而得到面积微元

$$\mathrm{d}A=\frac{1}{2}[r(\theta)]^2\mathrm{d}\theta$$

于是所求曲边扇形的面积为

$$A=\int_\alpha^\beta\frac{1}{2}[r(\theta)]^2\mathrm{d}\theta$$

**例 3** 如图 5-16 所示,计算双扭线 $r^2=a^2\cos2\theta(a>0)$所围成图形的面积。

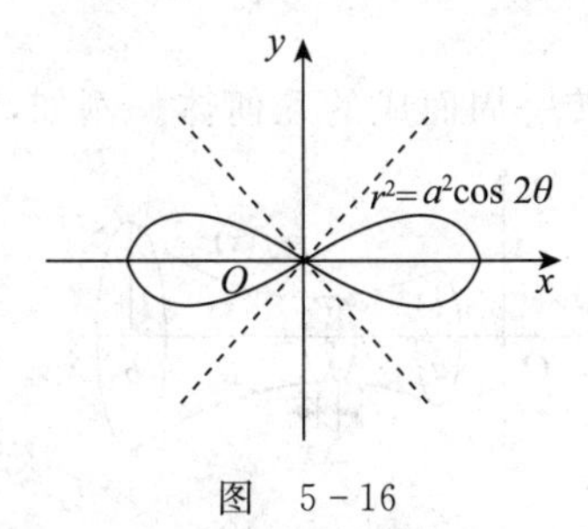


图 5-16

**解** 由于双扭线的轴对称,只需算出第一象限中的面积 $A_1$,再 4 倍即得所求面积 $A$。在第一象限,$\theta$ 的变化区间为 $\left[0,\frac{\pi}{4}\right]$。面积微元 $\mathrm{d}A$ 为

$$\mathrm{d}A=\frac{1}{2}a^2\cos2\theta\mathrm{d}\theta$$

于是所求面积

$$A=4A_1=4\int_0^{\frac{\pi}{4}}\frac{1}{2}a^2\cos2\theta\mathrm{d}\theta=2a^2\int_0^{\frac{\pi}{4}}\cos2\theta\mathrm{d}\theta$$

$$=a^2\sin2\theta\Bigg|_0^{\frac{\pi}{4}}=a^2$$

所以,所求图形的面积为 $a^2$。

## 三、立体的体积计算

1. 已知截面面积函数的立体体积

设有一立体，它夹在垂直于 $x$ 轴的两个平面 $x=a$ 与 $x=b(a<b)$ 之间。若在任意点 $x\in[a,b]$ 处用一个垂直于 $x$ 轴的平面截割立体，所得截面面积是 $x$ 的连续函数 $A(x)$。下面利用积分微元法来讨论如何由截面面积函数 $A(x)$ 求立体体积。

如图 5－17 所示，在 $x$ 的变化范围 $[a,b]$ 内任取一小区间 $[x,x+\mathrm{d}x]$，对应的立体薄片可近似地看作是底面积为 $A(x)$、高为 $\mathrm{d}x$ 的柱体，从而 $\Delta V\approx A(x)\mathrm{d}x$，即体积微元为 $A(x)\mathrm{d}x$，所以，立体体积可用定积分表示为

$$V=\int_a^b A(x)\mathrm{d}x$$

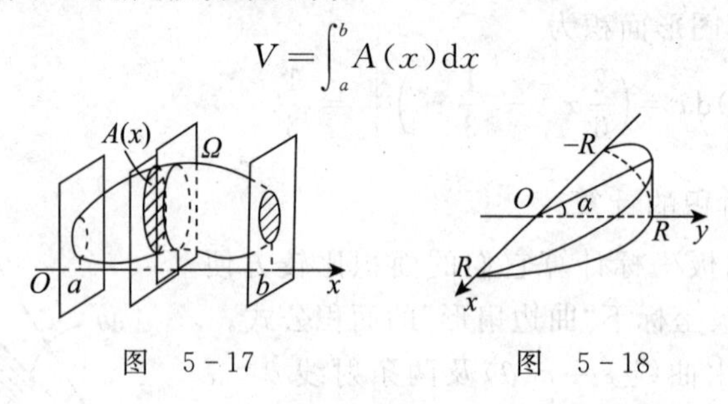


图 5－17　　　图 5－18

**例 4**　设有一个底面半径为 $R$ 的圆柱体，被一个过底面直径且与底面夹角为 $\alpha$ 的平面所截，截得一个楔形立体，如图 5－18 所示，求该楔形立体的体积。

**解**　取坐标系如图 5－18 所示，于是底面半圆的方程为 $x^2+y^2=R^2(y\geqslant 0)$。任取 $x\in[-R,R]$，用过点 $x$ 且垂直于 $x$ 轴的平面去截楔形立体，所得截面是一个直角三角形，它的一条直角边为 $y$，另一条直角边为 $y\tan\alpha$，直角三角形面积为

$$A(x)=\frac{1}{2}y\cdot y\tan\alpha=\frac{1}{2}(R^2-x^2)\tan\alpha$$

所以

$$V=\int_{-R}^{R}\frac{1}{2}(R^2-x^2)\tan\alpha\,\mathrm{d}x=\frac{1}{2}\tan\alpha\int_{-R}^{R}(R^2-x^2)\mathrm{d}x=\frac{2}{3}R^3\tan\alpha$$

2. 旋转体的体积计算

旋转体就是由一个平面图形绕着该平面内的一条直线旋转一周而成的几何体。例如，圆柱、圆锥、圆台、球都是旋转体。

设由连续曲线 $y=f(x)$，$y=0$，$x=a$，$x=b$ 所围成的曲边梯形绕 $Ox$ 轴旋转一周，求所得旋转体的体积，如图 5－19 所示。

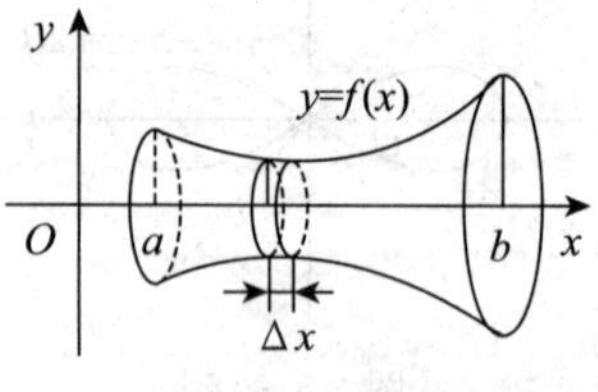

在区间 $[a,b]$ 上任取一小区间 $[x,x+\mathrm{d}x]$，用过点 $x$ 且垂直于 $Ox$ 轴的平面去截旋转体，其截面为圆，它的半径为 $y=f(x)$。对应于小区间 $[x,x+\mathrm{d}x]$ 的小块旋转体可近似地看作是底面积为 $A(x)=\pi[f(x)]^2$、高为 $\mathrm{d}x$ 的柱体，从而 $\Delta V\approx\pi[f(x)]^2\mathrm{d}x$，即体积微元为 $\mathrm{d}V=\pi[f(x)]^2\mathrm{d}x$，所以旋转体的体积可用定积分表示为

图 5－19

$$V=\int_a^b \pi f^2(x)\mathrm{d}x$$

类似地，在区间$[c,d]$上的连续曲线$x=f^{-1}(y)$绕$y$轴旋转而成的旋转体的体积为

$$V=\int_c^d \pi x^2 \mathrm{d}y=\pi\int_c^d [f^{-1}(y)]^2 \mathrm{d}y$$

**例5** 求由椭圆$\frac{x^2}{a^2}+\frac{y^2}{b^2}=1$围成的图形绕$Ox$轴旋转而成的椭球体的体积。

**解** 由椭圆方程得$y^2=\frac{b^2}{a^2}(a^2-x^2)$，所以

$$V=\int_{-a}^{a}\pi y^2\mathrm{d}x=\pi\int_{-a}^{a}\frac{b^2}{a^2}(a^2-x^2)\mathrm{d}x$$

$$=2\pi\frac{b^2}{a^2}\int_0^a (a^2-x^2)\mathrm{d}x=2\pi\frac{b^2}{a^2}\left(a^2x-\frac{x^3}{3}\right)\Bigg|_0^a=\frac{4\pi}{3}ab^2$$

特别地，当$a=b=R$时，可得半径为$R$的球体体积公式：

$$V=\frac{4\pi}{3}R^3$$

★★ 扩展模块

## 四、平面曲线的弧长计算

设有曲线弧$\overset{\frown}{AB}$，其方程为$y=f(x)$，且设$f(x)$在区间$[a,b]$上具有连续的导数，如图5-20所示，求该弧的长$s$。

在区间$[a,b]$上取一小区间$[x,x+\Delta x]$，对应的小段弧为$\overset{\frown}{MN}$。作曲线的割线$MN$，以线段$MN$的长度作为弧$\overset{\frown}{MN}$的长度$\Delta s$的近似值。由于

$$MN=\sqrt{(\Delta x)^2+(\Delta y)^2}=\sqrt{(\Delta x)^2+[f(x+\Delta x)-f(x)]^2}$$

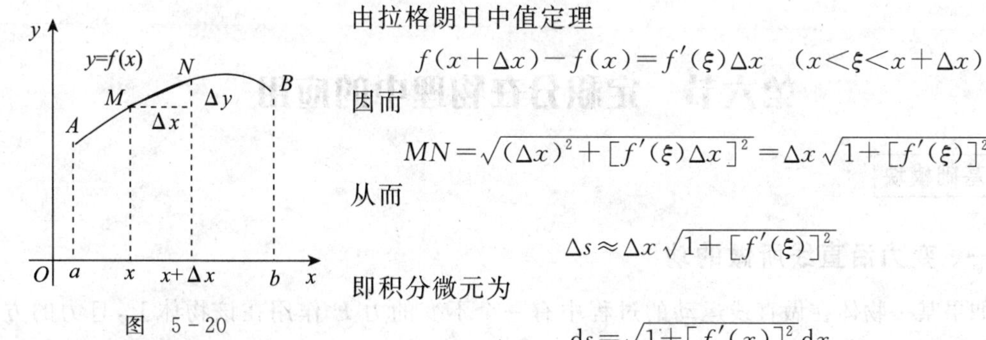

图 5-20

由拉格朗日中值定理

$$f(x+\Delta x)-f(x)=f'(\xi)\Delta x \quad (x<\xi<x+\Delta x)$$

因而

$$MN=\sqrt{(\Delta x)^2+[f'(\xi)\Delta x]^2}=\Delta x\sqrt{1+[f'(\xi)]^2}$$

从而

$$\Delta s\approx\Delta x\sqrt{1+[f'(\xi)]^2}$$

即积分微元为

$$\mathrm{d}s=\sqrt{1+[f'(x)]^2}\,\mathrm{d}x$$

所以，弧长可用定积分表示为

$$s=\int_a^b\sqrt{1+[f'(x)]^2}\,\mathrm{d}x \quad (a<b)$$

**例6** 计算曲线$y=\frac{1}{3}x^{\frac{3}{2}}$上自点$(0,0)$到点$\left(4,\frac{8}{3}\right)$的弧长。

**解** 因为$y'=\left(\frac{1}{3}x^{\frac{3}{2}}\right)'=\frac{1}{2}x^{\frac{1}{2}}$，故所求弧长为

$$s=\int_0^4\sqrt{1+\left(\frac{1}{2}x^{\frac{1}{2}}\right)^2}\,\mathrm{d}x=\int_0^4\sqrt{1+\frac{1}{4}x}\,\mathrm{d}x=4\int_0^4\sqrt{1+\frac{1}{4}x}\,\mathrm{d}\left(1+\frac{1}{4}x\right)$$

$$=4\left[\frac{2}{3}\left(1+\frac{1}{4}x\right)^{\frac{3}{2}}\right]\Bigg|_0^4=\frac{8}{3}(2^{\frac{3}{2}}-1)=\frac{8}{3}(2\sqrt{2}-1)$$

## 习题 5-5

A 组

1. 求由下列各曲线所围成的图形的面积。

(1) $y=x$ 与 $y=\sqrt{x}$　　(2) $y=\mathrm{e}$ 与 $y=x^2$

(3) $y=\frac{1}{x}$ 与直线 $y=x$ 及 $x=2$　　(4) $y=\mathrm{e}^x$ 与直线 $x=1,x=0,y=0$

2. 把抛物线 $y^2=4x$ 及直线 $x=2$ 所围成的图形绕 $x$ 轴旋转，求所得旋转体的体积。

3. 由 $y=x^3,x=2,y=0$ 所围成的图形，分别绕 $x$ 轴及 $y$ 轴旋转，求所得旋转体的体积。

B 组

1. 求椭圆 $\frac{x^2}{a^2}+\frac{y^2}{b^2}=1$ 的面积。

2. 求下列已知曲线所围成的图形，按指定的轴旋转所得旋转体的体积。

(1) $y=x^2,x=y^2$，绕 $y$ 轴　　(2) $x^2+(y-5)^2=16$，绕 $x$ 轴

3. 求曲线 $y=\ln\sec x$ 上相应于 $0\leqslant x\leqslant\frac{\pi}{4}$ 的一段弧长。

# 第六节　定积分在物理中的应用

★ 基础模块

## 一、变力沿直线所做的功

如果某一物体在做直线运动的过程中有一个不变的力 $F$ 作用在该物体上，且力的方向与物体运动方向一致，那么，在物体的位移为 $s$ 时，力 $F$ 对物体所做的功为 $W=F\cdot s$。

如果物体在运动过程中所受到的力是变化的，这就是变力对物体做功的问题。下面通过具体的例子说明如何计算变力所做的功。

**例 1**　如图 5-21 所示，把带电量为 $+q_0$ 的某一点电荷放在数轴的坐标原点 $O$ 处，它产生一个电场。这个电场对周围的电荷有作用力。根据物理学知识可知，如果另一个带电量为 $+q$ 的点电荷在数轴上离原点 $O$ 的距离为 $x$ 的电场中，那么电场对它的作用力的大小为

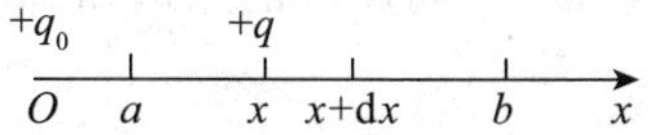

$+q_0$ $+q$
$O$ $a$ $x$ $x+\mathrm{d}x$ $b$ $x$

图 5-21

$$F=k\frac{q_0q}{x^2}\quad(k\text{ 是常数})$$

当带电量为$+q$ 的点电荷在电场中沿数轴从 $x=a$ 处移动到 $x=b(a<b)$处时,计算电场力对它所做的功。

**解** 在移动过程中,电场对点电荷$+q$ 的作用力是变化的。取 $x$ 为积分变量,它的变化区间为$[a,b]$。设$[x,x+\mathrm{d}x]$为$[a,b]$上的任一小区间。当电荷$+q$ 从 $x$ 移动到 $x+\mathrm{d}x$ 时,电场力对它所做的功近似于$\frac{kq_0q}{x^2}\mathrm{d}x$,即功元素为

$$\mathrm{d}W=\frac{kq_0q}{x^2}\mathrm{d}x$$

在闭区间$[a,b]$上积分,便得所求的功为

$$W=\int_a^b\frac{kq_0q}{x^2}\mathrm{d}x=kq_0q\left(-\frac{1}{x}\right)\Big|_a^b=kq_0q\left(\frac{1}{a}-\frac{1}{b}\right)$$

如果将点电荷从 $x=a$ 移到无穷远处,电场力所做的功 $W$ 就是广义积分

$$W=\int_a^{+\infty}\frac{kq_0q}{x^2}\mathrm{d}x=\lim_{b\to+\infty}\int_a^b\frac{kq_0q}{x^2}\mathrm{d}x=\lim_{b\to+\infty}kq_0q\left(\frac{1}{a}-\frac{1}{b}\right)=\frac{kq_0q}{a}$$

**例 2** 在底面积为 $S$ 的圆柱形容器中盛有一定量的气体。在等温条件下,由于气体的膨胀,把容器中一个面积为 $S$ 的活塞从点 $a$ 处推移到点 $b$ 处,如图 5-22 所示。计算在移动过程中气体压力所做的功。

**解** 选取坐标系如图 5-22 所示,活塞的位置可以用坐标来表示。由物理学知道,一定量的气体在等温条件下,压强 $p$ 与体积 $V$ 的乘积是常数 $k$,即

$$pV=k\quad\text{或}\quad p=\frac{k}{V}$$

因为 $V=xS$,所以 $p=\frac{k}{xS}$。

于是,作用在活塞上的力 $F=p\cdot S=\frac{k}{xS}\cdot S=\frac{k}{x}$。

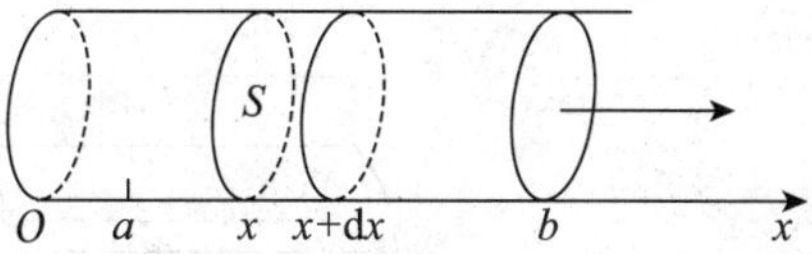

$S$
$O$ $a$ $x$ $x+\mathrm{d}x$ $b$ $x$

图 5-22

在气体膨胀过程中,体积 $V$ 是变化的,位置 $x$ 也是变化的,所以作用在活塞上的力也是变化的。

取 $x$ 为积分变量,它的变化区间为$[a,b]$。设$[x,x+\mathrm{d}x]$为$[a,b]$上任一小区间,当活塞从 $x$ 移动到 $x+\mathrm{d}x$ 时,变力 $F$ 所做的功近似于$\frac{k}{x}\mathrm{d}x$,即功元素为

$$\mathrm{d}W=\frac{k}{x}\mathrm{d}x$$

在闭区间$[a,b]$上积分,便得所求功

$$W=\int_a^b\frac{k}{x}\mathrm{d}x=k(\ln x)\Big|_a^b=k\ln\frac{b}{a}$$

**例 3** 一圆柱形的水桶高为 5m,底面圆半径为 3m,桶内盛满了水。试问把桶内的水全部吸出需做多少功?

**解** 这个问题虽不是变力做功的问题，但由于吸出同样重量、不同深度的水时所做的功是不同的，所以也要用定积分来计算。

选取坐标系如图 5-23 所示，取深度 $x$ 为积分变量，它的变化区间为$[0,5]$，相应于该区间上任一小区间$[x,x+\mathrm{d}x]$的一薄层水的高度为 $\mathrm{d}x$。水的重度为 $\gamma(\mathrm{N/m^3})$，这薄层水的重力为 $\gamma\cdot S\cdot\mathrm{d}x$（其中 $S$ 是薄层的底面积）。把这个薄层的水吸出桶外时，需要提升的距离近似为 $x$，因此需做的功近似为

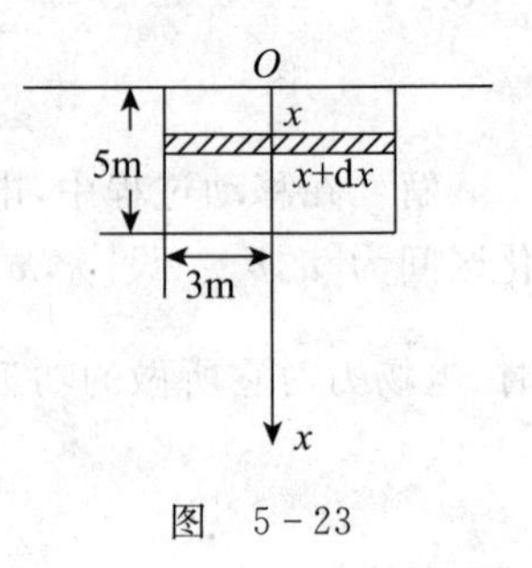

图 5-23

$$\mathrm{d}W=x\cdot\gamma\cdot S\cdot\mathrm{d}x=\gamma\cdot x\cdot\pi\cdot 3^2\cdot\mathrm{d}x=9\gamma\pi\cdot x\mathrm{d}x$$

即为功元素。在$[0,5]$上积分，便得所求的功为

$$W=\int_0^5 9\gamma\pi\cdot x\mathrm{d}x=9\gamma\pi\left(\frac{x^2}{2}\right)\Big|_0^5=\frac{225}{2}\gamma\pi$$

当 $\gamma=1000\times 9.8\mathrm{N/m^3}$ 时，$W=\frac{225}{2}\times 9800\pi\approx 3.46\times 10^6\mathrm{J}$。

## 二、水压力

我们由物理学知识了解到，在水深 $h$ 处的压强 $p=\gamma h$，这里 $\gamma$ 是水的重度。如果有一面积为 $S$ 的平板，水平地放置在水深为 $h$ 处，那么，平板一侧所受的水压力为

$$F=p\cdot S$$

如果平板垂直放置在水中，由于不同水深处的压强 $p$ 不相等，平板一侧所受的水压力就不能直接用上述方法计算。下面举例说明其计算方法。

**例 4** 一个水平放置的半径为 $R$ 的圆柱形油桶，桶内盛有半桶油，如图 5-24 所示。设油的重度为 $\gamma$，试计算桶的一个端面内侧所受的压力。

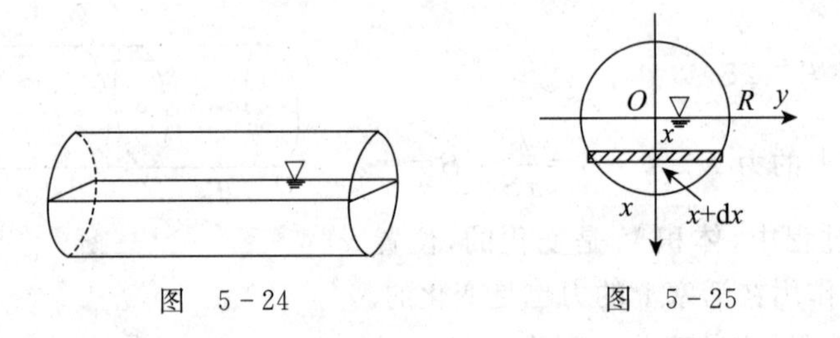

图 5-24　　图 5-25

**解** 桶的端面是圆形，由题意可知，要求的是桶的一个端面内侧所受的压力。

选取坐标系如图 5-25 所示，在此坐标系中，受到压力的半圆可表示为 $x^2+y^2\leqslant R^2$ $(0\leqslant x\leqslant R)$。取 $x$ 为积分变量，它的变化区间为$[0,R]$。对应于该区间上的任一小区间$[x,x+\mathrm{d}x]$，端面上相应的窄条上各点处的压强近似于 $\gamma\cdot x$，该窄条的面积近似于 $2\sqrt{R^2-x^2}\,\mathrm{d}x$。因此，窄条受油的压力的近似值，即压力元素为

$$\mathrm{d}F=2\gamma\cdot x\sqrt{R^2-x^2}\,\mathrm{d}x$$

在闭区间$[0,R]$上积分，便得所求压力为

$$F=\int_0^R 2\gamma\cdot x\sqrt{R^2-x^2}\,\mathrm{d}x=-\gamma\int_0^R (R^2-x^2)^{\frac{1}{2}}\mathrm{d}(R^2-x^2)$$

$$=-\gamma\left[\frac{2}{3}(R^2-x^2)^{\frac{3}{2}}\right]\Big|_0^R=\frac{2\gamma\cdot R^3}{3}$$

## 三、引力

由万有引力定律可知，质量分别为 $m_1$ 和 $m_2$ 的两个质点，相距为 $r$ 时，质点间的引力为

$$F=G\frac{m_1m_2}{r^2}\quad (G\text{ 为引力常数})$$

如果要计算一细杆对一质点的引力，由于细杆上各点与质点的距离是变化的，所以就不能直接用上面的公式计算，下面来讨论它的计算方法。

**例 5** 设有一水平放置的质量为 $M$、长为 $l$ 的均匀细杆，另有一质量为 $m$ 的质点和细杆在一条水平直线上，它到杆的近端的距离为 $a$，计算细杆对质点的引力。

**解** 选取坐标系如图 5-26 所示，以 $x$ 为积分变量，它的变化区间为$[0,l]$，在细杆上任取一小区间$[x,x+\mathrm{d}x]$，此段杆长 $\mathrm{d}x$，质量为$\frac{M}{l}\mathrm{d}x$。由于 $\mathrm{d}x$ 很小，可以近似地看作是一个质点，它与质点 $m$ 间的距离为 $a+x$，根据万有引力定律，这一小段细杆对质点的引力的近似值，即引力元素为

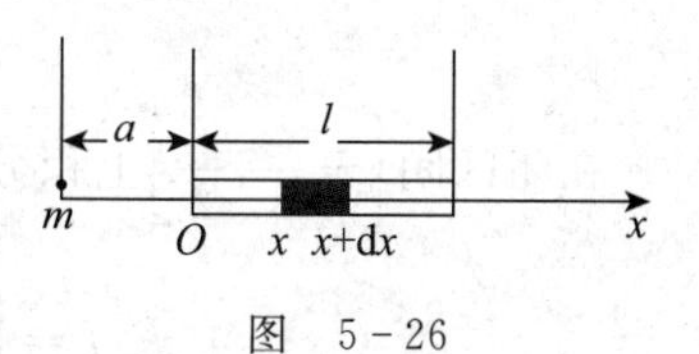

图 5-26

$$\mathrm{d}F=G\frac{m\cdot\frac{M}{l}\mathrm{d}x}{(a+x)^2}$$

在闭区间$[0,l]$上积分，得到细杆对质点的引力

$$F=\int_0^l G\frac{m\cdot\frac{M}{l}}{(a+x)^2}\mathrm{d}x=\frac{GmM}{l}\int_0^l\frac{1}{(a+x)^2}\mathrm{d}x$$

$$=\frac{GmM}{l}\left(-\frac{1}{a+x}\right)\Big|_0^l=\frac{GmM}{l}\cdot\frac{l}{a(a+l)}=\frac{GmM}{a(a+l)}$$

★★ 扩展模块

## 四、转动惯量

在刚体力学中，转动惯量是一个重要的物理量。若质点质量为 $m$，到一轴的距离为 $r$，则该质点绕轴的转动惯量 $I=mr^2$。

现在考虑质量连续分布的物体绕轴的转动惯量问题。一般地，如果物体形状对称且质量均匀分布，则可以用定积分来解决。

**例 6** 一均匀细杆长为 $l$，质量为 $m$，试计算细杆绕过它的中点且垂直于杆的轴的转动惯量。

**解** 选取坐标系如图 5-27 所示。以 $x$ 为积分变量，它的变化区间为$\left[-\frac{l}{2},\frac{l}{2}\right]$。在

细杆上任取一小区间$[x,x+\mathrm{d}x]$，它的质量为$\frac{m}{l}\mathrm{d}x$，把这一小段杆设想为位于$x$处的一个质点，它到转动轴的距离为$|x|$，则得转动惯量的微元

$$\mathrm{d}I=\frac{m}{l}x^2\mathrm{d}x$$

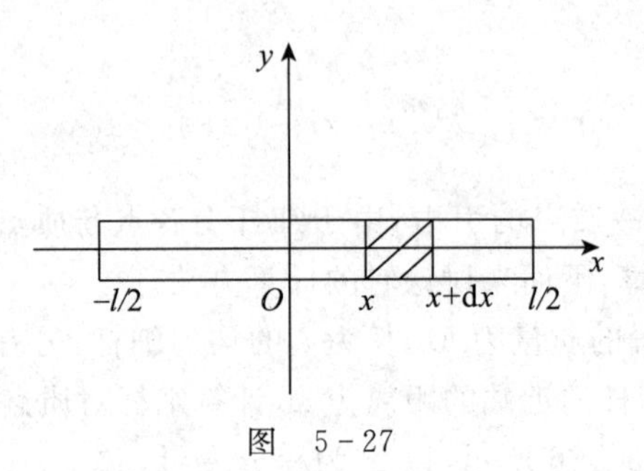


图 5-27

在闭区间$\left[-\frac{l}{2},\frac{l}{2}\right]$上积分，得整个细杆的转动惯量

$$I=\int_{-\frac{l}{2}}^{\frac{l}{2}}\frac{m}{l}x^2\mathrm{d}x=\frac{m}{l}\cdot\frac{x^3}{3}\bigg|_{-\frac{l}{2}}^{\frac{l}{2}}=\frac{1}{12}ml^2$$

## 五、平均值

在实际问题中，常常用一组数据的算术平均值来描述这组数据的概貌。例如，对某个零件的长度进行$n$次测量，每次测得的值为$x_1,x_2,x_3,\cdots,x_n$。通常用算术平均值

$$\bar{x}=\frac{1}{n}(x_1+x_2+\cdots+x_n)$$

作为这个零件的长度的近似值。然而，有时还需要计算一个连续函数$y=f(x)$在区间$[a,b]$上的平均值。

我们知道，速度为$v(t)$的物体做直线运动，它在时间间隔$[\alpha,\beta]$上所经过的路程

$$S=\int_\alpha^\beta v(t)\mathrm{d}t$$

用$\beta-\alpha$去除路程$S$，即得它在时间间隔$[\alpha,\beta]$上的平均速度

$$\bar{v}=\frac{S}{\beta-\alpha}=\frac{1}{\beta-\alpha}\int_\alpha^\beta v(t)\mathrm{d}t$$

一般地，设函数在闭区间$[a,b]$上连续，则它在$[a,b]$上的平均值$\bar{y}$等于它在$[a,b]$上的定积分除以区间$[a,b]$的长度$b-a$，即

$$\bar{y}=\frac{1}{b-a}\int_a^b f(x)\mathrm{d}x$$

这个公式叫作函数的平均值公式。它可变形为

$$\int_a^b f(x)\mathrm{d}x=\bar{y}(b-a)$$

**例 7** 计算纯电阻电路中正弦交流电 $i=I_m\sin\omega t$ 在一个周期内功率 $P$ 的平均值。

**解** 设电阻为 $R$，那么电路中 $R$ 两端的电压 $u=Ri=RI_m\sin\omega t$，而功率

$$P=ui=Ri^2=RI_m^2\sin^2\omega t$$

因为交流电 $i=I_m\sin\omega t$ 的周期 $T=\dfrac{2\pi}{\omega}$，所以在一个周期 $\left[0,\dfrac{2\pi}{\omega}\right]$ 上，$P$ 的平均值

$$\begin{aligned}\overline{P}&=\frac{1}{\dfrac{2\pi}{\omega}-0}\int_0^{\frac{2\pi}{\omega}}RI_m^2\sin^2\omega t\,\mathrm{d}t=\frac{RI_m^2}{2\pi}\int_0^{\frac{2\pi}{\omega}}\sin^2\omega t\,\mathrm{d}\omega t\\&=\frac{RI_m^2}{4\pi}\int_0^{\frac{2\pi}{\omega}}(1-\cos2\omega t)\,\mathrm{d}\omega t=\frac{RI_m^2}{4\pi}\left(\omega t-\frac{\sin2\omega t}{2}\right)\Bigg|_0^{\frac{2\pi}{\omega}}\\&=\frac{RI_m^2}{4\pi}\times2\pi=\frac{RI_m^2}{2}\\&=\frac{I_mu_m}{2}。\end{aligned}$$

纯电阻电路中正弦交流电的平均功率等于电流和电压峰值乘积的一半。通常交流电器上标明的功率是平均功率。

## 习题 5-6

### A 组

1. 直径为 20cm、高为 80cm 的圆柱体内充满压强为 $10\mathrm{N/cm^2}$ 的蒸汽。设温度保持不变，要使蒸汽体积缩小一半，问需要做多少功？

2. 有一矩形闸门，它的尺寸如图 5-28 所示，将它垂直放入水中，水面超过门顶 2m，求闸门上所受的水压力（$g=10\mathrm{N/kg}$）。

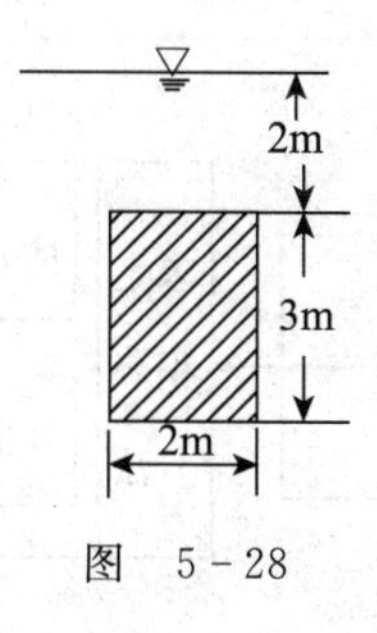


图 5-28

3. 有一底面半径为 1m、高为 2m 的圆柱形储水桶里面盛满水，求水对桶壁的压力。

### B 组

1. 计算质量为 $m$，半径为 $a$ 的均匀薄板，绕过圆心与圆板垂直的轴的转动惯量。

2. 求函数 $y=\sin x$ 在 $[0,\pi]$ 上的平均值。

3. 一物体以速度 $v=3t^2+2t+1$（m/s）做直线运动，试计算该物体在 $t=0$ 到 $t=3\mathrm{s}$ 这段时间的平均速度。

# 本章知识结构图

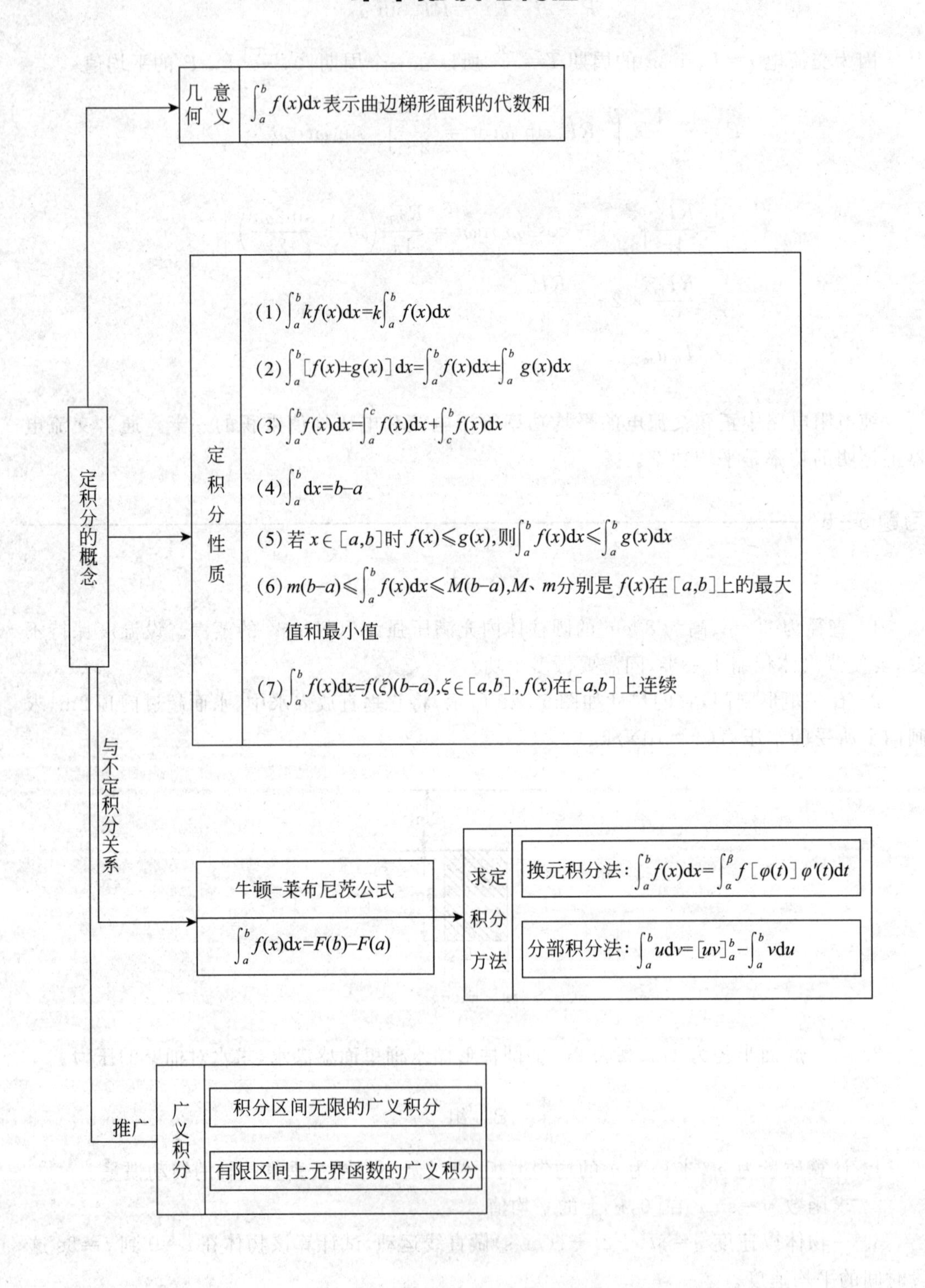
几何意义
$\int_a^b f(x)dx$表示曲边梯形面积的代数和
定积分的概念
定积分性质
(1) $\int_a^b kf(x)dx=k\int_a^b f(x)dx$
(2) $\int_a^b [f(x)\pm g(x)]dx=\int_a^b f(x)dx\pm\int_a^b g(x)dx$
(3) $\int_a^b f(x)dx=\int_a^c f(x)dx+\int_c^b f(x)dx$
(4) $\int_a^b dx=b-a$
(5) 若$x\in[a,b]$时$f(x)\leqslant g(x)$,则$\int_a^b f(x)dx\leqslant\int_a^b g(x)dx$
(6) $m(b-a)\leqslant\int_a^b f(x)dx\leqslant M(b-a)$,$M$、$m$分别是$f(x)$在$[a,b]$上的最大值和最小值
(7) $\int_a^b f(x)dx=f(\xi)(b-a),\xi\in[a,b]$,$f(x)$在$[a,b]$上连续
与不定积分关系
牛顿–莱布尼茨公式
$\int_a^b f(x)dx=F(b)-F(a)$
求定积分方法
换元积分法:$\int_a^b f(x)dx=\int_\alpha^\beta f[\varphi(t)]\varphi'(t)dt$
分部积分法:$\int_a^b udv=[uv]_a^b-\int_a^b vdu$
推广
广义积分
积分区间无限的广义积分
有限区间上无界函数的广义积分

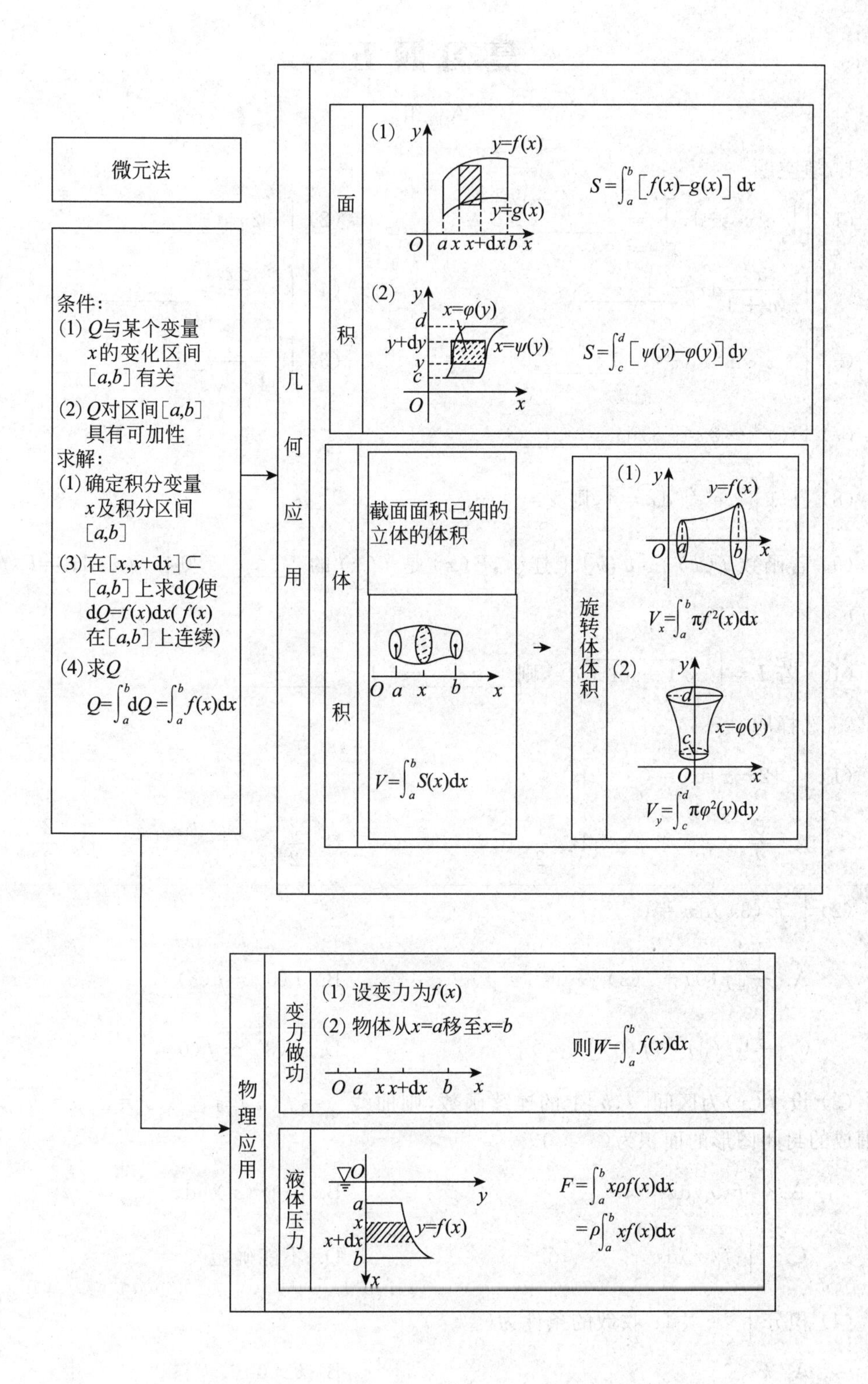
微元法
条件:
(1) Q与某个变量x的变化区间[a,b]有关
(2) Q对区间[a,b]具有可加性
求解:
(1) 确定积分变量x及积分区间[a,b]
(3) 在[x,x+dx]⊂[a,b]上求dQ使dQ=f(x)dx(f(x)在[a,b]上连续)
(4) 求Q
$Q=\int_a^b dQ=\int_a^b f(x)dx$
几何应用
面积
(1)
y=f(x)
y=g(x)
O a x x+dx b x
$S=\int_a^b [f(x)-g(x)]dx$
(2)
x=φ(y)
x=ψ(y)
d
y+dy
y
c
O
$S=\int_c^d [\psi(y)-\varphi(y)]dy$
体积
截面面积已知的立体的体积
O a x b x
$V=\int_a^b S(x)dx$
旋转体体积
(1)
y=f(x)
O a b x
$V_x=\int_a^b \pi f^2(x)dx$
(2)
d
x=φ(y)
c
O x
$V_y=\int_c^d \pi\varphi^2(y)dy$
物理应用
变力做功
(1) 设变力为f(x)
(2) 物体从x=a移至x=b
O a x x+dx b x
则$W=\int_a^b f(x)dx$
液体压力
O
y
a
x
x+dx
b
x
y=f(x)
$F=\int_a^b x\rho f(x)dx$
$=\rho\int_a^b xf(x)dx$

# 复习题五

## A 组

1. 填空题。

(1) $\left[\int_a^b e^x \cos x\, dx\right]' =$ ________。

(2) $\int_{-1}^{2} |2x| dx$ ________。

(3) $\int_1^2 \frac{x^2}{x+1} dx =$ ________。

(4) $\int_1^{+\infty} \frac{dx}{x^2} =$ ________。

(5) $\int_{-1}^{1} x^5 \sin^2 x\, dx =$ ________。

(6) $\int_0^3 \frac{1}{1+\sqrt{x}} dx =$ ________。

(7) $\int_0^3 (x^2 - 2x + 3) dx =$ ________。

(8) 已知$\int_{-\infty}^{+\infty} e^{k|x|}\, dx = 1$,则 $k =$ ________。

(9) 若函数 $f(x)$ 在$[a,b]$上连续,$F(x)$ 是 $f(x)$ 的________,则$\int_a^b f(x) dx = F(b) - F(a)$。

(10) 若 $I = \int_0^{\frac{\pi}{2}} \sqrt{1+\sin^2 x}\, dx$,则________ $\leqslant I \leqslant$ ________。

2. 选择题。

(1) $\int_0^3 |2-x| dx =$(　　)。

A. $\frac{5}{2}$　　B. $\frac{1}{2}$　　C. $\frac{3}{2}$　　D. $\frac{2}{3}$

(2) $\int_1^0 f'(3x) dx =$(　　)。

A. $\frac{1}{3}[f(0) - f(3)]$　　B. $f(0) - f(3)$

C. $\frac{1}{3}[f(3) - f(0)]$　　D. $f(3) - f(0)$

(3) 设 $f(x)$为区间$[a,b]$上的连续函数,则曲线 $y = f(x)$与直线 $x = a, x = b, y = 0$ 所围成的封闭图形的面积为(　　)。

A. $\int_a^b f(x) dx$　　B. $\int_a^b |f(x)| dx$

C. $\left|\int_a^b f(x) dx\right|$　　D. 不能确定

(4) 积分 $\int_0^{+\infty} e^{-kx} dx$ 收敛的条件为(　　)。

A. $k < 0$　　B. $k > 0$

C. $k \geqslant 0$　　D. $k \leqslant 0$

3. 计算下列定积分。

(1) $\int_0^{\pi}\sin^2\frac{x}{2}\mathrm{d}x$　　(2) $\int_0^1 \mathrm{e}^{x+\mathrm{e}^x}\mathrm{d}x$

(3) $\int_0^1 x\mathrm{e}^{x^2}\mathrm{d}x$　　(4) $\int_0^1\frac{x\mathrm{d}x}{1+x^2}$

(5) $\int_0^{\frac{\pi}{2}}\sin x\cos^2 x\mathrm{d}x$　　(6) $\int_1^{\mathrm{e}^2}\frac{\mathrm{d}x}{x\sqrt{1+\ln x}}$

(7) $\int_0^3\frac{x}{1+\sqrt{x+1}}\mathrm{d}x$　　(8) $\int_{-1}^0\frac{1}{\sqrt{1-x}}\mathrm{d}x$

(9) $\int_0^1 x\mathrm{e}^{-x}\mathrm{d}x$　　(10) $\int_1^{\mathrm{e}}x^2\ln x\mathrm{d}x$

4. 判定下列广义积分的敛散性。如果收敛,计算出它的值。

(1) $\int_0^{+\infty}\mathrm{e}^{-x}\mathrm{d}x$　　(2) $\int_{-\infty}^0 x\mathrm{e}^{-x^2}\mathrm{d}x$

(3) $\int_{-\infty}^{+\infty}\frac{1}{a^2+x^2}\mathrm{d}x\,(a>0)$　　(4) $\int_{-\infty}^0\cos x\mathrm{d}x$

5. 计算下列各组曲线围成的平面图形的面积。

(1) $y=x^2+2, y=0, x=0, x=1$

(2) $y=x^2-8, y=-x^2$

(3) $x=5y^2, x=1+y^2$

6. 计算下列平面图形分别绕 $x$ 轴或 $y$ 轴旋转所得的旋转体的体积。

(1) 曲线 $y=\sin x\,(0\leqslant x\leqslant\pi)$ 与 $y=0$ 所围成的图形绕 $x$ 轴。

(2) 曲线 $y=x^2$ 与 $y^2=8x$ 所围成的图形绕 $x$ 轴和 $y$ 轴。

(3) 曲线 $y=\sqrt{x^2-1}$,直线 $x=2$ 及 $x$ 轴所围成的平面图形绕 $x$ 轴。

7. 设一锥形贮水池,深 15m,口径 20m,盛满水。今以水泵将水吸尽,问要做多少功($g=9.8\mathrm{N/kg}$)?

8. 边长为 $a$ 和 $b$ 的矩形薄板,与液面成 $\alpha$ 角斜沉于液体内,长边平行于液面而位于深 $h$ 处。设 $a>b$,液体的密度为 $\gamma$,试求薄板每面所受的压力。

9. 设有一根半径为 $R$、中心角为 $\varphi$ 的圆弧形细棒,其线密度为常数 $\rho$。在圆心处有一质量为 $m$ 的质点 $M$,试求这根细棒对质点 $M$ 的引力。

## B 组

1. 选择题。

(1) 设 $f(x)$在$[-t,t]$上连续,则 $\int_{-t}^t f(-x)\mathrm{d}x=$(　　)。

A. 0　　B. $2\int_0^t f(x)\mathrm{d}x$

C. $-\int_{-t}^t f(-x)\mathrm{d}x$　　D. $\int_{-t}^t f(x)\mathrm{d}x$

(2) 设 $f(x)$ 具有一阶连续导数，且 $f(0)=0, f'(0)\neq 0$，则 $\lim\limits_{x\to 0}\dfrac{\int_0^{x^2} f(t)\,\mathrm{d}t}{x^2\int_0^x f(t)\,\mathrm{d}t}$ 的值为(　　)。

A. $\dfrac{1}{2}$　　B. 2　　C. 1　　D. 0

(3) 设 $I=\int_0^{\frac{\pi}{4}}\ln(\sin x)\,\mathrm{d}x, J=\int_0^{\frac{\pi}{4}}\ln(\cot x)\,\mathrm{d}x, K=\int_0^{\frac{\pi}{4}}\ln(\cos x)\,\mathrm{d}x$，则(　　)。

A. $I<J<K$　　B. $I<K<J$

C. $J<I<K$　　D. $K<J<I$

(4) 如图 5-29 所示，曲线段方程为 $y=f(x)$，函数 $f(x)$ 在区间 $[0,a]$ 上有连续的导数，则定积分 $\int_0^a xf'(x)\,\mathrm{d}x$ 等于(　　)。

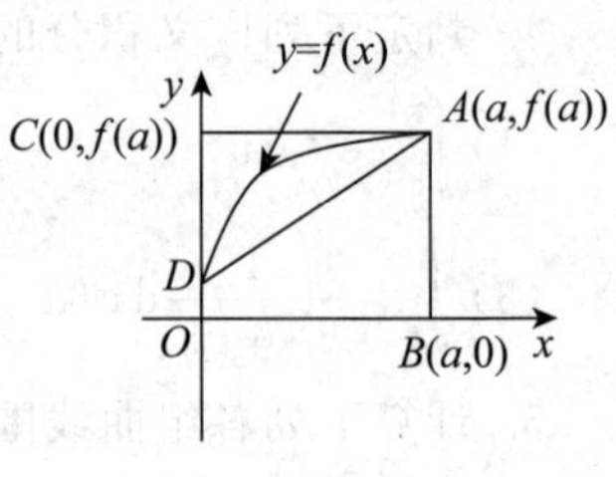


图 5-29

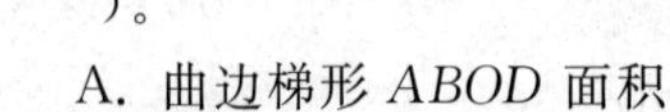

A. 曲边梯形 $ABOD$ 面积

B. 梯形 $ABOD$ 面积

C. 曲边三角形 $ACD$ 面积

D. 三角形 $ACD$ 面积

(5) 设 $f(x)$ 为连续函数，则 $\int_a^x f(t)\,\mathrm{d}t$ 为(　　)。

A. $f(t)$ 的一个原函数　　B. $f(t)$ 的所有原函数

C. $f(x)$ 的一个原函数　　D. $f(x)$ 的所有原函数

2. 计算下列函数的导数。

(1) $\varphi(x)=\int_0^x \dfrac{1}{1+t^2}\,\mathrm{d}t$　　(2) $\varphi(x)=\int_x^{-2}\mathrm{e}^{2t}\sin t\,\mathrm{d}t$

(3) $\varphi(x)=\int_1^{x^2}\dfrac{1}{\sqrt{1+t^4}}\,\mathrm{d}t$　　(4) $\varphi(x)=\int_{\cos x}^{\sin x}(1-t^2)\,\mathrm{d}t$

3. 求下列极限。

(1) $\lim\limits_{x\to 0}\dfrac{\int_0^x \sin t\,\mathrm{d}t}{x^2}$　　(2) $\lim\limits_{x\to\infty}\dfrac{\int_0^x \cos^2 t\,\mathrm{d}t}{x^2}$

(3) $\lim\limits_{x\to\frac{\pi}{2}}\dfrac{\int_{\frac{\pi}{2}}^x \sin^2 t\,\mathrm{d}t}{x-\dfrac{\pi}{2}}$　　(4) $\lim\limits_{x\to+\infty}\dfrac{\int_0^{x^2}\sqrt{1+t^4}\,\mathrm{d}t}{x^6}$

4. 计算下列定积分。

(1) $\int_{-2}^2(|x|+x)\mathrm{e}^{-|x|}\,\mathrm{d}x$　　(2) $\int_0^2 x^2\sqrt{4-x^2}\,\mathrm{d}x$

(3) $\int_0^1(1+x^2)^{-\frac{3}{2}}\,\mathrm{d}x$　　(4) $\int_0^{\frac{\pi}{2}}\mathrm{e}^x\sin x\,\mathrm{d}x$

5. 计算下列广义积分。

(1) $\int_0^1 \frac{dx}{\sqrt[3]{x}}$　　(2) $\int_0^1 \frac{dx}{\sqrt{1-x^2}}$　　(3) $\int_1^{+\infty} \frac{\ln x}{(1+x)^2}dx$

6. 证明广义积分 $\int_a^b \frac{dx}{(x-a)^p}$，当 $p<1$ 时，收敛；当 $p\geqslant 1$ 时，发散。

7. 求下列曲线相应于所给区间的一段弧长。

(1) $y=\sqrt{1-x^2}, x\in\left[0,\frac{1}{2}\right]$　　(2) $y=\frac{\sqrt{x}}{3}(3-x), x\in[1,3]$

# 第六章　常微分方程

微积分研究的对象是函数关系，但在大量的实际问题中，往往不能直接得到所研究的变量之间的函数关系，却比较容易建立起这些变量与它们的导数（或微分）之间的关系式。这种联系着自变量、未知函数及它的导数（或微分）的关系式，称为微分方程，其中未知函数的导数或微分是不可缺少的。通过求解这种方程，同样可以找到指定未知量之间的函数关系。本章主要介绍微分方程的一些概念、几种常见类型、微分方程的解法。

## 第一节　微分方程的一般概念

★ 基础模块

**例 1**　已知曲线上任意一点 $M(x,y)$ 处的切线斜率为 $3x^2$，且该曲线过点 $M_0(1,1)$，求此曲线的方程。

**解**　设所求的曲线方程为 $y=f(x)$。

由导数的几何意义可知，曲线 $y=f(x)$ 应满足 $\begin{cases}\dfrac{\mathrm{d}y}{\mathrm{d}x}=3x^2\\ y|_{x=1}=1\end{cases}$。

对 $\dfrac{\mathrm{d}y}{\mathrm{d}x}=3x^2$ 式积分有 $y=x^3+C$（$C$ 为任意常数）。

把 $y|_{x=1}=1$ 代入上式有 $1=1+C$，得 $C=0$。

把 $C=0$ 代入 $y=x^3+C$，就得到所求的曲线方程为 $y=x^3$。

类似问题在物理学、力学、化学、生物学、自动控制、电子技术、经济管理等领域都有大量的应用。

**定义 1**　含有未知函数的导数（或微分）的方程称为微分方程。未知函数为一元函数的微分方程称为常微分方程。未知函数为多元函数的微分方程称为偏微分方程。本章仅讨论常微分方程。我们经常把常微分方程简称为“微分方程”，有时更简称为“方程”。

例如，下列方程都是常微分方程（其中 $y,v,\theta$ 均为未知函数）。

(1) $y'=kx$（$k$ 为常数）。

(2) $(y-2xy)\mathrm{d}x+x^2\mathrm{d}y=0$。

(3) $mv'(t)=mg-kv(t)$。

(4) $y''=\dfrac{1}{a}\sqrt{1+y'^2}$。

(5) $\dfrac{\mathrm{d}^2\theta}{\mathrm{d}t^2}+\dfrac{g}{l}\sin\theta=0$（$g,l$ 是常数）。

微分方程中出现的未知函数的最高阶导数的阶数称为微分方程的阶。以上方程中(1)、(2)、(3)是一阶常微分方程,(4)、(5)是二阶常微分方程。

方程中所含的未知函数及其各阶导数都是一次的微分方程称为线性微分方程。否则,称为非线性微分方程。

**定义2** 任何代入微分方程后使其成为恒等式的函数,都叫方程的解。求微分方程解的过程叫解微分方程。

如函数 $y=x^2$,$y=x^2+1$,$y=x^2+C$($C$ 为任意常数)都是方程 $y'=2x$ 的解。

如果微分方程的解中含有任意常数,且相互独立的任意常数的个数与微分方程的阶数相等,这个解称为微分方程的通解。一般地,微分方程的不含有任意常数的解称为微分方程的特解。

在许多实际问题中,我们通常给出确定微分方程一个特解所必须满足的某些条件,称为初始条件。

一般地,一阶微分方程 $\frac{dy}{dx}=f(x,y)$ 的初始条件为

$$y|_{x=x_0}=y_0\text{(或 }y(x_0)=y_0\text{)}$$

其中 $x_0$,$y_0$ 都是已知常数。

二阶微分方程 $y''=f(x,y,y')$ 的初始条件为

$$y|_{x=x_0}=y_0,y'|_{x=x_0}=y_1\text{(或 }y(x_0)=y_0,y'(x_0)=y_1\text{)}$$

其中 $x_0$,$y_0$,$y_1$ 都是已知常数。

带有初始条件的微分方程称为微分方程的初值问题。

**例2** 验证函数 $y=(x^2+C)\sin x$($C$ 为任意常数)是方程

$$\frac{dy}{dx}-y\cot x-2x\sin x=0$$

的通解,并求满足初始条件 $y\left(\frac{\pi}{2}\right)=0$ 的特解。

**解** 求 $y=(x^2+C)\sin x$ 的一阶导数,得

$$\frac{dy}{dx}=2x\sin x+(x^2+C)\cos x$$

把 $y$ 和 $\frac{dy}{dx}$ 代入方程左边,得

$$\frac{dy}{dx}-y\cot x-2x\sin x=2x\sin x+(x^2+C)\cos x-(x^2+C)\sin x\cot x-2x\sin x=0$$

方程两边恒等,且 $y$ 中含有一个任意常数 $C$,因此 $y=(x^2+C)\sin x$ 是所给方程的通解。

将初始条件 $y\left(\frac{\pi}{2}\right)=0$ 代入通解 $y=(x^2+C)\sin x$ 中,得

$$0=\frac{\pi^2}{4}+C\text{,即 }C=-\frac{\pi^2}{4}$$

所求的特解为 $y=\left(x^2-\frac{\pi^2}{4}\right)\sin x$。

**★★ 扩展模块**

**例 3** 将某物体放置在空气温度为 25℃的环境中冷却，在时刻 $t=0$ 时，测得它的温度为 $u_0=150$℃，10 分钟后测得温度为 $u_1=100$℃，求此物体的温度 $u$ 和时间 $t$ 的关系。

**解** 根据牛顿冷却定律：物体温度的变化率与物体和当时空气温度之差成正比。设物体在时刻 $t$ 的温度为 $u=u(t)$，则温度的变化率以 $\frac{du}{dt}$ 来表示，因物体将随时间而逐渐冷却，故温度变化率 $\frac{du}{dt}$ 恒为负，由此可建立起函数 $u(t)$ 满足的微分方程

$$\begin{cases}\dfrac{du}{dt}=-k(u-25)\\ u|_{t=0}=150, u|_{t=10}=100\end{cases}$$

这里 $k>0$，是比例常数。

将方程 $\frac{du}{dt}=-k(u-25)$ 改写成

$$\frac{d(u-25)}{u-25}=-k\,dt$$

两边积分，得

$$\ln|u-25|=-kt+C_1 \quad (C_1 \text{ 是任意常数})$$

则

$$u-25=\pm e^{-kt+C_1}=\pm e^{C_1}e^{-kt}$$

令 $\pm e^{C_1}=C$，即得

$$u=25+Ce^{-kt}$$

把初始条件 $u|_{t=0}=150, u|_{t=10}=100$ 代入上式，得

$$150=25+C \quad 100=25+Ce^{-10k}$$

由此得

$$C=125 \quad k=\frac{1}{10}\ln\frac{5}{3}$$

此物体的温度 $u$ 和时间 $t$ 的关系为

$$u=25+125e^{-\frac{1}{10}\ln\frac{5}{3}t}$$

## 习题 6-1

### A 组

1. 指出下面微分方程的阶数，并说明方程是否为线性微分方程。

(1) $\frac{dy}{dx}=4x^2-y$　　(2) $\left(\frac{dy}{dx}\right)^2+\frac{dy}{dx}-3y^2=0$

(3) $\frac{d^2y}{dx^2}+\left(\frac{dy}{dx}\right)^2+12xy=0$　　(4) $x\frac{d^2y}{dx^2}-5\frac{dy}{dx}+3xy=\sin x$

2. 给定一阶微分方程$\frac{dy}{dx}=x^2$。

(1) 求出它的通解。

(2) 求通过点(1,1)的特解。

3. 验证函数 $y=\cos kx$ 是微分方程$\frac{d^2y}{dx^2}+k^2y=0(k>0$,为常数)的解。

4. 设曲线上任意一点 $M(x,y)$ 处的切线斜率与切点的横坐标成反比,且曲线过点(1,2),求该曲线方程。

B 组

1. 验证函数 $y=(C_1+C_2x)e^x+x+2$ 是方程 $y''-2y'+y=x$ 的通解,并求其满足初始条件 $y|_{x=0}=4,y'|_{x=0}=2$ 的特解。

2. 列车在平直的线路上以 20 米/秒的速度行驶,当制动时列车获得加速度 $-0.4$ 米/秒$^2$,问开始制动后多少时间列车才能停住?列车在这段时间内行驶了多少路程?

# 第二节 一阶微分方程

★ 基础模块

一阶微分方程的一般形式为 $F(x,y,y')=0$。

本节将根据一阶微分方程的不同类型介绍相应的解法。

## 一、可分离变量的微分方程

设有一阶微分方程

$$\frac{dy}{dx}=F(x,y)$$

如果其右端函数能分解成 $F(x,y)=f(x)g(y)$,则有

$$\frac{dy}{dx}=f(x)g(y) \tag{6-1}$$

我们称方程(6-1)为可分离变量的微分方程,其中 $f(x)$,$g(y)$分别是 $x$,$y$ 的连续函数。下面介绍方程(6-1)的求解方法。

设 $g(y)\neq 0$,将方程(6-1)改写成

$$\frac{dy}{g(y)}=f(x)dx$$

上式两边积分,即得

$$\int \frac{1}{g(y)}dy=\int f(x)dx$$

如果 $g(y_0)=0$,则 $y=y_0$ 也是方程(6-1)的解。

上述求解微分方程的方法称为分离变量法。

**例 1** 求微分方程$\frac{dy}{dx}=\frac{x}{y}$的通解。

**解** 分离变量，得

$$y\,dy=x\,dx$$

两边积分，得

$$\frac{y^2}{2}=\frac{x^2}{2}+\frac{C}{2}$$

因而，所求方程的通解为

$$y^2-x^2=C \quad (C\text{ 是任意常数})$$

**例 2** 求解微分方程$\frac{dy}{dx}=y^2\cos x$，并求满足初始条件当 $x=0$ 时，$y=1$ 的特解。

**解** 分离变量，得

$$\frac{dy}{y^2}=\cos x\,dx$$

两边积分，得

$$-\frac{1}{y}=\sin x+C$$

因而，所求方程的通解为

$$y=-\frac{1}{\sin x+C} \quad (C\text{ 是任意常数})$$

此外，方程还有解 $y=0$。

将初始条件 $x=0$ 时 $y=1$ 代入通解中即可决定任意常数 $C$，得

$$C=-1$$

因而，所求的特解为

$$y=\frac{1}{1-\sin x}$$

## 二、一阶线性微分方程

形如

$$\frac{dy}{dx}+P(x)y=Q(x) \tag{6-2}$$

的方程称为一阶线性微分方程，简称线性方程，其中 $P(x)$，$Q(x)$都是 $x$ 的连续函数。当 $Q(x)\equiv 0$ 时，方程(6-2)变为

$$\frac{dy}{dx}+P(x)y=0 \tag{6-3}$$

方程(6-3)称为一阶齐次线性方程。

当 $Q(x)\neq 0$ 时，方程(6-2)称为一阶非齐次线性方程。

下面先介绍一阶齐次线性方程(6-3)的通解的求法。

可以看出，一阶齐次线性方程(6-3)是可分离变量的方程。通过分离变量，得

$$\frac{dy}{y}=-P(x)dx$$

上式两边积分,得

$$\ln|y|=-\int P(x)dx+C_1$$

$$|y|=e^{C_1}e^{-\int P(x)dx}$$

即

$$y=\pm e^{C_1}e^{-\int P(x)dx}$$

又因为 $y=0$ 也是方程(6-3)的解,从而得到方程(6-3)的通解

$$y=Ce^{-\int P(x)dx}\quad (C\text{ 为任意常数})\tag{6-4}$$

**注意**:式(6-4)可以作为公式使用,在 $y=Ce^{-\int P(x)dx}$ 中,$\int P(x)dx$ 仅表示 $P(x)$ 的一个原函数。

下面介绍一阶非齐次线性方程(6-2)的通解的求法。

不难看出,方程(6-3)是方程(6-2)的特殊情形,因此可以设想利用方程(6-3)的通解(6-4)形式去求出方程(6-2)的通解。设想把式(6-4)中的任意常数 $C$ 变为 $x$ 的待定函数 $C(x)$,使它满足方程(6-2),再求出 $C(x)$。为此,令

$$y=C(x)e^{-\int P(x)dx}$$

求导得

$$\frac{dy}{dx}=C'(x)e^{-\int P(x)dx}-C(x)P(x)e^{-\int P(x)dx}$$

把 $y$ 和 $\frac{dy}{dx}$ 代入方程(6-2)中,得

$$C'(x)e^{-\int P(x)dx}=Q(x)$$

即

$$C'(x)=Q(x)e^{\int P(x)dx}$$

积分,得

$$C(x)=\int Q(x)e^{\int P(x)dx}dx+C\quad (C\text{ 为任意常数})$$

于是一阶非齐次线性方程(6-2)的通解为

$$y=\left[\int Q(x)e^{\int P(x)dx}dx+C\right]e^{-\int P(x)dx}\tag{6-5}$$

上式可改写为

$$y=Ce^{-\int P(x)dx}+e^{-\int P(x)dx}\int Q(x)e^{\int P(x)dx}dx$$

可以看出,一阶非齐次线性方程的通解是其对应的齐次线性方程的通解与非齐次线性方程的一个特解之和。这种将常数变易为待定函数的方法称为常数变易法。在解一阶非齐次方程(6-2)时,可以使用常数变易法或直接使用公式(6-5)。

**例 3** 求微分方程$\frac{dy}{dx}+2xy=2xe^{-x^2}$的通解。

**解** 方法一(常数变易法)

对应的齐次方程$\frac{dy}{dx}+2xy=0$的通解为

$$y=Ce^{-\int P(x)dx}=Ce^{-\int 2xdx}=Ce^{-x^2}$$

设所求非齐次方程的通解为$y=C(x)e^{-x^2}$。

代入方程得 $C'(x)e^{-x^2}=2xe^{-x^2}$

所以 $C'(x)=2x$

解得 $C(x)=x^2+C$

从而,得所求方程的通解为$y=(x^2+C)e^{-x^2}$

方法二(公式法)

在微分方程$\frac{dy}{dx}+2xy=2xe^{-x^2}$中,$P(x)=2x$,$Q(x)=2xe^{-x^2}$。由公式(6-5)得所求方程的通解为

$$\begin{aligned} y&=e^{-\int 2xdx}\left(\int 2xe^{-x^2}e^{\int 2xdx}dx+C\right)\\ &=e^{-x^2}\left(\int 2xe^{-x^2}e^{x^2}dx+C\right)\\ &=e^{-x^2}\left(\int 2xdx+C\right)\\ &=e^{-x^2}(x^2+C) \end{aligned}$$

**例 4** 求微分方程$\frac{dy}{dx}=\frac{y}{2x-y^2}$的通解。

**解** 所给方程不是未知函数$y$的线性方程,可将它改写成

$$\frac{dx}{dy}=\frac{2x-y^2}{y}$$

即

$$\frac{dx}{dy}-\frac{2}{y}x=-y \tag{6-6}$$

把$x$看作未知函数,$y$看作自变量,以上方程(6-6)就是一阶非齐次线性方程。

先求出一阶齐次线性方程

$$\frac{dx}{dy}-\frac{2}{y}x=0$$

的通解为

$$x=Cy^2$$

再利用常数变易法求一阶非齐次线性方程(6-6)的通解。

设非齐次线性方程(6-6)的通解为

$$x=C(y)y^2$$

对上式求导,得

$$\frac{dx}{dy}=C'(y)y^2+2C(y)y$$

代入方程(6-6),得

$$C'(y)y^2=-y$$

即

$$C'(y)=-\frac{1}{y}$$

积分,得

$$C(y)=-\ln|y|+C$$

从而,得所求方程的通解为

$$x=y^2(-\ln|y|+C)\quad (C\text{ 是任意常数})$$

★★ 扩展模块

## 三、齐次方程

形如

$$\frac{\mathrm{d}y}{\mathrm{d}x}=f\left(\frac{y}{x}\right) \tag{6-7}$$

的微分方程称为一阶齐次微分方程,简称齐次方程。其中 $f\left(\frac{y}{x}\right)$是以$\frac{y}{x}$为变量的连续函数。

齐次方程的解法通常是通过变量代换把齐次方程化为可分离变量的微分方程来求解。

对齐次方程(6-7),令 $u=\frac{y}{x}$,则 $y=xu$,对 $x$ 求导,得

$$\frac{\mathrm{d}y}{\mathrm{d}x}=u+x\frac{\mathrm{d}u}{\mathrm{d}x}$$

代入方程(6-7)有

$$u+x\frac{\mathrm{d}u}{\mathrm{d}x}=f(u)$$

它是以 $u$,$x$ 为变量的可分离变量的微分方程,分离变量得

$$\frac{\mathrm{d}u}{f(u)-u}=\frac{\mathrm{d}x}{x}$$

对上式两边积分求出通解,然后把变量 $u$ 还原为$\frac{y}{x}$,就得到齐次方程(6-7)的通解。

**例 5** 求微分方程$\frac{\mathrm{d}y}{\mathrm{d}x}=\frac{y}{x}\ln\frac{y}{x}$的通解。

**解** 令 $u=\frac{y}{x}$,则有 $y=xu$。

求导得

$$\frac{\mathrm{d}y}{\mathrm{d}x}=u+x\frac{\mathrm{d}u}{\mathrm{d}x}$$

代入原方程得

$$u + x\frac{\mathrm{d}u}{\mathrm{d}x} = u\ln u$$

即

$$x\frac{\mathrm{d}u}{\mathrm{d}x} = u(\ln u - 1)$$

分离变量

$$\frac{\mathrm{d}u}{u(\ln u - 1)} = \frac{\mathrm{d}x}{x}$$

积分得

$$\ln|\ln u - 1| = \ln|x| + C_1$$

$$\ln u - 1 = Cx \quad (C = \pm \mathrm{e}^{C_1})$$

$$u = \mathrm{e}^{Cx+1}$$

将 $u = \frac{y}{x}$ 代入上式，得所求方程的通解为

$$y = x\mathrm{e}^{Cx+1} \quad (C\text{ 为任意常数})$$

## 四、伯努利方程

形如

$$\frac{\mathrm{d}y}{\mathrm{d}x} + P(x)y = Q(x)y^n \tag{6-8}$$

的方程称为伯努利方程，其中 $n$ 为常数，且 $n \neq 0, 1$。

伯努利方程是一阶非线性方程，可以通过适当的变换，把它化为一阶线性方程。

事实上，方程(6-8)两边除以 $y^n$，得

$$y^{-n}\frac{\mathrm{d}y}{\mathrm{d}x} + P(x)y^{1-n} = Q(x) \tag{6-9}$$

令 $z = y^{1-n}$，则有

$$\frac{\mathrm{d}z}{\mathrm{d}x} = \frac{\mathrm{d}y^{1-n}}{\mathrm{d}x} = (1-n)y^{-n}\frac{\mathrm{d}y}{\mathrm{d}x}$$

代入式(6-9)得

$$\frac{\mathrm{d}z}{\mathrm{d}x} + (1-n)P(x)z = (1-n)Q(x)$$

这是关于变量 $z$ 的一阶线性方程，利用线性方程的求解方法求出通解后，再回代原变量，即可得到伯努利方程(6-8)的通解

$$y^{1-n} = \mathrm{e}^{-\int(1-n)P(x)\mathrm{d}x}\left(\int Q(x)(1-n)\mathrm{e}^{\int(1-n)P(x)\mathrm{d}x}\mathrm{d}x + C\right)$$

**例 6** 求方程 $\frac{\mathrm{d}y}{\mathrm{d}x} = \frac{6y}{x} - xy^2$ 的通解。

**解** 这是 $n=2$ 时的伯努利方程。方程两边除以 $y^2$，得

$$y^{-2}\frac{\mathrm{d}y}{\mathrm{d}x} - \frac{6}{x}y^{-1} = -x \tag{6-10}$$

令 $z = y^{-1}$，则有

$$\frac{dz}{dx}=-y^{-2}\frac{dy}{dx}$$

代入式(6-10)得

$$\frac{dz}{dx}+\frac{6}{x}z=x$$

这是一阶非齐次线性方程,求得它的通解为

$$z=\frac{C}{x^6}+\frac{x^2}{8}$$

代回原来的变量 $y(z=y^{-1})$得到

$$\frac{1}{y}=\frac{C}{x^6}+\frac{x^2}{8}$$

这就是所求方程的通解。

## 习题 6-2

### A 组

1. 求下列可分离变量微分方程的解。

(1) $\frac{dy}{dx}=\frac{x}{y^2}, y|_{x=1}=0$　　(2) $3x^2+5x-5y'=0$

(3) $y'=e^{x-y}$　　(4) $y'\cot x+y+3=0$

2. 求下列一阶线性微分方程的解。

(1) $\frac{dy}{dx}-\frac{2}{x}y=0$　　(2) $\frac{dy}{dx}+y\cos x=0$

(3) $\frac{dy}{dx}+3y=e^{2x}$　　(4) $\frac{dy}{dx}+2xy=4x$

(5) $y'+2xy=xe^{-x^2}, y|_{x=0}=1$　　(6) $\frac{dy}{dx}=\frac{y}{x+y^2}$

### B 组

1. 求下列微分方程的解。

(1) $dy=x(2y\,dx-x\,dy), y|_{x=1}=4$

(2) $\frac{dy}{dx}=\ln x+y^2\ln x$

(3) $(1+e^x)yy'=e^x, y|_{x=1}=1$

(4) $(x+xy^2)dx-(x^2y+y)dy=0, y|_{x=0}=1$

2. 求下列齐次微分方程的解。

(1) $x\frac{dy}{dx}=xe^{\frac{y}{x}}+y$　　(2) $x^2\frac{dy}{dx}=xy-y^2$

3. 求下列伯努利方程的解。

(1) $\frac{dy}{dx}+xy=x^3y^3$　　(2) $\frac{dy}{dx}+\frac{1}{x}y=y^2\ln x$

# 第三节 三类特殊的高阶微分方程

★ 基础模块

在实际问题中除了前面讨论过的一阶微分方程外，还将遇到一些其他类型的非一阶的微分方程。我们把二阶及二阶以上的微分方程统称为高阶微分方程。一般的高阶微分方程没有普遍的解法，处理问题的基本原则是降阶，利用变换把高阶方程的求解问题化为较低阶的方程来求解。因为一般来说，求解低阶方程会比求解高阶方程方便些。本节主要讨论三类特殊的高阶微分方程。

## 一、$y^{(n)}=f(x)$型

当 $n=2$ 时，方程为 $y''=f(x)$。这是最简单的二阶微分方程，求解方法是逐次积分。只要连续积分 $n$ 次，就可得到方程 $y^{(n)}=f(x)$的含有 $n$ 个任意常数的通解。

**例 1** 求方程 $xy^{(4)}-y'''=0$ 的通解。

**解** 令 $y'''=P(x)$，代入方程，得

$$xP'-P=0$$

即

$$P'-\frac{1}{x}P=0$$

解线性方程，得

$$P=C_1x \quad (C_1 \text{ 为任意常数})$$

即

$$y'''=C_1x$$

两边积分，得

$$y''=\frac{1}{2}C_1x^2+C_2$$

两边再积分，得

$$y'=\frac{C_1}{6}x^3+C_2x+C_3$$

再积分，得到所求方程的通解为

$$y=\frac{C_1}{24}x^4+\frac{C_2}{2}x^2+C_3x+C_4 \quad (C_1,C_2,C_3,C_4 \text{ 为任意常数})$$

## 二、$y''=f(x,y')$型

这类方程的特点是不显含未知函数 $y$，因此，又称为不显含 $y$ 的微分方程。这类方程的解法是：令 $y'=p(x)$，则 $y''=p'$。将原方程化为以 $p$ 为未知函数的一阶微分方程

$$p'=f(x,p)$$

根据一阶微分方程的解法，如果能求得它的通解 $p=\varphi(x,C_1)$，则得

$$y'=\varphi(x,C_1)$$

对上式两端积分，得

$$y=\int\varphi(x,C_1)\mathrm{d}x$$

这就是原方程的通解。

**例 2** 求微分方程 $(1+x^2)y''=2xy'$ 的通解。

**解** 令 $y'=p(x)$，则 $y''=p'$。将原方程化为以 $p$ 为未知函数的一阶微分方程，得

$$(1+x^2)p'=2xp$$

分离变量，得

$$\frac{1}{p}\mathrm{d}p=\frac{2x}{1+x^2}\mathrm{d}x$$

两端积分，得

$$\ln|p|=\ln(1+x^2)+C$$

整理得

$$p=C_1(1+x^2)\quad(C_1=\pm\mathrm{e}^C)$$

即

$$y'=C_1(1+x^2)$$

对上式再积分，得

$$y=C_1\left(x+\frac{x^3}{3}\right)+C_2\quad(C_1,C_2\text{ 为任意常数})$$

这就是原方程的通解。

★★ 扩展模块

### 三、$y''=f(y,y')$ 型

这类方程的特点是不显含自变量 $x$，解决的方法是：令 $y'=p(y)$，于是，得

$$y''=\frac{\mathrm{d}p}{\mathrm{d}x}=\frac{\mathrm{d}p}{\mathrm{d}y}\cdot\frac{\mathrm{d}y}{\mathrm{d}x}=p\frac{\mathrm{d}p}{\mathrm{d}y}$$

原方程就化为

$$p\frac{\mathrm{d}p}{\mathrm{d}y}=f(y,p)$$

这是一个关于变量 $y,p$ 的一阶微分方程。设它的通解为 $p=\varphi(y,C_1)$，则得

$$y'=p=\varphi(y,C_1)$$

这是可分离变量的方程，对其积分可得原方程的通解为

$$\int\frac{\mathrm{d}y}{\varphi(y,C_1)}=x+C_2$$

**例 3** 求微分方程 $yy''-y'^2=0$ 的通解。

**解** 设 $y'=p(y)$，则 $y''=p\dfrac{dp}{dy}$，代入原方程中，得

$$yp\frac{dp}{dy}-p^2=0$$

即

$$p\left(y\frac{dp}{dy}-p\right)=0$$

当 $p\neq 0$ 时可得

$$y\frac{dp}{dy}-p=0$$

分离变量得

$$\frac{dp}{p}=\frac{dy}{y}$$

两边积分，得

$$\ln|p|=\ln|y|+\ln|C|$$

整理得

$$p=C_1y\quad (C_1=\pm C)$$

即

$$y'=C_1y$$

再分离变量并两边积分得

$$y=C_2e^{C_1x}$$

由 $p=0$ 得 $y'=0$，此时可得解 $y=C$。

因为 $y=C$ 包含在 $y=C_2e^{C_1x}$ 中，所以原方程的通解为

$$y=C_2e^{C_1x}\quad (C_1,C_2\text{ 为任意常数})$$

## 习题 6-3

### A 组

求下列微分方程的解。

(1) $y''=x+\sin x$，$y|_{x=0}=0$ $y'|_{x=0}=1$　　(2) $y''=e^{2x}$

(3) $xy''+y'=0$　　(4) $y''+\dfrac{1}{x}y'=x+\dfrac{1}{x}$

### B 组

1. 求下列微分方程的解。

(1) $y''-xe^x=0$　　(2) $y''+2y'=x$

(3) $y''=1+y'^2$　　(4) $yy''=2y'^2$

2. 求微分方程 $y^3y''+1=0$ 满足初始条件 $y|_{x=0}=1$，$y'|_{x=0}=1$ 的特解。

# 第四节　二阶线性微分方程

★ 基础模块

本节主要讨论在实际问题中应用较多的二阶线性微分方程。

## 一、二阶线性微分方程解的结构

二阶线性微分方程的一般形式为

$$y''+P(x)y'+Q(x)y=f(x) \tag{6-11}$$

其中 $P(x)$,$Q(x)$及 $f(x)$是自变量 $x$ 的已知函数,函数 $f(x)$称为方程(6-11)的自由项。当 $f(x)=0$ 时,方程(6-11)化为

$$y''+P(x)y'+Q(x)y=0 \tag{6-12}$$

称为二阶齐次线性微分方程;当 $f(x)\neq 0$ 时,方程(6-11)称为二阶非齐次线性微分方程。

下面讨论二阶齐次线性微分方程和非齐次线性微分方程解的一些性质。

**定理 1**　如果函数 $y_1(x)$与 $y_2(x)$是方程(6-12)的两个解,则

$$y=C_1y_1(x)+C_2y_2(x) \tag{6-13}$$

也是方程(6-12)的解,其中 $C_1$,$C_2$ 是任意常数。

**证明**　将(6-13)代入方程(6-12)的左边,得

$$\begin{aligned}&(C_1y_1+C_2y_2)''+P(x)(C_1y_1+C_2y_2)'+Q(x)(C_1y_1+C_2y_2)\\=&(C_1y_1''+C_2y_2'')+P(x)(C_1y_1'+C_2y_2')+Q(x)(C_1y_1+C_2y_2)\\=&C_1[y_1''+P(x)y_1'+Q(x)y_1]+C_2[y_2''+P(x)y_2'+Q(x)y_2]\\=&0\end{aligned}$$

所以(6-13)式是方程(6-12)的解。

定理 1 表明,二阶齐次线性微分方程的解具有叠加性。叠加起来的式(6-13)从形式上看虽然含有 $C_1$ 与 $C_2$ 两个任意常数,但它却不一定是方程(6-12)的通解。这是因为定理 1 的条件中并没有保证 $C_1$ 与 $C_2$ 这两个任意常数是相互独立的。在什么情况下式(6-13)才是方程式(6-12)的通解呢?为了解决这个问题,我们引入一个新的概念,即函数的线性相关与线性无关。

**定义**　设 $y_1(x)$,$y_2(x)$是定义在区间 $I$ 内的两个函数,如果存在两个不全为零的常数 $k_1$,$k_2$,使得在区间 $I$ 内恒有 $k_1y_1+k_2y_2=0$,则称这两个函数在区间 $I$ 内线性相关,否则称线性无关。

由定义可知,在区间 $I$ 内的两个函数是否线性相关,只要看它们的比是否为常数,如果比为常数,它们就线性相关,否则就线性无关。

例如,函数 $y_1(x)=\sin 2x$,$y_2(x)=4\sin x\cos x$ 是两个线性相关的函数,因为

$$\frac{y_2(x)}{y_1(x)}=\frac{4\sin x\cos x}{\sin 2x}=2$$

而函数 $y_1(x)=\cos x$,$y_2(x)=\sin x$ 是两个线性无关的函数,因为

$$\frac{y_2(x)}{y_1(x)}=\frac{\sin x}{\cos x}=\tan x\neq \text{常数}$$

**定理 2** 如果 $y_1(x)$ 与 $y_2(x)$ 是方程(6-12)的两个线性无关的特解，则

$$y=C_1y_1(x)+C_2y_2(x)$$

就是方程(6-12)的通解，其中 $C_1,C_2$ 是任意常数。

现在我们来讨论二阶非齐次线性微分方程(6-11)的通解。

**定理 3** 设 $y^*$ 是二阶非齐次线性微分方程(6-11)的一个特解，$Y$ 是它对应的二阶齐次线性微分方程(6-12)的通解，则 $y=Y+y^*$ 就是二阶非齐次线性微分方程(6-11)的通解。

**证明** 把 $y=Y+y^*$ 代入方程(6-11)左边，得

$$\begin{aligned}&(Y''+y^{*\prime\prime})+P(x)(Y'+y^{*\prime})+Q(x)(Y+y^*)\\&=[Y''+P(x)Y'+Q(x)Y]+[y^{*\prime\prime}+P(x)y^{*\prime}+q(x)y^*]\\&=0+f(x)=f(x)\end{aligned}$$

即 $y=Y+y^*$ 是方程(6-11)的解。由于对应的二阶齐次线性微分方程(6-12)的通解 $Y=C_1y_1(x)+C_2y_2(x)$ 中含有两个任意常数，所以 $y=Y+y^*$ 中也含有两个任意常数，因此它就是二阶非齐次线性微分方程(6-11)的通解。

例如，方程 $y''+y=x^2$ 是二阶非齐次线性微分方程，已知其对应的二阶齐次线性微分方程 $y''+y=0$ 的通解为 $y=C_1\cos x+C_2\sin x$，又容易验证 $y=x^2-2$ 是该方程的一个特解，所以

$$y=C_1\cos x+C_2\sin x+x^2-2$$

就是方程 $y''+y=x^2$ 的通解。

**定理 4** 设二阶非齐次线性微分方程(6-11)的右端是两个函数的和，如

$$y''+P(x)y'+Q(x)y=f_1(x)+f_2(x) \tag{6-14}$$

而 $y_1^*,y_2^*$ 分别是方程

$$y''+P(x)y'+Q(x)y=f_1(x)$$

$$y''+P(x)y'+Q(x)y=f_2(x)$$

的特解，那么 $y_1{}^*+y_2{}^*$ 就是方程(6-14)的特解。

这一定理通常称为二阶非齐次线性微分方程解的叠加原理。

在二阶线性微分方程

$$y''+P(x)y'+Q(x)y=f(x)$$

中，如果 $y',y$ 的系数 $P(x),Q(x)$ 都是常数，则上式为

$$y''+py'+qy=f(x) \tag{6-15}$$

其中 $p,q$ 是常数，则称方程(6-15)为二阶常系数线性微分方程。我们把二阶常系数线性微分方程分成齐次方程和非齐次方程两类，下面讨论这两类方程的解法。

## 二、二阶常系数齐次线性微分方程的通解

对于二阶常系数齐次线性微分方程

$$y''+py'+qy=0 \tag{6-16}$$

由前面的讨论可知，要求出方程(6-16)的通解，可先求出它的两个线性无关的特解 $y_1$，$y_2$，则 $y=C_1y_1+C_2y_2$ 就是方程(6-16)的通解。

由于方程(6-16)是由 $y''$、$y'$ 与 $y$ 各乘以常数因子后相加等于零所构成的，如果能找到一个函数 $y$，并且它具有 $y''$，$y'$ 与 $y$ 之间只相差一个常数的特点，这样的函数就有可能是方

程(6-16)的特解。而指数函数 $y=e^{rx}$ 具有这一特征,于是,令 $y=e^{rx}$ 来尝试求解,其中 $r$ 为待定常数。

把 $y=e^{rx}, y'=re^{rx}, y''=r^2e^{rx}$ 代入方程(6-16),得

$$(r^2+pr+q)e^{rx}=0$$

由于 $e^{rx}\neq0$,故

$$r^2+pr+q=0 \tag{6-17}$$

由此可见,只要 $r$ 是一元二次方程(6-17)的根,则 $y=e^{rx}$ 就是方程(6-16)的特解。于是,微分方程(6-16)的求解问题就转化为代数方程(6-17)的求根问题。

我们把代数方程(6-17)称为微分方程(6-16)的特征方程,并称特征方程的两个根 $r_1, r_2$ 为特征根。

由一元二次方程的求根方法可知,特征方程的两个根 $r_1, r_2$ 可以表示为

$$r_{1,2}=\frac{-p\pm\sqrt{p^2-4q}}{2}$$

它们有以下三种不同的情形。

(1) 当 $p^2-4q>0$ 时,特征根是两个不相等的实根:$r_1\neq r_2$。

这时方程(6-16)有两个特解 $y=e^{r_1x}$ 和 $y=e^{r_2x}$,且

$$\frac{y_1}{y_2}=\frac{e^{r_1x}}{e^{r_2x}}=e^{(r_1-r_2)x}\neq 常数$$

所以,方程(6-16)的通解是

$$y=C_1e^{r_1x}+C_2e^{r_2x}\quad (C_1, C_2\ 为任意常数)$$

(2) 当 $p^2-4q=0$ 时,特征根是两个相等的实根:$r_1=r_2=r$。

这时只能得到方程(6-16)的一个特解 $y_1=e^{rx}$,还需找出另一个与 $y_1$ 线性无关的特解 $y_2$,即使得

$$\frac{y_2}{y_1}=u(x)\neq 常数$$

为此可设

$$y_2=u(x)y_1=u(x)e^{rx}$$

其中 $u(x)$ 为待定函数。

求导

$$y_2'=[u'(x)+ru(x)]e^{rx}\quad y_2''=[u''(x)+2ru'(x)+r^2u(x)]e^{rx}$$

把 $y_2, y_2', y_2''$ 代入微分方程(6-16),得

$$(u''+2ru'+r^2u)e^{rx}+p(u'+ru)e^{rx}+que^{rx}=0$$

消去 $e^{rx}$ 并整理后,得

$$u''+(2r+p)u'+(r^2+pr+q)u=0$$

因 $r$ 是特征方程(6-17)的二重根,故 $r^2+pr+q=0, 2r+p=0$,于是得 $u''=0$。我们不妨选取它的最简单的一个解 $u(x)=x$,由此就得到方程(6-16)的另一个特解 $y_2=xe^{rx}$,且 $y_1, y_2$ 线性无关,从而得到方程(6-16)的通解为

$$y=(C_1+C_2x)e^{rx} \quad (C_1,C_2\text{ 为任意常数})$$

(3) 当 $p^2-4q<0$ 时，特征根是一对共轭复根：$r_1=\alpha+i\beta, r_2=\alpha-i\beta(\beta\neq 0)$。这时 $y_1=e^{(\alpha+i\beta)x}, y_2=e^{(\alpha-i\beta)x}$ 是方程 $y''+py'+qy=0$ 的两个特解。但这两个复数形式的特解不便于应用。为了得出实数形式解，可借助欧拉公式

$$e^{i\theta}=\cos\theta+i\sin\theta$$

将 $y_1, y_2$ 改写成

$$y_1=e^{(\alpha+i\beta)x}=e^{\alpha x}(\cos\beta x+i\sin\beta x)$$

$$y_2=e^{(\alpha-i\beta)x}=e^{\alpha x}(\cos\beta x-i\sin\beta x)$$

令

$$\overline{y_1}=\frac{1}{2}(y_1+y_2)=e^{\alpha x}\cos\beta x$$

$$\overline{y_2}=\frac{1}{2i}(y_1-y_2)=e^{\alpha x}\sin\beta x$$

则根据定理1知，$\overline{y_1}, \overline{y_2}$ 仍是方程(6-16)的两个特解，且线性无关，从而方程(6-16)的通解可表示为

$$y=e^{\alpha x}(C_1\cos\beta x+C_2\sin\beta x) \quad (C_1,C_2\text{ 为任意常数})$$

综上所述，可知求二阶常系数齐次线性微分方程(6-16)的通解的步骤如下。

(1) 写出微分方程(6-16)的特征方程 $r^2+pr+q=0$。

(2) 求出特征方程的两个根 $r_1, r_2$。

(3) 根据特征方程两个根的不同情形，按照表6-1写出微分方程的通解。

表 6-1

| 特征方程 $r^2+pr+q=0$ 的两个根 $r_1, r_2$ | 微分方程 $y''+py'+qy=0$ 的通解 |
|---|---|
| 两个不相等的实根 $r_1\neq r_2$ | $y=C_1e^{r_1x}+C_2e^{r_2x}$ |
| 两个相等的实根 $r_1=r_2=r$ | $y=(C_1+C_2x)e^{rx}$ |
| 一对共轭复根 $r_{1,2}=\alpha\pm i\beta$ | $y=e^{\alpha x}(C_1\cos\beta x+C_2\sin\beta x)$ |

**例1** 求微分方程 $y''-5y'+6y=0$ 的通解。

**解** 所给微分方程的特征方程为 $r^2-5r+6=0$，其特征根 $r_1=2, r_2=3$ 是两个不相等的实根，因此所求微分方程的通解为

$$y=C_1e^{2x}+C_2e^{3x}$$

**例2** 求微分方程 $y''+4y'+4y=0$ 的通解。

**解** 所给微分方程的特征方程为 $r^2+4r+4=0$，其特征根 $r_1=r_2=-2$ 是两个相等的实根，因此所求微分方程的通解为

$$y=(C_1+C_2x)e^{-2x}$$

**例3** 求微分方程 $y''-2y'+5y=0$ 的通解。

**解** 所给微分方程的特征方程为 $r^2-2r+5=0$，其特征根 $r_1=1+2i, r_2=1-2i$ 是一对共轭复根，因此所求微分方程的通解为

$$y=e^x(C_1\cos 2x+C_2\sin 2x)$$

**★★ 扩展模块**

## 三、二阶常系数非齐次线性微分方程的通解

二阶常系数非齐次线性微分方程的一般形式为

$$y''+py'+qy=f(x)\quad (f(x)\neq 0) \tag{6-18}$$

其中 $p,q$ 是常数。

根据定理3可知，要求方程(6-18)的通解，只需先求出与它对应的二阶常系数齐次线性微分方程(6-16)的通解 $Y=C_1y_1+C_2y_2$，再求出方程(6-18)的一个特解 $y^*$，两个解相加，得

$$y=C_1y_1+C_2y_2+y^*$$

这就是方程(6-18)的通解。

前面我们已经讨论了求二阶常系数齐次线性微分方程(6-16)的通解的方法，因此，只需讨论如何求非齐次线性微分方程(6-18)的一个特解 $y^*$ 就可以了。如果要对 $f(x)$ 的任意情形来求方程(6-18)的特解是很困难的，这里只就 $f(x)$ 的两种常见的情形分别进行讨论。

(1) $f(x)=P_n(x)e^{\lambda x}$。其中 $P_n(x)$ 是 $x$ 的一个 $n$ 次多项式，$\lambda$ 是常数。

这时方程(6-18)写成

$$y''+py'+qy=P_n(x)e^{\lambda x} \tag{6-19}$$

上式右端是多项式 $P_n(x)$ 与指数函数 $e^{\lambda x}$ 的乘积，而多项式与指数函数乘积的导数仍是同一类型的函数，因此，我们推测方程(6-19)可能具有如下形式的特解：

$$y^*=Q(x)e^{\lambda x}\quad (Q(x)\text{ 为某个多项式})$$

求导

$$y^{*\prime}=[\lambda Q(x)+Q'(x)]e^{\lambda x}\quad y^{*\prime\prime}=[\lambda^2Q(x)+2\lambda Q'(x)+Q''(x)]e^{\lambda x}$$

代入方程(6-19)，并消去 $e^{\lambda x}$，得

$$Q''(x)+(2\lambda+p)Q'(x)+(\lambda^2+p\lambda+q)Q(x)=P_n(x)$$

此时分为以下三种不同的情况。

① 当 $\lambda$ 不是特征方程(6-17)的根时，即 $\lambda^2+p\lambda+q\neq 0$ 时，$Q(x)$ 应为一个 $n$ 次多项式，可设方程(6-19)的特解形式为 $y^*=Q_n(x)e^{\lambda x}$。

② 当 $\lambda$ 是特征方程(6-17)的单根时，则 $\lambda^2+p\lambda+q=0$，$2\lambda+p\neq 0$，这时 $Q'(x)$ 是 $x$ 的 $n$ 次多项式，则 $Q(x)$ 应为一个 $n+1$ 次多项式，可设方程(6-19)的特解形式为 $y^*=xQ_n(x)e^{\lambda x}$。

③ 当 $\lambda$ 是特征方程(6-17)的重根时，则 $\lambda^2+p\lambda+q=0$，$2\lambda+p=0$，这时 $Q''(x)$ 必须是 $x$ 的 $n$ 次多项式，则 $Q(x)$ 应为一个 $n+2$ 次多项式，可设方程(6-19)的特解形式为 $y^*=x^2Q_n(x)e^{\lambda x}$。

综上所述，当 $f(x)=P_n(x)e^{\lambda x}$ 时，方程(6-19)的特解 $y^*$ 具有表6-2所示的形式。

**表 6-2**

| $f(x)$ 的形式 | 条　件 | 特解 $y^*$ 的形式 |
|---|---|---|
| $f(x)=P_n(x)e^{\lambda x}$ | $\lambda$ 不是特征根 | $y^*=Q_n(x)e^{\lambda x}$ |
| | $\lambda$ 是特征单根 | $y^*=xQ_n(x)e^{\lambda x}$ |
| | $\lambda$ 是特征重根 | $y^*=x^2Q_n(x)e^{\lambda x}$ |

**例 4** 求微分方程 $y''-2y'-3y=3x+1$ 的一个特解。

**解** 所求方程为 $f(x)=P_n(x)e^{\lambda x}$ 型的二阶非齐次线性微分方程，其中

$$P_n(x)=3x+1 \quad \lambda=0$$

与所求方程对应的齐次方程是

$$y''-2y'-3y=0$$

其特征方程为

$$r^2-2r-3=0$$

特征根为 $r_1=-1, r_2=3$。

由于 $\lambda=0$ 不是特征方程的根，故可设特解为

$$y^*=b_0x+b_1$$

把它代入所求方程，得

$$-3b_0x-2b_0-3b_1=3x+1$$

比较上式两端的系数，得

$$\begin{cases}-3b_0=3\\-2b_0-3b_1=1\end{cases}$$

解得 $b_0=-1, b_1=\frac{1}{3}$。

所以，所求方程的一个特解为 $y^*=-x+\frac{1}{3}$。

**例 5** 求微分方程 $y''-5y'+6y=xe^{2x}$ 的通解。

**解** 所求方程为 $f(x)=P_n(x)e^{\lambda x}$ 型的二阶非齐次线性微分方程，其中

$$P_n(x)=x \quad \lambda=2$$

与所求方程对应的齐次方程是

$$y''-5y'+6y=0$$

其特征方程为

$$r^2-5r+6=0$$

其特征根 $r_1=2, r_2=3$ 是两个不相等的实根，因此与所求微分方程对应的齐次方程的通解为

$$Y=C_1e^{2x}+C_2e^{3x}$$

由于 $\lambda=2$ 是特征方程的单根，故可设特解为

$$y^*=x(b_0x+b_1)e^{2x}$$

把它代入所求方程，得

$$-2b_0x+2b_0-b_1=x$$

比较上式两端同次幂的系数，得

$$\begin{cases}-2b_0=1\\2b_0-b_1=0\end{cases}$$

解得 $b_0=-\frac{1}{2}, b_1=-1$。由此求得一个特解为

$$y^*=-x\left(\frac{1}{2}x+1\right)e^{2x}$$

从而所求方程的通解

$$y=C_1e^{2x}+C_2e^{3x}-x\left(\frac{1}{2}x+1\right)e^{2x}$$

(2) $f(x)=e^{\lambda x}[P_l(x)\cos\omega x+P_n(x)\sin\omega x]$。其中 $\lambda,\omega$ 是常数；$P_l(x)$ 和 $P_n(x)$ 分别是 $l$ 次和 $n$ 次多项式。

这时方程 $y''+py'+qy=f(x)$ 成为

$$y''+py'+qy=e^{\lambda x}[P_l(x)\cos\omega x+P_n(x)\sin\omega x] \tag{6-20}$$

因为 $P_l(x)\cos\omega x+P_n(x)\sin\omega x$ 的导数仍是同样形式的函数，可以推出式(6-20)的特解写成如下形式

$$y^*=x^k e^{\lambda x}[R_m^{(1)}(x)\cos\omega x+R_m^{(2)}(x)\sin\omega x]$$

其中 $R_m^{(1)}(x),R_m^{(2)}(x)$ 是 $m$ 次多项式，$m=\max\{l,n\}$，而 $k$ 按 $\lambda+\omega i(\lambda-\omega i)$ 是否为特征方程的单根依次取 0 或 1，如表 6-3 所示。

表 6-3

| $f(x)$ 的形式 | 条 件 | 特解 $y^*$ 的形式 |
|---|---|---|
| $f(x)=P_l(x)\cos\omega x+P_n(x)\sin\omega x$ | $\lambda\pm\omega i$ 不是特征根 | $y^*=e^{\lambda x}[R_m^{(1)}(x)\cos\omega x+R_m^{(2)}(x)\sin\omega x]$ |
| | $\lambda\pm\omega i$ 是特征单根 | $y^*=xe^{\lambda x}[R_m^{(1)}(x)\cos\omega x+R_m^{(2)}(x)\sin\omega x]$ |

**例 6** 求微分方程 $y''+y=x\cos 2x$ 的一个特解。

**解** 所求微分方程为 $f(x)=e^{\lambda x}[P_l(x)\cos\omega x+P_n(x)\sin\omega x]$ 型。其中 $\lambda=0,\omega=2$，$P_l(x)=x,P_n(x)=0$。

对应的齐次方程为 $y''+y=0$，其特征方程为 $r^2+1=0$，特征根 $r=\pm i$。

由于 $\lambda\pm i\omega=\pm 2i$ 不是特征方程的根，所以可设非齐次方程的特解为

$$y^*=(ax+b)\cos 2x+(cx+d)\sin 2x$$

代入所求方程，得

$$(-3ax-3b+4c)\cos 2x-(3cx+3d+4a)\sin 2x=x\cos 2x$$

比较上式两边同类项的系数，得

$$\begin{cases}-3a=1\\-3b+4c=0\\-3c=0\\-3d-4a=0\end{cases}$$

解得 $a=-\frac{1}{3},b=0,c=0,d=\frac{4}{9}$。

于是，所求微分方程的一个特解为

$$y^*=-\frac{1}{3}x\cos 2x+\frac{4}{9}\sin 2x$$

## 习题 6-4

### A 组

1. 求下列微分方程的解。

(1) $y''+y'-2y=0$　　(2) $y''-2y'+y=0$

(3) $y''-y=0$　　(4) $y''-4y'+5y=0$

(5) $y''-4y'+3y=0, y|_{x=0}=6, y'|_{x=0}=10$

2. 设 $y_1=e^{2x}, y_2=e^{-3x}$ 都是微分方程 $y''+py'+qy=0$ 的解，写出该方程的通解并求出 $p, q$ 的值。

B 组

1. 求下列微分方程的解。

(1) $2y''+y'-y=2e^x$

(2) $y''+y'-2y=2x, y|_{x=0}=0, y'|_{x=0}=1$

(3) $y''-10y'+9y=e^{2x}, y|_{x=0}=\frac{6}{7}, y'|_{x=0}=\frac{33}{7}$

2. 求微分方程 $y''+4y=x\cos x$ 的通解。

# 应用与实践

微分方程在几何、力学和物理等实际问题中具有广泛的应用，下面我们列举两个实例，说明微分方程的实际应用。

## 一、衰变问题

放射性元素铀由于不断放射出射线而逐渐减少其质量，这种现象称为放射性元素的衰变。由原子物理学知道，铀的衰变速度与当时物质的质量成正比，求放射性元素铀在时刻 $t$ 的质量。

**分析**：设 $x$ 表示放射性元素铀在时刻 $t$ 的质量，则 $\frac{dx}{dt}$ 表示 $x$ 在时刻 $t$ 的衰变速度，于是"衰变速度与当时物质的质量成正比"可表示为

$$\frac{dx}{dt}=-kx$$

这是一个以 $x$ 为未知函数的一阶微分方程，其中 $k>0$，是比例常数，叫作衰变常数。$k$ 前面的负号是表示当时间 $t$ 增加时，质量 $x$ 减少。

将方程分离变量，得

$$\frac{dx}{x}=-k\,dt$$

两边积分

$$\int\frac{dx}{x}=\int(-k)\,dt$$

以 $\ln C$ 表示任意常数，而 $x>0$，得

$$\ln x=-kt+\ln C$$

即

$$x=Ce^{-kt}$$

若初始条件为

$$x|_{x=0}=x_0$$

代入上式，得 $x_0=Ce^0=C$，故有

$$x=x_0e^{-kt}$$

这就是放射性元素铀的衰变规律。

## 二、水流问题

有一个高为 1m 的半球形容器，水从它的底部小孔流出，小孔的横截面积为 $1\text{cm}^2$，开始时容器内注满了水，求水从小孔流出过程中容器里水面的高度 $h$ 随时间 $t$ 变化的规律。

根据水力学知道，水从孔口流出的流量（通过孔口横截面的水的体积 $V$ 对时间 $t$ 的变化率）$Q=\frac{\mathrm{d}V}{\mathrm{d}t}=0.62S\sqrt{2gh}$。其中 0.62 为流量系数，$S$ 为孔口横截面的面积，$g$ 为重力加速度。

**分析**：如图 6-1 所示，由已知条件 $S=1\text{cm}^2$，所以

$$\frac{\mathrm{d}V}{\mathrm{d}t}=0.62\sqrt{2gh}$$

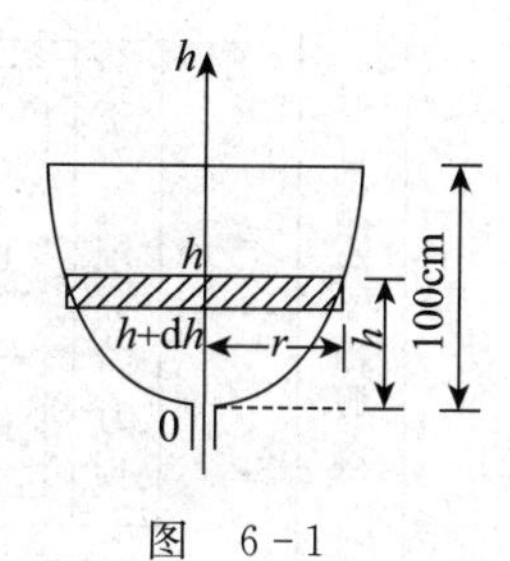

图 6-1

或

$$\mathrm{d}V=0.62\sqrt{2gh}\,\mathrm{d}t$$

另外，设在微小时间间隔$[t,t+\mathrm{d}t]$内，水面高度由 $h$ 降至 $h+\mathrm{d}h$（$\mathrm{d}h<0$），则又有

$$\mathrm{d}V=-\pi r^2\mathrm{d}h$$

其中，$r$ 是在时刻 $t$ 时的水面半径，负号表示 $\mathrm{d}h<0$ 而 $\mathrm{d}V>0$。因有

$$r=\sqrt{100^2-(100-h)^2}=\sqrt{200h-h^2}$$

所以，有

$$\mathrm{d}V=-\pi(200h-h^2)\mathrm{d}h$$

于是，得

$$0.62\sqrt{2gh}\,\mathrm{d}t=-\pi(200h-h^2)\mathrm{d}h$$

将上式分离变量，得

$$\mathrm{d}t=-\frac{\pi}{0.62\sqrt{2g}}\left(200h^{\frac{1}{2}}-h^{\frac{3}{2}}\right)\mathrm{d}h$$

上式两边积分，得

$$t=-\frac{\pi}{0.62\sqrt{2g}}\left(\frac{400}{3}h^{\frac{3}{2}}-\frac{2}{5}h^{\frac{5}{2}}\right)+C$$

其中 $C$ 是任意常数。

将初始条件 $h|_{t=0}=100$ 代入上式后，可求得

$$C=\frac{\pi}{0.62\sqrt{2g}}\left(\frac{400000}{3}-\frac{200000}{5}\right)=\frac{\pi}{0.62\sqrt{2g}}\times\frac{14}{15}\times100^5$$

所以

$$t=\frac{\pi}{4.65\sqrt{2g}}\left(7\times10^{5}-10^{3}h^{\frac{3}{2}}+3h^{\frac{5}{2}}\right)$$

这就是水从小孔流出的过程中容器内水面高度 $h$ 与时间 $t$ 之间的函数关系。

# 本章知识结构图

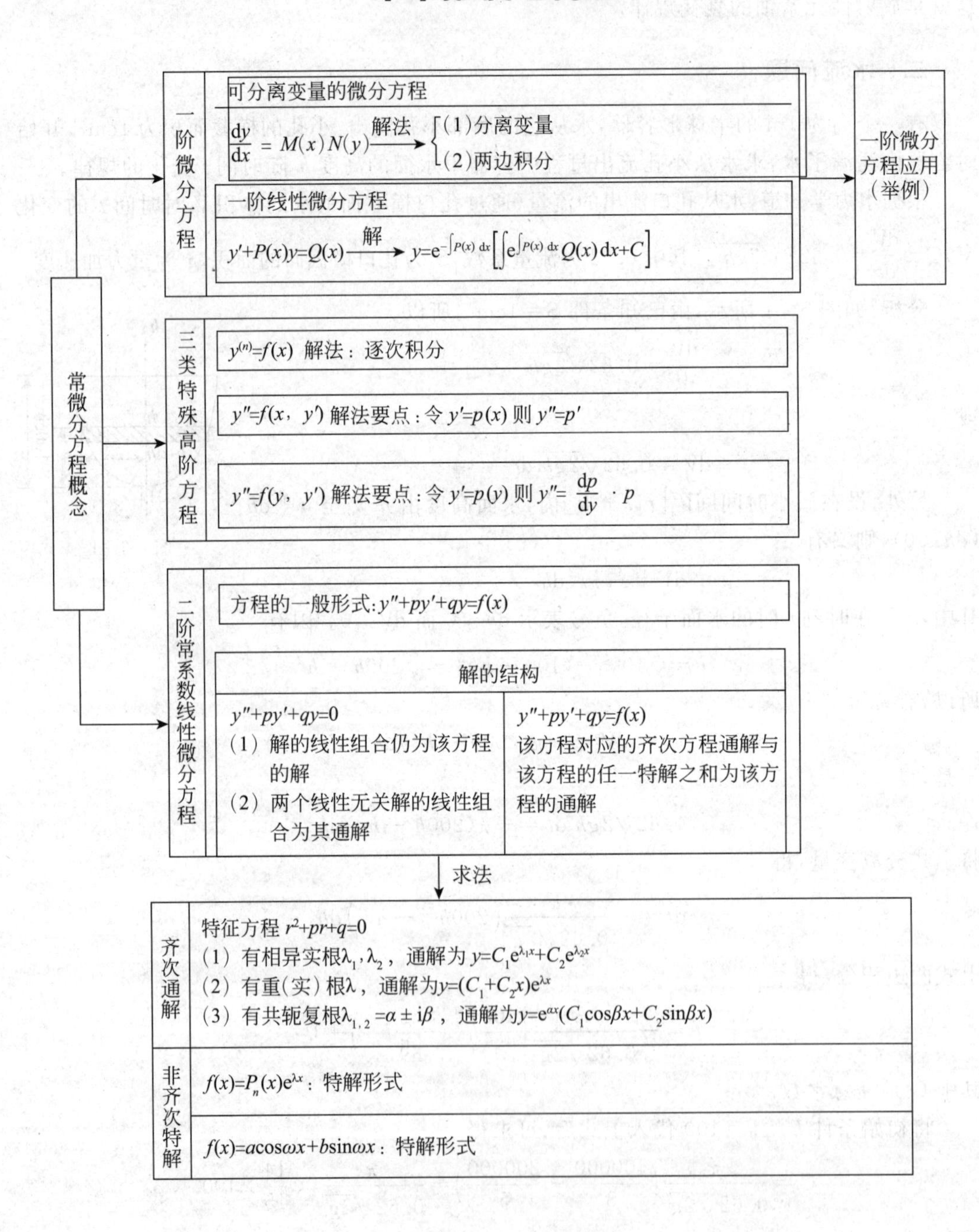

# 复习题六

## A 组

1. 填空题。

(1) 一阶非齐次线性微分方程的解法通常有__________和__________两种。

(2) 设 $y_1=\mathrm{e}^{x^2}$ 及 $y_2=x\mathrm{e}^{x^2}$ 是微分方程 $y''+p(x)y'+q(x)y=0$ 的解(其中 $p(x)$，$q(x)$是 $x$ 的连续函数)，则该方程的通解为__________。

(3) 若曲线 $y=f(x)$过$(1,0)$点，且曲线上任意一点处的切线的斜率为横坐标的二倍，则此曲线方程为__________。

(4) 方程$\frac{\mathrm{d}y}{\mathrm{d}x}=\frac{x}{y^2}$的通解为__________。

(5) 方程$\frac{\mathrm{d}y}{\mathrm{d}x}-\frac{2}{x+1}y=(x+1)^{\frac{5}{2}}$的通解为__________。

(6) 方程 $y''=\mathrm{e}^{2x}-\sin x$ 的通解为__________。

(7) 方程 $y''-y'=0$ 的通解为__________。

(8) 方程 $y''-6y'+25y=0$ 的通解为__________。

(9) 微分方程 $4y''+4y'+y=0$ 满足 $y(0)=2,y'(0)=0$ 的特解为__________。

(10) 以 $y=C_1x\mathrm{e}^x+C_2\mathrm{e}^x$ 为通解的二阶常系数线性齐次微分方程为__________。

2. 选择题。

(1) 微分方程 $y''=x^2+\cos 2x$，则方程的通解是(　　)。

A. $y=\frac{1}{3}x^4-\cos 2x+C_1x+C_2$　　B. $y=\frac{1}{12}x^4-\cos 2x+C_1x+C_2$

C. $y=\frac{1}{12}x^4-\frac{1}{4}\cos 2x+C_1x+C_2$　　D. $y=\frac{1}{3}x^4+\cos 2x+C_1x+C_2$

(2) 微分方程$\frac{\mathrm{d}y}{\mathrm{d}x}=2xy$ 的通解是(　　)。

A. $y=C\mathrm{e}^{x^2}$　　B. $y=C+\mathrm{e}^{x^2}$

C. $y=\mathrm{e}^{C_1x^2}$　　D. $y=C\mathrm{e}^x$

(3) 若 $y_1=x^2$，$y_2=x^2+\mathrm{e}^{2x}$，$y_3=x^2+\mathrm{e}^{2x}+\mathrm{e}^{5x}$ 都是微分方程 $y''+p(x)y'+q(x)y=f(x)$的解，则此微分方程的通解是(　　)。

A. $y=C_1x^2+C_2\mathrm{e}^{2x}$　　B. $y=C_1\mathrm{e}^{2x}+C_2\mathrm{e}^{5x}$

C. $y=C_1\mathrm{e}^{2x}+C_2\mathrm{e}^{5x}+x^2$　　D. $y=C_1\mathrm{e}^{5x}+C_2x^2$

(4) 微分方程$\frac{\mathrm{d}y}{\mathrm{d}x}=y^2\cos x$ 的解是(　　)。

A. $y=-\sin x+C$　　B. $y=-\cos x+C$

C. $y=\frac{1}{\cos x+C}$　　D. $y=-\frac{1}{\sin x+C}$及 $y=0$

(5) 方程$\frac{dy}{dx}=y\tan x+\sec x$满足初始条件$y(0)=0$的特解是(　　)。

A. $y=\frac{1}{\cos x}(C+x)$　　B. $y=\frac{x}{\cos x}$

C. $y=\frac{x}{\sin x}$　　D. $y=\frac{1}{\cos x}(2+x)$

3. 求下列微分方程的解。

(1) $y'-3xy=x$

(2) $y''+y'-2y=0$

(3) $y''+12y'+36y=0, y|_{x=0}=4, y'|_{x=0}=2$

(4) $(1-x^2)y''-xy'=0, y|_{x=0}=0, y'|_{x=0}=1$

4. 已知某曲线经过点(1,1),曲线上任意一点的切线在纵轴上的截距等于切点的横坐标,求它的方程。

## B 组

1. 填空题。

(1) 微分方程$y'=\frac{y(1-x)}{x}$的通解是________。

(2) 微分方程$xy'+2y=x\ln x$满足$y(1)=-\frac{1}{9}$的解为________。

(3) 微分方程$y\mathrm{d}x+(x-3y^2)\mathrm{d}y=0$满足条件$y|_{x=1}=1$的解为________。

(4) 二阶常系数非齐次微分方程$y''-4y'+3y=2\mathrm{e}^{2x}$的通解是________。

(5) 微分方程$(y+x^3)\mathrm{d}x-2x\mathrm{d}y=0$满足$y|_{x=1}=\frac{6}{5}$的特解为________。

(6) 微分方程$xy'+y=0$满足条件$y(1)=1$的解是________。

(7) 微分方程$(y+x^2\mathrm{e}^{-x})\mathrm{d}x-x\mathrm{d}y=0$的通解是________。

(8) 微分方程$\frac{dy}{dx}=\frac{y}{x}-\frac{1}{2}\left(\frac{y}{x}\right)^3$满足$y|_{x=1}=1$的特解为________。

(9) 若二阶常系数线性齐次方程$y''+ay'+by=0$的通解是$y=(C_1+C_2x)\mathrm{e}^x$,则非齐次方程$y''+ay'+by=x$满足初始条件$y(0)=2, y'(0)=0$的特解为$y=$________。

(10) 求微分方程$y'+y=\mathrm{e}^{-x}\cos x$满足条件$y(0)=0$的解为$y=$________。

2. 选择题。

(1) 设$y_1, y_2$是一阶线性非齐次微分方程$y'+p(x)y=q(x)x$的两个特解,若常数$\lambda, u$使$\lambda y_1+\mu y_2$是该方程的解,$\lambda y_1-\mu y_2$是该方程对应的齐次方程的解,则(　　)。

A. $\lambda=\frac{1}{2}, \mu=\frac{1}{2}$　　B. $\lambda=-\frac{1}{2}, \mu=-\frac{1}{2}$

C. $\lambda=\frac{2}{3}, \mu=\frac{1}{3}$　　D. $\lambda=\frac{2}{3}, \mu=\frac{2}{3}$

(2) 设非齐次线性微分方程$y'+P(x)y=Q(x)$有两个不同的解$y_1(x), y_2(x)$, $C$为

任意常数,则该方程的通解是(　　)。

A. $C[y_1(x)-y_2(x)]$　　B. $y_1(x)+C[y_1(x)-y_2(x)]$

C. $C[y_1(x)+y_2(x)]$　　D. $y_1(x)+C[y_1(x)+y_2(x)]$

(3) 函数 $y=C_1e^x+C_2e^{-2x}+xe^x$ 满足的一个微分方程是(　　)。

A. $y''-y'-2y=3xe^x$　　B. $y''-y'-2y=3e^x$

C. $y''+y'-2y=3xe^x$　　D. $y''+y'-2y=3e^x$

(4) 微分方程 $y''+y=x^2+1+\sin x$ 的特解形式可设为(　　)。

A. $y*=ax^2+bx+c+x(A\sin x+B\cos x)$

B. $y*=x(ax^2+bx+c+A\sin x+B\cos x)$

C. $y*=ax^2+bx+c+A\sin x$

D. $y*=ax^2+bx+c+A\cos x$

3. 解下列微分方程。

(1) $y''(x+y'^2)=y',y(1)=y'(1)=1$

(2) $y''-3y'+2y=2xe^x$

(3) $y''+2y'+y=\cos x,y|_{x=0}=0,y'|_{x=0}=\dfrac{3}{2}$

(4) $y''+4y'+3y=5\sin x$

4. 若函数 $f(x)$满足方程 $f''(x)+f'(x)-2f(x)=0$ 及 $f'(x)+f(x)=2e^x$,求函数 $f(x)$。

5. 一个质量为 4kg 的物体挂在弹簧上,弹簧伸长了 0.01m,现将弹簧拉长了 0.02m,然后放开,求弹簧的运动规律(设阻尼系数 $\mu=0$)。

# 第七章　多元函数微分学

前面研究的函数都是只有一个自变量的函数，称为一元函数，但自然科学和工程技术中所遇到的函数，往往依赖于两个或者更多个自变量。与一元函数相对应，我们把自变量多于一个的函数称为多元函数。

多元函数及其微分法是一元函数及其微分法的推广和拓展，它们有着许多类似之处，但也有着极大的差别。由于二元及二元以上的多元函数有着相似的微分学性质，因此本章重点讨论二元函数的极限、连续等基本概念及其微分法。

## 第一节　多元函数

**★ 基础模块**

### 一、多元函数的概念

在自然现象和实际问题中，我们常遇到依赖于两个变量的函数关系，举例如下。

**例 1**　任意矩形的面积 $S$ 与长 $x$ 和宽 $y$ 有下列关系：

$$S=xy \quad (x>0, y>0)$$

长 $x$ 和宽 $y$ 可以独立取值，是两个独立的变量(称为自变量)。在它们的变化范围内，当 $x$，$y$ 的值取定后，矩形的面积 $S$ 就有一个确定的值与之对应。

**例 2**　一定量的理想气体的压强 $P$ 与体积 $V$ 和绝对温度 $T$ 之间具有如下关系：

$$P=\frac{RT}{V} \quad (V>0, T>0, R \text{ 为常数})$$

在它们的变化范围内，当 $V$，$T$ 的值取定后，$P$ 就有一个确定的值与之对应。

上面两个例子的具体意义虽然不同，但它们却有共同的性质，抽出这些共性，就得到二元函数的定义。

**定义 1**　设有三个变量 $x$，$y$，$z$，若对于变量 $x$，$y$，在各自变化范围内独立取定的每一组值，变量 $z$ 按照一定的规律总有一定的值与之对应，则称 $z$ 为 $x$，$y$ 的二元函数，记作 $z=f(x,y)$，称 $x$，$y$ 为自变量，$z$ 为因变量。自变量的变化范围称为函数的定义域。

当自变量 $x$，$y$ 分别取值 $x_0$，$y_0$ 时，因变量 $z$ 的对应值 $z_0$ 称为函数 $z=f(x,y)$的当 $x=x_0$，$y=y_0$ 时的函数值，记作 $z_0=f(x_0,y_0)$。

类似地，可以定义三元函数 $u=f(x,y,z)$及三元以上的函数。二元以及二元以上的函数统称为多元函数。

二元函数的定义域通常是由一条或几条曲线所围成的平面区域，围成区域的曲线叫作该区域的边界。不包括边界的区域叫作开区域，连同边界在内的区域叫作闭区域。如果区域可以延伸到无限远,称该区域是无界的。例 1 和例 2 中函数的定义域都是无界的。

每个二元函数都有定义域。对于从实际问题提出的函数可从实际问题的具体意义确定定义域,如例 1 中的定义域是 $x>0, y>0$。对于用数学式子表示的函数,我们约定其定义域就是使该数学式子有意义的那些自变量取值的全体。

**例 3** 求函数 $z=\ln(x+y)$ 的定义域。

**解** 因为只有当 $x+y>0$ 时函数才有意义,所以,此函数的定义域为 $D=\{(x,y)\mid x+y>0\}$,即位于直线 $x+y=0$ 的上方,不包含直线 $x+y=0$ 上的点的半个平面。这是一个无界(开)区域,如图 7-1 的阴影部分所示。

我们曾在平面直角坐标系中描述一元函数 $y=f(x)$ 的图形,一般来说,它是平面的一条曲线。对于二元函数 $z=f(x,y)$,我们可以利用空间直角坐标系来描述它的图形。设 $z=f(x,y)$ 的定义域为 $xOy$ 平面上的某一区域 $D$,当自变量 $x,y$ 在区域 $D$ 内取定一组数 $x_0,y_0$,即在区域 $D$ 内选定一点 $P_0(x_0,y_0)$ 时,函数 $z$ 必有一确定的值 $z_0=f(x_0,y_0)$ 与之对应。于是这三个有序实数 $(x_0,y_0,z_0)$ 就确定了空间一个点 $M(x_0,y_0,z_0)$。一般来说,当点 $P(x,y)$ 在定义域内变动时,对应的点 $M(x,y,z)$ 的全体便形成一个空间曲面,这个曲面就是二元函数 $z=f(x,y)$ 的图形,如图 7-2 所示。

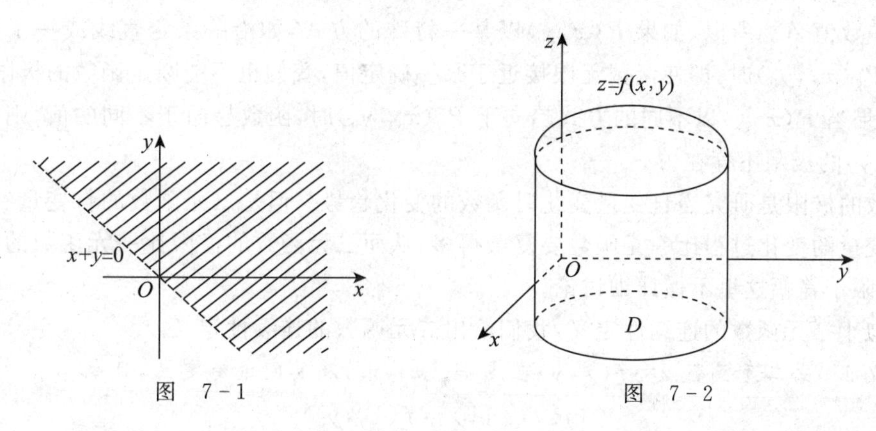


图 7-1　　图 7-2

例如,二元函数 $z=10-x-y$ 的图形是空间上的一个平面。此平面在三个坐标轴上的截距均为 10,它的图形如图 7-3 所示。

又如,二元函数 $z=\sqrt{9-x^2-y^2}$ 的图形是以原点为球心,以 3 为半径的上半个球面,如图 7-4 所示。

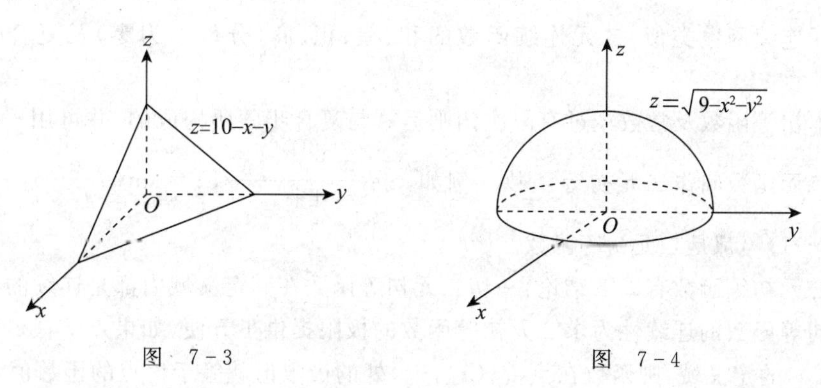


图 7-3　　图 7-4

## 二、二元函数的极限与连续

类似于一元函数的极限概念，对于给定的二元函数 $z=f(x,y)$，我们需要研究当自变量 $x,y$ 无限接近于一组实数 $x_0,y_0$ 时，对应的函数值的变化趋势，这就是二元函数的极限问题。下面给出二元函数的极限概念。

**定义 2** 设函数 $z=f(x,y)$ 在点 $P_0(x_0,y_0)$ 的附近有定义，如果当动点 $P(x,y)$ 以任何方式趋向于点 $P_0(x_0,y_0)$ 时（即当 $x\to x_0,y\to y_0$ 时），函数 $z=f(x,y)$ 总是无限接近于一个固定的数 $A$。那么，就说函数 $z=f(x,y)$ 当点 $P(x,y)$ 趋向于 $P_0(x_0,y_0)$ 时极限存在，$A$ 就叫作函数当 $P(x,y)$ 趋向于 $P_0(x_0,y_0)$ 时的极限，记作

$$\lim_{P\to P_0} f(x,y)=A$$

或

$$\lim_{\substack{x\to x_0\\ y\to y_0}} f(x,y)=A$$

**注意**：二元函数的极限存在，是指 $P(x,y)$ 以任何方式趋向于 $P_0(x_0,y_0)$ 时，函数都趋向于同一数值 $A$。所以，如果 $P(x,y)$ 以某一特殊的方式，如沿一条定直线或一条定曲线趋向于 $P_0(x_0,y_0)$ 时，即使函数无限接近于某一确定值，我们也不能断定函数的极限存在。但是，如果当 $P(x,y)$ 以不同的方式趋向于 $P_0(x_0,y_0)$ 时，函数趋向于不同的值，则可以断定 $f(x,y)$ 的极限不存在。

函数的极限是研究当自变量变化时函数的变化趋势。但是二元函数的自变量有两个，所以自变量的变化过程比一元函数要复杂得多，从而二元函数的极限比一元函数的极限也要复杂，限于篇幅这里不做详细讨论。

类似于一元函数的连续性定义，我们给出二元函数的连续性定义。

**定义 3** 若二元函数 $z=f(x,y)$ 在点 $P_0(x_0,y_0)$ 及其附近有定义，且

$$\lim_{\substack{x\to x_0\\ y\to y_0}} f(x,y)=f(x_0,y_0)$$

则称函数 $z=f(x,y)$ 在点 $P_0(x_0,y_0)$ 处连续。

若函数 $z=f(x,y)$ 在平面区域 $D$ 内每一点都连续，就说函数 $z=f(x,y)$ 在区域 $D$ 内是连续的。

与一元连续函数类似，二元连续函数的和、差、积、商（分母不为零）及复合仍是连续函数。

由基本初等函数及常数经过有限次四则运算与复合步骤所构成的，并可用一个数学式子表示的二元函数叫作二元初等函数。例如，$z=\dfrac{x+x^2-y^2}{1+x^2}$，$z=\sin(x+y)$，$z=e^{x+y}\cdot\ln(x^2+y^2+1)$ 等都是二元初等函数。

关于二元初等函数有以下结论：一切二元初等函数在其定义域内都是连续的。

二元初等函数的连续性为求二元初等函数的极限提供了方便，如果点 $P_0(x_0,y_0)$ 属于函数 $f(x,y)$ 的定义域，则函数在点 $P_0(x_0,y_0)$ 处的极限值就等于该点的函数值，即

$$\lim_{\substack{x \to x_0 \\ y \to y_0}} f(x,y) = f(x_0,y_0)$$

**例 4** 设 $f(x,y)=\dfrac{1-xy}{x^2+y^2}$，求 $\lim\limits_{\substack{x \to 1 \\ y \to 2}} f(x,y)$。

**解** $f(x,y)$ 是二元初等函数，定义域 $D=\{(x,y)\mid x \neq 0, y \neq 0\}$，而点 $(1,2)$ 在 $f(x,y)$ 的定义域 $D=\{(x,y)\mid x \neq 0, y \neq 0\}$ 内，所以函数在点 $(1,2)$ 处的极限值就等于该点的函数值，即

$$\lim_{\substack{x \to 1 \\ y \to 2}} f(x,y) = f(1,2) = \frac{1-1\times 2}{1^2+2^2} = -\frac{1}{5}$$

**例 5** 求极限 $\lim\limits_{\substack{x \to 0 \\ y \to 0}} \dfrac{\sqrt{xy+1}-1}{xy}$。

**解** $$\lim_{\substack{x \to 0 \\ y \to 0}} \frac{\sqrt{xy+1}-1}{xy} = \lim_{\substack{x \to 0 \\ y \to 0}} \frac{xy}{xy(\sqrt{xy+1}+1)} = \lim_{\substack{x \to 0 \\ y \to 0}} \frac{1}{\sqrt{xy+1}+1} = \frac{1}{2}$$

**★★ 扩展模块**

**例 6** 求函数 $z=\arcsin(x^2+y^2)+\sqrt{2x-y^2}$ 的定义域。

**解** 要使函数有意义，须 $x,y$ 同时满足不等式

$$x^2+y^2 \leqslant 1 \text{ 及 } 2x-y^2 \geqslant 0$$

所以函数的定义域是

$$D=\{(x,y)\mid x^2+y^2 \leqslant 1 \text{ 且 } 2x-y^2 \geqslant 0\}$$

这是一个有界闭区域，如图 7-5 的阴影部分所示。

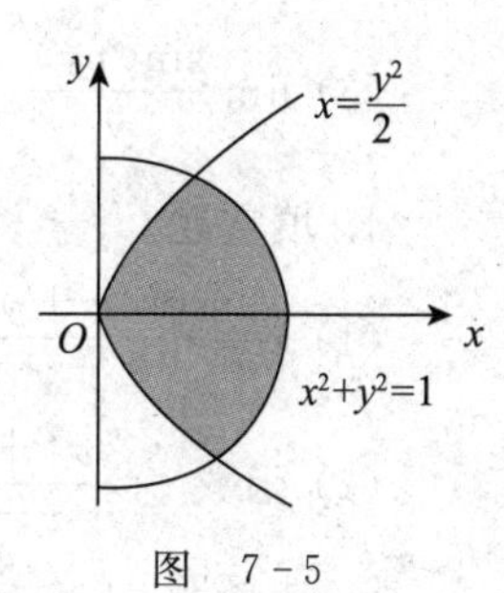


图 7-5

**例 7** 讨论二元函数

$$f(x,y)=\begin{cases} \dfrac{xy}{x^2+y^2}, & x^2+y^2 \neq 0 \\ 0, & x^2+y^2=0 \end{cases}$$

当 $P(x,y) \to O(0,0)$ 时的极限是否存在。

**解** 当 $P(x,y)$ 沿 $x$ 轴 $(y=0)$ 趋向于点 $(0,0)$ 时，

$$\lim_{\substack{x \to 0 \\ y=0}} f(x,y) = \lim_{x \to 0} f(x,0) = \lim_{x \to 0} \frac{x \cdot 0}{x^2+0^2} = 0$$

当 $P(x,y)$ 沿 $y$ 轴 $(x=0)$ 趋向于点 $(0,0)$ 时，

$$\lim_{\substack{x=0 \\ y \to 0}} f(x,y) = \lim_{y \to 0} f(0,y) = \lim_{y \to 0} \frac{0 \cdot y}{0^2+y^2} = 0$$

虽然 $P(x,y)$ 沿上述两条特殊路径趋向于原点时，函数趋向于同一数值 0，但是 $\lim\limits_{\substack{x \to 0 \\ y \to 0}} f(x,y)$ 并不存在，因为当 $P(x,y)$ 沿直线 $y=kx$ 趋向于 $(0,0)$ 时，有

$$\lim_{\substack{x \to 0 \\ y=kx}} \frac{xy}{x^2+y^2} = \lim_{x \to 0} \frac{kx^2}{x^2+k^2x^2} = \frac{k}{1+k^2}$$

上式右端的值随着 $k$ 而变化，当 $P(x,y)$ 沿不同的直线趋向于(0,0)时，$f(x,y)$ 趋向于不同的数值，所以 $f(x,y)$ 当 $P(x,y)$ 趋向于点(0,0)时的极限不存在。

## 习题 7-1

A 组

1. 求下列函数的定义域，并作出定义域的图形。

(1) $z=\sqrt{16-4x^2-4y^2}$

(2) $z=\ln(xy)+\sqrt{1-x^2}$

(3) $z=\sqrt{9-x^2-y^2}+\dfrac{1}{\sqrt{x^2+y^2-1}}$

(4) $z=\sin\dfrac{x}{y}+\sqrt{1-x}$

(5) $z=\sqrt{y^2-4x+8}$

(6) $z=\ln\left(2-\dfrac{y}{x}\right)$

2. 已知 $f(x,y)=xy+\dfrac{y}{x}$，求 $f(1,-1)$，$f(2,-3)$ 及 $f\left(ab,\dfrac{a}{b}\right)$。

3. 求下列极限。

(1) $\lim\limits_{\substack{x\to 1\\ y\to 2}}\dfrac{2xy}{x^2+y^2}$

(2) $\lim\limits_{\substack{x\to 0\\ y\to 0}}\dfrac{2-\sqrt{xy+4}}{xy}$

(3) $\lim\limits_{\substack{x\to 1\\ y\to 0}}\dfrac{\sin(xy)}{y}$

(4) $\lim\limits_{\substack{x\to 0\\ y\to 0}}\dfrac{\sin(x+y)}{x+y}$

4. 填空题。

(1) $z=\dfrac{\cos(x+y)}{x-y}$ 在点(2,−1)处______________(填“连续”或“间断”)。

(2) 函数 $z=\dfrac{x^2+y^2}{x-y}$ 的间断点是____________。

5. 选择题。

(1) $z=\sin\dfrac{\sqrt{x}}{y}$ 的定义域是(  )。

A. $\{(x,y)\mid 0<x<1, y\neq 0\}$

B. $\{(x,y)\mid 0\leqslant x\leqslant 1, y\neq 0\}$

C. $\{(x,y)\mid x\geqslant 0, y\neq 0\}$

D. $\{(x,y)\mid x>0, y\neq 0\}$

(2) $\lim\limits_{\substack{x\to 1\\ y\to 1}}\dfrac{x-y}{x^2-y^2}=$(  )。

A. 0

B. $\dfrac{1}{2}$

C. $\infty$

D. 不存在

B 组

1. 求函数的定义域，并作出定义域的图形。

(1) $z=\arcsin\dfrac{x}{2}+\sqrt{xy}$

(2) $z=\ln(y-x^2)+\sqrt{1-y-x^2}$

2. 求下列极限。

(1) $\lim\limits_{\substack{x\to 3\\ y\to\infty}}\left(1+\frac{x}{y}\right)^{y}$　　(2) $\lim\limits_{\substack{x\to\infty\\ y\to 0}}\frac{\sin(xy)}{x}$

3. 画出下列函数的图形。

(1) $z=3x+4y-1$　　(2) $z=3x^2+4y^2$

4. 证明极限$\lim\limits_{\substack{x\to 0\\ y\to 0}}\frac{x+y}{x-y}$不存在。

# 第二节 偏 导 数

★ 基础模块

## 一、偏导数的概念

在一元函数中,我们研究了函数的变化率及其应用。对于多元函数也需要研究函数的变化率。比如,一定量的理想气体,我们不仅需要了解它的体积 $V$ 随温度 $T$ 和压强 $P$ 变化的规律,而且还要了解恒温($T$ 是常数)时 $V$ 随 $P$ 变化的规律,以及等压($P$ 是常数)时 $V$ 随 $T$ 变化的规律。

多元函数对其中一个自变量的变化率就是偏导数,这时其他自变量保持不变。比如在二元函数 $z=f(x,y)$中,当自变量 $y$ 保持不变时,$z$ 对 $x$ 的变化率称为 $z$ 对 $x$ 的偏导数,由此我们有如下定义。

**定义** 设函数 $z=f(x,y)$在点 $P_0(x_0,y_0)$及其附近有定义,当 $y$ 固定在 $y_0$,而 $x$ 在 $x_0$ 有增量 $\Delta x$ 时,相应的函数 $z$ 在点 $P_0(x_0,y_0)$处有对 $x$ 的偏增量

$$\Delta_x z=f(x_0+\Delta x,y_0)-f(x_0,y_0)$$

如果

$$\lim_{\Delta x\to 0}\frac{\Delta_x z}{\Delta x}=\lim_{\Delta x\to 0}\frac{f(x_0+\Delta x,y_0)-f(x_0,y_0)}{\Delta x}$$

存在,则称此极限为函数 $z=f(x,y)$在点 $P_0(x_0,y_0)$处对 $x$ 的偏导数,记作

$$\left.\frac{\partial z}{\partial x}\right|_{(x_0,y_0)}\quad\text{或}\quad\left.\frac{\partial f}{\partial x}\right|_{(x_0,y_0)},z'_x(x_0,y_0),z_x(x_0,y_0),f_x(x_0,y_0)$$

即

$$f_x(x_0,y_0)=\lim_{\Delta x\to 0}\frac{f(x_0+\Delta x,y_0)-f(x_0,y_0)}{\Delta x}$$

类似地,函数 $z=f(x,y)$在点 $P_0(x_0,y_0)$处对 $y$ 的偏导数定义为

$$\lim_{\Delta y\to 0}\frac{f(x_0,y_0+\Delta y)-f(x_0,y_0)}{\Delta y}$$

记作

$$\left.\frac{\partial z}{\partial y}\right|_{(x_0,y_0)}\quad\text{或}\quad\left.\frac{\partial f}{\partial y}\right|_{(x_0,y_0)},f'_y(x_0,y_0),z'_y(x_0,y_0),z_y(x_0,y_0),f_y(x_0,y_0)$$

如果函数 $z=f(x,y)$ 在区域 $D$ 内每一点 $(x,y)$ 处对 $x$ 的偏导数都存在，则对于区域 $D$ 内每一点 $(x,y)$，都有一个偏导数与之对应，这样就在区域 $D$ 内定义了一个新的函数，这个函数称为 $z=f(x,y)$ 对 $x$ 的偏导函数（简称为偏导数），记作

$$\frac{\partial z}{\partial x} \quad 或 \quad \frac{\partial f}{\partial x}, f'_x(x,y), z'_x, z_x, f_x(x,y)$$

即

$$f_x(x,y)=\lim_{\Delta x\to 0}\frac{f(x+\Delta x,y)-f(x,y)}{\Delta x}$$

类似地，可得函数 $z=f(x,y)$ 对 $y$ 的偏导函数

$$f_y(x,y)=\lim_{\Delta y\to 0}\frac{f(x,y+\Delta y)-f(x,y)}{\Delta y}$$

记作

$$\frac{\partial z}{\partial y} \quad 或 \quad \frac{\partial f}{\partial y}, f'_y(x,y), z'_y, z_y, f_y(x,y)$$

需要注意以下两点。

(1) 一个二元函数 $z=f(x,y)$ 在区域 $D$ 内的偏导函数 $f_x(x,y)$（或 $f_y(x,y)$）也是一个二元函数。

(2) $f_x(x_0,y_0)$，$f_y(x_0,y_0)$ 分别是偏导函数 $f_x(x,y)$，$f_y(x,y)$ 在点 $P_0(x_0,y_0)$ 处的函数值。

在实际计算函数的偏导数时，并不需要新的方法，只需要注意在对一个变量求偏导数时，将另一个变量看作常量，按照一元函数求导的方法对该自变量求导即可。例如，求 $\frac{\partial z}{\partial x}$ 时，只需把 $y$ 看作常量而对 $x$ 求导数，求 $\frac{\partial z}{\partial y}$ 时则只需把 $x$ 看作常量而对 $y$ 求导数。

**例 1** 求 $z=x^2+3xy+2y^3$ 在点(1,2)处的偏导数。

**解** 先求偏导函数，对 $x$ 求偏导函数，将 $y$ 看作常量，得

$$\frac{\partial z}{\partial x}=2x+3y$$

对 $y$ 求偏导函数，将 $x$ 看作常量，得

$$\frac{\partial z}{\partial y}=3x+6y^2$$

再将(1,2)代入，得

$$\left.\frac{\partial z}{\partial x}\right|_{(1,2)}=8 \qquad \left.\frac{\partial z}{\partial y}\right|_{(1,2)}=27$$

**例 2** 求 $z=x^2\sin(xy)$ 的偏导数。

**解** $\frac{\partial z}{\partial x}=2x\cdot\sin(xy)+x^2\cdot\cos(xy)\cdot y=2x\sin(xy)+x^2y\cos(xy)$

$$\frac{\partial z}{\partial y}=x^2\cdot\cos(xy)\cdot x=x^3\cos(xy)$$

## 二、高阶偏导数

设 $z=f(x,y)$ 在区域 $D$ 内有偏导数 $f_x(x,y)$ 和 $f_y(x,y)$，则在区域 $D$ 内 $f_x(x,y)$ 和 $f_y(x,y)$ 仍是 $x,y$ 的函数，如果这两个函数的偏导数存在，则称它们为 $z=f(x,y)$ 的二阶偏导数。按照对变量求导次序的不同，有下列四个二阶偏导数：

$$\frac{\partial}{\partial x}\left(\frac{\partial z}{\partial x}\right)=\frac{\partial^2 z}{\partial x^2}=f_{xx}(x,y) \qquad \frac{\partial}{\partial y}\left(\frac{\partial z}{\partial x}\right)=\frac{\partial^2 z}{\partial x\partial y}=f_{xy}(x,y)$$

$$\frac{\partial}{\partial x}\left(\frac{\partial z}{\partial y}\right)=\frac{\partial^2 z}{\partial y\partial x}=f_{yx}(x,y) \qquad \frac{\partial}{\partial y}\left(\frac{\partial z}{\partial y}\right)=\frac{\partial^2 z}{\partial y^2}=f_{yy}(x,y)$$

其中 $f_{xy}(x,y)$ 和 $f_{yx}(x,y)$ 称为二阶混合偏导数。同样可以定义三阶、四阶……以及 $n$ 阶偏导数。二阶及二阶以上的偏导数统称为高阶偏导数，相对于高阶偏导数而言，$\frac{\partial z}{\partial x}=f_x(x,y)$ 及 $\frac{\partial z}{\partial y}=f_y(x,y)$ 称为 $z=f(x,y)$ 的一阶偏导数。

**例 3** 求函数 $z=3x^2y-2x^3y^2+4y^2+5$ 的二阶偏导数。

**解**

$$\frac{\partial z}{\partial x}=6xy-6x^2y^2 \qquad \frac{\partial z}{\partial y}=3x^2-4x^3y+8y$$

$$\frac{\partial^2 z}{\partial x^2}=6y-12xy^2 \qquad \frac{\partial^2 z}{\partial y^2}=-4x^3+8$$

$$\frac{\partial^2 z}{\partial x\partial y}=6x-12x^2y \qquad \frac{\partial^2 z}{\partial y\partial x}=6x-12x^2y$$

本例中两个二阶混合偏导数相等，即 $\frac{\partial^2 z}{\partial x\partial y}=\frac{\partial^2 z}{\partial y\partial x}$，这一现象并非偶然。事实上，我们有以下定理。

**定理** 若函数 $z=f(x,y)$ 的两个二阶混合偏导数 $\frac{\partial^2 z}{\partial x\partial y}$ 与 $\frac{\partial^2 z}{\partial y\partial x}$ 在区域 $D$ 内连续，则在该区域内这两个二阶混合偏导数相等。

证明从略。

该定理说明，二阶混合偏导数在连续的条件下与求导的次序无关。

**★★ 扩展模块**

**例 4** 设 $z=x^y(x>0,x\neq1)$，求证 $\frac{x}{y}\cdot\frac{\partial z}{\partial x}+\frac{1}{\ln x}\cdot\frac{\partial z}{\partial y}=2z$。

**证明** 因为

$$\frac{\partial z}{\partial x}=yx^{y-1} \qquad \frac{\partial z}{\partial y}=x^y\ln x$$

所以有

$$\frac{x}{y}\cdot\frac{\partial z}{\partial x}+\frac{1}{\ln x}\cdot\frac{\partial z}{\partial y}=\frac{x}{y}\cdot y\cdot x^{y-1}+\frac{1}{\ln x}\cdot x^y\cdot\ln x=2x^y=2z$$

**例 5** 已知 $u=\sqrt{x^2+y^2+z^2}$,求$\frac{\partial u}{\partial x},\frac{\partial u}{\partial y},\frac{\partial u}{\partial z}$。

**解** 求$\frac{\partial u}{\partial x}$时,将 $y$ 和 $z$ 看作常量,则有

$$\frac{\partial u}{\partial x}=\frac{2x}{2\sqrt{x^2+y^2+z^2}}=\frac{x}{\sqrt{x^2+y^2+z^2}}=\frac{x}{u}$$

求$\frac{\partial u}{\partial y}$时,将 $x$ 和 $z$ 看作常量,则有

$$\frac{\partial u}{\partial y}=\frac{2y}{2\sqrt{x^2+y^2+z^2}}=\frac{y}{\sqrt{x^2+y^2+z^2}}=\frac{y}{u}$$

类似地,有

$$\frac{\partial u}{\partial z}=\frac{z}{\sqrt{x^2+y^2+z^2}}=\frac{z}{u}$$

**例 6** 验证函数 $z=\ln\sqrt{x^2+y^2}$ 满足拉普拉斯(Laplace)方程

$$\frac{\partial^2 z}{\partial x^2}+\frac{\partial^2 z}{\partial y^2}=0$$

**证明** 因为

$$z=\ln\sqrt{x^2+y^2}=\frac{1}{2}\ln(x^2+y^2)$$

所以

$$\frac{\partial z}{\partial x}=\frac{1}{2}\cdot\frac{1}{x^2+y^2}\cdot 2x=\frac{x}{x^2+y^2}$$

$$\frac{\partial^2 z}{\partial x^2}=\frac{x^2+y^2-x\cdot 2x}{(x^2+y^2)^2}=\frac{y^2-x^2}{(x^2+y^2)^2}$$

同理

$$\frac{\partial z}{\partial y}=\frac{y}{x^2+y^2}$$

$$\frac{\partial^2 z}{\partial y^2}=\frac{x^2-y^2}{(x^2+y^2)^2}$$

因此

$$\frac{\partial^2 z}{\partial x^2}+\frac{\partial^2 z}{\partial y^2}=\frac{y^2-x^2}{(x^2+y^2)^2}+\frac{x^2-y^2}{(x^2+y^2)^2}=0$$

拉普拉斯方程是一个很重要的物理方程。

## 三、二元函数偏导数的几何意义

设 $M_0(x_0,y_0,f(x_0,y_0))$是曲面 $z=f(x,y)$上的一点,过 $M_0$ 作平面 $y=y_0$ 截此曲面得一曲线

$$\begin{cases}y=y_0\\z=f(x,y_0)\end{cases}$$

二元函数 $z=f(x,y)$ 在 $M_0(x_0,y_0)$ 处的偏导数 $f_x(x_0,y_0)$ 就是一元函数 $f(x,y_0)$ 在 $x_0$ 处的导数 $\left.\frac{\mathrm{d}}{\mathrm{d}x}f(x,y_0)\right|_{x=x_0}$，它在几何上表示曲线在点 $M_0$ 处切线 $M_0T_x$ 对 $x$ 轴的斜率，如图 7-6 所示。同样，偏导数 $f_y(x_0,y_0)$ 的几何意义是曲面被平面 $x=x_0$ 所截曲线在点 $M_0$ 处的切线 $M_0T_y$ 对 $y$ 轴的斜率。

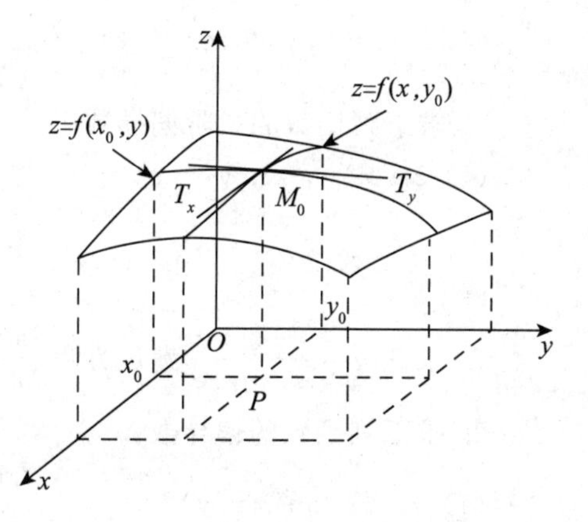


图 7-6

我们知道，如果一元函数在某点具有导数，则它在该点必连续，但是对于二元函数，即使它在某点的各个偏导数都存在，也不能保证它在该点连续。例如

$$z=f(x,y)=\begin{cases}\dfrac{xy}{x^2+y^2}, & x^2+y^2\neq 0\\ 0, & x^2+y^2=0\end{cases}$$

这个函数在点(0,0)处对 $x$ 的偏导数为

$$f_x(0,0)=\lim_{\Delta x\to 0}\frac{f(0+\Delta x,0)-f(0,0)}{\Delta x}=\lim_{\Delta x\to 0}\frac{0-0}{\Delta x}=0$$

同理

$$f_y(0,0)=0$$

即这个函数在点(0,0)的两个偏导数都存在，但从第一节讨论我们知道，这个函数在点(0,0)的极限不存在。所以，这个函数在点(0,0)不连续。

## 习题 7-2

### A 组

1. 判断题。

(1) 设 $z=f(x,y)$，则一定有 $\frac{\partial^2 z}{\partial x\partial y}=\frac{\partial^2 z}{\partial y\partial x}$ 成立。 (　　)

(2) $\frac{\partial z}{\partial x}$ 表示 $\partial z$ 与 $\partial x$ 的商。 (　　)

2. 计算下列各题。

(1) $f(x,y)=x+y-\sqrt{x^2+y^2}$，求 $f_x(3,4)$。

(2) $f(x,y)=\ln(\mathrm{e}^x+\mathrm{e}^y)$，求 $f_y(0,0)$。

(3) $f(x,y)=\mathrm{e}^{-x}\sin(x+2y)$，求 $f_x\left(0,\frac{\pi}{4}\right)$，$f_y\left(0,\frac{\pi}{4}\right)$。

3. 求下列函数的偏导数。

(1) $z=(2x-3y)^2$　　(2) $z=x^2\ln(x^2+y^2)$　　(3) $z=\ln\tan\frac{x}{y}$

(4) $z=\sin(xy)+\cos^2(xy)$　　(5) $z=\dfrac{x^2-y^2}{\sqrt{x^2+y^2}}$　　(6) $z=xy+\dfrac{x}{y}$

4. 求下列函数的二阶偏导数。

(1) $z=x^3y^2-3xy^3-xy+1$　　(2) $z=e^x\sin y$

B 组

1. 求证 $u=x+\dfrac{x-y}{y-z}$满足方程$\dfrac{\partial u}{\partial x}+\dfrac{\partial u}{\partial y}+\dfrac{\partial u}{\partial z}=1$。

2. 求下列函数的偏导数。

(1) $u=\arctan(x-y)^z$　　(2) $u=x^{\frac{y}{z}}$

3. 求下列函数的二阶偏导数。

(1) $z=x\ln(xy)$　　(2) $z=e^{xy}$

4. 设 $z=x^2f\left(\dfrac{y}{x}\right)$,求$\dfrac{\partial z}{\partial x},\dfrac{\partial z}{\partial y}$。

5. 验证 $u=z\arctan\dfrac{x}{y}$满足$\dfrac{\partial^2 u}{\partial x^2}+\dfrac{\partial^2 u}{\partial y^2}+\dfrac{\partial^2 u}{\partial z^2}=0$。

# 第三节　全　微　分

★ 基础模块

## 一、全微分的概念

在实际问题中,常常要研究二元函数 $z=f(x,y)$的各个自变量都取得增量时函数 $z$ 的全增量

$$\Delta z=f(x+\Delta x,y+\Delta y)-f(x,y)$$

一般来说,全增量的计算比较复杂,我们希望找到近似代替它的表示方法。

在一元函数中,如果函数 $y=f(x)$的自变量在点 $x$ 处有增量 $\Delta x$ 时,相应地函数增量 $\Delta y$ 可以表示成 $\Delta y=A\cdot\Delta x+o(\Delta x)$,其中 $A$ 与 $\Delta x$ 无关而只与 $x$ 有关,$o(\Delta x)$是当 $\Delta x\to 0$ 时 $\Delta x$ 的高阶无穷小,则函数的增量 $\Delta y$ 就可以用自变量增量 $\Delta x$ 的线性函数即微分 $dy=A\cdot\Delta x$ 来近似代替。那么,二元函数的全增量 $\Delta z$ 能不能用自变量 $\Delta x$ 与 $\Delta y$ 的线性函数来近似代替呢?为此我们引入二元函数全微分的定义。

**定义**　如果函数 $z=f(x,y)$在点 $P(x,y)$的附近有定义,且在点 $P(x,y)$的全增量

$$\Delta z=f(x+\Delta x,y+\Delta y)-f(x,y)$$

可表示为

$$\Delta z=A\cdot\Delta x+B\cdot\Delta y+o(\rho)$$

其中 $A,B$ 不依赖于 $\Delta x,\Delta y$ 而仅与 $x,y$ 有关。当 $\Delta x\to 0,\Delta y\to 0$ 时,$o(\rho)$是 $\rho=\sqrt{(\Delta x)^2+(\Delta y)^2}$的高阶无穷小,则称函数 $z=f(x,y)$在点 $P(x,y)$可微,而称 $A\Delta x+$

$B\Delta y$ 为函数 $z=f(x,y)$ 在点 $P(x,y)$ 的全微分，记作 $\mathrm{d}z$，即

$$\mathrm{d}z = A\cdot\Delta x + B\cdot\Delta y$$

如果函数在区域 $D$ 内各点都可微，则称该函数在区域 $D$ 内可微。

## 二、可微的条件

在第二节的第三部分中曾指出，多元函数在某点的各个偏导数即使都存在，却不能保证函数在该点连续。但是我们有如下结论。

**定理 1**　如果函数 $z=f(x,y)$ 在点 $(x,y)$ 处可微，则函数在该点必连续。

证明略。

在一元函数中，函数可微与可导互为充要条件，那么二元函数可微与偏导数存在之间有什么关系呢？下述两个定理回答了这个问题。

**定理 2**（必要条件）　如果函数 $z=f(x,y)$ 在点 $(x,y)$ 处可微，则此函数在点 $(x,y)$ 的两个偏导数 $\frac{\partial z}{\partial x},\frac{\partial z}{\partial y}$ 都存在，且函数在点 $(x,y)$ 的全微分为

$$\mathrm{d}z = \frac{\partial z}{\partial x}\cdot\Delta x + \frac{\partial z}{\partial y}\cdot\Delta y$$

定理 2 说明两个偏导数存在是二元函数可微的必要条件，那么是不是充分条件呢？我们来看下面的例子：

$$f(x,y)=\begin{cases}\dfrac{xy}{x^2+y^2}, & x^2+y^2\neq 0\\ 0, & x^2+y^2=0\end{cases}$$

在点 $(0,0)$ 处有 $f_x(0,0)=0, f_y(0,0)=0$，但是函数在点 $(0,0)$ 处不连续，所以在点 $(0,0)$ 处不可微。

此例说明，偏导数存在只是全微分存在的必要条件，而不是充分条件。但是如果再假定函数的各个偏导数连续，则可保证全微分存在。

**定理 3**（充分条件）　如果函数 $z=f(x,y)$ 的偏导数 $\frac{\partial z}{\partial x},\frac{\partial z}{\partial y}$ 在点 $P(x,y)$ 连续，则函数在该点可微。

证明略。

综上所述，二元函数的可微、偏导数存在与连续之间的关系如下：

偏导数存在且连续 → 可微 ↗ 偏导数存在；可微 ↘ 函数连续

习惯上，我们将自变量的增量 $\Delta x$ 与 $\Delta y$ 分别记作 $\mathrm{d}x$ 与 $\mathrm{d}y$，并分别称为自变量 $x$ 与 $y$ 的微分。这样，函数 $z=f(x,y)$ 的全微分就可写为 $\mathrm{d}z=\frac{\partial z}{\partial x}\mathrm{d}x+\frac{\partial z}{\partial y}\mathrm{d}y$。

通常我们把 $\frac{\partial z}{\partial x}\mathrm{d}x$ 与 $\frac{\partial z}{\partial y}\mathrm{d}y$ 分别称为二元函数对 $x$ 与对 $y$ 的偏微分，因此，二元函数的全微分等于它的两个偏微分之和，这称为二元函数的全微分叠加原理。

全微分概念及叠加原理均可推广到三元及三元以上的函数。例如,三元函数 $u=f(x,y,z)$ 的全微分是它的三个偏微分之和,即

$$\mathrm{d}u=\frac{\partial u}{\partial x}\mathrm{d}x+\frac{\partial u}{\partial y}\mathrm{d}y+\frac{\partial u}{\partial z}\mathrm{d}z$$

**例 1** 求 $z=x^2y+y^5$ 的全微分。

**解** 因为

$$\frac{\partial z}{\partial x}=2xy \qquad \frac{\partial z}{\partial y}=x^2+5y^4$$

所以有

$$\mathrm{d}z=2xy\mathrm{d}x+(x^2+5y^4)\mathrm{d}y$$

**例 2** 求函数 $z=\mathrm{e}^{xy}$ 在点(1,2)处的全微分。

**解** 因为

$$\frac{\partial z}{\partial x}=y\mathrm{e}^{xy} \qquad \frac{\partial z}{\partial y}=x\mathrm{e}^{xy}$$

$$\left.\frac{\partial z}{\partial x}\right|_{(1,2)}=2\mathrm{e}^2 \qquad \left.\frac{\partial z}{\partial y}\right|_{(1,2)}=\mathrm{e}^2$$

所以

$$\mathrm{d}z\big|_{(1,2)}=2\mathrm{e}^2\mathrm{d}x+\mathrm{e}^2\mathrm{d}y$$

**例 3** 求函数 $u=x+\sin(xy)+\ln(yz)$ 的全微分。

**解** 因为

$$\frac{\partial u}{\partial x}=1+\cos(xy)\cdot y=1+y\cos(xy)$$

$$\frac{\partial u}{\partial y}=\cos(xy)\cdot x+\frac{1}{yz}\cdot z=x\cos(xy)+\frac{1}{y}$$

$$\frac{\partial u}{\partial z}=\frac{1}{yz}\cdot y=\frac{1}{z}$$

所以

$$\mathrm{d}u=[1+y\cos(xy)]\mathrm{d}x+\left[x\cos(xy)+\frac{1}{y}\right]\mathrm{d}y+\frac{1}{z}\mathrm{d}z$$

**★★ 扩展模块**

## 三、全微分在近似计算中的应用

由二元函数全微分的定义及全微分存在的充分条件可知,当二元函数 $z=f(x,y)$ 的两个偏导数 $f_x(x,y)$ 和 $f_y(x,y)$ 在点 $P(x,y)$ 连续,并且 $|\Delta x|$ 和 $|\Delta y|$ 都较小时,常用函数的全微分来近似地代替全增量,即

$$\Delta z=f(x+\Delta x,y+\Delta y)-f(x,y)\approx f_x(x,y)\Delta x+f_y(x,y)\Delta y \tag{7-1}$$

或

$$f(x+\Delta x,y+\Delta y)\approx f(x,y)+f_x(x,y)\Delta x+f_y(x,y)\Delta y \tag{7-2}$$

利用式(7-1)或式(7-2),我们可以对二元函数的全增量或函数值进行近似计算。

**例 4** 计算 $1.06^{2.01}$ 的近似值。

**解** 设函数 $z=f(x,y)=x^y$,显然要计算的值是函数值 $f(1.06,2.01)$。取 $x=1$, $y=2$, $\Delta x=0.06$, $\Delta y=0.01$,由于

$$f(1,2)=1^2=1$$

$$f_x(x,y)=yx^{y-1}\quad f_y(x,y)=x^y\ln x$$

$$f_x(1,2)=2\qquad f_y(1,2)=0$$

所以

$$1.06^{2.01}\approx f(1,2)+f_x(1,2)\Delta x+f_y(1,2)\Delta y=1+2\times 0.06+0\times 0.01=1.12$$

**例 5** 有一圆柱体受压后发生变形,它的半径由 20cm 增大到 20.05cm,高度由 100cm 减少到 99cm,求此圆柱体的体积变化的近似值。

**解** 设圆柱体的半径、高和体积依次为 $r,h,V$,则有 $V=\pi r^2 h$。

记 $r,h,V$ 的增量依次为 $\Delta r,\Delta h,\Delta V$,则有

$$\Delta V\approx \mathrm{d}V=V_r'\cdot\Delta r+V_h'\cdot\Delta h$$

且

$$V_r'=2\pi rh\quad V_h'=\pi r^2$$

将 $r=20$, $h=100$, $\Delta r=0.05$, $\Delta h=-1$ 代入得

$$\Delta V\approx \mathrm{d}V=V_r'\cdot\Delta r+V_h'\cdot\Delta hV=2\pi\times 20\times 100\times 0.05+\pi\times 20^2\times(-1)=-200\pi(\mathrm{cm}^3)$$

所以此圆柱体在受压后体积减小了约 $200\pi\mathrm{cm}^3$。

**例 6** 证明定理 3。

**证明** 已知 $z=f(x,y)$在点$(x,y)$处可微,于是对于点$(x,y)$附近的任一点$(x+\Delta x, y+\Delta y)$,都有

$$f(x+\Delta x,y+\Delta y)-f(x,y)=A\cdot\Delta x+B\cdot\Delta y+o(\rho)$$

成立。特别地,当 $\Delta y=0$ 时,$\rho=|\Delta x|$,上式就成为

$$f(x+\Delta x,y)-f(x,y)=A\cdot\Delta x+o(|\Delta x|)$$

两边同除以 $\Delta x$,再令 $\Delta x\to 0$ 取极限

$$\lim_{\Delta x\to 0}\frac{f(x+\Delta x,y)-f(x,y)}{\Delta x}=\lim_{\Delta x\to 0}\left[A+\frac{o(|\Delta x|)}{\Delta x}\right]=A+\lim_{\Delta x\to 0}\frac{o(|\Delta x|)}{\Delta x}=A$$

即$\dfrac{\partial z}{\partial x}$存在且等于$A$,同理$\dfrac{\partial z}{\partial y}$存在且等于$B$,因此

$$\mathrm{d}z=\frac{\partial z}{\partial x}\cdot\Delta x+\frac{\partial z}{\partial y}\cdot\Delta y$$

## 习题 7-3

### A 组

1. 判断题。

(1) 若多元函数在一点处偏导存在,则它在该点处可微。 (  )

(2) 若多元函数在一点处连续,则它在该点处可微。 (  )

2. 选择题。

(1) 二元函数 $z=\varphi(x,y)$ 有二阶偏导，下列关系一定成立的是(　　)。

A. $\frac{\partial^2 z}{\partial x\partial y}=\frac{\partial^2 z}{\partial y\partial x}$

B. 当二元函数 $z=\varphi(x,y)$ 可微时，有 $\frac{\partial^2 z}{\partial x\partial y}=\frac{\partial^2 z}{\partial y\partial x}$

C. $\frac{\partial^2 z}{\partial x\partial y}\neq\frac{\partial^2 z}{\partial y\partial x}$

D. 当 $\frac{\partial^2 z}{\partial x\partial y},\frac{\partial^2 z}{\partial y\partial x}$ 连续时，有 $\frac{\partial^2 z}{\partial x\partial y}=\frac{\partial^2 z}{\partial y\partial x}$

(2) 二元函数 $z=\sqrt{x^2+y^2}$，则 $\mathrm{d}z=$(　　)。

A. $\frac{x+y}{\sqrt{x^2+y^2}}$　　B. $\frac{x\mathrm{d}x+y\mathrm{d}y}{\sqrt{x^2+y^2}}$

C. $\frac{y\mathrm{d}x+x\mathrm{d}y}{\sqrt{x^2+y^2}}$　　D. $\frac{x+y}{\sqrt{x^2+y^2}}(\mathrm{d}x+\mathrm{d}y)$

(3) $z=(x-1)\sin y+\mathrm{e}^x$，则 $\mathrm{d}z\big|_{x=y=0}=$(　　)。

A. 0　　B. 2

C. $\mathrm{d}x-\mathrm{d}y$　　D. $\mathrm{d}x+\mathrm{d}y$

(4) $z=x^2+y^3+\ln 2$，则 $\mathrm{d}z\Big|_{\substack{x=y=1\\ \Delta x=\Delta y=0.1}}=$(　　)。

A. 0　　B. 0.2　　C. 0.5　　D. 0.6

3. 求函数 $z=\mathrm{e}^{x^2}\cos y$ 在点(1,0)的全微分。

4. 求下列函数的全微分。

(1) $z=\mathrm{e}^{\frac{y}{x}}$　　(2) $z=\frac{y}{\sqrt{x^2+y^2}}$　　(3) $z=\ln\sin(3xy)$

(4) $z=x^y\ln x$　　(5) $z=xy^2-x^2+3y+1$

## B 组

1. 求下列函数的全微分。

(1) $u=\mathrm{e}^{xyz}$　　(2) $u=x^{yz}$　　(3) $z=\frac{\cos x^2 y}{\sqrt{2x-3y}}$

2. 选择题。

(1) 二元函数 $z=\varphi(x,y)$ 在点 $(x_0,y_0)$ 处，下列关系一定成立的是(　　)。

A. 偏导数连续必可微　　B. 函数可微，偏导数一定连续

C. 偏导数存在必可微　　D. 函数可微，偏导数不一定存在

(2) 二元函数 $z=\varphi(x,y)$ 在点 $(x_0,y_0)$ 处不连续，则在点 $(x_0,y_0)$ 处(　　)。

A. 偏导数一定不存在　　B. 全微分一定不存在

C. 极限不存在　　D. 以上说法都不正确

(3) 若 $z=y^x$，则 $dz=$(　　)。

A. $xy^{x-1}dx+y^x\ln x dy$　　B. $y^x\ln x dx+xy^{x-1}dy$

C. $xy^{x-1}dx+y^x\ln y dy$　　D. $y^x\ln y dx+xy^{x-1}dy$

(4) 函数 $z=\sqrt{x^2+y^2}$ 在点(0,0)处(　　)。

A. 连续，偏导数存在　　B. 连续，但偏导数不存在

C. 连续且可微　　D. 不连续，但偏导数不存在

3. 计算题。

(1) 设 $z=xy$，$x=2$，$y=1$，$\Delta x=0.01$，$\Delta y=-0.01$，求 $\Delta z$ 和 $dz$ 的值。

(2) 求 $u=2xy+2yz+2zx$ 在(1,1,2)处的全微分 $du$。

4. 求函数 $z=\dfrac{\arcsin xy^2}{\cot y}$ 在点(0,1)的全微分。

5. 利用全微分计算近似值。

(1) $(0.99)^{2.03}$　　(2) $\sqrt{1.02^3+1.97^3}$

6. 设有一无盖圆柱形容器，容器的底和壁的厚度均为 0.1cm，内高为 20cm，内半径为 4cm，求该容器外壳体积的近似值(精确到 $0.1\text{cm}^3$)。

## 第四节　多元复合函数微分法

多元复合函数的求导法则可由一元函数的求导法则推广而来，但多元复合函数的复合关系是多种多样的，下面仅以二元函数为例，介绍多元复合函数微分法。

**★ 基础模块**

### 一、多元复合函数的一阶偏导数

设函数 $z=f(u,v)$，而 $u,v$ 都是 $x,y$ 的函数，即 $u=u(x,y)$，$v=v(x,y)$。于是 $z=f[u(x,y),v(x,y)]$是 $x,y$ 的复合函数，称函数 $z=f[u(x,y),v(x,y)]$为 $z=f(u,v)$ 与 $u=u(x,y)$，$v=v(x,y)$的二元复合函数。

为了更清楚地表示这些变量之间的关系，可以用图 7-7 说明，其中线段表示所连的两个变量有函数关系。图中表示出 $z$ 是 $u,v$ 的函数，而 $u,v$ 是 $x,y$ 的函数。其中 $x,y$ 是自变量，$u,v$ 是中间变量。

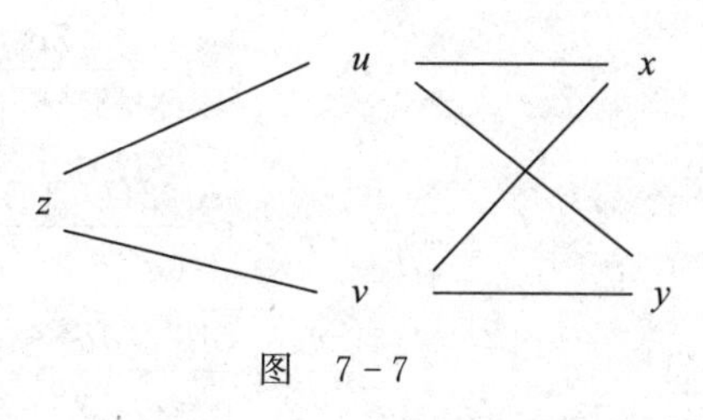

图 7-7

现在讨论如何确定复合函数的偏导数$\dfrac{\partial z}{\partial x}$，$\dfrac{\partial z}{\partial y}$。从复合函数的关系中可以看到，多元复合函数比一元复合函数要复杂得多，考虑$\dfrac{\partial z}{\partial x}$时，$y$ 不变，但 $x$ 变化时，$u,v$ 都随着变化，进而影响到 $z$ 的变化。因此，$z$ 的变化就包括两部分：一部分是通过 $u$ 中的 $x$ 而来；另一部分是通过 $v$ 中的 $x$ 而来。具体来说，可推导下面的公式。

**定理** 如果函数 $u=u(x,y)$，$v=v(x,y)$ 在点 $(x,y)$ 处有连续的偏导数，函数 $z=f(u,v)$ 在对应点 $(u,v)$ 处有连续的偏导数，则复合函数 $z=f[u(x,y),v(x,y)]$ 在点 $(x,y)$ 的两个偏导数存在，且

$$\frac{\partial z}{\partial x}=\frac{\partial z}{\partial u}\cdot\frac{\partial u}{\partial x}+\frac{\partial z}{\partial v}\cdot\frac{\partial v}{\partial x} \tag{7-3}$$

$$\frac{\partial z}{\partial y}=\frac{\partial z}{\partial u}\cdot\frac{\partial u}{\partial y}+\frac{\partial z}{\partial v}\cdot\frac{\partial v}{\partial y} \tag{7-4}$$

证明从略。

多元复合函数的求导法则可以叙述为：多元复合函数对某一自变量的偏导数，等于函数对各个中间变量的偏导数与这个中间变量对自变量的偏导数之积的和。这一法则也称为链式法则。

为了便于记忆和正确使用上述公式，可以画出变量关系图，如图 7－7 所示，图中的每一条线表示一个偏导数，如 $z-u$ 表示$\frac{\partial z}{\partial u}$，从图中可以看出：$x$，$y$ 是自变量，$u$，$v$ 是中间变量，复合函数 $z$ 到达 $x$ 的路径有两条：$z\to u\to x$ 和 $z\to v\to x$，沿第一条路径有$\frac{\partial z}{\partial u}\cdot\frac{\partial u}{\partial x}$，沿第二条路径有$\frac{\partial z}{\partial v}\cdot\frac{\partial v}{\partial x}$，两项相加即得式(7－3)。类似地，由图 7－7 也可得式(7－4)。

**例 1** 设 $z=\ln(u^2+v)$，$u=e^{x+y^2}$，$v=x^2+y$，求$\frac{\partial z}{\partial x}$，$\frac{\partial z}{\partial y}$。

**解** 因为

$$\frac{\partial z}{\partial u}=\frac{2u}{u^2+v}\qquad \frac{\partial z}{\partial v}=\frac{1}{u^2+v}$$

$$\frac{\partial u}{\partial x}=e^{x+y^2}\qquad \frac{\partial v}{\partial x}=2x\qquad \frac{\partial u}{\partial y}=2ye^{x+y^2}\qquad \frac{\partial v}{\partial y}=1$$

所以

$$\begin{aligned}\frac{\partial z}{\partial x}&=\frac{\partial z}{\partial u}\cdot\frac{\partial u}{\partial x}+\frac{\partial z}{\partial v}\cdot\frac{\partial v}{\partial x}=\frac{2u}{u^2+v}e^{x+y^2}+\frac{1}{u^2+v}2x\\&=\frac{2e^{x+y^2}}{(e^{x+y^2})^2+x^2+y}e^{x+y^2}+\frac{2x}{(e^{x+y^2})^2+x^2+y}\\&=\frac{2(e^{x+y^2})^2+2x}{(e^{x+y^2})^2+x^2+y}\end{aligned}$$

$$\begin{aligned}\frac{\partial z}{\partial y}&=\frac{\partial z}{\partial u}\cdot\frac{\partial u}{\partial y}+\frac{\partial z}{\partial v}\cdot\frac{\partial v}{\partial y}=\frac{2u}{u^2+v}2ye^{x+y^2}+\frac{1}{u^2+v}\cdot 1\\&=\frac{2e^{x+y^2}}{(e^{x+y^2})^2+x^2+y}\cdot 2ye^{x+y^2}+\frac{1}{(e^{x+y^2})^2+x^2+y}\\&=\frac{1}{(e^{x+y^2})^2+x^2+y}(4ye^{2x+2y^2}+1)\end{aligned}$$

**注意**:求复合函数的偏导数时,最后将中间变量都换成自变量。

利用复合函数的链式法则,不必死记硬背就可以对各种复杂的情形应用定理求偏导数。

**例 2** 已知 $z=u^2v^2, u=a\sin t, v=b\cos t$,求$\frac{\mathrm{d}z}{\mathrm{d}t}$。

**解** 复合函数的路径关系如图 7-8 所示。

$$\frac{\mathrm{d}z}{\mathrm{d}t}=\frac{\partial z}{\partial u}\cdot\frac{\mathrm{d}u}{\mathrm{d}t}+\frac{\partial z}{\partial v}\cdot\frac{\mathrm{d}v}{\mathrm{d}t}=2uv^2\cdot a\cos t+2u^2v\cdot(-b\sin t)$$

$$=2\cdot a\sin t\cdot(b\cos t)^2\cdot a\cos t+2\cdot(a\sin t)^2\cdot(b\cos t)\cdot(-b\sin t)$$

$$=2a^2b^2[\sin t\cos^3 t-\sin^3 t\cos t]=\frac{1}{2}a^2b^2\sin 4t$$

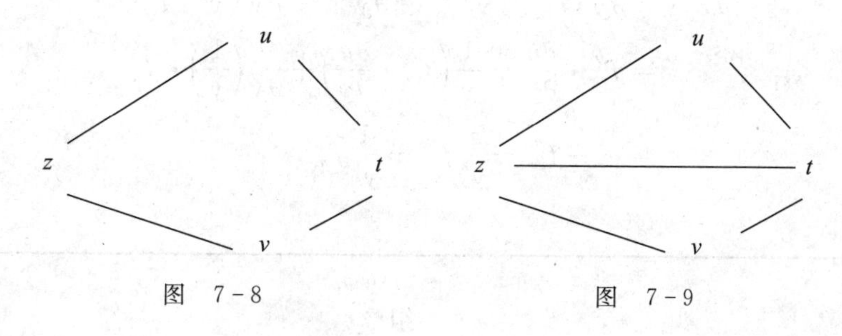


图 7-8　　图 7-9

**例 3** 设 $z=uv+\sin t$,其中 $u=\mathrm{e}^t, v=\cos t$,求$\frac{\mathrm{d}z}{\mathrm{d}t}$。

**解** 复合函数的路径关系如图 7-9 所示。

$$\frac{\mathrm{d}z}{\mathrm{d}t}=\frac{\partial z}{\partial u}\cdot\frac{\mathrm{d}u}{\mathrm{d}t}+\frac{\partial z}{\partial v}\cdot\frac{\mathrm{d}v}{\mathrm{d}t}+\frac{\partial z}{\partial t}\cdot\frac{\mathrm{d}t}{\mathrm{d}t}=v\cdot\mathrm{e}^t+u\cdot(-\sin t)+\cos t\cdot 1$$

$$=\cos t\cdot\mathrm{e}^t+\mathrm{e}^t(-\sin t)+\cos t=\mathrm{e}^t(\cos t-\sin t)+\cos t$$

**例 4** 设 $z=f(u,v)$,其中 $u=x^2+y^2, v=\frac{y}{x}$,$f$ 具有一阶连续偏导数,求$\frac{\partial z}{\partial x},\frac{\partial z}{\partial y}$。

**解** 由于 $z=f(u,v)$没有给出具体表达式,其偏导数只能用记号来表示。

$$\frac{\partial z}{\partial x}=\frac{\partial z}{\partial u}\cdot\frac{\partial u}{\partial x}+\frac{\partial z}{\partial v}\cdot\frac{\partial v}{\partial x}=f_u\cdot 2x+f_v\cdot\left(-\frac{y}{x^2}\right)$$

$$\frac{\partial z}{\partial y}=\frac{\partial z}{\partial u}\cdot\frac{\partial u}{\partial y}+\frac{\partial z}{\partial v}\cdot\frac{\partial v}{\partial y}=f_u\cdot 2y+f_v\cdot\frac{1}{x}$$

★★ 扩展模块

## 二、多元复合函数的高阶偏导数

已知高阶偏导数的定义,下面用具体的例子说明求复合函数高阶偏导数的方法。为了方便,我们仍把求偏导数的记号$\frac{\partial f}{\partial u},\frac{\partial f}{\partial v}$分别简记为 $f'_u, f'_v$,同理$\frac{\partial^2 f}{\partial u^2},\frac{\partial^2 f}{\partial u\partial v},\frac{\partial^2 f}{\partial v^2}$分别简记为 $f''_{uu}, f''_{uv}, f''_{vv}$。

**例 5** 设 $z=f\left(x,\dfrac{x}{y}\right)$，其中 $f$ 具有二阶连续偏导数，求 $\dfrac{\partial^2 z}{\partial x\partial y}$。

**解** 设 $u=\dfrac{x}{y}$，则函数 $z$ 的路径关系如图 7-10 所示。

$$\frac{\partial z}{\partial x}=\frac{\partial f}{\partial x}+\frac{\partial f}{\partial u}\cdot\frac{\partial u}{\partial x}=f'_x+\frac{1}{y}f'_u$$

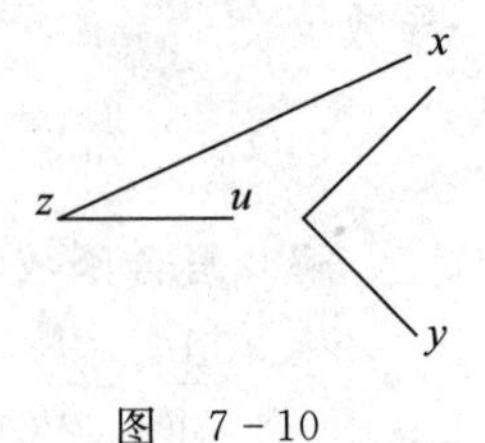

图 7-10

求 $\dfrac{\partial^2 z}{\partial x\partial y}$ 时，应该注意到 $f_x{}'$，$f'_u$ 仍为 $x,u$ 的函数，而 $u$ 仍为 $x,y$ 的函数，即 $f_x{}'$，$f'_u$ 与函数 $z$ 有相同的路径关系，再应用复合函数的偏导数法则，得

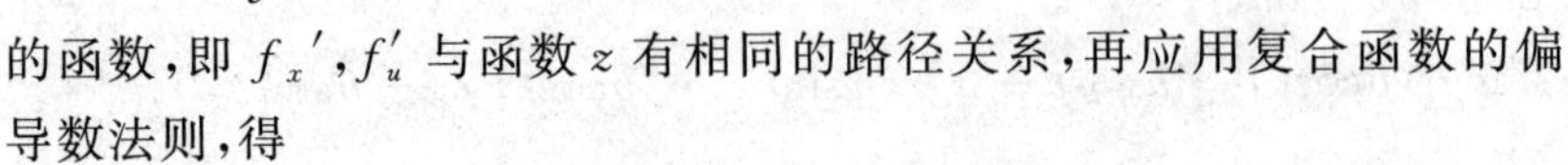

$$\begin{aligned}\frac{\partial^2 z}{\partial x\partial y}&=\frac{\partial}{\partial y}\left(f'_x+\frac{1}{y}f'_u\right)=\frac{\partial}{\partial y}f'_x+\frac{\partial}{\partial y}\left(\frac{1}{y}f'_u\right)\\&=f''_{xu}\cdot\frac{\partial u}{\partial y}+\frac{1}{y}\left(f''_{uu}\cdot\frac{\partial u}{\partial y}\right)+\frac{\partial}{\partial y}\left(\frac{1}{y}\right)\cdot f'_u\\&=-\frac{x}{y^2}f''_{xu}-\frac{x}{y^3}f''_{uu}-\frac{1}{y^2}f'_u\end{aligned}$$

## 习题 7-4

### A 组

1. 判断题。

(1) 设 $z=f(x,u)$，$u=u(x,y)$，则 $\dfrac{\partial z}{\partial x}=\dfrac{\partial f}{\partial x}$。 (　　)

(2) 若 $z=\cos u$，$u=3xy$，则 $\dfrac{\partial z}{\partial x}=\dfrac{\partial z}{\partial y}$。 (　　)

2. 填空题。

(1) 设 $z=x+2y$，$y=x^2$，则 $\dfrac{\mathrm{d}z}{\mathrm{d}x}=$ ________。

(2) 设 $z=uv$，$u=\mathrm{e}^t$，$v=t$，则 $\dfrac{\mathrm{d}z}{\mathrm{d}t}=$ ________。

3. 选择题。

(1) 若 $z=\sin u$，$u=3x-2y$，则 $\dfrac{\partial z}{\partial x}$，$\dfrac{\partial z}{\partial y}$ 分别是(　　)。

A. $3\cos(3x-2y)$，$-2\cos(3x-2y)$　　B. $-3\cos(3x-2y)$，$-2\cos(3x-2y)$

C. $3\cos(3x-2y)$，$2\cos(3x-2y)$　　D. $-3\cos(3x-2y)$，$2\cos(3x-2y)$

(2) 设 $z=\tan xy$，$x=u+v$，$y=u-v$，则 $z_u+z_v=$(　　)。

A. $\dfrac{2(u+v)}{\cos^2(u^2-v^2)}$　　B. $\dfrac{2(u-v)}{\cos^2(u^2-v^2)}$

C. $\dfrac{-2(u+v)}{\cos^2(u^2-v^2)}$　　D. $\dfrac{-2(u-v)}{\cos^2(u^2-v^2)}$

4. 求下列函数的全导数或偏导数。

(1) 设 $z=\frac{v}{u}$，而 $u=\ln x, v=e^x$，求 $\frac{dz}{dx}$。

(2) 设 $z=\sin\frac{x}{y}$，而 $y=\sqrt{x^2+1}$，求 $\frac{dz}{dx}$。

(3) 设 $z=u^2\ln v$，而 $u=\frac{x}{y}, v=3x-2y$，求 $\frac{\partial z}{\partial x}, \frac{\partial z}{\partial y}$。

(4) 设 $z=f(x^2-y^2, e^{xy})$，$f$ 具有一阶连续偏导数，求 $\frac{\partial z}{\partial x}, \frac{\partial z}{\partial y}$。

5. 设 $z=(x^2-y^2)^x$，求 $\frac{\partial z}{\partial x}, \frac{\partial z}{\partial y}$。

6. 求 $y=x^x$ 的导数 $\frac{dy}{dx}$。

B 组

1. 求下列函数的全导数或偏导数。

(1) 设 $z=\arcsin\frac{x}{y}$，而 $y=\sqrt{x^2+1}$，求 $\frac{dz}{dx}$。

(2) 设 $z=f(x+y, x-y, xy)$，求 $\frac{\partial z}{\partial x}, \frac{\partial z}{\partial y}$。

2. 设 $z=f(x+y, xy)$，其中 $f$ 具有二阶连续偏导数，求 $\frac{\partial^2 z}{\partial x\partial y}$。

3. 验证函数 $z=\arctan\frac{v}{u}$（其中 $u=x+y, v=x-y$）满足关系式

$$\frac{\partial z}{\partial x}+\frac{\partial z}{\partial y}=\frac{-x+y}{x^2+y^2}$$

# 第五节 隐函数的求导法则

在一元隐函数求导时，我们给出了求导方法，现在，从多元复合函数的求导法则来导出一元隐函数的求导公式，然后推广到多元隐函数的情形。

★ 基础模块

## 一、一元隐函数的求导公式

设方程 $F(x,y)=0$ 确定 $y$ 是 $x$ 的具有连续导数的函数 $y=f(x)$，将 $y=f(x)$ 代入上述方程就得到关于 $x$ 的恒等式

$$F(x, f(x)) \equiv 0$$

方程左端可看作 $x$ 的复合函数，如果函数 $F(x,y)$ 具有连续偏导数，上式两端对 $x$ 求

导，复合函数的路径关系如图 7-11 所示，根据复合函数求导法，有

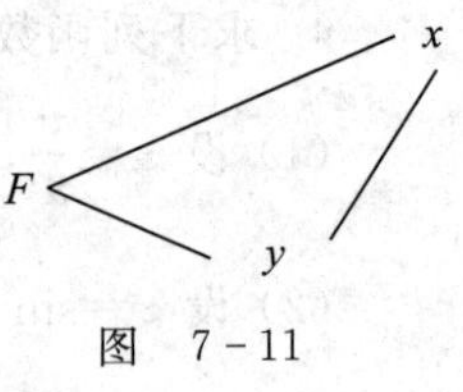

图 7-11

$$\frac{\partial F}{\partial x}+\frac{\partial F}{\partial y}\cdot\frac{\mathrm{d}y}{\mathrm{d}x}=0$$

若$\frac{\partial F}{\partial y}\neq 0$，得

$$\frac{\mathrm{d}y}{\mathrm{d}x}=-\frac{\frac{\partial F}{\partial x}}{\frac{\partial F}{\partial y}} \tag{7-5}$$

这就是由方程 $F(x,y)=0$ 所确定的一元隐函数 $y=f(x)$ 的求导公式。

**例 1** 求由方程 $\sin y+\mathrm{e}^x=xy^2$ 所确定的函数 $y$ 对 $x$ 的导数。

**解** 令

$$F(x,y)=\sin y+\mathrm{e}^x-xy^2$$

求出

$$\frac{\partial F}{\partial x}=\mathrm{e}^x-y^2 \qquad \frac{\partial F}{\partial y}=\cos y-2xy$$

由公式(7-5)，当$\frac{\partial F}{\partial y}\neq 0$ 时，得$\frac{\mathrm{d}y}{\mathrm{d}x}=-\frac{\frac{\partial F}{\partial x}}{\frac{\partial F}{\partial y}}=-\frac{\mathrm{e}^x-y^2}{\cos y-2xy}$。

## 二、二元隐函数的求导公式

对于二元隐函数，也有与一元隐函数类似的求导公式。

设方程

$$F(x,y,z)=0$$

确定 $z$ 是 $x,y$ 的具有连续偏导数的函数 $z=f(x,y)$，将 $z=f(x,y)$ 代入上式就得到一个关于 $x,y$ 的恒等式

$$F(x,y,f(x,y))\equiv 0$$

如果函数 $F(x,y,z)$ 具有连续偏导数，将上式两端分别对 $x$ 和 $y$ 求偏导数，复合函数的路径关系如图 7-12 所示，利用复合函数微分法，得

$$\frac{\partial F}{\partial x}+\frac{\partial F}{\partial z}\cdot\frac{\partial z}{\partial x}=0 \qquad \frac{\partial F}{\partial y}+\frac{\partial F}{\partial z}\cdot\frac{\partial z}{\partial y}=0$$

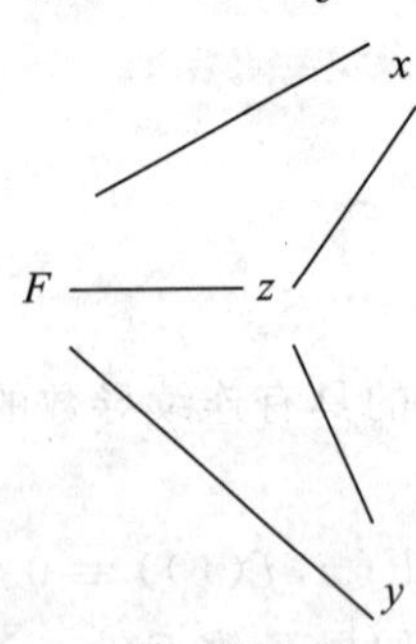

图 7-12

当$\frac{\partial F}{\partial z}\neq 0$时，就得

$$\frac{\partial z}{\partial x}=-\frac{\frac{\partial F}{\partial x}}{\frac{\partial F}{\partial z}}\qquad \frac{\partial z}{\partial y}=-\frac{\frac{\partial F}{\partial y}}{\frac{\partial F}{\partial z}} \tag{7-6}$$

这就是由方程$F(x,y,z)=0$确定的二元隐函数$z=f(x,y)$的求导公式。

**例 2** 设$x\cos y+\frac{x}{z}=2zy^2$，求$\frac{\partial z}{\partial x},\frac{\partial z}{\partial y}$。

**解** 令

$$F(x,y,z)=x\cos y+\frac{x}{z}-2zy^2$$

则

$$\frac{\partial F}{\partial x}=\cos y+\frac{1}{z}\qquad \frac{\partial F}{\partial y}=-x\sin y-4zy\qquad \frac{\partial F}{\partial z}=-\frac{x}{z^2}-2y^2$$

由公式(7-6)，当$\frac{\partial F}{\partial z}\neq 0$时，得

$$\frac{\partial z}{\partial x}=-\frac{\frac{\partial F}{\partial x}}{\frac{\partial F}{\partial z}}=\frac{\cos y+\frac{1}{z}}{\frac{x}{z^2}+2y^2}=\frac{z^2\cos y+z}{x+2z^2y^2}$$

$$\frac{\partial z}{\partial y}=-\frac{\frac{\partial F}{\partial y}}{\frac{\partial F}{\partial z}}=-\frac{-x\sin y-4zy}{-\frac{x}{z^2}-2y^2}=-\frac{xz^2\sin y+4z^3y}{x+2z^2y^2}$$

**★★ 扩展模块**

**例 3** 设$e^{-xy}+e^z=2z$，求$\frac{\partial^2 z}{\partial x^2}$。

**解** 令

$$F(x,y,z)=e^{-xy}+e^z-2z$$

则

$$\frac{\partial F}{\partial x}=-ye^{-xy}\qquad \frac{\partial F}{\partial y}=-xe^{-xy}\qquad \frac{\partial F}{\partial z}=e^z-2$$

由公式(7-6)，当$\frac{\partial F}{\partial z}\neq 0$时，得

$$\frac{\partial z}{\partial x}=-\frac{\frac{\partial F}{\partial x}}{\frac{\partial F}{\partial z}}=\frac{ye^{-xy}}{e^z-2}$$

再一次对 $x$ 求偏导数，注意 $z$ 是 $x,y$ 的函数，

$$\frac{\partial^2 z}{\partial x^2}=\frac{\partial}{\partial x}\left(\frac{\partial z}{\partial x}\right)=\frac{\partial}{\partial x}\left(\frac{y\mathrm{e}^{-xy}}{\mathrm{e}^z-2}\right)$$

$$=\frac{y\mathrm{e}^{-xy}(-y)(\mathrm{e}^z-2)-y\mathrm{e}^{-xy}\mathrm{e}^z\dfrac{\partial z}{\partial x}}{(\mathrm{e}^z-2)^2}$$

$$=\frac{-y^2\mathrm{e}^{-xy}(\mathrm{e}^z-2)-y\mathrm{e}^{z-xy}\dfrac{\partial z}{\partial x}}{(\mathrm{e}^z-2)^2}$$

将$\dfrac{\partial z}{\partial x}$代入得

$$\frac{\partial^2 z}{\partial x^2}=\frac{-y\mathrm{e}^{-xy}(\mathrm{e}^z-2)-y\mathrm{e}^{z-xy}\dfrac{y\mathrm{e}^{-xy}}{\mathrm{e}^z-2}}{(\mathrm{e}^z-2)^2}$$

$$=\frac{-y\mathrm{e}^{-xy}(\mathrm{e}^z-2)^2-y^2\mathrm{e}^{z-2xy}}{(\mathrm{e}^z-2)^3}$$

**例 4** 设 $z=f\left(\dfrac{y}{x}\right)$，$f(u)$是可微函数，证明

$$x\cdot\frac{\partial z}{\partial x}+y\cdot\frac{\partial z}{\partial y}=0$$

**证明** 令 $u=\dfrac{y}{x}$，则 $z=f\left(\dfrac{y}{x}\right)$由 $z=f(u)$和 $u=\dfrac{y}{x}$复合而成，复合关系如图 7-13 所示。

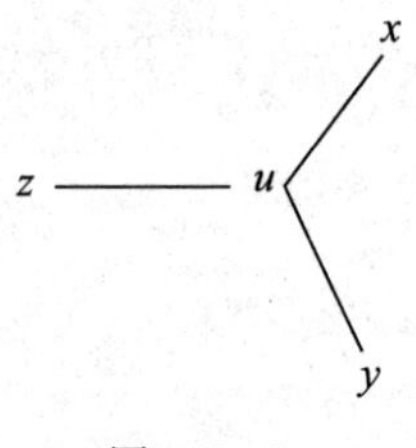


图 7-13

所以

$$\frac{\partial z}{\partial x}=\frac{\mathrm{d}z}{\mathrm{d}u}\frac{\partial u}{\partial x}=f'(u)\left(-\frac{y}{x^2}\right)=-\frac{y}{x^2}f'(u)$$

$$\frac{\partial z}{\partial y}=\frac{\mathrm{d}z}{\mathrm{d}u}\frac{\partial u}{\partial y}=f'(u)\frac{1}{x}=\frac{1}{x}f'(u)$$

所以

$$x\frac{\partial z}{\partial x}+y\frac{\partial z}{\partial y}=x\left(-\frac{y}{x^2}\right)f'(u)+y\frac{1}{x}f'(u)=f'(u)\left(-\frac{y}{x}+\frac{y}{x}\right)=0$$

## 习题 7-5

### A 组

1. 判断题。

(1) 函数 $z=f(x-y,xy)$ 是二元隐函数。 ( )

(2) 方程 $x^2+y^2=1$ 所确定的隐函数 $y$ 对 $x$ 的导数 $y'=-\frac{x}{y}$。 ( )

2. 填空题。

(1) 函数 $z^2=x+e^y$，则 $\frac{\partial z}{\partial y}=$______。

(2) 设 $\ln z=3x^2+2y^2$，则 $\frac{\partial z}{\partial x}=$______。

3. 选择题。

(1) 若 $2x-xy+8z=9$，则 $\frac{\partial z}{\partial x}+\frac{\partial z}{\partial y}=$( )。

A. $\frac{x+y-2}{8}$　　B. $\frac{x+y+2}{8}$　　C. $\frac{x-y-2}{8}$　　D. $\frac{2-x-y}{8}$

(2) 设 $y=z^x$，则 $\frac{\partial z}{\partial x}=$( )。

A. $\frac{z^x\ln z}{xz^{x-1}}$　　B. $-\frac{z^x\ln z}{xz^{x-1}}$　　C. $\frac{1}{xz^{x-1}}$　　D. $-\frac{1}{xz^{x-1}}$

4. 设 $\sin y+e^x-xy^2=0$，求 $\frac{dy}{dx}$。

5. 设 $\frac{x}{z}=\ln\frac{z}{y}$，求 $\frac{\partial z}{\partial x},\frac{\partial z}{\partial y}$。

6. 求由方程 $x^3+y^3+z^3=2xyz-1$ 所确定的隐函数 $z=f(x,y)$ 的偏导数 $\frac{\partial z}{\partial x}$ 和 $\frac{\partial z}{\partial y}$。

7. 设 $2\sin(x+2y-3z)=x+2y-3z$，证明：$\frac{\partial z}{\partial x}+\frac{\partial z}{\partial y}=1$。

### B 组

1. 设函数 $f(x,y)$ 具有连续的偏导数，由方程 $f(cx-az,cy-bz)=0$ 所确定的函数 $z=z(x,y)$，且 $af'_1+bf'_2\neq 0$，证明：$a\frac{\partial z}{\partial x}+b\frac{\partial z}{\partial y}=c$。

2. 设 $z=z(x,y)$ 是由方程 $x-mz=\varphi(y-nz)$ 所确定的函数，证明：$z=z(x,y)$ 满足方程 $m\frac{\partial z}{\partial x}+n\frac{\partial z}{\partial y}=1$。

3. 设 $y\sin x+e^z=z^2$，求 $\frac{\partial z}{\partial x}$。

# 第六节 偏导数的应用

★ 基础模块

## 一、多元函数的极值

类似于一元函数的极值概念，下面介绍二元函数的极值概念。

**定义 1** 设函数 $z=f(x,y)$ 在点 $P_0(x_0,y_0)$ 及其附近有定义，对于点 $P_0(x_0,y_0)$ 附近的任意点 $P(x,y)$，如果都有不等式 $f(x,y)<f(x_0,y_0)$，则称函数在点 $P_0(x_0,y_0)$ 有极大值 $f(x_0,y_0)$；如果都有不等式 $f(x,y)>f(x_0,y_0)$，则称函数在点 $P_0(x_0,y_0)$ 有极小值 $f(x_0,y_0)$。极大值和极小值统称为极值，使函数取得极值的点称为极值点。

显然，二元函数的极值是一个局部范围内的性质。二元函数 $z=f(x,y)$ 在点 $P_0(x_0,y_0)$ 取得极大值，就表示二元函数 $z=f(x,y)$ 的曲面上，对于点 $P_0(x_0,y_0)$ 的对应点 $M_0(x_0,y_0,z_0)$ 的坐标 $z_0=f(x_0,y_0)$，大于点 $P_0(x_0,y_0)$ 附近其他各点所对应的曲面上的坐标，即曲面出现如“山峰”的顶点。例如，二元函数 $z=\sqrt{1-x^2-y^2}$ 在点 $(0,0)$ 处取得极大值 1。类似地具有极小值的函数，就表示曲面上出现如“山谷”的点。例如，$z=4x^2+3y^2$ 在点 $(0,0)$ 处有极小值 0。

函数 $z=xy$ 在点 $(0,0)$ 处，既不取得极大值，也不取得极小值。这是因为函数在点 $(0,0)$ 处的值为零，但在点 $(0,0)$ 附近，总能找到使函数为正的点，也能找到使函数为负的点，因此不满足具有极值的条件。

下面将讨论极值存在的条件及极值的求法。

**定理 1** （极值存在的必要条件）设函数 $z=f(x,y)$ 在点 $P_0(x_0,y_0)$ 具有偏导数，且在点 $P_0(x_0,y_0)$ 处有极值，则在该点的偏导数为零，即

$$f_x(x_0,y_0)=0 \quad f_y(x_0,y_0)=0$$

**证明** 不妨设函数 $z=f(x,y)$ 在点 $P_0(x_0,y_0)$ 处有极大值（极小值的情形可类似证明）。

由极大值定义，在点 $P_0(x_0,y_0)$ 附近的异于点 $P_0(x_0,y_0)$ 的点 $P(x,y)$ 都适合不等式

$$f(x,y)<f(x_0,y_0)$$

特别地，在附近取 $y=y_0$，$x\neq x_0$ 的点，也有

$$f(x,y_0)<f(x_0,y_0)$$

这表明一元函数 $f(x,y_0)$ 在 $x=x_0$ 处取得极大值，因此必有

$$f_x(x_0,y_0)=0$$

同理

$$f_y(x_0,y_0)=0$$

类似于一元函数，把能使 $\begin{cases}f_x(x_0,y_0)=0\\ f_y(x_0,y_0)=0\end{cases}$，同时成立的点 $P_0(x_0,y_0)$ 称为函数 $z=f(x,y)$ 的驻点。由定理 1 可知，在偏导数存在的条件下，函数的极值点必是驻点。但是函

数的驻点不一定是极值点。比如，点(0,0)是 $z=xy$ 的驻点，而点(0,0)不是 $z=xy$ 的极值点。

由定理1可知，在偏导数存在的条件下，函数的驻点是函数的极值点的必要条件，因此求函数的极值点只需在函数的驻点中寻找。怎样判定一个驻点是否是极值点呢？下面介绍一个极值存在的判别定理。

**定理2** （极值存在的充分条件）设函数 $z=f(x,y)$ 在驻点 $(x_0,y_0)$ 及其附近有连续的二阶偏导数，记

$$A=f_{xx}(x_0,y_0) \qquad B=f_{xy}(x_0,y_0) \qquad C=f_{yy}(x_0,y_0)$$

(1) 当 $B^2-AC<0$ 时，$f(x,y)$ 在点 $(x_0,y_0)$ 具有极值，且当 $A<0$ 时有极大值，当 $A>0$ 时有极小值。

(2) 当 $B^2-AC>0$ 时，$f(x,y)$ 在点 $(x_0,y_0)$ 没有极值。

(3) 当 $B^2-AC=0$ 时，$f(x,y)$ 在点 $(x_0,y_0)$ 可能有极值，也可能没有极值，需另作讨论。

证明从略。

根据定理1和定理2，具有二阶连续偏导数的函数的极值求法可归结如下。

(1) 令一阶偏导数等于零：

$$\begin{cases} f_x(x,y)=0 \\ f_y(x,y)=0 \end{cases}$$

解这个方程组，求出一切驻点。

(2) 对于每一个驻点 $(x_0,y_0)$，求出二阶偏导数的值 $A$，$B$ 和 $C$。

(3) 确定 $B^2-AC$ 的符号，按定理2的结论判定 $f(x_0,y_0)$ 是否是极值，是极大值还是极小值。

**例1** 求函数 $z=x^2-y^3-6x+12y-5$ 的极值。

**解** 解方程组

$$\begin{cases} \dfrac{\partial z}{\partial x}=2x-6=0 \\ \dfrac{\partial z}{\partial y}=-3y^2+12=0 \end{cases}$$

求得驻点为(3,2)与(3,−2)。

再求出二阶偏导数

$$\frac{\partial^2 z}{\partial x^2}=2 \qquad \frac{\partial^2 z}{\partial x \partial y}=0 \qquad \frac{\partial^2 z}{\partial y^2}=-6y$$

在点(3,2)处，$A=2$，$B=0$，$C=-12$，$B^2-AC=24>0$，所以，在点(3,2)处没有极值；在点(3,−2)处，$A=2$，$B=0$，$C=12$，$B^2-AC=-24<0$，且 $A=2>0$，所以，在点(3,−2)处有极小值，$f(3,-2)=-30$ 为极小值。

## 二、条件极值——拉格朗日乘数法

以上所讨论的极值问题，函数的自变量除了限制在其定义域内并无其他限制，这样的

极值称为无条件极值。相应地,把对自变量附加了其他条件的极值称为条件极值。

对于带等式约束条件的极值问题,通常有两种解法:一种是将条件极值转化为无条件极值;另一种是拉格朗日乘数法。

**例 2** 求函数 $z=xy$ 在条件 $x+y=1$ 下的极值。

**解** 由 $x+y=1$ 可得 $y=1-x$,将其代入函数 $z=xy$ 中,得 $z=x-x^2$,即转化为一元函数 $z=x-x^2$ 的无条件极值问题。

令 $\frac{\mathrm{d}z}{\mathrm{d}x}=1-2x=0$,得 $x=\frac{1}{2}$。又因为 $\left.\frac{\mathrm{d}^2 z}{\mathrm{d}x^2}\right|_{x=\frac{1}{2}}=-2$,所以,$z=x-x^2$ 在 $x=\frac{1}{2}$ 处取得极大值 $\frac{1}{4}$。当 $x=\frac{1}{2}$ 时,$y=\frac{1}{2}$,因此,函数 $z=xy$ 在条件 $x+y=1$ 下的极大值为 $f\left(\frac{1}{2},\frac{1}{2}\right)=\frac{1}{4}$。

**注意**:这种方法是有局限性的,它要求从条件 $\varphi(x,y)=0$ 中解出 $y$ 来,这在有时是无法做到的。为此,我们介绍另一种求解此类问题的常用方法——拉格朗日乘数法。

我们来分析函数 $z=f(x,y)$ 在条件 $\varphi(x,y)=0$ 下取得极值的必要条件。

如果函数 $z=f(x,y)$ 在 $(x_0,y_0)$ 取得极值,则有

$$\varphi(x_0,y_0)=0 \tag{7-7}$$

假定在 $(x_0,y_0)$ 的附近 $f(x,y)$ 与 $\varphi(x,y)$ 都有连续的一阶偏导数,且 $\varphi_y(x_0,y_0)\neq 0$,这时 $\varphi(x,y)=0$ 确定 $y$ 是 $x$ 的具有连续导数的单值函数 $y=y(x)$,将它代入函数 $z=f(x,y)$,得一元函数 $z=f(x,y(x))$,于是二元函数在 $(x_0,y_0)$ 取得满足 $\varphi(x,y)=0$ 的条件极值问题就转化为求一元函数 $z=f(x,y(x))$ 在点 $x_0$ 取得极值的问题。由一元可导函数取得极值的必要条件可知,应有

$$\left.\frac{\mathrm{d}z}{\mathrm{d}x}\right|_{x=x_0}=f_x(x_0,y_0)+f_y(x_0,y_0)\left.\frac{\mathrm{d}y}{\mathrm{d}x}\right|_{x=x_0}=0 \tag{7-8}$$

又由隐函数求导公式,有

$$\left.\frac{\mathrm{d}y}{\mathrm{d}x}\right|_{x=x_0}=-\frac{\varphi_x(x_0,y_0)}{\varphi_y(x_0,y_0)}$$

代入式(7-8)得

$$f_x(x_0,y_0)-f_y(x_0,y_0)\cdot\frac{\varphi_x(x_0,y_0)}{\varphi_y(x_0,y_0)}=0$$

即

$$f_x(x_0,y_0)-\frac{f_y(x_0,y_0)}{\varphi_y(x_0,y_0)}\cdot\varphi_x(x_0,y_0)=0 \tag{7-9}$$

式(7-7)和式(7-9)就是 $z=f(x,y)$ 在条件 $\varphi(x,y)=0$ 下在 $(x_0,y_0)$ 取得极值的必要条件。如果令

$$\lambda=-\frac{f_y(x_0,y_0)}{\varphi_y(x_0,y_0)}$$

即

$$f_y(x_0,y_0)+\lambda\varphi_y(x_0,y_0)=0 \tag{7-10}$$

则式(7－9)成为

$$f_x(x_0,y_0)+\lambda\varphi_x(x_0,y_0)=0 \tag{7-11}$$

由式(7－7)、式(7－10)、式(7－11)得函数 $f(x,y)$ 在 $(x_0,y_0)$ 取得极值的必要条件是:

$$\begin{cases} f_x(x_0,y_0)+\lambda\varphi_x(x_0,y_0)=0 \\ f_y(x_0,y_0)+\lambda\varphi_y(x_0,y_0)=0 \\ \varphi(x_0,y_0)=0 \end{cases} \tag{7-12}$$

实际上式(7－12)可看作函数

$$F(x,y,\lambda)=f(x,y)+\lambda\varphi(x,y)$$

在点 $(x_0,y_0,\lambda)$ 取得无条件极值的必要条件。

所以为了便于记忆,求函数 $z=f(x,y)$ 在条件 $\varphi(x,y)=0$ 下的可能极值点,可以构造辅助函数

$$F(x,y,\lambda)=f(x,y)+\lambda\varphi(x,y)$$

其中,$\lambda$ 为某一常数,称为拉格朗日乘数,分别求出 $F(x,y,\lambda)$ 对 $x,y,\lambda$ 的偏导数,并使它们同时为零,再联立方程组

$$\begin{cases} F_x(x,y,\lambda)=f_x(x,y)+\lambda\varphi_x(x,y)=0 \\ F_y(x,y,\lambda)=f_y(x,y)+\lambda\varphi_y(x,y)=0 \\ F_\lambda(x,y,\lambda)=\varphi(x,y)=0 \end{cases}$$

解此方程组得 $x,y,\lambda$,其中 $x,y$ 就是可能极值点的坐标。至于所求得的点是否为极值点,可根据问题的实际意义来确定。

拉格朗日乘数法可推广到自变量多于两个而约束条件多于一个的情形。

**例 3**　求表面积为 $a^2$ 而体积最大的长方体的体积。

**解**　设长方体的长、宽、高分别为 $x,y,z$,则问题就是在条件

$$\varphi(x,y,z)=2xy+2yz+2xz-a^2=0$$

下,求函数

$$v=xyz\quad(x>0,y>0,z>0)$$

的最大值。

利用拉格朗日乘数法,作辅助函数

$$F(x,y,z,\lambda)=xyz+\lambda(2xy+2xz+2yz-a^2)$$

对 $x,y,z,\lambda$ 分别求导,并令其同时为零,得方程组

$$\begin{cases} F_x(x,y,z,\lambda)=yz+2\lambda(y+z)=0 \\ F_y(x,y,z,\lambda)=xz+2\lambda(x+z)=0 \\ F_z(x,y,z,\lambda)=xy+2\lambda(x+y)=0 \\ \varphi(x,y,z)=2xy+2xz+2yz-a^2=0 \end{cases}$$

解此方程组得 $x=y=z=\frac{\sqrt{6}}{6}a$,这是唯一可能的极值点,因为由问题本身可知最大值一定存在,所以最大值就在这个可能的极值点取得。也就是说,表面积为 $a^2$ 的长方体中,以棱长为 $\frac{\sqrt{6}}{6}a$ 的正方体的体积最大,最大体积 $V=\frac{\sqrt{6}}{36}a^3$。

★★ 扩展模块

## 三、偏导数的几何应用

### 1. 空间曲线的切线与法平面

首先给出曲线在一点处的切线与法平面的定义。

**定义 2** 设 $M_0$ 是空间曲线上一个定点，引割线 $M_0M_1$，当点 $M_1$ 沿曲线 $L$ 趋近 $M_0$ 时，割线 $M_0M_1$ 的极限位置 $M_0T$(如果极限存在)就称为曲线 $L$ 在点 $M_0$ 的切线。过点 $M_0$ 且垂直于切线的平面，称为曲线 $L$ 在 $M_0$ 处的法平面，如图 7-14 所示。

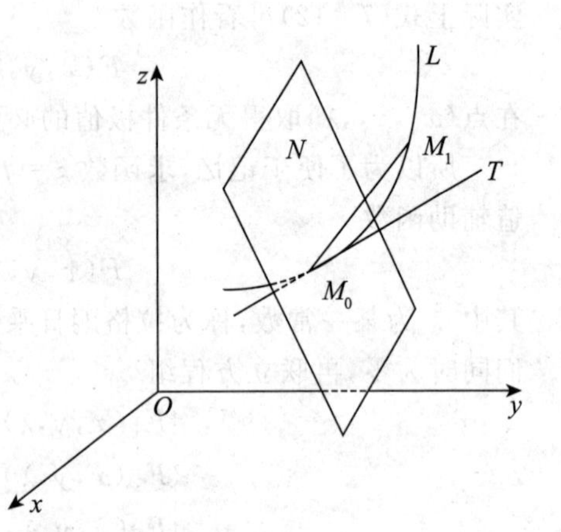


图 7-14

设空间曲线的参数方程为

$$x=x(t)\quad y=y(t)\quad z=z(t) \tag{7-13}$$

假定 $x,y,z$ 对 $t$ 的导数存在且不同时为零。

考虑曲线 $L$ 上对应于 $t=t_0$ 的点 $M_0(x_0,y_0,z_0)$ 及对应于 $t=t_0+\Delta t$ 的邻近点 $M_1(x_0+\Delta x,y_0+\Delta y,z_0+\Delta z)$。割线 $M_0M_1$ 的方程为

$$\frac{x-x_0}{\Delta x}=\frac{y-y_0}{\Delta y}=\frac{z-z_0}{\Delta z}$$

用 $\Delta t$ 除上式各个分母，得

$$\frac{x-x_0}{\frac{\Delta x}{\Delta t}}=\frac{y-y_0}{\frac{\Delta y}{\Delta t}}=\frac{z-z_0}{\frac{\Delta z}{\Delta t}}$$

它仍是 $M_0M_1$ 的方程，当 $\Delta t\to 0$ 时，$M_1$ 沿曲线 $L$ 趋于 $M_0$，由于 $x'(t),y'(t),z'(t)$ 存在且不能同时为零，所以割线 $M_0M_1$ 的极限位置存在，并且 $L$ 在 $M_0$ 处的切线 $M_0T$ 的方程为

$$\frac{x-x_0}{x'(t_0)}=\frac{y-y_0}{y'(t_0)}=\frac{z-z_0}{z'(t_0)} \tag{7-14}$$

而曲线在点 $M_0$ 的法平面方程为

$$x'(t_0)(x-x_0)+y'(t_0)(y-y_0)+z'(t_0)(z-z_0)=0 \tag{7-15}$$

**例 4** 求曲线 $x=t,y=t^2,z=t^3$ 在点(1,1,1)处的切线方程和法平面方程。

**解** 因为 $x'(t)=1,y'(t)=2t,z'(t)=3t^2$，而点(1,1,1)所对应的参数 $t=1$，所以

$$x'(1)=1\quad y'(1)=2\quad z'(1)=3$$

于是，切线方程为

$$\frac{x-1}{1}=\frac{y-1}{2}=\frac{z-1}{3}$$

法平面方程为

$$(x-1)+2(y-1)+3(z-1)=0$$

即

$$x+2y+3z-6=0$$

2. 曲面的切平面与法线

**定义 3** 如果曲面 $S$ 上过点 $M_0$ 的所有曲线在点 $M_0$ 处的切线都位于同一平面上，此平面就称为曲面 $S$ 在点 $M_0$ 的切平面。过点 $M_0$ 且垂直于切平面的直线称为曲面 $S$ 在点 $M_0$ 的法线，如图 7-15 所示。

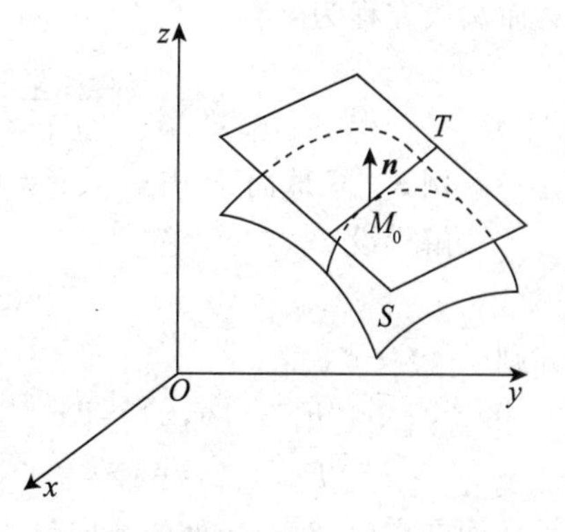


图 7-15

设曲面 $S$ 的方程为

$$F(x,y,z)=0 \tag{7-16}$$

$M_0(x_0,y_0,z_0)$为曲面 $S$ 上一点，并设函数 $F(x,y,z)$的偏导数在点 $M_0$ 处连续且不同时为零。在曲面 $S$ 上，设过点 $M_0$ 的任一条曲线 $T$ 的方程为

$$x=x(t) \quad y=y(t) \quad z=z(t)$$

$t=t_0$ 对应于点 $M_0(x_0,y_0,z_0)$，且 $x'(t_0),y'(t_0),z'(t_0)$不全为零，由于曲线在曲面上，所以

$$F(x(t) \quad y(t) \quad z(t))\equiv 0$$

而 $F(x,y,z)$在点 $M_0$ 处有连续偏导数，$x=x(t),y=y(t),z=z(t)$在 $t_0$ 处可导，所以由复合函数微分法，上式两端在 $t=t_0$ 对 $t$ 求全导数，得

$$F_x(x_0,y_0,z_0)x'(t_0)+F_y(x_0,y_0,z_0)y'(t_0)+F_z(x_0,y_0,z_0)z'(t_0)=0$$

写成向量的数量积形式

$$\{F_x(x_0,y_0,z_0),F_y(x_0,y_0,z_0),F_z(x_0,y_0,z_0)\}\cdot\{x'(t_0),y'(t_0),z'(t_0)\}=0$$

其中向量 $\vec{s}=\{x'(t_0),y'(t_0),z'(t_0)\}$是曲面 $S$ 上过点 $M_0$ 的任一条曲线 $T$ 在点 $M_0$ 的切线的方向向量，而向量 $\vec{n}=\{F_x(x_0y_0,z_0),F_y(x_0,y_0,z_0),F_z(x_0,y_0,z_0)\}$与向量 $\vec{s}$ 垂直，这说明曲面上过 $M_0$ 的任一条曲线的切线都与向量 $\vec{n}$ 垂直，也就是曲面上过 $M_0$ 的任一条曲线在点 $M_0$ 的切线都在过 $M_0$ 且与向量 $\vec{n}$ 垂直的平面上，这个平面就是曲面 $S$ 在点 $M_0$ 的切平面，向量 $\vec{n}$ 即为切平面的法向量。于是，曲面 $S$ 在点 $M_0$ 的切平面方程为

$$F_x(x_0,y_0,z_0)(x-x_0)+F_y(x_0,y_0,z_0)(y-y_0)+F_z(x_0,y_0,z_0)(z-z_0)=0 \tag{7-17}$$

法线方程为

$$\frac{x-x_0}{F_x(x_0,y_0,z_0)}=\frac{y-y_0}{F_y(x_0,y_0,z_0)}=\frac{z-z_0}{F_z(x_0,y_0,z_0)} \tag{7-18}$$

特别地，当曲面 $S$ 的方程为 $z=f(x,y)$时，令 (7-19)

$$F(x,y,z)=f(x,y)-z$$

可得

$$F_x(x,y,z)-f_x(x,y)$$
$$F_y(x,y,z)=f_y(x,y)$$
$$F_z(x,y,z)=-1$$

若 $f_x(x,y),f_y(x,y)$在$(x_0,y_0)$处连续，则曲面 $S$ 在点 $M_0(x_0,y_0,z_0)$的切平面方程为

$$z-z_0=f_x(x_0,y_0)(x-x_0)+f_y(x_0,y_0)(y-y_0) \tag{7-20}$$

而法线方程为

$$\frac{x-x_0}{f_x(x_0,y_0)}=\frac{y-y_0}{f_y(x_0,y_0)}=\frac{z-z_0}{-1} \tag{7-21}$$

**例 5** 求球面 $x^2+y^2+z^2=6$ 在点 $(1,2,-1)$ 处的切平面及法线方程。

**解** 设

$$F(x,y,z)=x^2+y^2+z^2-6$$

则

$$F_x(x,y,z)=2x \quad F_y(x,y,z)=2y \quad F_z(x,y,z)=2z$$

$$F_x(1,2,-1)=2 \quad F_y(1,2,-1)=4 \quad F_z(1,2,-1)=-2$$

球面在点 $(1,2,-1)$ 处的法向量为 $\{2,4,-2\}$，所以球面在点 $(1,2,-1)$ 的切面方程为

$$2(x-1)+4(y-2)-2(z+1)=0$$

即

$$x+2y-z-6=0$$

法线方程为

$$\frac{x-1}{1}=\frac{y-2}{2}=\frac{z+1}{-1}$$

**例 6** 求椭圆抛物面 $z+11=3x^2+2y^2$ 在点 $(2,1,3)$ 处的切平面及法线方程。

**解** 设

$$f(x,y)=3x^2+2y^2-11$$

则

$$f_x(x,y)=6x \quad f_y(x,y)=4y$$

$$f_x(2,1)=12 \quad f_y(2,1)=4$$

所以切平面方程为

$$z-3=12(x-2)+4(y-1)$$

即

$$12x+4y-z=25$$

法线方程为

$$\frac{x-2}{12}=\frac{y-1}{4}=\frac{z-3}{-1}$$

## 习题 7-6

A 组

1. 判断题。

(1) 函数 $z=x^2-y^3-6x+12y-5$ 的驻点有 2 个。 ( )

(2) 设函数 $z=f(x,y)$ 的驻点为 $(x_0,y_0)$，记 $A=f_{xx}(x_0,y_0)$，$B=f_{xy}(x_0,y_0)$，$C=f_{yy}(x_0,y_0)$，当 $B^2-AC>0$ 时，$f(x,y)$ 在点 $(x_0,y_0)$ 没有极值。 ( )

2. 填空题。

(1) 函数 $z=(x-1)^2+(y+1)^2$ 的极小值是__________。

(2) 函数 $z=\sqrt{1-x^2-y^2}$ 的极大值是__________。

3. 选择题。

(1) 设函数 $z=f(x,y)$ 的驻点为 $(x_0,y_0)$,记 $A=f_{xx}(x_0,y_0)$,$B=f_{xy}(x_0,y_0)$,$C=f_{yy}(x_0,y_0)$,若 $f(x,y)$ 在点 $(x_0,y_0)$ 有极大值,则有(　　)。

A. $B^2-AC>0,A>0$　　B. $B^2-AC>0,A<0$

C. $B^2-AC<0,A>0$　　D. $B^2-AC<0,A<0$

(2) 函数 $z=x^3-y^3$ 的驻点个数是(　　)。

A. 0　　B. 1　　C. 2　　D. 3

4. 求下列函数的极值,并说明是极大值还是极小值。

(1) $f(x,y)=4(x-y)-x^2-y^2$　　(2) $f(x,y)=e^{2x}(x+y^2+2y)$

(3) $f(x,y)=xy+\dfrac{a}{x}+\dfrac{a}{y}(a>0)$　　(4) $f(x,y)=x^3+y^3-3(x^2+y^2)$

5. 三正数之和为 12,问三数为何值时,才能使三数之积最大?

6. 某公司要用不锈钢板做成一个体积为 $8\text{m}^3$ 的有盖长方体水箱。问水箱的长、宽、高如何设计才能使用料最省?

7. 建造容积为 $V$ 的无顶长方体水池,长、宽、高各为多少时,才能使水池的表面积最小?

8. 对角线长为 $2\sqrt{3}$ 的长方体的最大体积是多少?

B 组

1. 求函数 $f(x,y)=e^{x-y}(x^2-2y^2)$ 的极值。

2. 求曲线 $x=t-\sin t,y=1-\cos t,z=4\sin\dfrac{t}{2}$ 在点 $\left(\dfrac{\pi}{2}-1,1,2\sqrt{2}\right)$ 处的切线与法平面方程。

3. 求曲面 $e^z-z+xy=3$ 在点 $(2,1,0)$ 处的切平面与法线方程。

4. 求 $z=\arctan\dfrac{y}{x}$ 在点 $\left(1,1,\dfrac{\pi}{4}\right)$ 处的切平面与法线方程。

5. 求函数 $z=x^3+y^3-3xy$ 在 $x^2+y^2\leqslant 4$ 上的最大值、最小值。

6. 在半径为 $r$ 的球内接一长方体,问长、宽、高各为多少时,其体积最大?

# 应用与实践

## 一、产量问题

在经济学中有一个著名的生产函数——Cobb - Douglas 生产函数,其模型为 $f(L,K)=AL^{\alpha}K^{1-\alpha}$。式中,$L$ 代表劳动力的数量,$K$ 代表资本数量,$A$ 和 $\alpha$ 是常数 $(0<\alpha<1)$,函数值 $f(L,K)$ 表示生产量。

现在已知某制造商的 Cobb - Douglas 生产函数为 $f(L,K)=100L^{\frac{3}{4}}K^{\frac{1}{4}}$。每个劳动力与每单位资本的成本分别为 150 元和 250 元，该制造商的总预算为 50000 元。问该制造商该如何分配这笔钱于雇用劳动力与资本，才能使生产量最高？

**解** 需要解决的问题是在条件

$$\varphi(L,K)=150L+250K-50000=0$$

下，求函数

$$f(L,K)=100L^{\frac{3}{4}}K^{\frac{1}{4}}\quad(L>0,K>0)$$

的最大值。

利用拉格朗日乘数法，作辅助函数

$$F(L,K,\lambda)=100L^{\frac{3}{4}}K^{\frac{1}{4}}+\lambda(150L+250K-50000)$$

对 $L,K,\lambda$ 分别求导，并令其同时为零，得方程组

$$\begin{cases}F_L(L,K,\lambda)=75L^{-\frac{1}{4}}K^{\frac{1}{4}}+150\lambda=0\\F_K(L,K,\lambda)=25L^{\frac{3}{4}}K^{-\frac{3}{4}}+250\lambda=0\\F_\lambda(L,K,\lambda)=150L+250K-50000=0\end{cases}$$

解此方程组得

$$L=250\quad K=50$$

应该雇 250 个劳动力而把其余部分作为资本投入(50 单位资本)，这时可获得最大产量 $f(250,50)=16719$。

## 二、广告费用问题

某公司通过电台及报纸做某商品的销售广告，据统计销售收入 $R$(万元)与电台广告费 $x_1$(万元)及报纸广告费 $x_2$(万元)的函数关系为

$$R(x_1,x_2)=15+14x_1+32x_2-8x_1x_2-2x_1{}^2-10x_2{}^2$$

求:(1) 在不限广告费时的最优广告策略；

(2) 在仅用 1.5 万元做广告费时的最优广告策略。

**解** (1) 最优广告策略，即用于电台和报纸的广告费为多少时，可使商品的利润 $L(x_1,x_2)$最大，故目标函数为利润函数。另据题意可知，这是一个二元函数的无条件极值问题。记电台和报纸的广告费之和为 $C(x_1,x_2)$，则 $C(x_1,x_2)=x_1+x_2$，于是

$$\begin{aligned}L(x_1,x_2)&=R(x_1,x_2)-C(x_1,x_2)\\&=15+13x_1+31x_2-8x_1x_2-2x_1{}^2-10x_2{}^2(x_1>0,x_2>0)\end{aligned}$$

令$\begin{cases}L'_{x_1}=13-8x_2-4x_1=0\\L'_{x_2}=31-8x_1-20x_2=0\end{cases}$，解得$\begin{cases}x_1=0.75\\x_2=1.25\end{cases}$。

所以在不限广告费时的最优广告策略是用于电台和报纸的广告费分别为 0.75 万元和 1.25 万元。

(2) 据题意可知，这是一个条件极值问题，约束条件为 $x_1+x_2=1.5$，一般地，从这一约

束条件中解出 $x_1=1.5-x_2$，代入利润函数

$$L(x_1,x_2)=15+13(1.5-x_2)+31x_2-8(1.5-x_2)x_2-2(1.5-x_2)^2-10x_2^2$$
$$=30+12x_2-4x_2^2 \quad (0\leqslant x_2\leqslant 1.5)$$

于是将条件极值问题转化为一元函数的无条件极值问题。

由于 $L'=12-8x_2\geqslant 0(0\leqslant x_2\leqslant 1.5)$，这表明 $L$ 关于变量 $x_2$ 是单调增加的，从而 $L$ 在 $x_2=1.5$ 时取得最大值。因此，在仅用 1.5 万元做广告费的条件下，相应的最优广告策略是将其全部用于报纸广告费用，而不做电台广告。

# 本章知识结构图

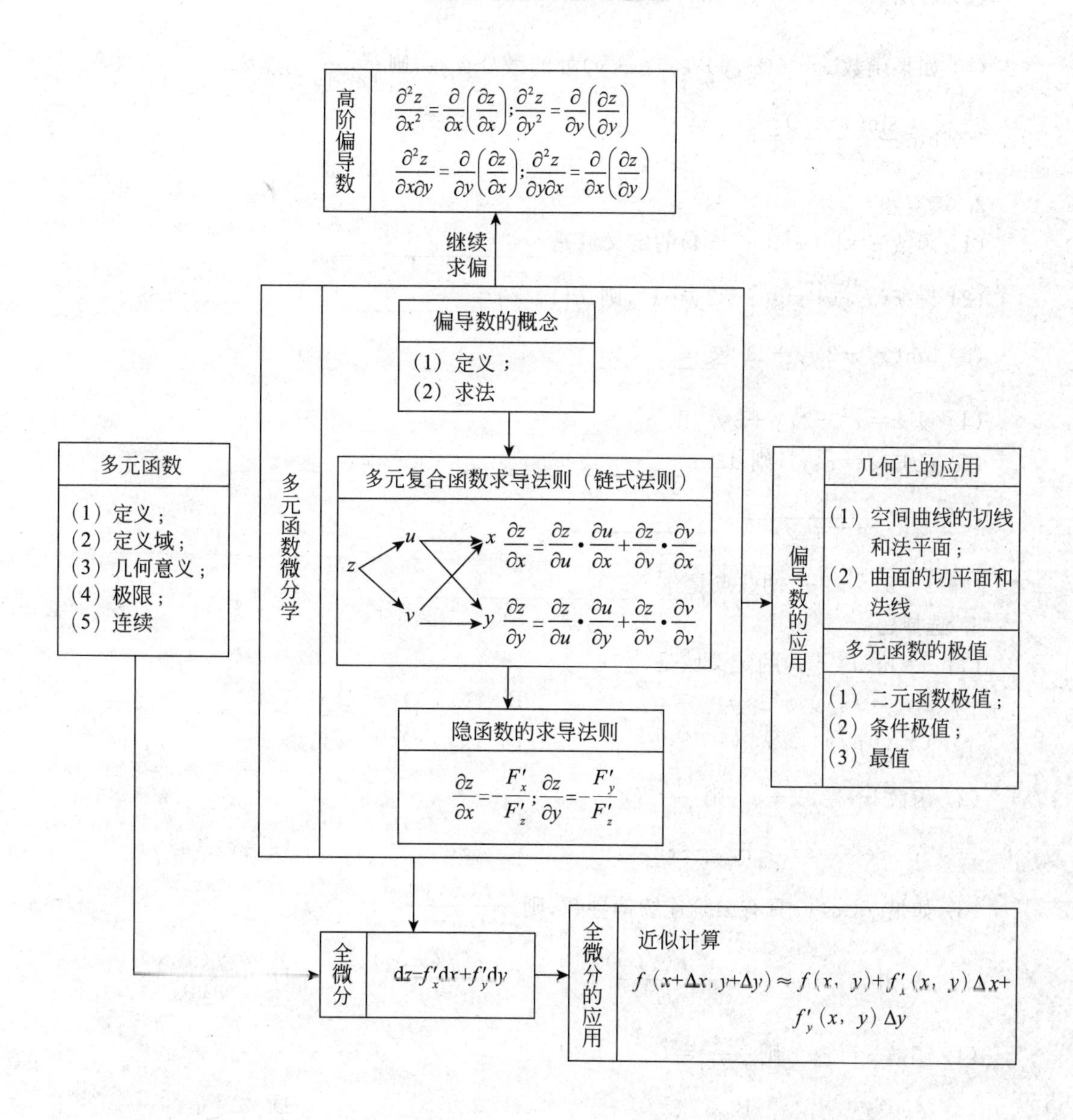

# 复习题七

## A 组

1. 判断题。

(1) $\lim\limits_{\substack{y\to 0\\x\to 1}}\dfrac{x}{x+y}=1$。 (　　)

(2) 可微的多元函数一定是连续函数。 (　　)

(3) 若函数 $z=x+2y+\ln 3$，则 $dz=dx+2dy+\dfrac{1}{3}$。 (　　)

(4) 如果函数 $z=f(x,y)$ 在点 $(x,y)$ 处的微分存在，则 $\dfrac{\partial z}{\partial x},\dfrac{\partial z}{\partial y}$ 均连续。 (　　)

(5) $\lim\limits_{\substack{x\to 0\\y\to 0}}\dfrac{\sin(x+y)}{x+y}=0$。 (　　)

2. 填空题。

(1) 函数 $z=\ln(x^2+y^2-4)$ 的定义域是________________。

(2) 设 $f(x,y)=\lg(x+2y-1)$，则 $f\left(1,\dfrac{1}{2}\right)=$__________。

(3) $\lim\limits_{\substack{x\to 2\\y\to 1}}(x^2-2xy+1)=$__________。

(4) 设 $z=x^2-2xy+3y^2$，则 $z_{xy}=$__________。

(5) 已知 $z=x^2y^3$，则 $dz=$________________。

(6) $\lim\limits_{\substack{x\to 0\\y\to 0}}\dfrac{xy}{\sqrt{xy+1}-1}=$______________。

(7) $z=2x^2+2y^2$ 的驻点是______________________。

3. 选择题。

(1) $z=\ln(x^2-y)$ 的定义域是(　　)。

A. $\{(x,y)\mid x^2>y\}$　　B. $\{(x,y)\mid x^2\geqslant y\}$

C. $\{(x,y)\mid x^2<y\}$　　D. $\{(x,y)\mid x^2\leqslant y\}$

(2) 函数 $\ln z=2x+e^y$，则 $\dfrac{\partial z}{\partial y}=$(　　)。

A. $ze^y$　　B. $-ze^y$　　C. $2ze^y$　　D. $z(2+e^y)$

(3) 如果 $f(x,y)$ 具有二阶连续偏导数，则 $\dfrac{\partial^2 f(x,y)}{\partial x\partial y}=$(　　)。

A. 0　　B. $\dfrac{\partial^2 f(x,y)}{\partial x^2}$　　C. $\dfrac{\partial^2 f(x,y)}{\partial y^2}$　　D. $\dfrac{\partial^2 f(x,y)}{\partial y\partial x}$

(4) 函数 $z=xy^3$，则 $\dfrac{\partial^2 z}{\partial x\partial y}=$(　　)。

A. $3xy$　　B. $3xy^2$　　C. $3y^2$　　D. $3x^2y$

(5) 设 $z=\sqrt{4-x^2-y^2}$，则 $\frac{\partial z}{\partial x}=$（ ）。

A. $\frac{x}{\sqrt{4-x^2-y^2}}$　　B. $\frac{-x}{\sqrt{4-x^2-y^2}}$

C. $\frac{y}{\sqrt{4-x^2-y^2}}$　　D. $\frac{-y}{\sqrt{4-x^2-y^2}}$

(6) $f(x,y)=(6x-x^2)(4y-y^2)$ 的驻点个数是（ ）。

A. 2　　B. 3　　C. 4　　D. 5

4. 求下列函数的偏导数。

(1) $z=\sqrt{\ln xy}$　　(2) $z=(1+xy)^y$

5. 求下列函数的二阶偏导数。

(1) $z=x\ln xy$　　(2) $z=y^x$

6. 求全微分。

(1) 计算函数 $z=e^{xy}$ 在点(2,1)处的全微分。

(2) 求 $z=\ln(1+x^2+y^2)$ 的全微分。

7. 求偏导数或者全导数。

(1) 设 $z=e^{xy}+\cos(x^3y^2+x)$，求 $\frac{\partial z}{\partial x},\frac{\partial z}{\partial y}$。

(2) 设 $z=uv+\cos t$，而 $u=e^t$，$v=\sin t$，求 $\frac{dz}{dt}$。

8. 设 $z=f(x^2y^2,x^2+y^2)$，$f$ 可微，求 $\frac{\partial z}{\partial x},\frac{\partial z}{\partial y}$。

9. 设 $z=f(x,y)$ 由方程 $x^2z+2y^2z^2+y=0$ 确定，求 $\frac{\partial z}{\partial x},\frac{\partial z}{\partial y}$。

10. 设 $f(x,y)=3x^2y+y^3-3x^2-3y^2+2$，求极值。

11. 建造容积为 $V$ 的长方体水池，长、宽、高各为多少时，才能使水池的表面积最小？

## B 组

1. 求下列二元函数的定义域，并用图形表示出来。

(1) $z=\arcsin\frac{x}{y}$　　(2) $z=\sqrt{\ln(x-y)}$

2. 求下列极限。

(1) $\lim\limits_{\substack{x\to 2\\ y\to\infty}}\left(1-\frac{x}{y}\right)^{xy}$　　(2) $\lim\limits_{\substack{x\to 0\\ y\to 0}}(x+y)\sin\frac{1}{x}\sin\frac{1}{y}$　　(3) $\lim\limits_{\substack{x\to 0\\ y\to 0}}\frac{\sqrt{x^2y^2+4}-2}{x^2y^2}$

3. 计算题。

(1) $z=\arctan\frac{y^2}{x}$，求一阶偏导数。

(2) 设函数 $f(u)$ 可导，函数 $z=\varphi(x,y)$ 由方程 $x-az=f(y-bz)$ 确定，求 $a\frac{\partial z}{\partial x}+b\frac{\partial z}{\partial y}$。

(3) 设 $z=\frac{f(xy)}{x}+y\varphi(x,y)$，$f,\varphi$ 具有二阶连续导数，求$\frac{\partial^2 z}{\partial x\partial y}$。

(4) 求函数 $z=\frac{y}{x}\sin\frac{x}{y}$的二阶偏导数。

(5) $z=(x^2+2y)^{xy^2}$，求 $\mathrm{d}z\big|_{x=y=1}$。

4. 设 $z=x^4+y^4-x^2-2xy-y^2$，求 $z$ 的极值。

5. 某厂家生产的一种产品同时在两个市场销售，售价分别为 $p_1$ 和 $p_2$，销售量分别为 $q_1$ 和 $q_2$，需求函数为 $q_1=24-0.2p_1$，$q_2=10-0.05p_2$，总成本函数为 $C=35+40(q_1+q_2)$。试问：厂家如何确定两个市场的售价，才能获得最大总利润？最大总利润为多少？

6. 求内切于由平面$\frac{x}{a}+\frac{y}{b}+\frac{z}{c}=1(a>0,b>0,c>0)$及三个坐标面所围成的四面体的最大长方体的体积。

7. 求球面 $x^2+y^2+z^2=14$ 在点$(1,2,3)$处的切平面及法线方程。

8. 求曲线 $x=\frac{t}{1+t}$，$y=\frac{1+t}{t}$，$z=t^2$ 在对应于 $t=1$ 的点处的切线与法平面方程。

9. 旋转抛物面 $z=x^2+y^2$ 被平面 $x+y+z=1$ 所截，交线为空间的一个椭圆。求坐标原点到椭圆的最长距离与最短距离。

10. 证明极限$\lim\limits_{\substack{x\to 0\\ y\to 0}}\frac{x^2y^2}{x^2y^2+(x-y)^2}$不存在。

# 第八章　重　积　分

在一元函数积分学中，已经知道定积分是乘积求和式的极限。二重积分也是由实际问题的需要而产生的，它是定积分的推广。定积分是一元函数"和式"的极限，而二重积分同样是多元函数"和式"的极限，在本质上是相同的。本章将在一元函数定积分的基础上，引入二重积分和三重积分的概念，重点介绍其性质、计算方法和一些应用。二、三重积分解决问题的基本思想方法与定积分是一致的，并且它的计算最终都归结为定积分。学习中要抓住其与定积分的联系，注意比较它们的共同点与不同点。

## 第一节　二重积分的概念及性质

★ 基础模块

### 一、二重积分的概念

1. 曲顶柱体的体积

设 $z=f(x,y)$ 是定义在有界闭区域 $D$ 上的连续函数，且 $f(x,y)\geqslant 0$。我们把以 $D$ 为底、侧面是以 $D$ 的边界曲线为准线而母线平行于 $z$ 轴的柱面，顶是曲面 $z=f(x,y)$ 的这种几何体称为曲顶柱体，如图 8-1 所示。现在来讨论如何计算上述曲顶柱体的体积 $V$。

如果柱体的顶平行于 $xOy$ 平面，则柱体的体积等于高与底面积的乘积。对于曲顶柱体，当点 $(x,y)$ 在区域 $D$ 上变动时，高度 $f(x,y)$ 是个变量，因此它的体积不能按此法计算，可依照与求曲边梯形面积类似的思想和方法来解决。

(1) 分割。用一组曲线网将区域 $D$ 任意分成 $n$ 个小闭区域 $\Delta\sigma_i\ (i=1,2,\cdots,n)$，$\Delta\sigma_i$ 同时也表示第 $i$ 个小闭区域的面积，分别以这些小闭区域的边界曲线为准线，作母线平行于 $z$ 轴的柱面，这些柱面将所给的曲顶柱体分成 $n$ 个小曲顶柱体，如图 8-2 所示，它们的体积分别记作 $\Delta V_1,\Delta V_2,\cdots,\Delta V_n$。显然所求体积就是这 $n$ 个小曲顶柱体体积的和。

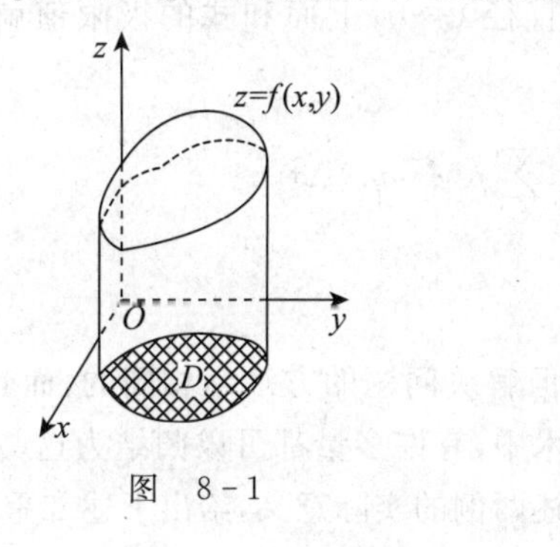

图 8-1

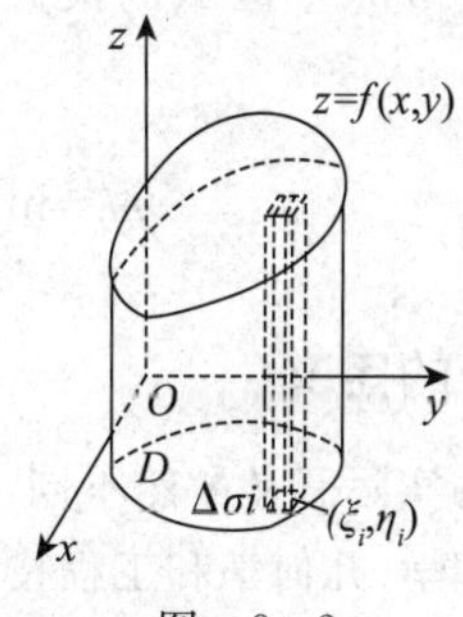

图 8-2

(2) 近似代替。由于 $f(x,y)$ 连续，当 $\Delta\sigma_i$ 的直径（$\Delta\sigma_i$ 上任意两点间距离的最大值）很小时，$f(x,y)$ 的变化就很小，这时小曲顶柱体的体积可近似看作小平顶柱体的体积。因此在每个小闭区域 $\Delta\sigma_i$ 上任取一点 $(\xi_i,\eta_i)$，作以 $\Delta\sigma_i$ 为底、$f(\xi_i,\eta_i)$ 为高的小平顶柱体来近似代替曲顶柱体。

于是

$$\Delta V_i \approx f(\xi_i,\eta_i)\Delta\sigma_i \quad (i=1,2,\cdots,n)$$

(3) 求和。将 $n$ 个小平顶柱体的体积相加，得整个曲顶柱体的体积 $V$ 的近似值

$$V \approx \sum_{i=1}^{n} f(\xi_i,\eta_i)\Delta\sigma_i$$

(4) 取极限。令 $\Delta\sigma_i(i=1,2,\cdots,n)$ 的最大直径 $\lambda\to 0$，取上述和式的极限，所得的极限值就是所求的曲顶柱体的体积 $V$，即

$$V=\lim_{\lambda\to 0}\sum_{i=1}^{n} f(\xi_i,\eta_i)\Delta\sigma_i$$

2. 平面薄片的质量

设有一密度非均匀的平面薄片，在 $xOy$ 面上占有区域 $D$，如图 8-3 所示。它在点 $(x,y)$ 处的面密度 $\rho(x,y)$ 是区域 $D$ 上的连续函数，且 $\rho(x,y)>0$，求此薄片的质量 $m$。

如果薄片是均匀的，它的质量等于面密度与面积的乘积。现在薄片是不均匀的，不能按此方法计算，可依照求曲顶柱体体积的方法来解决这个问题。

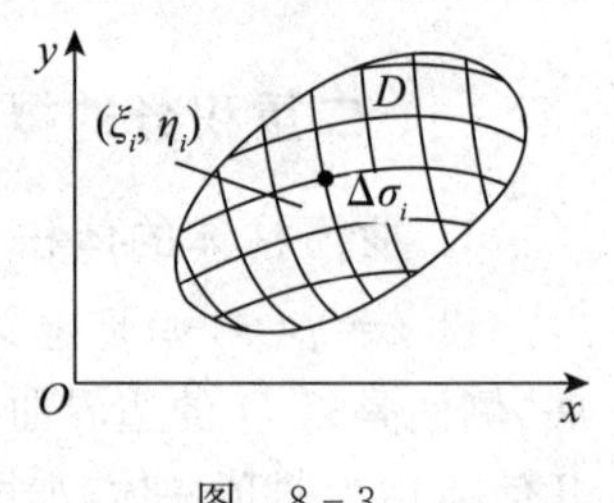

图 8-3

(1) 分割。将区域 $D$ 任意分割成 $n$ 个小闭区域 $\Delta\sigma_i(i=1,2,\cdots,n)$，$\Delta\sigma_i$ 同时也表示第 $i$ 个小闭区域的面积。这样平面薄片就被分成 $n$ 个小块。它们的质量分别记作 $\Delta m_1,\Delta m_2,\cdots,\Delta m_n$。显然所求质量就是这 $n$ 个小块质量的和。

(2) 近似代替。由于 $\rho(x,y)$ 连续，因而当 $\Delta\sigma_i$ 的直径很小时，$\Delta\sigma_i$ 上的密度可以近似看成不变，小薄片 $\Delta\sigma_i$ 可近似地看作均匀薄片。在 $\Delta\sigma_i$ 上任取一点 $(\xi_i,\eta_i)$，则小薄片 $\Delta\sigma_i$ 的质量 $\Delta m_i$ 的近似值

$$\Delta m_i \approx \rho(\xi_i,\eta_i)\Delta\sigma_i \quad (i=1,2,\cdots,n)$$

(3) 求和。整个薄片质量 $m$ 的近似值 $m \approx \sum_{i=1}^{n}\rho(\xi_i,\eta_i)\Delta\sigma_i$。

(4) 取极限。令 $n$ 个小区域的最大直径 $\lambda\to 0$，上面和式的极限值就是整个薄片的质量，即

$$m=\lim_{\lambda\to 0}\sum_{i=1}^{n}\rho(\xi_i,\eta_i)\Delta\sigma_i$$

## 二、二重积分的定义

上面两个问题的实际意义虽然不同，但解决问题的方法是相同的，而且结果为同一形式的和的极限。在物理学、几何学和工程技术中，有许多量都可以归结为这一形式的和的极限。因此我们要研究这种和的极限，并抽取上述两例的实际意义，给出下述二重积分的定义。

**定义** 设 $f(x,y)$ 是有界闭区域 $D$ 上的有界函数，将区域 $D$ 任意分割成 $n$ 个小闭区域 $\Delta\sigma_1,\Delta\sigma_2,\cdots,\Delta\sigma_n$，其中 $\Delta\sigma_i$ 表示第 $i$ 个小闭区域的面积。在每个 $\Delta\sigma_i$ 上任取一点 $(\xi_i,\eta_i)$，作乘积 $f(\xi_i,\eta_i)\Delta\sigma_i(i=1,2,\cdots,n)$ 并求和 $\sum\limits_{i=1}^{n}f(\xi_i,\eta_i)\Delta\sigma_i$，如果当各小闭区域的直径中的最大值 $\lambda\to0$ 时，这和式的极限存在，则称此极限为函数 $f(x,y)$ 在闭区域 $D$ 上的二重积分，记作 $\iint\limits_D f(x,y)\mathrm{d}\sigma$，即

$$\iint\limits_D f(x,y)\mathrm{d}\sigma=\lim_{\lambda\to0}\sum_{i=1}^{n}f(\xi_i,\eta_i)\Delta\sigma_i$$

其中，$\iint$ 叫作二重积分号，$f(x,y)$ 叫作被积函数，$f(x,y)\mathrm{d}\sigma$ 叫作被积表达式，$\mathrm{d}\sigma$ 叫作面积元素，$x$ 与 $y$ 叫作积分变量，$D$ 叫作积分区域，$\sum\limits_{i=1}^{n}f(\xi_i,\eta_i)\Delta\sigma_i$ 叫作积分和。

由二重积分的定义可知，引例中的曲顶柱体的体积是函数 $f(x,y)$ 在其底 $D$ 上的二重积分，即 $V=\iint\limits_D f(x,y)\mathrm{d}\sigma$；平面薄片的质量是它的面密度 $\rho(x,y)$ 在这薄片所占闭区域 $D$ 上的二重积分，即 $m=\iint\limits_D\rho(x,y)\mathrm{d}\sigma$。

关于二重积分的几点说明如下。

(1) 如果被积函数 $f(x,y)$ 在闭区域 $D$ 上的二重积分存在，则称 $f(x,y)$ 在 $D$ 上可积；$f(x,y)$ 在闭区域 $D$ 上连续时，$f(x,y)$ 在 $D$ 上一定可积。以后总假定 $f(x,y)$ 在 $D$ 上连续。

(2) 二重积分与被积函数和积分区域有关，与积分变量无关。

(3) 二重积分 $\iint\limits_D f(x,y)\mathrm{d}\sigma$ 的几何意义是：当被积函数 $f(x,y)\geqslant0$ 时，二重积分的几何意义是曲顶柱体的体积；当被积函数 $f(x,y)\leqslant0$ 时，二重积分的值是负的，它的绝对值是曲顶柱体的体积。当 $f(x,y)$ 有正、有负时，二重积分就等于曲顶柱体体积的代数和。

## 三、二重积分的性质

比较定积分与二重积分的定义可知，二重积分与定积分有类似的性质。

**性质 1** 被积函数的常数因子可以提到二重积分号的外面，即

$$\iint\limits_D kf(x,y)\mathrm{d}\sigma=k\iint\limits_D f(x,y)\mathrm{d}\sigma$$

**性质 2** 函数的和(或差)的二重积分等于各个函数的二重积分的和(或差)，即

$$\iint\limits_D[f(x,y)\pm g(x,y)]\mathrm{d}\sigma=\iint\limits_D f(x,y)\mathrm{d}\sigma\pm\iint\limits_D g(x,y)\mathrm{d}\sigma$$

**性质 3** 如果闭区域 $D$ 被有限条曲线分为有限个闭区域，则在 $D$ 上的二重积分等于在各闭区域上的二重积分之和。例如，$D$ 分为两个闭区域 $D_1$ 和 $D_2$，则

$$\iint_D f(x,y)\mathrm{d}\sigma = \iint_{D_1} f(x,y)\mathrm{d}\sigma + \iint_{D_2} f(x,y)\mathrm{d}\sigma$$

这个性质表示二重积分对积分区域具有可加性。

**性质 4** 如果在区域 $D$ 上 $f(x,y)=1$,区域 $D$ 的面积为 $\sigma$,则

$$\iint_D 1\mathrm{d}\sigma = \iint_D \mathrm{d}\sigma = \sigma$$

**性质 5** 若在区域 $D$ 上有 $f(x,y) \leqslant g(x,y)$,则 $\iint\limits_D f(x,y)\mathrm{d}\sigma \leqslant \iint\limits_D g(x,y)\mathrm{d}\sigma$,且 $\left|\iint\limits_D f(x,y)\mathrm{d}\sigma\right| \leqslant \iint\limits_D |f(x,y)|\mathrm{d}\sigma$。

**性质 6** (二重积分估值定理)设 $M$ 和 $m$ 分别是 $f(x,y)$ 在闭区域 $D$ 上的最大值和最小值,$\sigma$ 是闭区域 $D$ 的面积,则 $m\sigma \leqslant \iint\limits_D f(x,y)\mathrm{d}\sigma \leqslant M\sigma$。

**性质 7** (二重积分中值定理)设函数 $f(x,y)$ 在闭区域 $D$ 上连续,$\sigma$ 是闭区域 $D$ 的面积,则在闭区域 $D$ 上至少存在一点 $(\xi,\eta)$,使得 $\iint\limits_D f(x,y)\mathrm{d}\sigma = f(\xi,\eta)\sigma$ 成立。

**例 1** 比较大小:$\iint\limits_D (x^2+y^2)^2\mathrm{d}\sigma$ 与 $\iint\limits_D (x^2+y^2)\mathrm{d}\sigma$。其中,区域 $D$ 是圆形区域:$x^2+y^2 \leqslant 1$。

**解** 因为在区域 $D$:$x^2+y^2 \leqslant 1$ 上,有 $(x^2+y^2)^2 \leqslant x^2+y^2$,并且只在区域 $D$ 的边界 $x^2+y^2=1$ 上,$(x^2+y^2)^2=x^2+y^2$,在区域 $D$ 中其他点,有 $(x^2+y^2)^2 < x^2+y^2$,所以

$$\iint_D (x^2+y^2)^2\mathrm{d}\sigma < \iint_D (x^2+y^2)\mathrm{d}\sigma$$

**例 2** 估计积分的值 $\iint\limits_D (x+y+2)\mathrm{d}\sigma$,区域 $D$:$-1 \leqslant x \leqslant 3, 0 \leqslant y \leqslant 2$。

**解** $f(x,y)=x+y+2$ 在区域 $D$ 上的最大值 $M=7$,最小值 $m=1$,区域 $D$ 的面积 $\sigma=8$,所以

$$8 \leqslant \iint_D (x+y+2)\mathrm{d}\sigma \leqslant 56$$

## ★★ 扩展模块

**例 3** 证明(二重积分估值定理)设 $M$ 和 $m$ 分别是 $f(x,y)$ 在闭区域 $D$ 上的最大值和最小值,$\sigma$ 是闭区域 $D$ 的面积,则

$$m\sigma \leqslant \iint_D f(x,y)\mathrm{d}\sigma \leqslant M\sigma$$

**证明** 因为 $M$ 和 $m$ 分别是 $f(x,y)$ 在闭区域 $D$ 上的最大值和最小值,所以

$$m \leqslant f(x,y) \leqslant M$$

由性质 5 有

$$\iint_D m\,\mathrm{d}\sigma \leqslant \iint_D f(x,y)\mathrm{d}\sigma \leqslant \iint_D M\,\mathrm{d}\sigma$$

即

$$m\iint_D d\sigma \leqslant \iint_D f(x,y)d\sigma \leqslant M\iint_D d\sigma$$

根据性质 4 有

$$m\sigma \leqslant \iint_D f(x,y)d\sigma \leqslant M\sigma$$

## 习题 8-1

A 组

1. 简述二重积分的定义。
2. 二重积分的几何意义是什么？
3. 二重积分有哪些主要性质？
4. 利用二重积分的几何意义，说明下列等式。

(1) $\iint\limits_D k\,d\sigma = k\sigma$，$\sigma$ 为区域 $D$ 的面积。

(2) $\iint\limits_D \sqrt{R^2-x^2-y^2}\,d\sigma = \frac{2}{3}\pi R^3$，区域 $D$ 是以原点为圆心、半径为 $R$ 的圆形闭区域。

5. 比较大小。

(1) $\iint\limits_D (x+y)^2 d\sigma$ 与 $\iint\limits_D (x+y)^3 d\sigma$，其中闭区域 $D$ 由 $x$ 轴、$y$ 轴及直线 $x+y=1$ 围成。

(2) $\iint\limits_D \ln(x+y)d\sigma$ 与 $\iint\limits_D \ln^2(x+y)d\sigma$，区域 $D$：$3\leqslant x\leqslant 5, 0\leqslant y\leqslant 1$。

B 组

1. 根据二重积分的几何意义求 $\iint\limits_D (1-x-y)d\sigma$ 的值。其中区域 $D$ 为 $x+y=1$ 及 $x=0, y=0$ 围成的区域。

2. 估计积分的值 $\iint\limits_D (x^2+4y^2+9)d\sigma$，其中区域 $D$ 是圆形区域：$x^2+y^2\leqslant 4$。

# 第二节 二重积分的计算

**★ 基础模块**

一般情况下，直接用二重积分的定义计算二重积分是非常困难的，本节将由二重积分的几何意义导出二重积分的计算方法。这种方法是把二重积分化为两次定积分（叫作二次积分）来计算。

## 一、利用直角坐标系计算二重积分

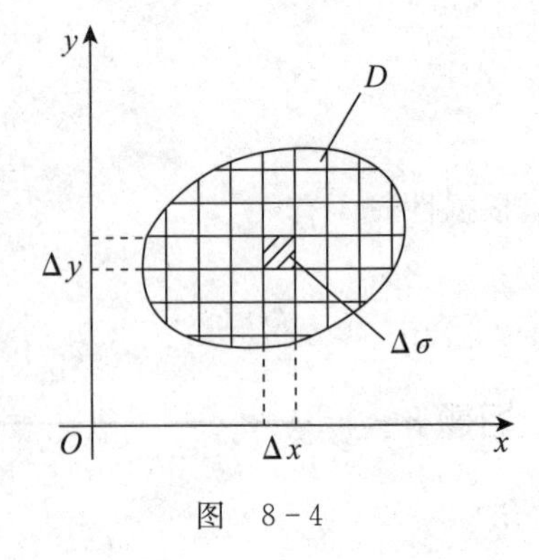

图 8-4

与一元函数的定积分一样，如果二重积分存在，则它的积分值与区域 $D$ 的分法无关。因此在直角坐标系中，常用平行于坐标轴的直线网来分割区域 $D$，那么，除了包含边界点的小闭区域外，其余的小闭区域都是矩形闭区域。设矩形小闭区域的边长分别为 $\Delta x$ 和 $\Delta y$，则其面积为 $\Delta\sigma=\Delta x\Delta y$，如图 8-4 所示，从而面积元素为 $\mathrm{d}\sigma=\mathrm{d}x\mathrm{d}y$，于是二重积分可以记作

$$\iint_D f(x,y)\mathrm{d}x\mathrm{d}y$$

1. X-型区域的二重积分计算方法

如果区域 $D$ 是由不等式 $a\leqslant x\leqslant b$、$\varphi_1(x)\leqslant y\leqslant\varphi_2(x)$ 来表示的，则称区域 $D$ 为 $X$-型区域，如图 8-5 所示。

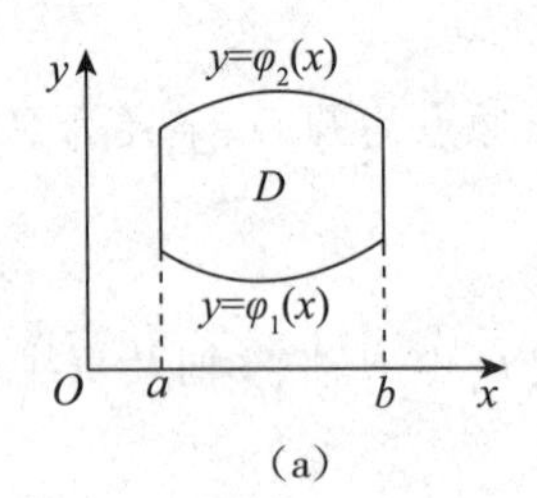

(a)

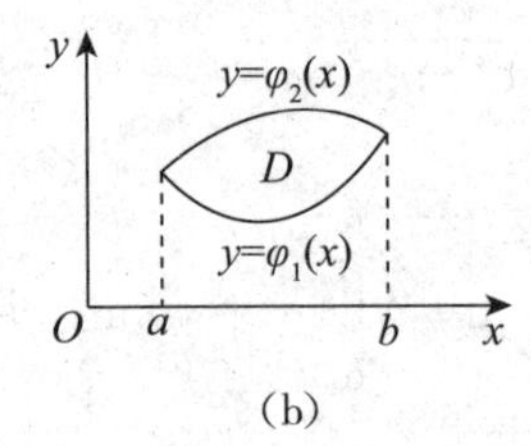

(b)

图 8-5

不妨设在区域 $D$ 上 $f(x,y)\geqslant 0$，由二重积分的几何意义，二重积分 $\iint\limits_D f(x,y)\mathrm{d}x\mathrm{d}y$ 表示以区域 $D$ 为底，以曲面 $z=f(x,y)$ 为顶的曲顶柱体的体积，如图 8-6 所示。

下面我们用第五章中“平行截面面积为已知的立体体积”的计算方法来计算这个曲顶柱体的体积。

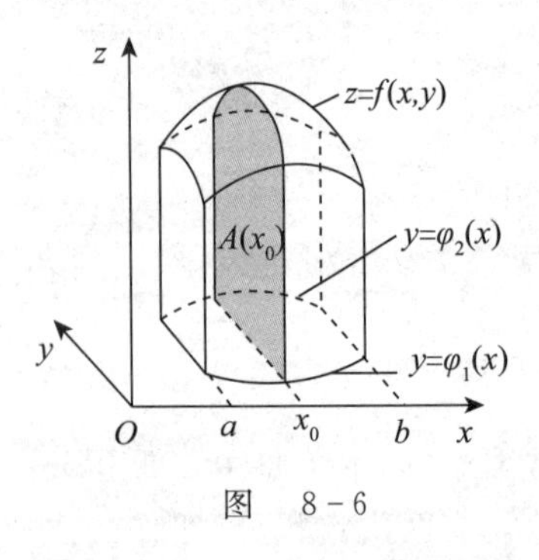

图 8-6

为确定截面面积函数，可在区间 $[a,b]$ 上任取一点 $x_0$，过 $x_0$ 作平行于 $yOz$ 面的平面 $x=x_0$，这个平面截曲顶柱体所得截面是以区间 $[\varphi_1(x_0),\varphi_2(x_0)]$ 为底，曲线 $z=f(x_0,y)$ 为曲边的曲边梯形，如图 8-6 中阴影部分所示。其面积为

$$A(x_0)=\int_{\varphi_1(x_0)}^{\varphi_2(x_0)} f(x_0,y)\mathrm{d}y$$

一般地，过区间 $[a,b]$ 上任一点 $x$ 且平行于 $yOz$ 面的平面截曲顶柱体，所得截面的面积为

$$A(x)=\int_{\varphi_1(x)}^{\varphi_2(x)} f(x,y)\mathrm{d}y$$

于是，由计算平行截面面积为已知的立体体积的方法，得曲顶柱体的体积为

$$V=\int_a^b A(x)\mathrm{d}x=\int_a^b\left[\int_{\varphi_1(x)}^{\varphi_2(x)} f(x,y)\mathrm{d}y\right]\mathrm{d}x$$

这个体积值就是所求的二重积分值，即

$$\iint_D f(x,y)\mathrm{d}x\mathrm{d}y=\int_a^b\left[\int_{\varphi_1(x)}^{\varphi_2(x)} f(x,y)\mathrm{d}y\right]\mathrm{d}x \tag{8-1}$$

习惯上，又可记为

$$\iint_D f(x,y)\mathrm{d}x\mathrm{d}y=\int_a^b \mathrm{d}x\int_{\varphi_1(x)}^{\varphi_2(x)} f(x,y)\mathrm{d}y \tag{8-2}$$

显然，在 $X$ -型区域上计算二重积分可化为二次积分，即先对 $y$ 积分(这时将 $x$ 视为常量)，积分的结果一般是 $x$ 的函数或常数，然后用这个结果再对 $x$ 积分。

2. $Y$ -型区域的二重积分计算方法

如果区域 $D$ 是由不等式 $c\leqslant y\leqslant d$，$\psi_1(y)\leqslant x\leqslant\psi_2(y)$ 来表示的，则称区域 $D$ 为 $Y$ -型区域，如图 8-7 所示。

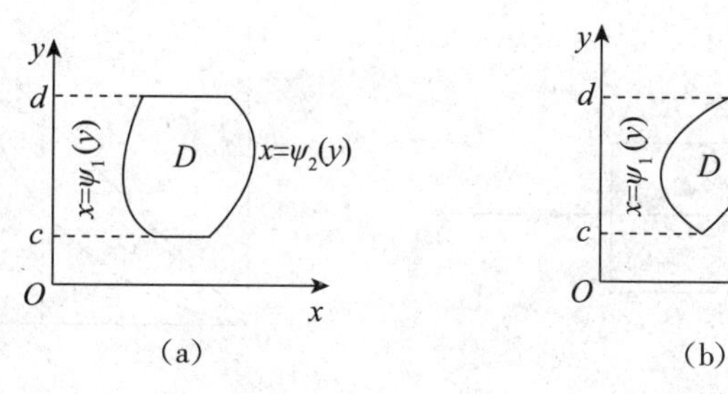


图 8-7

依照 $X$ -型区域的二重积分计算方法，类似有

$$\iint_D f(x,y)\mathrm{d}x\mathrm{d}y=\int_c^d\left[\int_{\psi_1(x)}^{\psi_2(x)} f(x,y)\mathrm{d}x\right]\mathrm{d}y=\int_c^d \mathrm{d}y\int_{\psi_1(x)}^{\psi_2(x)} f(x,y)\mathrm{d}x \tag{8-3}$$

这里先对 $x$ 积分，后对 $y$ 积分。

在上述讨论中，曾假定 $f(x,y)\geqslant 0$，其实公式(8-2)和公式(8-3)并不受此条件限制。

3. 在其他区域上计算二重积分

在平面直角坐标系中，若闭区域 $D$ 即不是 $X$ -型区域，又不是 $Y$ -型区域，那么，可将闭区域 $D$ 分割，使其各部分为 $X$ -型或 $Y$ -型区域，如图 8-8 所示。

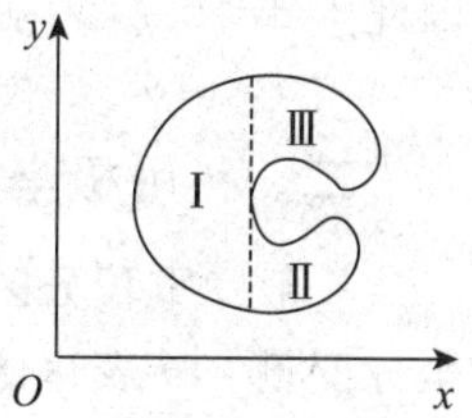

y
Ⅰ Ⅱ Ⅲ
O x

图 8-8

**例 1** 计算 $\iint_D\left(1-\frac{x}{4}-\frac{y}{3}\right)\mathrm{d}\sigma$，其中区域 $D$ 是矩形区域：$-2\leqslant x\leqslant 2$，$-1\leqslant y\leqslant 1$。

**解** 矩形区域既属于 $X$ -型区域，又属于 $Y$ -型区域，如图 8-9 所示，所以可先对 $y$ 积分，也可先对 $x$ 积分。此处选择先对 $y$ 积分。

$$\iint_D\left(1-\frac{x}{4}-\frac{y}{3}\right)\mathrm{d}\sigma=\int_{-2}^2\mathrm{d}x\int_{-1}^1\left(1-\frac{x}{4}-\frac{y}{3}\right)\mathrm{d}y=\int_{-2}^2\left[y-\frac{xy}{4}-\frac{y^2}{6}\right]_{-1}^1\mathrm{d}x$$

$$=\int_{-2}^{2}\left(2-\frac{x}{2}\right)\mathrm{d}x=\left[2x-\frac{x^{2}}{4}\right]_{-2}^{2}=8$$

**例 2** 计算二重积分 $\iint\limits_{D}xy^{2}\mathrm{d}x\mathrm{d}y$，其中区域 $D$ 由 $y=x$ 和 $y=x^{2}$ 围成。

**解** 画出积分区域 $D$ 的图形，如图 8-10 所示，区域 $D$ 既是 $X$-型区域，也是 $Y$-型区域，选择 $X$-型的公式计算较简单，于是，先对 $y$ 积分后对 $x$ 积分，$x$ 的变化范围为$[0,1]$，对任意 $x\in[0,1]$，$y$ 的变化范围为$[x^{2},x]$，所以

$$\iint\limits_{D}xy^{2}\mathrm{d}x\mathrm{d}y=\int_{0}^{1}\mathrm{d}x\int_{x^{2}}^{x}xy^{2}\mathrm{d}y=\int_{0}^{1}\left[\frac{xy^{3}}{3}\right]_{x^{2}}^{x}\mathrm{d}x=\int_{0}^{1}\frac{x^{4}-x^{7}}{3}\mathrm{d}x$$

$$=\frac{1}{3}\left[\frac{x^{5}}{5}-\frac{x^{8}}{8}\right]_{0}^{1}=\frac{1}{3}\times\left(\frac{1}{5}-\frac{1}{8}\right)=\frac{1}{40}$$

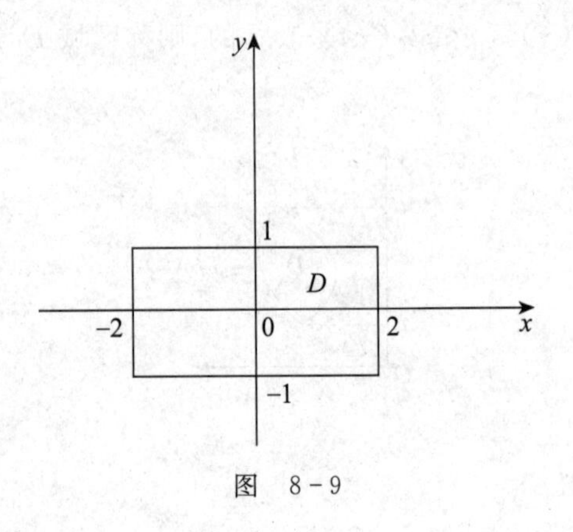

图 8-9

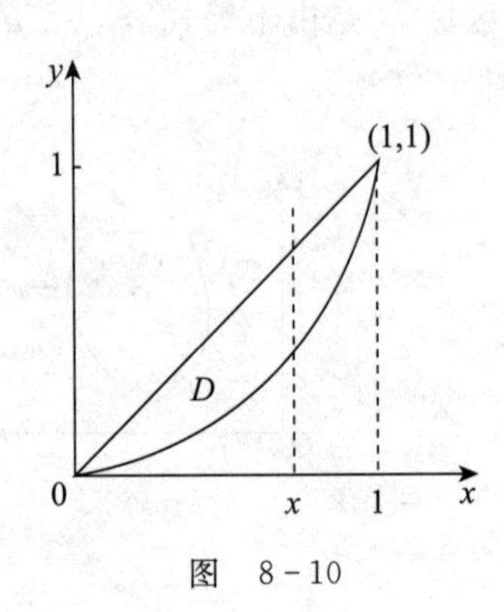

图 8-10

**例 3** 交换二次积分 $\int_{0}^{1}\mathrm{d}x\int_{x^{2}}^{1}f(x,y)\mathrm{d}y$ 的积分顺序。

**解** 由所给的二次积分可知，与它对应的二重积分的积分区域为 $D=\{(x,y)\mid x^{2}\leqslant y\leqslant 1,0\leqslant x\leqslant 1\}$，即为由 $y=x^{2}$，$y=1$ 及 $y$ 轴所围成的区域，如图 8-11 所示。要交换积分次序可将区域 $D$ 化为

$$D=\{(x,y)\mid 0\leqslant x\leqslant\sqrt{y},0\leqslant y\leqslant 1\}$$

因此 $\int_{0}^{1}\mathrm{d}x\int_{x^{2}}^{1}f(x,y)\mathrm{d}y=\int_{0}^{1}\mathrm{d}y\int_{0}^{\sqrt{y}}f(x,y)\mathrm{d}x$。

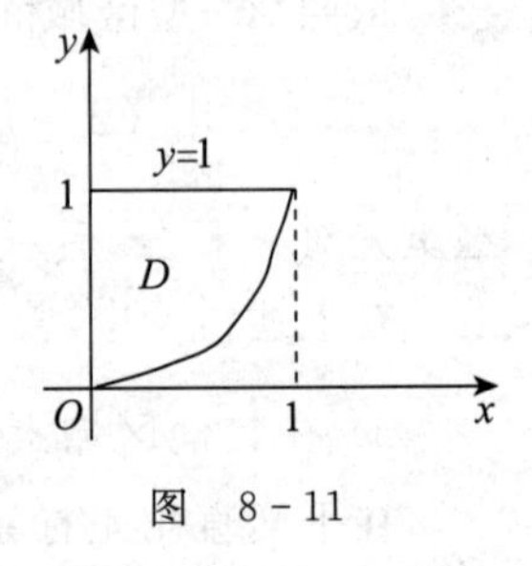

图 8-11

## 二、利用极坐标计算二重积分

一般二重积分区域 $D$ 的边界曲线用极坐标方程表示比较方便，尤其当被积函数用极坐标变量 $r,\theta$ 表达比较简单时，利用极坐标计算二重积分就会很方便。

要用极坐标计算二重积分 $\iint\limits_{D}f(x,y)\mathrm{d}\sigma$，需要将积分区域 $D$ 和被积函数 $f(x,y)$ 化为极坐标的形式，并求出极坐标系下的面积元素 $\mathrm{d}\sigma$。

直角坐标系与极坐标系间的互换公式：

$$\begin{cases}x=r\cos\theta\\ y=r\sin\theta\end{cases}$$

代入区域 $D$ 的边界曲线方程和被积函数，就可以将积分区域和被积函数 $f(x,y)$ 化为极坐标的形式。下面我们讨论极坐标系下的面积元素 $\mathrm{d}\sigma$。

用曲线族 $r=$ 常数、$\theta=$ 常数去分割区域 $D$，前者是以极点为圆心的同心圆族，后者是以极点为起点的射线族。设 $\Delta\sigma$ 是 $r$ 到 $r+\Delta r$ 和 $\theta$ 到 $\theta+\Delta\theta$ 之间的小区域，如图 8-12 所示，其面积 $\Delta\sigma$ 近似于以 $\Delta r$ 和 $r\Delta\theta$ 为边长的小矩形面积，即 $\Delta\sigma\approx r\Delta r\Delta\theta$，因而面积元素为 $\mathrm{d}\sigma=r\mathrm{d}r\mathrm{d}\theta$，于是得到二重积分

$$\iint_D f(x,y)\mathrm{d}\sigma=\iint_D f(r\cos\theta,r\sin\theta)r\mathrm{d}r\mathrm{d}\theta \tag{8-4}$$

公式(8-4)表明，要把二重积分中的变量从直角坐标变换为极坐标，只需把被积函数中的 $x$，$y$ 分别换成 $r\cos\theta$，$r\sin\theta$，并把直角坐标系中的面积元素 $\mathrm{d}x\mathrm{d}y$ 换成极坐标系中的面积元素 $r\mathrm{d}r\mathrm{d}\theta$。

极坐标系中的二重积分同样可以化为二次积分来计算。

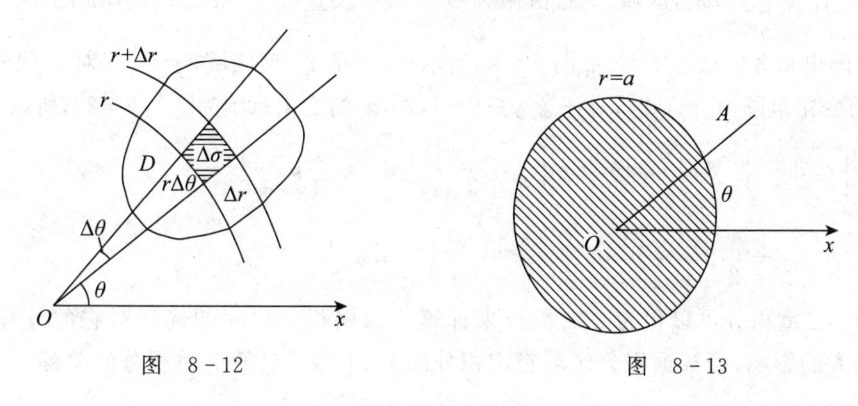


图 8-12　　　　图 8-13

**例 4**　计算 $\iint_D \mathrm{e}^{-x^2-y^2}\mathrm{d}\sigma$，区域 $D$ 为圆心在原点、半径为 $a$ 的圆周所围成的区域。

**解**　在极坐标系中，区域 $D$ 如图 8-13 所示，其中 $0\leqslant\theta\leqslant2\pi$，在 $[0,2\pi]$ 上任意取定一个 $\theta$ 值，对应这个 $\theta$ 值区域 $D$ 上的点(图 8-13 中这些点在线段 $OA$ 上)的极径 $r$ 从 0 变到 $a$。

所以区域 $D$ 可表示为

$$D:0\leqslant\theta\leqslant2\pi\quad(0\leqslant r\leqslant a)$$

于是

$$\begin{aligned}\iint_D \mathrm{e}^{-x^2-y^2}\mathrm{d}\sigma&=\iint_D \mathrm{e}^{-r^2}r\mathrm{d}r\mathrm{d}\theta=\int_0^{2\pi}\mathrm{d}\theta\int_0^a \mathrm{e}^{-r^2}r\mathrm{d}r=\int_0^{2\pi}-\frac{1}{2}\Big[\mathrm{e}^{-r^2}\Big]_0^a\mathrm{d}\theta\\&=\int_0^{2\pi}\left(\frac{1}{2}-\frac{1}{2}\mathrm{e}^{-a^2}\right)\mathrm{d}\theta=\pi(1-\mathrm{e}^{-a^2})\end{aligned}$$

**例 5**　计算二重积分 $\iint_D \frac{x\mathrm{d}x\mathrm{d}y}{\sqrt{x^2+y^2}}$，其中区域 $D$ 为半圆环：$1\leqslant x^2+y^2\leqslant4,x\geqslant0$。

**解**　画出积分区域 $D$ 的图形，如图 8-14 所示。在极坐标系中，区域 $D$ 可表示为

$$D:-\frac{\pi}{2}\leqslant\theta\leqslant\frac{\pi}{2}\quad(1\leqslant r\leqslant2)$$

于是

$$\iint\limits_D \frac{x\,\mathrm{d}x\,\mathrm{d}y}{\sqrt{x^2+y^2}}=\iint\limits_D r\cos\theta\,\mathrm{d}r\,\mathrm{d}\theta=\int_{-\frac{\pi}{2}}^{\frac{\pi}{2}}\mathrm{d}\theta\int_1^2 r\cos\theta\,\mathrm{d}r=\int_{-\frac{\pi}{2}}^{\frac{\pi}{2}}\cos\theta\left[\frac{1}{2}r^2\right]_1^2\mathrm{d}\theta$$

$$=\frac{3}{2}\int_{-\frac{\pi}{2}}^{\frac{\pi}{2}}\cos\theta\,\mathrm{d}\theta=\frac{3}{2}[\sin\theta]_{-\frac{\pi}{2}}^{\frac{\pi}{2}}=3$$

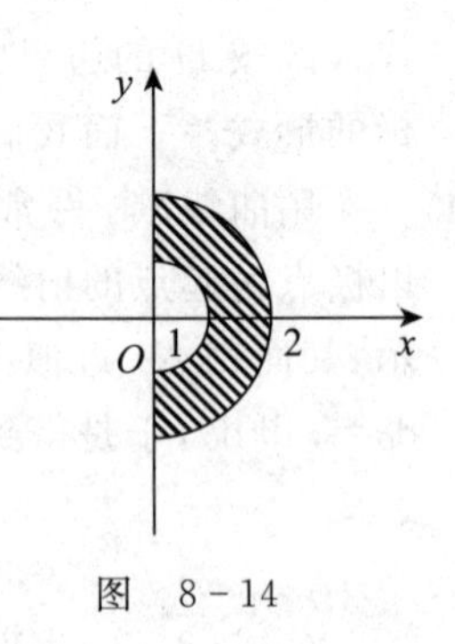

图 8-14

**说明**：当二重积分的区域 $D$ 是圆或圆的一部分，或者区域 $D$ 的边界曲线用极坐标方程表示较为简单，或者被积函数是 $f(x^2+y^2)$，$f\left(\frac{x}{y}\right)$，$f\left(\frac{y}{x}\right)$ 等形式时，一般采用极坐标计算较为简便。

**★★ 扩展模块**

**例 6** 计算 $\iint\limits_D xy\,\mathrm{d}\sigma$，区域 $D$ 是由抛物线 $y^2=x$ 及直线 $y=x-2$ 所围成的闭区域。

**解** 画出积分区域的图形，如图 8-15 所示，显然是 $Y$-型区域，于是，先对 $x$ 积分后对 $y$ 积分，$y$ 的变化范围为$[-1,2]$，对任意 $y\in[-1,2]$，$x$ 的变化范围为$[y^2,y+2]$，所以

$$\iint\limits_D xy\,\mathrm{d}\sigma=\int_{-1}^2\mathrm{d}y\int_{y^2}^{y+2}xy\,\mathrm{d}x=\int_{-1}^2\left[\frac{x^2y}{2}\right]_{y^2}^{y+2}\mathrm{d}y=\frac{1}{2}\int_{-1}^2 y[(y+2)^2-y^4]\,\mathrm{d}y$$

$$=\frac{1}{2}\left[\frac{y^4}{4}+\frac{4}{3}y^3+2y^2-\frac{y^6}{6}\right]_{-1}^2=5\frac{5}{8}$$

**说明**：二重积分可以化为二次积分来计算。二次积分次序的选择对它的计算的难易往往有较大的影响，而根据积分区域确定积分的上、下限是计算二重积分的关键。

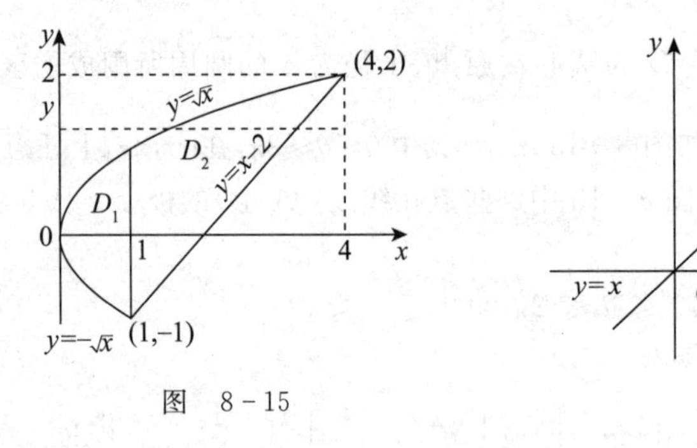

图 8-15

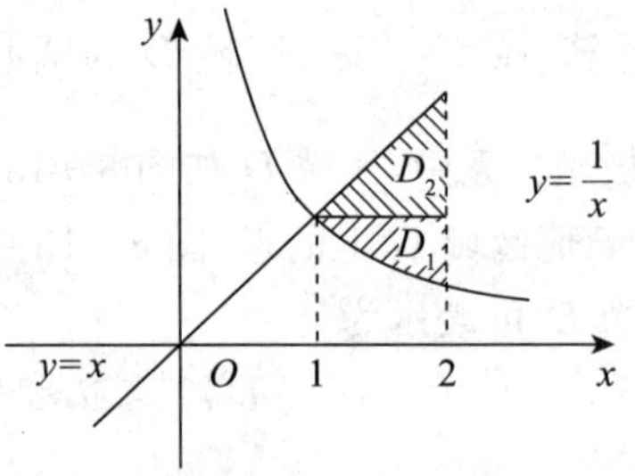

图 8-16

**例 7** 确定积分区域，并更换积分 $I=\int_1^2\mathrm{d}x\int_{\frac{1}{x}}^x f(x,y)\,\mathrm{d}y$ 的次序。

**解** 从对 $x$ 积分的上、下限可知，$1\leqslant x\leqslant 2$；从对 $y$ 积分的上、下限可知，区域 $D$ 的上、下边界曲线：$y=x$ 和 $y=\frac{1}{x}$。作出这些曲线所围成的积分区域，如图 8-16 的阴影部分所示。如果更换积分次序，先对 $x$ 积分，后对 $y$ 积分，这时由于区域 $D$ 的左侧边界曲线具有不同形式的方程，所以应作辅助直线把区域 $D$ 分成 $D_1$、$D_2$ 两个区域。

$$D_1:\frac{1}{2}\leqslant y\leqslant 1\quad\left(\frac{1}{y}\leqslant x\leqslant 2\right)$$

$$D_2: 1 \leqslant y \leqslant 2 \quad (y \leqslant x \leqslant 2)$$

因此

$$I = \int_{\frac{1}{2}}^{1} \mathrm{d}y \int_{\frac{1}{y}}^{2} f(x,y)\mathrm{d}x + \int_{1}^{2} \mathrm{d}y \int_{y}^{2} f(x,y)\mathrm{d}x$$

## 习题 8-2

### A 组

1. 在直角坐标系和极坐标系下，面积元素各是什么？

2. 如何把直角坐标系下的二重积分化成极坐标系下的二重积分？

3. 计算下列二重积分。

(1) $\iint\limits_D x^2 y \mathrm{d}x\mathrm{d}y$，其中区域 $D$ 是由 $x=2$，$y=1$ 和 $y=x$ 围成的。

(2) $\iint\limits_D (x^2+y^2)\mathrm{d}x\mathrm{d}y$，$D$：$|x| \leqslant 1$，$|y| \leqslant 1$。

(3) $\iint\limits_D \cos(x+y)\mathrm{d}x\mathrm{d}y$，其中区域 $D$ 是由 $x=0$，$y=\pi$ 和 $y=x$ 围成的。

4. 化二重积分 $I=\iint\limits_D f(x,y)\mathrm{d}\sigma$ 为二次积分（两种次序）。其中区域 $D$ 为下列区域。

(1) 圆 $x^2+y^2=1$ 的上半部。

(2) 由直线 $x=0$，$y=x$ 和 $y=1-x$ 围成的三角形。

5. 用极坐标计算二重积分 $\iint\limits_D (x^2+y^2)\mathrm{d}\sigma$，其中区域 $D$：$x^2+y^2 \leqslant 1$。

6. 填空题。

(1) 设 $I=\int_0^1 \mathrm{d}x \int_{x^2}^{x} f(x,y)\mathrm{d}y$，交换积分次序后 $I=$________。

(2) 极点 $O$ 在区域 $D$ 之外，区域 $D$ 由 $\theta=\alpha$，$\theta=\beta$，$r=r_1(\theta)$ 和 $r=r_2(\theta)$ 围成，如图 8-17 所示，这时极坐标下的二重积分 $I=\iint\limits_D f(r\cos\theta, r\sin\theta)r\mathrm{d}r\mathrm{d}\theta$ 化为二次积分为 $I=$____。

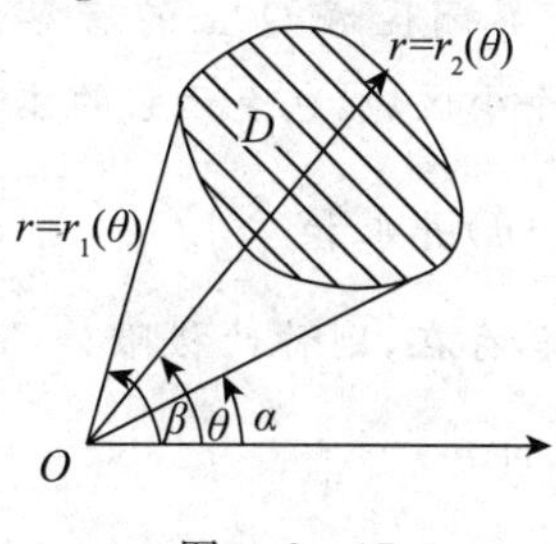


图 8-17

(3) $D$ 由 $\theta=\alpha$，$\theta=\beta$，$r=r(\theta)$ 围成，如图 8-18 所示，这时极坐标下的二重积分 $I=\iint\limits_D f(r\cos\theta, r\sin\theta)r\mathrm{d}r\mathrm{d}\theta$ 化为二次积分为 $I=$________。

(4) 极点 $O$ 在区域 $D$ 内，区域 $D$ 由 $r=r(\theta)$ 所围成，如图 8-19 所示，这时极坐标下的

二重积分 $I=\iint\limits_{D} f(r\cos\theta, r\sin\theta) r\,\mathrm{d}r\,\mathrm{d}\theta$ 化为二次积分为 $I=$______________。

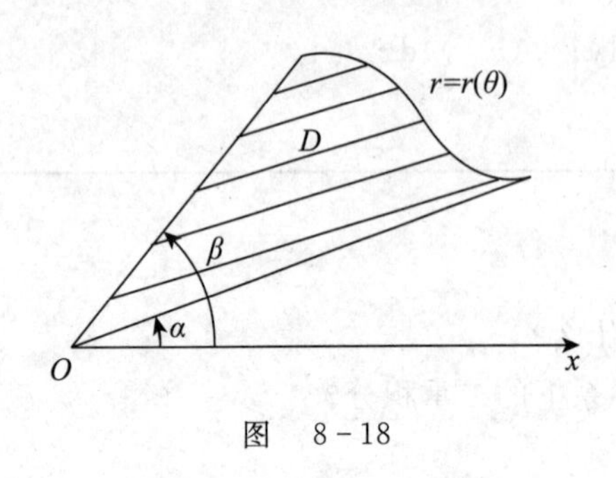

图 8-18

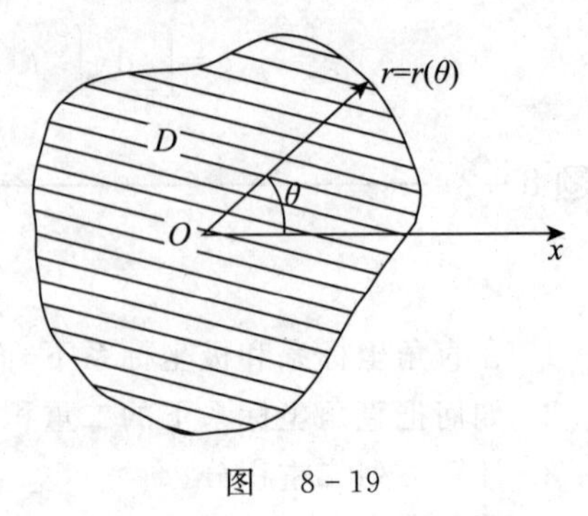

图 8-19

B 组

1. 计算 $\iint\limits_{D} \mathrm{e}^{x+y}\,\mathrm{d}\sigma$,其中区域 $D=\{(x,y) \mid |x|+|y| \leqslant 1\}$。

2. 用极坐标计算二重积分 $\iint\limits_{D} \sin\sqrt{x^2+y^2}\,\mathrm{d}\sigma$,其中区域 $D:\pi^2 \leqslant x^2+y^2 \leqslant 4\pi^2$。

3. $I=\iint\limits_{D} f(x,y)\,\mathrm{d}\sigma$,其中区域 $D$ 为圆 $x^2+y^2=2ax\ (a>0)$ 的上半部,将其化为极坐标系下的二次积分。

## *第三节 三重积分的概念与计算

### 一、三重积分的概念

定积分及二重积分作为和的极限的概念,可以自然地推广到三重积分。

**定义** 设 $f(x,y,z)$ 为空间有界闭区域 $\Omega$ 上的有界函数,将 $\Omega$ 任意分成 $n$ 个小区域 $\Delta V_1,\cdots,\Delta V_n$,其中 $\Delta V_i$ 表示第 $i$ 个小区域,也表示它的体积,在 $\Delta V_i$ 上任取一点 $(\xi_i,\eta_i,\zeta_i)$,做乘积 $f(\xi_i,\eta_i,\zeta_i)\Delta V_i\ (i=1,2,\cdots n)$ 并求和 $\sum\limits_{i=1}^{n} f(\xi_i,\eta_i,\zeta_i)\Delta V_i$,如果当各小区域直径中最大值 $\lambda$ 趋于零时,这和式的极限总存在,则称此极限为函数 $f(x,y,z)$ 在有界闭区域 $\Omega$ 上的三重积分,记为 $\iiint\limits_{\Omega} f(x,y,z)\,\mathrm{d}V$,即

$$\iiint\limits_{\Omega} f(x,y,z)\,\mathrm{d}V=\lim_{\lambda\to 0}\sum_{i=1}^{n} f(\xi_i,\eta_i,\zeta_i)\Delta V_i$$

其中 $f(x,y,z)$ 叫作被积函数,$\Omega$ 叫作积分区域,$\mathrm{d}V$ 叫作体积元素,$f(x,y,z)\mathrm{d}V$ 称为被积表达式。

如果三重积分$\iiint\limits_{\Omega} f(x,y,z)\mathrm{d}V$存在，则称函数$f(x,y,z)$在区域$\Omega$上是可积的。

可以证明，下面的两类函数是可积的。

(1) 空间有界闭区域$\Omega$上的连续函数$f(x,y,z)$是可积的。

(2) 空间有界闭区域$\Omega$上的有界函数$f(x,y,z)$，如果只有在有限个曲面上有间断点，在有界闭区域$\Omega$内的其余点都连续，则$f(x,y,z)$是可积的。

## 二、三重积分的性质

三重积分与二重积分性质类似，下面列出一些基本性质(假设三重积分号中的被积函数都是可积的)。

**性质 1** $\iiint\limits_{\Omega} kf(x,y,z)\mathrm{d}V = k\iiint\limits_{\Omega} f(x,y,z)\mathrm{d}V$($k$为常数)。

**性质 2** $\iiint\limits_{\Omega}[f_1(x,y,z) \pm f_2(x,y,z)]\mathrm{d}V = \iiint\limits_{\Omega} f_1(x,y,z)\mathrm{d}V \pm \iiint\limits_{\Omega} f_2(x,y,z)\mathrm{d}V$。

**性质 3** $\iiint\limits_{\Omega} f(x,y,z)\mathrm{d}V = \iiint\limits_{\Omega_1} f(x,y,z)\mathrm{d}V + \iiint\limits_{\Omega_2} f(x,y,z)\mathrm{d}V(\Omega = \Omega_1 + \Omega_2)$。

**性质 4** 设空间有界闭区域$\Omega$的体积为$V$，$\iiint\limits_{\Omega}\mathrm{d}V = V$。

**性质 5** 在空间有界闭区域$\Omega$上，当$f(x,y,z) \leqslant g(x,y,z)$时，有$\iiint\limits_{\Omega} f(x,y,z)\mathrm{d}V \leqslant \iiint\limits_{\Omega} g(x,y,z)\mathrm{d}V$。

**性质 6** 函数$f(x,y,z)$在空间有界闭区域$\Omega$上的最大值是$M$、最小值为$m$，且有界闭区域$\Omega$的体积为$V$时，有$mV \leqslant \iiint\limits_{\Omega} f(x,y,z)\mathrm{d}V \leqslant MV$。

**性质 7** 设$f(x,y,z)$在体积为$V$的有界闭区域$\Omega$上连续，则必存在一点$(\xi,\eta,\zeta) \in \Omega$，使$\iiint\limits_{\Omega} f(x,y,z)\mathrm{d}V = f(\xi,\eta,\zeta) \cdot V$。

## 三、三重积分的计算

### 1. 直角坐标系下三重积分的计算

三重积分的计算与二重积分一样，也是将三重积分化为三次定积分来计算。

在直角坐标系中，如果用平行于坐标平面的平面来划分有界闭区域$\Omega$，那么除了包含有界闭区域$\Omega$的边界点的一些不规则小闭区域外，得到的小闭区域$\Delta V_i$的边长为$\Delta x_j$，$\Delta y_k$，$\Delta z_l$，则$\Delta V_i = \Delta x_j \Delta y_k \Delta z_l$。因此在直角坐标系中，体积元素$\mathrm{d}V = \mathrm{d}x\mathrm{d}y\mathrm{d}z$，其中$\mathrm{d}x\mathrm{d}y\mathrm{d}z$叫作直角坐标系中的体积元素，故三重积分也可记为

$$\iiint\limits_{\Omega} f(x,y,z)\mathrm{d}V = \iiint\limits_{\Omega} f(x,y,z)\mathrm{d}x\mathrm{d}y\mathrm{d}z$$

设函数$f(x,y,z)$在空间有界闭区域$\Omega$上连续，若先对$z$积分，则将$x$，$y$看作常数，

把 $f(x,y,z)$ 仅看作 $z$ 的函数。对 $z$ 积分时，积分限依下面方法确定。

设函数平行 $Oz$ 轴且穿过有界闭区域 $\Omega$ 内部的直线与有界闭区域 $\Omega$ 的边界曲面 $S$ 相交不多于两点，把有界闭区域 $\Omega$ 投影到 $xOy$ 平面上，得一平面有界闭区域 $D$，如图 8-20 所示。以有界闭区域 $D$ 的边界为准线，作母线平行于 $Oz$ 轴的柱面，这个柱面与有界闭区域 $\Omega$ 的边界 $S$ 的交线从 $S$ 中分出上、下两部分。它们的方程分别为

$$S_1: z=z_1(x,y)$$

$$S_2: z=z_2(x,y)$$

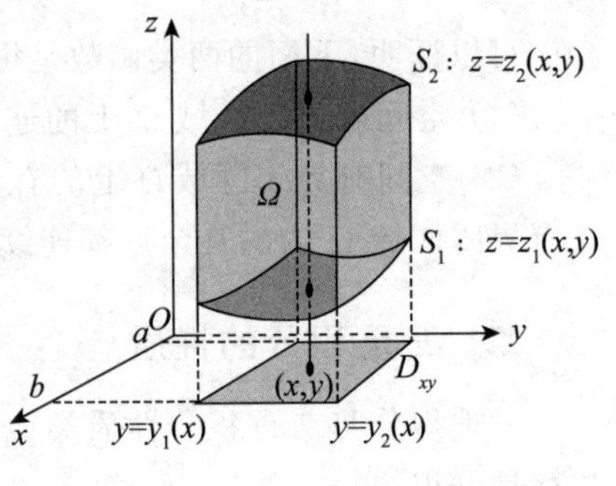


图 8-20

其中 $z=z_1(x,y)$ 与 $z=z_2(x,y)$ 都是 $D_{xy}$ 上的连续函数，且 $z_1(x,y)\leqslant z_2(x,y)$。过 $D_{xy}$ 内任意一点 $(x,y)$ 作平行于 $z$ 轴的直线，这条直线通过曲面 $S_1$ 穿入 $\Omega$ 内，然后通过曲面 $S_2$ 穿出 $\Omega$ 外，穿出点的 $z$ 轴坐标分别为 $z_1(x,y)$，$z_2(x,y)$。

在这种情况下，积分区域 $\Omega$ 可以表示为

$$\Omega=\{(x,y,z)\mid z_1(x,y)\leqslant z\leqslant z_2(x,y),(x,y)\in D_{xy}\}$$

先将 $x,y$ 看作定值，将 $f(x,y,z)$ 只看作 $z$ 的函数，在区间 $[z_1(x,y),z_2(x,y)]$ 上对 $z$ 积分，积分的结果是 $x,y$ 的函数，记为 $F(x,y)$，即

$$F(x,y)=\int_{z_1(x,y)}^{z_2(x,y)} f(x,y,z)\mathrm{d}z$$

然后计算 $F(x,y)$ 在闭区域 $D_{xy}$ 上的二重积分

$$\iint F(x,y)\mathrm{d}V=\iint_D \mathrm{d}x\mathrm{d}y\int_{z_1(x,y)}^{z_2(x,y)} f(x,y,z)\mathrm{d}z$$

假如闭区域

$$D_{xy}=\{(x,y)\mid y_1(x)\leqslant y\leqslant y_2(x)\quad (a\leqslant x\leqslant b)\}$$

把这个二重积分化为二次积分，于是得到三重积分的计算公式

$$\iiint_\Omega f(x,y,z)\mathrm{d}V=\int_a^b \mathrm{d}x\int_{y_1(x)}^{y_2(x)}\mathrm{d}y\int_{z_1(x,y)}^{z_2(x,y)} f(x,y,z)\mathrm{d}z \tag{8-5}$$

式(8-5)把三重积分化为先对 $z$、次对 $y$、最后对 $x$ 的三次积分。

**说明**：在计算三重积分时，可根据积分区域 $\Omega$ 的形状以及被积函数的特点，选择适当的积分次序进行三次积分。

**例 1** 求 $\iiint\limits_\Omega x\mathrm{d}x\mathrm{d}y\mathrm{d}z$，区域 $\Omega$ 为三个坐标面及平面 $x+2y+z=1$ 所围成的区域，如图 8-21 所示。

**解** 将闭区域 $\Omega$ 投影到 $xOy$ 面上，得投影区域 $D$ 为三角形 $OAB$。而

$$\Omega=\left\{(x,y,z)\left|\,0\leqslant x\leqslant 1,0\leqslant y\leqslant\frac{1-x}{2},0\leqslant z\leqslant 1-x-2y\right.\right\}$$

故

$$\iiint_\Omega x\mathrm{d}x\mathrm{d}y\mathrm{d}z=\int_0^1 x\mathrm{d}x\int_0^{\frac{1-x}{2}}\mathrm{d}y\int_0^{1-x-2y}\mathrm{d}z=\int_0^1 x\left[(1-x)y-y^2\right]\Big|_0^{\frac{1-x}{2}}\mathrm{d}x$$

$$=\frac{1}{4}\int_{0}^{1}(x-2x^{2}+x^{3})\,\mathrm{d}x$$

$$=\frac{1}{4}\times\left(\frac{1}{2}-\frac{2}{3}+\frac{1}{4}\right)=\frac{1}{48}$$

2. 柱面坐标系下三重积分的计算

设点 $M(x,y,z)$为空间中的一点，且点 $M$ 在 $xOy$ 面上的投影为点 $P(x,y,0)$。在直角坐标系中，以 $Ox$ 为极轴，在 $xOy$ 面上建立极坐标系，再以 $Oz$ 轴为竖轴，就构成了柱面坐标系，如图 8-22 所示，并称$(r,\theta,z)$为点 $M$ 的柱面坐标。

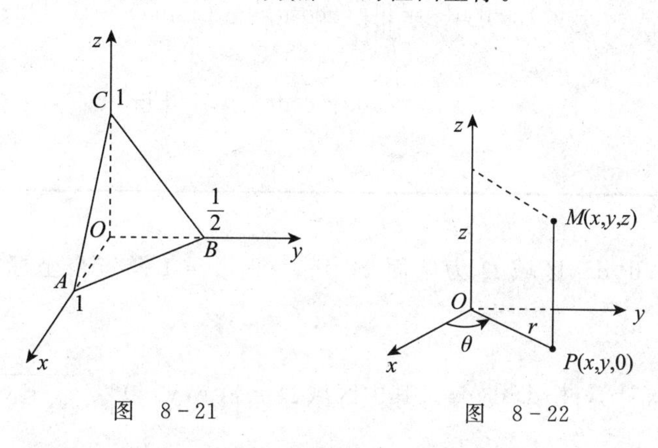


图 8-21　　图 8-22

显然，点 $M$ 的直角坐标与柱面坐标的关系为

$$\begin{cases}x=r\cos\theta\\ y=r\sin\theta\\ z=z\end{cases}\tag{8-6}$$

现在讨论柱面坐标表示三重积分的体积元素。为此用 $r,\theta,z$ 分别为常数的三组坐标面，把区域 $\Omega$ 分成 $n$ 个小闭区域，除含区域 $\Omega$ 的边界曲面的小闭区域之外，其余的小闭区域都是如图 8-23 所示的小柱体，并且这些小闭区域的体积 $\mathrm{d}V$ 等于柱体的底面积与高的乘积，于是得

$$\mathrm{d}V=r\,\mathrm{d}r\,\mathrm{d}\theta\,\mathrm{d}z$$

这就是柱面坐标系下体积元素的表达式。

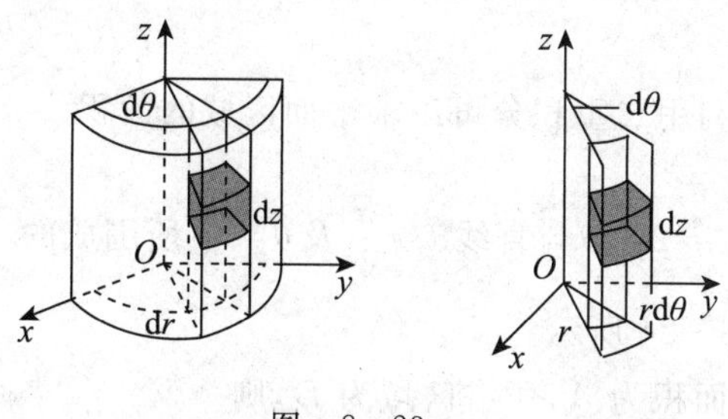


图 8-23

于是三重积分从直角坐标变换为柱面坐标的公式为

$$\iiint_{\Omega}f(x,y,z)\,\mathrm{d}x\,\mathrm{d}y\,\mathrm{d}z=\iiint_{\Omega}f(r\cos\theta,r\sin\theta,z)\,r\,\mathrm{d}r\,\mathrm{d}\theta\,\mathrm{d}z\tag{8-7}$$

**例 2** 用柱面坐标计算$\iiint\limits_{\Omega}(x^2+y^2)\mathrm{d}x\mathrm{d}y\mathrm{d}z$，其中区域$\Omega=\left\{(x,y,z)\mid x^2+y^2\leqslant 4,\ 0\leqslant z\leqslant 2\right\}$。

**解** 区域$\Omega$投影到$xOy$面上是一个圆形的闭区域

$$D=\left\{(r,\theta)\,\middle|\,0\leqslant r\leqslant 2,0\leqslant\theta\leqslant 2\pi\right\}$$

于是有

$$\begin{aligned}\iiint\limits_{\Omega}(x^2+y^2)\mathrm{d}x\mathrm{d}y\mathrm{d}z&=\iiint\limits_{\Omega}[(r\cos\theta)^2+(r\sin\theta)^2]r\mathrm{d}r\mathrm{d}\theta\mathrm{d}z\\&=\int_0^{2\pi}\mathrm{d}\theta\int_0^2 r^3\mathrm{d}r\int_0^2\mathrm{d}z=16\pi\end{aligned}$$

## 习题 8-3

1. 求$\iiint\limits_{\Omega}xyz\mathrm{d}x\mathrm{d}y\mathrm{d}z$，区域$\Omega$为球面$x^2+y^2+z^2=1$及三个坐标面所围第一卦限部分。

2. 用柱面坐标计算$\iiint\limits_{\Omega}z\mathrm{d}x\mathrm{d}y\mathrm{d}z$。其中区域$\Omega=\left\{(x,y,z)\,\middle|\,\sqrt{x^2+y^2}\leqslant z\leqslant 2\right\}$。

# 第四节 重积分的应用

**★ 基础模块**

## 一、重积分在几何上的应用

### 1. 平面图形的面积

根据二重积分的几何意义，当被积函数$f(x,y)=1$时，二重积分$\iint\limits_{D}\mathrm{d}\sigma$即为积分区域$D$的面积，即$A=\iint\limits_{D}\mathrm{d}\sigma$，故利用二重积分可以求平面区域的面积。

**例 1** 计算由曲线$r=2\sin\theta$与直线$\theta=\frac{\pi}{6}$及$\theta=\frac{\pi}{3}$所围成的平面图形的面积，如图 8-24 所示。

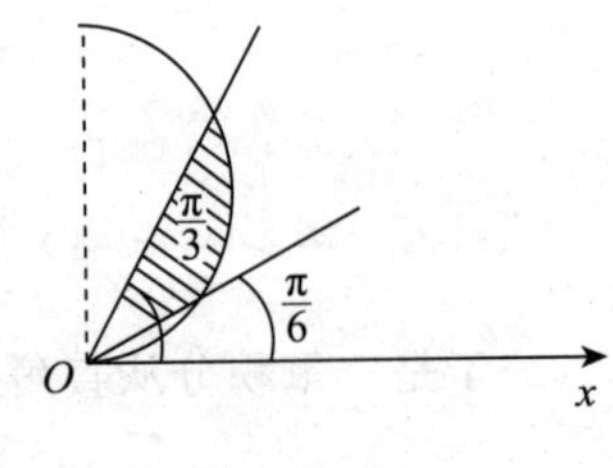

图 8-24

**解** 设所求图形的面积为$A$，所占区域为$D$，则

$$A=\iint\limits_{D}\mathrm{d}\sigma$$

在极坐标系中，区域$D$可表示为

$$\begin{cases} \dfrac{\pi}{6} \leqslant \theta \leqslant \dfrac{\pi}{3} \\ 0 \leqslant r \leqslant 2\sin\theta \end{cases}$$

于是

$$A = \iint_D \mathrm{d}\sigma = \int_{\frac{\pi}{6}}^{\frac{\pi}{3}} \mathrm{d}\theta \int_0^{2\sin\theta} r\,\mathrm{d}r = \frac{1}{2}\int_{\frac{\pi}{6}}^{\frac{\pi}{3}} [r^2]_0^{2\sin\theta} \mathrm{d}\theta = \int_{\frac{\pi}{6}}^{\frac{\pi}{3}} 2\sin^2\theta \mathrm{d}\theta = \int_{\frac{\pi}{6}}^{\frac{\pi}{3}} (1-\cos 2\theta)\mathrm{d}\theta = \frac{\pi}{6}$$

2. 空间立体的体积

在本章第一节中已经阐明了二重积分的几何意义,所以空间立体的体积的计算是二重积分的直接应用。

**例 2** 计算由抛物面 $z=2-x^2-y^2$ 与 $z=x^2+y^2$ 所围成的立体的体积,如图 8-25 所示。

**解** 由 $\begin{cases} z=2-x^2-y^2, \\ z=x^2+y^2, \end{cases}$ 得两曲面交线在 $xOy$ 平面上的投影是圆周 $x^2+y^2=1$。故积分区域 $D$ 是圆域:$x^2+y^2\leqslant 1$,如图 8-26 所示。

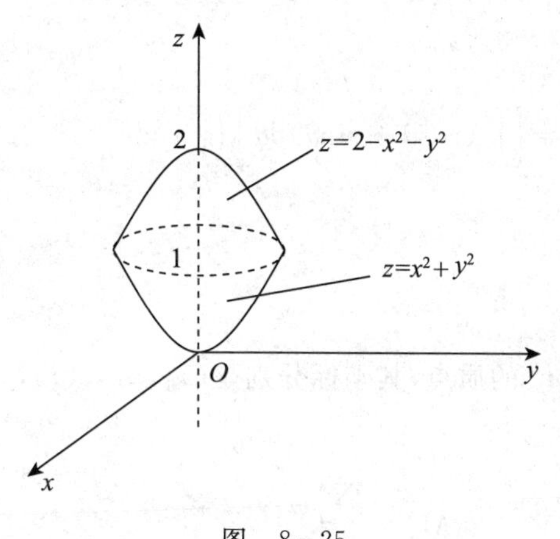


图 8-25

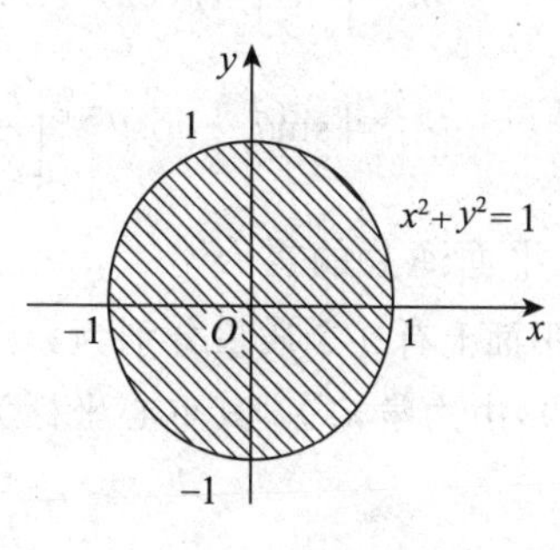


图 8-26

因此所围成的立体体积为

$$V = \iint_D (2-x^2-y^2)\mathrm{d}\sigma - \iint_D (x^2+y^2)\mathrm{d}\sigma$$
$$= 2\iint_D (1-x^2-y^2)\mathrm{d}\sigma$$

利用极坐标计算,得

$$V = 2\int_0^{2\pi} \mathrm{d}\theta \int_0^1 (1-r^2) r\,\mathrm{d}r$$
$$= 2\int_0^{2\pi} \left[\frac{1}{2}r^2 - \frac{1}{4}r^4\right]_0^1 \mathrm{d}\theta$$
$$= \pi$$

## 二、重积分在物理上的应用

1. 平面薄片的质量

设面密度 $\rho(x,y)$ 在薄片所占闭区域 $D$ 内连续,则其质量微元为

$$\mathrm{d}m=\rho(x,y)\mathrm{d}\sigma$$

因此非均匀薄片的质量为

$$m=\iint_D\rho(x,y)\mathrm{d}\sigma \tag{8-8}$$

**例 3** 设平面薄片所占区域是上半圆:$x^2+y^2\leqslant 1$,且 $y\geqslant 0$,它在点 $(x,y)$ 处的面密度为 $\rho(x,y)=x+y$,求此薄片的质量。

**解** 所求薄片的质量为

$$m=\iint_D\rho(x,y)\mathrm{d}\sigma,\text{其中区域 } D=\left\{(x,y)\mid x^2+y^2\leqslant 1,\text{且 } y\geqslant 0\right\}$$

利用极坐标计算,得

$$m=\int_0^{\pi}\mathrm{d}\theta\int_0^1(r\cos\theta+r\sin\theta)r\,\mathrm{d}r=\left[\int_0^{\pi}(\cos\theta+\sin\theta)\mathrm{d}\theta\right]\left(\int_0^1 r^2\mathrm{d}r\right)$$

$$=[\sin\theta-\cos\theta]_0^{\pi}\left[\frac{r^3}{3}\right]_0^1=\frac{2}{3}$$

2. 平面薄片的重心

设平面上有 $n$ 个质量分别为 $m_1,m_2,\cdots,m_n$ 的质点,其坐标分别是 $(x_1,y_1),(x_2,y_2),\cdots,(x_n,y_n)$,由力学知道,其重心坐标为

$$\overline{x}=\frac{M_y}{M}=\frac{\sum_{i=1}^{n}m_ix_i}{\sum_{i=1}^{n}m_i}\qquad \overline{y}=\frac{M_x}{M}=\frac{\sum_{i=1}^{n}m_iy_i}{\sum_{i=1}^{n}m_i}$$

其中 $M=\sum_{i=1}^{n}m_i$ 为质点系的总质量,$M_y=\sum_{i=1}^{n}m_ix_i$ 为质点系关于 $y$ 轴的静力矩,$M_x=\sum_{i=1}^{n}m_iy_i$ 为质点系关于 $x$ 轴的静力矩。

现在来确定平面薄片的重心。设有一平面薄片,占有 $xOy$ 面上的区域 $D$,面密度为 $\rho(x,y)$ 是区域 $D$ 上的连续函数,因此质量为 $M=\iint_D\rho(x,y)\mathrm{d}\sigma$。

类似地,$M_y$ 和 $M_x$ 的微元分别为

$$\mathrm{d}M_y=x\rho(x,y)\mathrm{d}\sigma\qquad \mathrm{d}M_x=y\rho(x,y)\mathrm{d}\sigma$$

因而

$$M_y=\iint_D x\rho(x,y)\mathrm{d}\sigma\qquad M_x=\iint_D y\rho(x,y)\mathrm{d}\sigma$$

于是,得到平面薄片的重心坐标为

$$\bar{x}=\frac{M_y}{M}=\frac{\iint\limits_D x\rho(x,y)\mathrm{d}\sigma}{\iint\limits_D \rho(x,y)\mathrm{d}\sigma}\qquad \bar{y}=\frac{M_x}{M}=\frac{\iint\limits_D y\rho(x,y)\mathrm{d}\sigma}{\iint\limits_D \rho(x,y)\mathrm{d}\sigma} \tag{8-9}$$

如果薄片是均匀的,即面密度为常量,则在式(8-9)中,可把 $\rho$ 提到积分号外面,并从分子、分母中约去,这样便得到均匀的平面薄片的重心的坐标为

$$\bar{x}=\frac{1}{A}\iint\limits_D x\,\mathrm{d}\sigma\qquad \bar{y}=\frac{1}{A}\iint\limits_D y\,\mathrm{d}\sigma \tag{8-10}$$

其中 $A=\iint\limits_D \mathrm{d}\sigma$ 为闭区域 $D$ 的面积。

**例 4** 求位于两圆 $r=2\sin\theta$ 和 $r=4\sin\theta$ 之间的均匀薄片的重心,如图 8-27 所示。

**解** 由于薄片是均匀的,且关于 $y$ 轴对称,所以重心一定在 $y$ 轴上,于是 $\bar{x}=0$,

$$\bar{y}=\frac{\iint\limits_D y\,\mathrm{d}\sigma}{A}=\frac{\int_0^{\pi}\mathrm{d}\theta\int_{2\sin\theta}^{4\sin\theta}r\sin\theta r\,\mathrm{d}r}{\pi\times 2^2-\pi\times 1^2}$$

$$=\frac{\int_0^{\pi}\sin\theta\left[\frac{r^3}{3}\right]_{2\sin\theta}^{4\sin\theta}\mathrm{d}\theta}{3\pi}$$

$$=\frac{56}{9\pi}\int_0^{\pi}\sin^4\theta\,\mathrm{d}\theta$$

$$=\frac{56}{9\pi}\int_0^{\pi}\left(\frac{1-\cos 2\theta}{2}\right)^2\mathrm{d}\theta$$

$$=\frac{56}{9\pi}\int_0^{\pi}\frac{1}{4}\left(1-2\cos 2\theta+\frac{1+\cos 4\theta}{2}\right)\mathrm{d}\theta$$

$$=\frac{56}{9\pi}\,\frac{1}{4}\left[\theta-\sin 2\theta+\frac{1}{2}\theta+\frac{1}{8}\sin 4\theta\right]_0^{\pi}=\frac{7}{3}$$

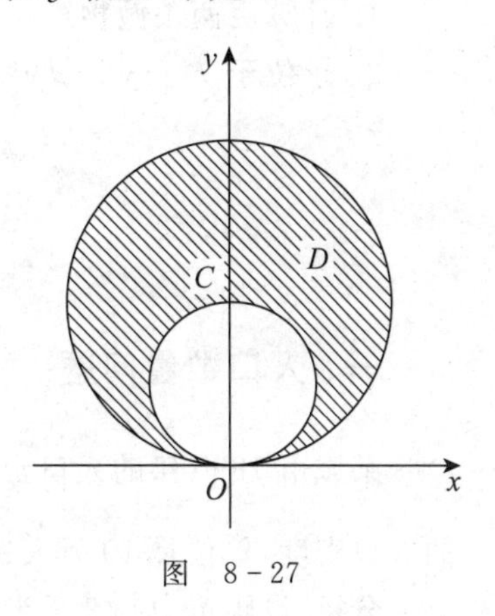

图 8-27

故重心坐标 $C\left(0,\frac{7}{3}\right)$。

3. 空间物体的质量

设该物体占有空间区域 $\Omega$,体密度函数为 $\rho=\rho(x,y,z)$,则质量微元为

$$\mathrm{d}M=\rho(x,y,z)\mathrm{d}v$$

故

$$M=\iiint\limits_{\Omega}\mathrm{d}M=\iiint\limits_{\Omega}\rho(x,y,z)\mathrm{d}v \tag{8-11}$$

**例 5** 设一物体占有的空间区域 $\Omega$ 由曲面 $z=x^2+y^2$,$x^2+y^2=1$,$z=0$ 围成,密度为 $\rho=x^2+y^2$,求此物体的质量。

**解** $$M=\iiint\limits_{\Omega}(x^2+y^2)\mathrm{d}v=\iiint\limits_{\Omega}r^3\mathrm{d}r\mathrm{d}\theta\mathrm{d}z=\int_0^{2\pi}\mathrm{d}\theta\int_0^1\mathrm{d}r\int_0^{r^2}r^3\mathrm{d}z=\frac{\pi}{3}$$

## 习题 8-4

A 组

1. 利用二重积分求 $xOy$ 平面上的抛物线 $y=x^2$ 与 $y=4x-x^2$ 所围成平面图形的面积。

2. 利用二重积分求下列几何体的体积。

(1) 平面 $z=0$ 及 $z=6-x^2-y^2$ 所围成的几何体。

(2) 平面 $x=0,y=0,z=0$ 和 $x+y+z=1$ 所围成的几何体。

(3) 平面 $z=1$ 及锥面 $z=\sqrt{x^2+y^2}$ 所围成的几何体。

B 组

1. 计算由两条抛物线 $y=x^2$ 及 $x=y^2$ 所围成的薄片的质量，其面密度 $\rho(x,y)=xy$。

2. 求位于 $x^2+y^2-4y\leqslant 0$ 与 $x^2+y^2-2y\geqslant 0$ 之间的均匀薄片的重心。

# 应用与实践

## 一、人口数量问题

某城市 1990 年的人口密度近似为 $p(r)=\dfrac{4}{20+r^2}$，其中 $p(r)$ 表示距市中心 $r$ 千米处的人口密度，单位是 10 万人每平方千米，试求距市中心 2 千米区域内的人口数量。

**分析**：设距市中心 2 千米区域内的人口数量为 $P$，该问题与非均匀的平面薄板的质量问题类似。利用极坐标计算，得

$$P=\iint_D p(r)r\,\mathrm{d}r\,\mathrm{d}\theta=\iint_D \frac{4r}{20+r^2}\mathrm{d}r\,\mathrm{d}\theta=\int_0^{2\pi}\mathrm{d}\theta\int_0^2\frac{4r}{20+r^2}\mathrm{d}r\approx 22.9(\text{万人})$$

即距市中心两千米区域内的人口数量约为 22.9 万人。

## 二、平均利润问题

某公司销售商品Ⅰ $x$ 个单位，商品Ⅱ $y$ 个单位的利润为

$$P(x,y)=-(x-200)^2-(y-100)^2+5000$$

现已知一周内商品Ⅰ的销售数量为 150～200 个单位，一周内商品Ⅱ的销售数量为 80～100 个单位。求销售这两种商品一周的平均利润。

**分析**：由于 $x,y$ 的变化范围 $D=\left\{(x,y)\mid 150\leqslant x\leqslant 200,80\leqslant y\leqslant 100\right\}$，所以 $D$ 的面积 $\sigma=50\times 20=1000$。由二重积分的中值定理，该公司销售这两种商品一周的平均利润为

$$\frac{1}{\sigma}\iint_D P(x,y)\mathrm{d}\sigma=\frac{1}{1000}\iint_D\left[-(x-200)^2-(y-100)^2+5000\right]\mathrm{d}\sigma$$

$$=\frac{1}{1000}\int_{150}^{200}\mathrm{d}x\int_{80}^{100}\left[-(x-200)^2-(y-100)^2+5000\right]\mathrm{d}y$$

$$=\frac{1}{1000}\int_{150}^{200}\left[-(x-200)^2y-\frac{(y-100)^3}{3}+5000y\right]_{80}^{100}\mathrm{d}x$$

$$=\frac{1}{3000}\int_{150}^{200}\left[-20(x-200)^2+\frac{292000}{3}x\right]_{150}^{200}\mathrm{d}x$$

$$=\frac{12100000}{3000}\approx 4033(\text{元})$$

## 本章知识结构图

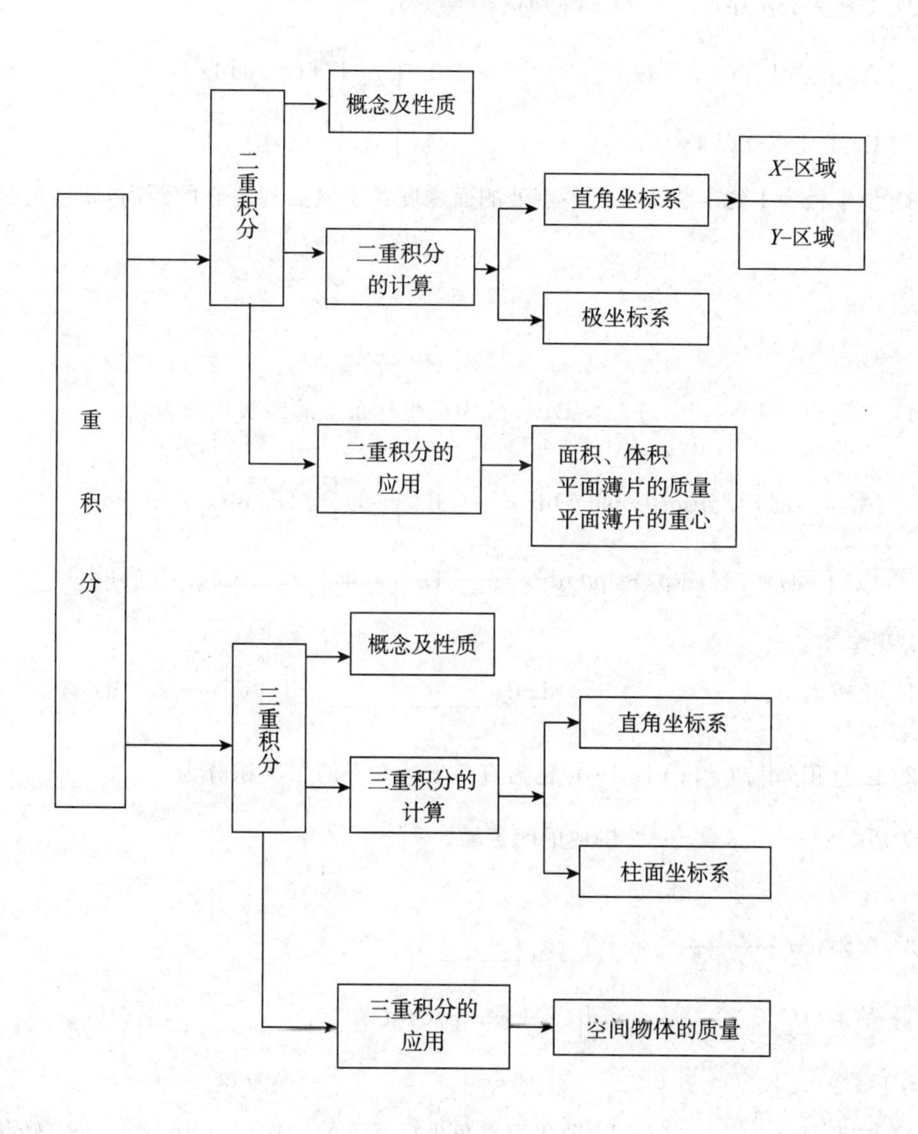

# 复习题八

## A 组

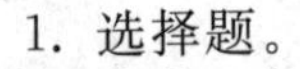

1. 选择题。

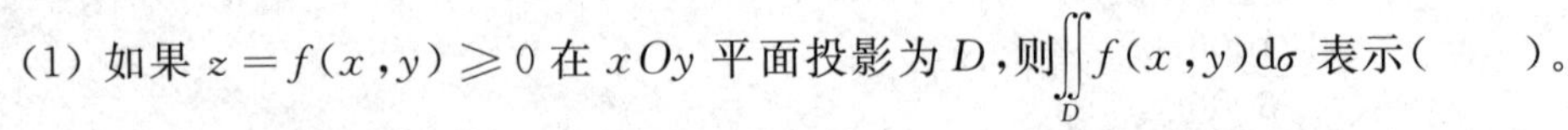

(1) 如果 $z=f(x,y)\geqslant 0$ 在 $xOy$ 平面投影为 $D$，则 $\iint\limits_D f(x,y)\mathrm{d}\sigma$ 表示(　　)。

A. $D$ 的面积　　　　B. 以 $z$ 为高的柱体的体积

C. $D$ 的重心横坐标　　　　D. $D$ 的质量

(2) 变换积分次序 $\int_0^1 \mathrm{d}x\int_x^1 f(x,y)\mathrm{d}y=$(　　)。

A. $\int_0^1 \mathrm{d}y\int_0^1 f(x,y)\mathrm{d}x$　　　　B. $\int_0^1 \mathrm{d}y\int_Y^1 f(x,y)\mathrm{d}x$

C. $\int_0^1 \mathrm{d}y\int_0^Y f(x,y)\mathrm{d}x$　　　　D. $\int_0^1 \mathrm{d}y\int_0^X f(x,y)\mathrm{d}x$

(3) 设半径为 1 的半圆薄板上各点处的面密度等于该点到圆心的距离，则该薄板的质量为(　　)。

A. $\dfrac{\pi}{3}$　　　　B. $\dfrac{2\pi}{3}$

C. $\pi$　　　　D. $2\pi$

(4) 二重积分 $I=\iint\limits_{x^2+y^2\leqslant 1} f(x,y)\mathrm{d}\sigma$，化为极坐标系下的二次积分为(　　)。

A. $\int_{-\frac{\pi}{2}}^{\frac{\pi}{2}} \mathrm{d}\theta\int_0^1 f(r\cos\theta,r\sin\theta)\mathrm{d}r$　　　　B. $\int_0^{2\pi} \mathrm{d}\theta\int_0^1 f(r\cos\theta,r\sin\theta)r\mathrm{d}r$

C. $\int_0^{2\pi} \mathrm{d}\theta\int_0^1 f(r\cos\theta,r\sin\theta)\mathrm{d}r$　　　　D. $\int_{-\frac{\pi}{2}}^{\frac{\pi}{2}} \mathrm{d}\theta\int_0^1 f(r\cos\theta,r\sin\theta)r\mathrm{d}r$

2. 填空题。

(1) 比较大小：$\iint\limits_{x^2+y^2\leqslant 1}(x^2+y^2)^3\mathrm{d}x\mathrm{d}y$ ________ $\iint\limits_{x^2+y^2\leqslant 1}(x^2+y^2)^2\mathrm{d}x\mathrm{d}y$。

(2) 二重积分 $\iint\limits_D f(x,y)\mathrm{d}x\mathrm{d}y$ 转化为直角坐标系下的二次积分为 ________，其中区域 $D$ 是由 $y^2=x$，$y=x-2$ 围成的闭区域。

(3) 极限 $\lim\limits_{t\to 0^+}\dfrac{\iint\limits_{x^2+y^2\leqslant t^2} 3\mathrm{d}\sigma}{t\sin t}=$ ________。

(4) 估值 ________ $\leqslant\iint\limits_D (x+y+5)\mathrm{d}\sigma\leqslant$ ________，其中区域 $D$：$-1\leqslant x\leqslant 3$，$0\leqslant y\leqslant 4$。

(5) 二重积分 $\iint\limits_D f(x,y)\mathrm{d}x\mathrm{d}y$ 转化为直角坐标系下的二次积分为 ________；转化为极

坐标系下的二次积分为 ________。其中区域 $D$ 是单位圆 $x^2+y^2\leqslant 1$ 在第一象限内的部分。

3. 计算下列二重积分。

(1) $\iint\limits_D (x+6y)\mathrm{d}x\mathrm{d}y$，其中区域 $D$ 由直线 $x=1, y=5x$ 和 $y=x$ 围成。

(2) $\iint\limits_D \mathrm{e}^{x+y}\mathrm{d}x\mathrm{d}y$，其中区域 $D$ 为 $0\leqslant x\leqslant 1, 0\leqslant y\leqslant 1$。

(3) $\iint\limits_D \mathrm{e}^{-y^2}\mathrm{d}x\mathrm{d}y$，其中区域 $D$ 是以点 $(0,0),(1,1),(0,1)$ 为顶点的三角形。

(4) $\iint\limits_D x\mathrm{e}^{xy}\mathrm{d}x\mathrm{d}y$，其中区域 $D$ 为 $0\leqslant x\leqslant 1, -1\leqslant y\leqslant 0$。

(5) $\iint\limits_D (|x|+|y|)\mathrm{d}x\mathrm{d}y$，其中区域 $D$ 为 $|x|+|y|\leqslant 1$。

(6) $\iint\limits_D \arctan\dfrac{y}{x}\mathrm{d}x\mathrm{d}y$，其中区域 $D$ 为圆 $x^2+y^2=4, x^2+y^2=1$ 和直线 $y=x, y=0$ 所围成的第一象限的区域。

(7) $\iint\limits_D \dfrac{1}{\sqrt{1+x^2+y^2}}\mathrm{d}x\mathrm{d}y$，其中区域 $D$ 为圆 $x^2+y^2=1$ 和直线 $x=0, y=0$ 所围成的第一象限的区域。

(8) $\iint\limits_D \sqrt{x^2+y^2}\mathrm{d}x\mathrm{d}y$，其中区域 $D$ 为 $x^2+y^2\leqslant 2x$。

4. 交换积分次序。

(1) $\int_0^1 \mathrm{d}y\int_y^{\sqrt{y}} f(x,y)\mathrm{d}x$　　　　(2) $\int_{-1}^1 \mathrm{d}x\int_{-x-1}^{x+1} f(x,y)\mathrm{d}y$

5. 计算由旋转抛物面 $z=6-x^2-y^2$ 与锥面 $z=\sqrt{x^2+y^2}$ 所围成的立体的体积。

## B 组

1. 填空题。

(1) 二次积分 $\int_0^1 \mathrm{d}x\int_x^{\sqrt{x}} f(x,y)\mathrm{d}y$ 交换积分次序后，得到积分 ________。

(2) 圆域 $D: x^2+y^2\leqslant 2$ 上的二重积分 $\iint\limits_D f(x,y)\mathrm{d}x\mathrm{d}y$，化为极坐标形式为 ________。

(3) 三重积分在球坐标系中的体积微元是 ________。

(4) 在直角坐标系下将二重积分化为二次积分，其中区域 $D$ 为 $|x+1|\leqslant 1, |y|\leqslant 1$ 围成的区域，则 $\iint\limits_D f(x,y)\mathrm{d}x\mathrm{d}y=$ ________。

(5) 根据二重积分的几何意义可知 $\iint\limits_D (1-x-y)\mathrm{d}\sigma=$ ________，积分区域 $D$ 为 $x+y=1$ 及 $x=0, y=0$ 围成的区域。

2. 选择题。

(1) 设曲面 $z=f_1(x,y)$ 和 $z=f_2(x,y)$ 围成的空间立体 $V$，在 $xOy$ 平面上的投影区域为 $D$，则 $V$ 的体积可以表达为(　　)。

A. $\iint\limits_D (f_2-f_1)\mathrm{d}x\mathrm{d}y$　　B. $\iint\limits_D (f_1-f_2)\mathrm{d}x\mathrm{d}y$

C. $\sqrt{\iint\limits_D (f_1-f_2)^2\mathrm{d}x\mathrm{d}y}$　　D. $\iint\limits_D |f_1-f_2|\mathrm{d}x\mathrm{d}y$

(2) 设区域 $D_1:-1\leqslant x\leqslant 1,-2\leqslant y\leqslant 2$，区域 $D_2:0\leqslant x\leqslant 1,0\leqslant y\leqslant 2$，且 $f(x,y)$ 在 $D_1$ 上关于 $x$ 轴和 $y$ 轴对称，那么 $\iint\limits_{D_1} f(x,y)\mathrm{d}\sigma=(\quad)\iint\limits_{D_2} f(x,y)\mathrm{d}\sigma$。

A. 1　　B. 2　　C. 4　　D. $\frac{1}{4}$

(3) 设区域 $D$ 是由曲线 $y=2-x^2$ 与直线 $y=x(x\geqslant 0)$，$x=0$ 围成的平面区域，则二重积分 $\iint\limits_D f(x,y)\mathrm{d}x\mathrm{d}y$ 可化为(　　)。

A. $\int_0^2\mathrm{d}y\int_0^{\sqrt{2-y}} f(x,y)\mathrm{d}x$　　B. $\int_0^1\mathrm{d}x\int_x^{2-x^2} f(x,y)\mathrm{d}y$

C. $\int_0^2\mathrm{d}y\int_y^{\sqrt{2-y}} f(x,y)\mathrm{d}x$　　D. $\int_0^2\mathrm{d}y\int_0^y f(x,y)\mathrm{d}x$

(4) 二重积分 $\iint\limits_D (x+y)\mathrm{d}x\mathrm{d}y$ 可表达为二次积分(　　)，其中区域 $D$ 为 $1\leqslant x^2+y^2\leqslant 4$ 围成的区域。

A. $\int_0^{2\pi} r^2\mathrm{d}r\int_1^2(\cos\theta+\sin\theta)\mathrm{d}\theta$　　B. $\int_0^{2\pi}\mathrm{d}\theta\int_1^2 r^2(\cos\theta+\sin\theta)\mathrm{d}r$

C. $\int_{-2}^2\mathrm{d}x\int_{-\sqrt{4-x^2}}^{\sqrt{4-x^2}}(x+y)\mathrm{d}y$　　D. $\int_{-1}^1\mathrm{d}y\int_{-\sqrt{1-y^2}}^{\sqrt{1-y^2}}(x+y)\mathrm{d}x$

(5) 设二重积分的积分区域 $D:1\leqslant x^2+y^2\leqslant 4$，则 $\iint\limits_D \mathrm{d}x\mathrm{d}y=(\quad)$。

A. $3\pi$　　B. $4\pi$　　C. $15\pi$　　D. $\pi$

3. 计算题。

(1) 计算 $\iint\limits_D \frac{y^2}{x^2}\mathrm{d}x\mathrm{d}y$，其中区域 $D$ 是由曲线 $y=\frac{1}{x}$ 和直线 $y=x$，$y=2$ 围成的区域。

(2) 计算 $\iint\limits_D x\mathrm{e}^{xy}\mathrm{d}x\mathrm{d}y$，其中区域 $D$ 是由曲线 $y=\frac{1}{x}$ 和直线 $x=1$，$x=2$，$y=2$ 围成的区域。

(3) 计算 $\iint\limits_D (2x+y-1)\mathrm{d}x\mathrm{d}y$，其中区域 $D$ 是由直线 $x=0$，$y=0$ 及 $2x+y=1$ 围成的区域。

(4) 计算 $\iint\limits_D (1-x^2-y^2)\mathrm{d}x\mathrm{d}y$，其中区域 $D$ 是平面区域 $x^2+y^2\leqslant 1$。

4. 求曲线 $ay=x^2$，$x+y=2a(a>0)$ 所围均匀薄片的重心。

# 附录　积分表

说明：(1)表中均省略了常数 $c$；(2)$\ln g(x)$均指 $\ln|g(x)|$。

## 一、含 $ax+b$

1. $\int \frac{1}{ax+b}\mathrm{d}x = \frac{1}{a}\ln(ax+b)$。

2. $\int \frac{1}{(ax+b)^2}\mathrm{d}x = -\frac{1}{a(ax+b)}$。

3. $\int \frac{1}{(ax+b)^3}\mathrm{d}x = -\frac{1}{2a(ax+b)^2}$。

4. $\int x(ax+b)^n\mathrm{d}x = \frac{(ax+b)^{n+2}}{a^2(n+2)} - \frac{b(ax+b)^{n+1}}{a^2(n+1)}(n \neq -1,-2)$。

5. $\int \frac{x}{ax+b}\mathrm{d}x = \frac{x}{a} - \frac{b}{a^2}(ax+b)$。

6. $\int \frac{x}{(ax+b)^2}\mathrm{d}x = \frac{b}{a^2(ax+b)} + \frac{1}{a^2}\ln(ax+b)$。

7. $\int \frac{x}{(ax+b)^3}\mathrm{d}x = \frac{b}{2a^2(ax+b)^2} - \frac{1}{a^2(ax+b)}$。

8. $\int x^2(ax+b)^n\mathrm{d}x = \frac{1}{a^3}\left[\frac{(ax+b)^{n+3}}{n+3} - 2b\,\frac{(ax+b)^{n+2}}{n+2} + b^2\,\frac{(ax+b)^{n+1}}{n+1}\right]$。

9. $\int \frac{1}{x(ax+b)}\mathrm{d}x = -\frac{1}{b}\ln\frac{ax+b}{x}$。

10. $\int \frac{1}{x^2(ax+b)}\mathrm{d}x = -\frac{1}{bx} + \frac{a}{b^2}b\ln\frac{ax+b}{x}$。

11. $\int \frac{1}{x^3(ax+b)}\mathrm{d}x = \frac{2ax-b}{2b^2x^2} - \frac{a^2}{b^3}\ln\frac{ax+b}{x}$。

12. $\int \frac{1}{x(ax+b)^2}\mathrm{d}x = \frac{1}{b(ax+b)} - \frac{1}{b^2}\ln\frac{ax+b}{x}$。

13. $\int \frac{1}{x(ax+b)^3}\mathrm{d}x = \frac{1}{b^3}\left[\frac{1}{2}\left(\frac{ax+2b}{ax+b}\right)^2 - \ln\frac{ax+b}{x}\right]$。

## 二、含 $\sqrt{ax+b}$

14. $\int \sqrt{ax+b}\,\mathrm{d}x = \frac{2}{3a}\sqrt{(ax+b)^3}$。

15. $\int x\sqrt{ax+b}\,\mathrm{d}x=\frac{2(3ax-2b)}{15a^2}\sqrt{(ax+b)^3}$。

16. $\int x^2\sqrt{ax+b}\,\mathrm{d}x=\frac{2\left(15a^2x^2-12abx+8b^2\right)}{105a^3}\sqrt{(ax+b)^3}$。

17. $\int x^n\sqrt{ax+b}\,\mathrm{d}x=\frac{2x^n}{(2n+3)a}\sqrt{(ax+b)^3}-\frac{2nb}{(2n+3)a}\int x^{n-1}\sqrt{ax+b}\,\mathrm{d}x$。

18. $\int\frac{1}{\sqrt{ax+b}}\mathrm{d}x=\frac{2}{a}\sqrt{ax+b}$。

19. $\int\frac{x}{\sqrt{ax+b}}\mathrm{d}x=\frac{2(ax-2b)}{3a^2}\sqrt{ax+b}$。

20. $\int\frac{x^n}{\sqrt{ax+b}}\mathrm{d}x=\frac{2x^n}{(2n+1)a}\sqrt{ax+b}-\frac{2nb}{(2n+1)a}\int\frac{x^{n-1}}{\sqrt{ax+b}}\mathrm{d}x$。

21. $\int\frac{1}{x\sqrt{ax+b}}\mathrm{d}x=\frac{1}{\sqrt{b}}\ln\frac{\sqrt{ax+b}-\sqrt{b}}{\sqrt{ax+b}+\sqrt{b}}\,(b>0)$。

22. $\int\frac{1}{x\sqrt{ax+b}}\mathrm{d}x=\frac{2}{\sqrt{-b}}\arctan\sqrt{\frac{ax+b}{-b}}\,(b<0)$。

23. $\int\frac{1}{x^n\sqrt{ax+b}}\mathrm{d}x=-\frac{\sqrt{ax+b}}{(n-1)bx^{n-1}}-\frac{(2n-3)a}{2(n-1)b}\int\frac{\mathrm{d}x}{x^{n-1}\sqrt{ax+b}}\,(n>1)$。

24. $\int\frac{\sqrt{ax+b}}{x}\mathrm{d}x=2\sqrt{ax+b}+b\int\frac{1}{x\sqrt{ax+b}}\mathrm{d}x$。

25. $\int\frac{\sqrt{ax+b}}{x^n}\mathrm{d}x=-\frac{\sqrt{(ax+b)^3}}{(n-1)bx^{n-1}}-\frac{(2n-5)a}{2(n-1)b}\int\frac{\sqrt{ax+b}}{x^{n-1}}\mathrm{d}x\,(n>1)$。

26. $\int x\sqrt{(ax+b)^n}\,\mathrm{d}x=\frac{2}{a^2}\left[\frac{1}{n+4}\sqrt{(ax+b)^{n+4}}-\frac{b}{n+2}\sqrt{(ax+b)^{n+2}}\right]$。

27. $\int\frac{x}{\sqrt{(ax+b)^n}}\mathrm{d}x=\frac{2}{a^2}\left[\frac{b}{n-2}\times\frac{1}{\sqrt{(ax+b)^{n-2}}}-\frac{1}{n-4}\times\frac{1}{\sqrt{(ax+b)^{n-4}}}\right]$。

## 三、含$\sqrt{ax+b}$、$\sqrt{cx+\mathrm{d}}$

28. $\int\frac{1}{\sqrt{ax+b}\sqrt{cx+\mathrm{d}}}\mathrm{d}x=\frac{2}{\sqrt{ac}}\operatorname{arth}\sqrt{\frac{c(ax+b)}{a(cx+\mathrm{d})}}\,(ac>0)$。

29. $\int\frac{1}{\sqrt{ax+b}\sqrt{cx+\mathrm{d}}}\mathrm{d}x=\frac{2}{\sqrt{-ac}}\arctan\sqrt{\frac{-c(ax+b)}{a(cx+\mathrm{d})}}\,(ac<0)$。

30. $\int\sqrt{ax+b}\sqrt{cx+\mathrm{d}}\,\mathrm{d}x=\frac{2acx+ad+bc}{4ac}\sqrt{ax+b}\sqrt{cx+\mathrm{d}}$

$$-\frac{(ad-bc)^2}{8ac}\int\frac{\mathrm{d}x}{\sqrt{ax+b}\cdot\sqrt{cx+\mathrm{d}}}$$。

31. $\int \frac{\sqrt{ax+b}}{\sqrt{cx+\mathrm{d}}}\mathrm{d}x=\frac{\sqrt{ax+b}\sqrt{cx+\mathrm{d}}}{c}-\frac{ad-bc}{2c}\int\frac{\mathrm{d}x}{\sqrt{ax+b}\sqrt{cx+\mathrm{d}}}$。

32. $\int \frac{1}{\sqrt{(x-p)(q-x)}}\mathrm{d}x=2\arcsin\sqrt{\frac{x-p}{q-p}}$。

## 四、含 $ax^2+c$

33. $\int \frac{1}{ax^2+c}\mathrm{d}x=\frac{1}{\sqrt{ac}}\arctan\left(x\sqrt{\frac{a}{c}}\right)(a>0,c>0)$。

34. $\int \frac{1}{ax^2+c}\mathrm{d}x=\frac{1}{2\sqrt{-ac}}\ln\frac{x\sqrt{a}-\sqrt{-c}}{x\sqrt{a}+\sqrt{-c}}(a<0,c<0)$。

$\int \frac{1}{ax^2+c}\mathrm{d}x=\frac{1}{2\sqrt{-ac}}\ln\frac{\sqrt{c}+x\sqrt{-a}}{\sqrt{c}-x\sqrt{-a}}(a<0,c>0)$。

35. $\int \frac{1}{(ax^2+c)^n}\mathrm{d}x=\frac{x}{2c(n-1)(ax^2+c)^{n-1}}+\frac{2n-3}{2c(n-1)}\int\frac{\mathrm{d}x}{(ax^2+c)^{n-1}}(n>1)$。

36. $\int x(ax^2+c)^n\mathrm{d}x=\frac{(ax^2+c)^{n+1}}{2a(n+1)}(n\neq-1)$。

37. $\int \frac{x}{ax^2+c}\mathrm{d}x=\frac{1}{2a}\ln(ax^2+c)$。

38. $\int \frac{x^2}{ax^2+c}\mathrm{d}x=\frac{x}{a}-\frac{c}{a}\int\frac{\mathrm{d}x}{ax^2+c}$。

39. $\int \frac{x^n}{ax^2+c}\mathrm{d}x=\frac{x^{n-1}}{a(n-1)}-\frac{c}{a}\int\frac{x^{n-2}}{ax^2+c}\mathrm{d}x(n\neq-1)$。

## 五、含 $\sqrt{ax^2+c}$

40. $\int \sqrt{ax^2+c}\,\mathrm{d}x=\frac{x}{2}\sqrt{ax^2+c}+\frac{c}{2\sqrt{a}}\ln(x\sqrt{a}+\sqrt{ax^2+c})(a>0)$。

41. $\int \sqrt{ax^2+c}\,\mathrm{d}x=\frac{x}{2}\sqrt{ax^2+c}+\frac{c}{2\sqrt{-a}}\arcsin\left(x\sqrt{\frac{-a}{c}}\right)(a<0)$。

42. $\int \sqrt{(ax^2+c)^2}\,\mathrm{d}x=\frac{x}{8}(2ax^2+5c)\sqrt{ax^2+c}+\frac{3c^2}{8\sqrt{a}}\ln(x\sqrt{a}+\sqrt{ax^2+c})(a>0)$。

43. $\int \sqrt{(ax^2+c)^2}\,\mathrm{d}x=\frac{x}{8}(2ax^2+5c)\sqrt{ax^2+c}+\frac{3c^2}{8\sqrt{-a}}\arcsin\left(x-\sqrt{\frac{-a}{c}}\right)(a<0)$。

44. $\int x\sqrt{ax^2+c}\,\mathrm{d}x=\frac{1}{3a}\sqrt{(ax^2+c)^2}$。

45. $\int x^2\sqrt{ax^2+c}\,\mathrm{d}x=\frac{x}{4a}\sqrt{(ax^2+c)^2}-\frac{cx}{8a}\sqrt{ax^2+c}$

$$-\frac{c^2}{8\sqrt{a^2}}\ln(x\sqrt{a}+\sqrt{ax^2+c})(a>0)。$$

46. $\int x^2\sqrt{ax^2+c}\,\mathrm{d}x=\frac{x}{4a}\sqrt{(ax^2+c)^2}-\frac{cx}{8a}\sqrt{ax^2+c}$

$-\frac{c^2}{8a\sqrt{-a}}\arcsin\left(x\sqrt{\frac{-a}{c}}\right)(a<0)$。

47. $\int x^n\sqrt{ax^2+c}\,\mathrm{d}x=\frac{x^{n-1}}{(n+2)a}\sqrt{\left(ax^2+bx+c\right)^3}$

$-\frac{(x-1)c}{(n+2)a}\int x^{n-2}\sqrt{ax^2+c}\,\mathrm{d}x\,(n>0)$。

48. $\int x\sqrt{(ax^2+c)^3}\,\mathrm{d}x=\frac{1}{5a}\sqrt{(ax^2+c)^5}$。

49. $\int x^2\sqrt{\left(ax^2+bx+c\right)^3}\,\mathrm{d}x=\frac{x^3}{6}\sqrt{(ax^2+c)^3}+\frac{c}{2}\int x^2\sqrt{ax^2+c}\,\mathrm{d}x$。

50. $\int x^n\sqrt{\left(ax^2+bx+c\right)^3}\,\mathrm{d}x=\frac{x^{n+1}}{n+4}\sqrt{(ax^2+c)^3}+\frac{3c}{n+4}\int x^n\sqrt{ax^2+c}\,\mathrm{d}x\,(n>0)$。

51. $\int\frac{\sqrt{ax^2+c}}{x}\mathrm{d}x=\sqrt{ax^2+c}+\sqrt{c}\ln\frac{\sqrt{ax^2+c}-\sqrt{c}}{x}(c>0)$。

52. $\int\frac{\sqrt{ax^2+c}}{x}\mathrm{d}x=\sqrt{ax^2+c}-\sqrt{-c}\arctan\frac{\sqrt{ax^2+c}}{\sqrt{-c}}(c<0)$。

53. $\int\frac{\sqrt{ax^2+c}}{x^n}\mathrm{d}x=-\frac{\sqrt{(ax^2+c)^3}}{c(n-1)x^{n-1}}-\frac{(n-4)a}{(n-1)c}\int\frac{\sqrt{ax^2+c}}{x^{n-2}}\mathrm{d}x\,(n>1)$。

54. $\int\frac{\mathrm{d}x}{\sqrt{ax^2+c}}=\frac{1}{\sqrt{a}}\ln(x\sqrt{a}+\sqrt{ax^2+c})\,(a>0)$。

55. $\int\frac{\mathrm{d}x}{\sqrt{ax^2+c}}=\frac{1}{\sqrt{-a}}\arcsin\left(x\sqrt{\frac{-a}{c}}\right)(a<0)$。

56. $\int\frac{\mathrm{d}x}{\sqrt{(ax^2+c)^3}}=\frac{x}{c\sqrt{ax^2+c}}$。

57. $\int\frac{x}{\sqrt{ax^2+c}}\mathrm{d}x=\frac{1}{a}\sqrt{ax^2+c}$。

58. $\int\frac{x^2}{\sqrt{ax^2+c}}\mathrm{d}x=\frac{x}{a}\sqrt{ax^2+c}-\frac{1}{a}\int\sqrt{ax^2+c}\,\mathrm{d}x$。

59. $\int\frac{x^n}{\sqrt{ax^2+c}}\mathrm{d}x=\frac{x^{n-1}}{na}\sqrt{ax^2+c}-\frac{(n-1)c}{na}\int\frac{x^{n-2}}{\sqrt{ax^2+c}}\mathrm{d}x\,(n>0)$。

60. $\int\frac{1}{x\sqrt{ax^2+c}}\mathrm{d}x=\frac{1}{\sqrt{c}}\ln\frac{\sqrt{ax^2+c}-\sqrt{c}}{x}(c>0)$。

61. $\int\frac{1}{x\sqrt{ax^2+c}}\mathrm{d}x=\frac{1}{\sqrt{-c}}\operatorname{arcsec}\left(x\sqrt{\frac{-a}{c}}\right)(c<0)$。

62. $\int\frac{1}{x^2\sqrt{ax^2+c}}\mathrm{d}x=-\frac{\sqrt{ax^2+c}}{cx}$。

63. $\int \frac{1}{x^n \sqrt{ax^2+c}} dx = -\frac{\sqrt{ax^2+c}}{c(n-1)x^{n-1}} - \frac{(n-2)a}{(n-1)c} \int \frac{dx}{x^{n-2}\sqrt{ax^2+c}} (n>1)$。

## 六、含 $ax^2+bx+c$

64. $\int \frac{1}{ax^2+bx+c} dx = \frac{1}{\sqrt{b^2-4ac}} \ln \frac{2ax+b-\sqrt{b^2-4ac}}{2ax+b+\sqrt{b^2-4ac}} (b^2>4ac)$。

65. $\int \frac{1}{ax^2+bx+c} dx = \frac{2}{\sqrt{4ac-b^2}} \arctan \frac{2ax+b}{\sqrt{4ac-b^2}} (b^2<4ac)$。

66. $\int \frac{1}{ax^2+bx+c} dx = -\frac{2}{2ax+b} (b^2=4ac)$。

67. $$\int \frac{1}{(ax^2+bx+c)^n} dx = \frac{2ax+b}{(n-1)(4ac-b^2)(ax^2+bx+c)^{n-1}} + \frac{2(2n-3)a}{(n-1)(4ac-b^2)} \int \frac{dx}{(ax^2+bx+c)^{n-1}} \left(n>1, b^2 \neq 4ac\right)。$$

68. $\int \frac{x}{ax^2+bx+c} dx = \frac{1}{2a} \ln(ax^2+bx+c) - \frac{b}{2a} \int \frac{dx}{ax^2+bx+c}$。

69. $\int \frac{x^2}{ax^2+bx+c} dx = \frac{x}{a} - \frac{b}{2a^2} \ln(ax^2+bx+c) + \frac{b^2-2ac}{2a^2} \int \frac{dx}{ax^2+bx+c}$。

70. $\int \frac{x^n}{ax^2+bx+c} dx = \frac{x^{n-1}}{(n-1)a} - \frac{c}{a} \int \frac{x^{n-2}}{ax^2+bx+c} dx - \frac{b}{a} \int \frac{x^{n-1}}{ax^2+bx+c} dx (n>1)$。

## 七、含 $\sqrt{ax^2+bx+c}$

71. $\int \frac{1}{\sqrt{ax^2+bx+c}} dx = \frac{1}{\sqrt{a}} \ln(2ax+b+2\sqrt{a}\sqrt{ax^2+bx+c}) (a>0)$。

72. $\int \frac{dx}{\sqrt{ax^2+bx+c}} = \frac{1}{\sqrt{-a}} \arcsin \frac{-2ax-b}{\sqrt{b^2-4ac}} (a<0, b^2>4ac)$。

73. $\int \frac{x\,dx}{\sqrt{ax^2+bx+c}} = \frac{\sqrt{ax^2+bx+c}}{a} - \frac{b}{2a} \int \frac{dx}{\sqrt{ax^2+bx+c}}$。

74. $$\int \frac{x^n dx}{\sqrt{ax^2+bx+c}} = \frac{x^{n-1}}{na} \sqrt{ax^2+bx+c} - \frac{(2n-1)b}{2na} \int \frac{x^{n-1}}{\sqrt{ax^2+bx+c}} dx - \frac{(n+1)c}{na} \int \frac{x^{n-2}}{\sqrt{ax^2+bx+c}} dx。$$

75. $\int \sqrt{ax^2+bx+c}\, dx = \frac{2ax+b}{4a} \sqrt{ax^2+bx+c} - \frac{b^2-4ac}{8a} \int \frac{dx}{\sqrt{ax^2+bx+c}}$。

76. $\int x\sqrt{ax^2+bx+c}\, dx = \frac{1}{3a} \sqrt{(ax^2+bx+c)^3} - \frac{b}{2a} \int \sqrt{ax^2+bx+c}\, dx$。

77. $\int x^2\sqrt{ax^2+bx+c}\,\mathrm{d}x=\left(x-\dfrac{5b}{6a}\right)\dfrac{\sqrt{\left(ax^2+bx+c\right)^3}}{4a}$

$+\dfrac{5b^2-4ac}{16a^2}\int\sqrt{ax^2+bx+c}\,\mathrm{d}x$。

78. $\int\dfrac{1}{x\sqrt{ax^2+bx+c}}\mathrm{d}x=-\dfrac{1}{\sqrt{c}}\ln\left(\dfrac{\sqrt{ax^2+bx+c}+\sqrt{c}}{x}+\dfrac{b}{2\sqrt{c}}\right)(c>0)$。

79. $\int\dfrac{1}{x\sqrt{ax^2+bx+c}}\mathrm{d}x=\dfrac{1}{\sqrt{-c}}\arcsin\dfrac{bx+2c}{x\sqrt{b^2-4ac}}(c<0,b^2>4ac)$。

80. $\int\dfrac{\mathrm{d}x}{x\sqrt{ax^2+bx}}=-\dfrac{2}{bx}\sqrt{ax^2+bx}$。

81. $\int\dfrac{\mathrm{d}x}{x^n\sqrt{ax^2+bx+c}}=-\dfrac{\sqrt{ax^2+bx+c}}{(n-1)cx^{n-1}}-\dfrac{(2n-3)b}{2(n-1)c}\int\dfrac{\mathrm{d}x}{x^{n-1}\sqrt{ax^2+bx+c}}$

$-\dfrac{(n-2)a}{(n-1)c}\int\dfrac{\mathrm{d}x}{x^{n-2}\sqrt{ax^2+bx+c}}(n>1)$。

## 八、含 $\sin ax$

82. $\int\sin ax\,\mathrm{d}x=-\dfrac{1}{a}\cos ax$。

83. $\int\sin^2ax\,\mathrm{d}x=\dfrac{x}{2}-\dfrac{1}{4a}\sin 2ax$。

84. $\int\sin^3ax\,\mathrm{d}x=-\dfrac{1}{a}\cos ax+\dfrac{1}{3a}\cos^3ax$。

85. $\int\sin^nax\,\mathrm{d}x=-\dfrac{1}{na}\sin^{n-1}a\times 95ax+\dfrac{n-1}{n}\int\sin^{n-2}ax\,\mathrm{d}x$（$n$ 为正整数）。

86. $\int\dfrac{1}{\sin ax}\mathrm{d}x=\dfrac{1}{a}\ln\tan\dfrac{ax}{2}$。

87. $\int\dfrac{1}{\sin^2ax}\mathrm{d}x=-\dfrac{1}{a}\cot ax$。

88. $\int\dfrac{1}{\sin^nax}\mathrm{d}x=-\dfrac{\cos ax}{(n-1)a\sin^{n-1}ax}+\dfrac{n-2}{n-1}\int\dfrac{\mathrm{d}x}{\sin^{n-2}ax}$

（$n$ 为不小于 2 的整数）。

89. $\int\dfrac{\mathrm{d}x}{1\pm\sin ax}=\mp\dfrac{1}{a}\tan\left(\dfrac{\pi}{4}\mp\dfrac{ax}{2}\right)$。

90. $\int\dfrac{\mathrm{d}x}{b+c\sin ax}=-\dfrac{2}{a\sqrt{b^2-c^2}}\arctan\left[\sqrt{\dfrac{b-c}{b+c}}\tan\left(\dfrac{\pi}{4}-\dfrac{ax}{2}\right)\right](b^2>c^2)$。

91. $\int\dfrac{\mathrm{d}x}{b+c\sin ax}=-\dfrac{1}{a\sqrt{c^2-b^2}}\ln\dfrac{c+b\sin ax+\sqrt{c^2-b^2}\cos ax}{b+c\sin ax}(b^2<c^2)$。

92. $\int \sin ax \sin bx \, dx = \frac{\sin(a-b)x}{2(a-b)} - \frac{\sin(a+b)x}{2(a+b)}(|a| \neq |b|)$。

## 九、含 cos*ax*

93. $\int \cos ax \, dx = \frac{1}{a}\sin ax$。

94. $\int \cos^2 ax \, dx = \frac{x}{2} + \frac{1}{4a}\sin 2ax$。

95. $\int \cos^n ax \, dx = \frac{1}{na}\cos^{n-1} ax \sin ax + \frac{n-1}{n}\int \cos^{n-2} ax \, dx$（$n$ 为正整数）。

96. $\int \frac{1}{\cos ax} dx = \frac{1}{a}\ln\tan\left(\frac{\pi}{4} + \frac{ax}{2}\right)$。

97. $\int \frac{1}{\cos^2 ax} dx = \frac{1}{a}\tan ax$。

98. $\int \frac{1}{\cos^n ax} dx = \frac{\sin ax}{(n-1)a\cos^{n-1} ax} + \frac{n-2}{n-1}\int \frac{dx}{\cos^{n-2} ax}$

（$n$ 为不小于 2 的整数）。

99. $\int \frac{dx}{1+\cos ax} = \frac{1}{a}\tan\frac{ax}{2}$。

100. $\int \frac{dx}{1-\cos ax} = -\frac{1}{a}\cot\frac{ax}{2}$。

101. $\int \frac{dx}{b+c\cos ax} = \frac{1}{a\sqrt{b^2-c^2}}\arctan\frac{\sqrt{b^2-c^2}\sin ax}{c+b\cos ax}(|b|>|c|)$。

102. $\int \frac{dx}{b+c\cos ax} = \frac{1}{c-b}\sqrt{\frac{c-b}{c+b}}\ln\frac{\tan\frac{x}{2}+\sqrt{\frac{c+b}{c-b}}}{\tan\frac{x}{2}-\sqrt{\frac{c+b}{c-b}}}(|b|<|c|)$。

103. $\int \cos ax \cos bx \, dx = \frac{\sin(a-b)x}{2(a-b)} + \frac{\sin(a+b)x}{2(a+b)}(|a| \neq |b|)$。

## 十、含 sin*ax* 和 cos*ax*

104. $\int \sin ax \cos bx \, dx = -\frac{\cos(a-b)x}{2(a-b)} - \frac{\cos(a+b)x}{2(a+b)}(|a| \neq |b|)$。

105. $\int \sin^n ax \cos ax \, dx = \frac{1}{(n+1)a}\sin^{n+1} ax \ (n \neq -1)$。

106. $\int \sin ax \cos^n ax \, dx = -\frac{1}{(n+1)a}\cos^{n+1} ax \ (n \neq -1)$。

107. $\int \frac{\sin ax}{\cos ax} dx = -\frac{1}{a}\ln\cos ax$。

108. $\int \frac{\cos ax}{\sin ax} dx = \frac{1}{a}\ln\sin ax$。

109. $\int \frac{\mathrm{d}x}{b^2\cos^2 ax + c^2\sin^2 ax} = \frac{1}{abc}\arctan\frac{c\tan ax}{b}$。

110. $\int \sin^2 ax\cos^2 ax\,\mathrm{d}x = \frac{x}{8} - \frac{1}{32a}\sin 4ax$。

111. $\int \frac{\mathrm{d}x}{\sin ax\cos ax} = \frac{1}{a}\ln\tan ax$。

112. $\int \frac{\mathrm{d}x}{\sin^2 ax\cos^2 ax} = \frac{1}{a}(\tan ax - \cot ax)$。

113. $\int \frac{\sin^2 ax}{\cos ax}\mathrm{d}x = -\frac{1}{a}\sin ax + \frac{1}{a}\ln\tan\left(\frac{\pi}{4} + \frac{ax}{2}\right)$。

114. $\int \frac{\cos^2 ax}{\sin ax}\mathrm{d}x = \frac{1}{a}\cos ax + \frac{1}{a}\ln\tan\frac{ax}{2}$。

115. $\int \frac{\cos ax}{b + c\sin ax}\mathrm{d}x = \frac{1}{ac}\ln(b + c\sin ax)$。

116. $\int \frac{\sin ax}{b + c\cos ax}\mathrm{d}x = -\frac{1}{ac}\ln(b + \cos ax)$。

117. $\int \frac{\mathrm{d}x}{b\sin ax + c\cos ax} = \frac{1}{a\sqrt{b^2 + c^2}}\ln\tan\frac{ax + \arctan\frac{c}{b}}{2}$。

## 十一、含 tan$ax$，cot$ax$

118. $\int \tan ax\,\mathrm{d}x = -\frac{1}{a}\ln\cos ax$。

119. $\int \cot ax\,\mathrm{d}x = \frac{1}{a}\ln\sin ax$。

120. $\int \tan^2 ax\,\mathrm{d}x = \frac{1}{a}\tan ax - x$。

121. $\int \cot^2 ax\,\mathrm{d}x = -\frac{1}{a}\cot ax - x$。

122. $\int \tan^n ax\,\mathrm{d}x = \frac{1}{(n-1)a}\tan^{n-1}ax - \int \tan^{n-2}ax\,\mathrm{d}x$（$n \geqslant 2$ 的整数）。

123. $\int \cot^n ax\,\mathrm{d}x = -\frac{1}{(n-1)a}\cot^{n-1}ax - \int \cot^{n-2}ax\,\mathrm{d}x$（$n \geqslant 2$ 的整数）。

## 十二、含 $x^n\sin ax$，$x^n\cos ax$

124. $\int x\sin ax\,\mathrm{d}x = \frac{1}{a^2}\sin ax - \frac{1}{a}x\cos ax$。

125. $\int x^2\sin ax\,\mathrm{d}x = \frac{2x}{a^2}\sin ax\ \frac{2}{a^3}\cos ax - \frac{x^2}{a}\cos ax$。

126. $\int x^n\sin ax\,\mathrm{d}x = -\frac{x^n}{a}\cos ax + \frac{n}{a}\int x^{n-1}\cos ax\,\mathrm{d}x$。

127. $\int x\cos ax\,dx = \frac{1}{a^2}\cos ax + \frac{x}{a}\sin ax$。

128. $\int x^2\cos ax\,dx = \frac{2x}{a^2}\cos ax - \frac{2}{a^3}\sin ax + \frac{x^2}{a}\sin ax$。

129. $\int x^n\cos ax\,dx = \frac{x^n}{a}\sin ax - \frac{n}{a}\int x^{n-1}\sin ax\,dx\ (n > 0)$。

## 十三、含 $e^{ax}$

130. $\int e^{ax}\,dx = \frac{1}{a}e^{ax}$。

131. $\int b^{ax}\,dx = \frac{1}{a\ln b}b^{ax}$。

132. $\int x e^{ax}\,dx = \frac{e^{ax}}{a^3}(ax - 1)$。

133. $\int x b^{ax}\,dx = \frac{x b^{ax}}{a\ln b} - \frac{b^{ax}}{a^2(\ln b)^2}$。

134. $\int x^n e^{ax}\,dx = \frac{e^{ax}}{a^{n+1}}[(ax)^n - n(ax)^{n-1} + n(n-1)(ax)^{n-2}\cdots + (-1)^n n!]$（$n$ 为正整数）。

135. $\int x^n b^{ax}\,dx = \frac{x^n b^{ax}}{a\ln b} - \frac{n}{a\ln b}\int x^{n-1}b^{ax}\,dx\ (n > 0)$。

136. $\int e^{ax}\sin bx\,dx = \frac{e^{ax}}{a^2 + b^2}(a\sin bx - b\cos bx)$。

137. $\int e^{ax}\cos bx\,dx = \frac{e^{ax}}{a^2 + b^2}(a\cos bx + b\sin bx)$。

## 十四、含 $\ln ax$

138. $\int \ln ax\,dx = x\ln ax - x$。

139. $\int x\ln ax\,dx = \frac{x^2}{2}\ln ax - \frac{x^2}{4}$。

140. $\int x^n\ln ax\,dx = \frac{x^{n+1}}{n+1}\ln ax - \frac{x^{n+1}}{(n+1)^2}\ (n \neq -1)$。

141. $\int \frac{1}{x\ln ax}\,dx = \ln\ln ax$。

142. $\int \frac{1}{x(\ln ax)^n}\,dx = -\frac{1}{(n-1)(\ln ax)^{n-1}}\ (n \neq 1)$。

143. $\int \frac{x^n}{(\ln ax)^m}\,dx = -\frac{x^{n+1}}{(m-1)(\ln ax)^{m-1}} + \frac{n+1}{m-1}\int \frac{x^n}{(\ln ax)^{m-1}}\,dx\ (m \neq 1)$。

## 十五、含反三角函数

144. $\int \arcsin ax\,dx = x\arcsin ax + \frac{1}{a}\sqrt{1 - a^2x^2}$。

145. $\int(\arcsin ax)^2\mathrm{d}x=x(\arcsin ax)^2-2x+\frac{2}{a}\sqrt{1-a^2x^2}\arcsin ax$。

146. $\int x\arcsin ax\,\mathrm{d}x=\left(\frac{x^2}{2}-\frac{1}{4a^2}\right)\arcsin ax+\frac{x}{4a}\sqrt{1-a^2x^2}$。

147. $\int\arccos ax\,\mathrm{d}x=x\arccos ax-\frac{1}{a}\sqrt{1-a^2x^2}$。

148. $\int(\arccos ax)^2\mathrm{d}x=x(\arccos ax)^2-2x-\frac{2}{a}\sqrt{1-a^2x^2}\arccos ax$。

149. $\int x\arccos ax\,\mathrm{d}x=\left(\frac{x^2}{2}-\frac{1}{4a^2}\right)\arccos ax-\frac{x}{4a}\sqrt{1-a^2x^2}$。

150. $\int\arctan ax\,\mathrm{d}x=x\arctan ax-\frac{1}{2a}\ln(1+a^2x^2)$。

151. $\int x^n\arctan ax\,\mathrm{d}x=\frac{x^{n+1}}{n+1}\arctan ax-\frac{a}{n+1}\int\frac{x^{n+1}}{1+a^2x^2}\mathrm{d}x\ (n\neq-1)$。

152. $\int\operatorname{arccot} ax\,\mathrm{d}x=x\operatorname{arccot} ax+\frac{1}{2a}\ln(1+a^2x^2)$。

153. $\int x^n\operatorname{arccot} ax\,\mathrm{d}x=\frac{x^{n+1}}{n+1}\operatorname{arccot} ax+\frac{a}{n+1}\int\frac{x^{n+1}}{1+a^2x^2}\mathrm{d}x\ (n\neq-1)$。

# 参考文献

[1] 白银凤,罗蕴玲.微积分及其应用[M].北京:高等教育出版社,2001.
[2] 河北农业大学理学院.微积分及其应用[M].2版.北京:高等教育出版社,2006.
[3] 李建平.微积分[M].长沙:湖南大学出版社,2001.
[4] 梁宗巨.世界数学史简编[M].沈阳:辽宁人民出版社,1980.
[5] 吴文俊.中国数学史大系[M].北京:北京师范大学出版社,2004.
[6] 张嘉林.高等数学[M].北京:中国农业出版社,2000.
[7] 刘连福.高等数学[M].北京:中国农业出版社,2010.
[8] 冯丽,石业娇.高等数学[M].沈阳:东北大学出版社,2019.
[9] 王化久.高等数学[M].2版.北京:机械工业出版社,2003.
[10] 邱忠文.高等数学[M].北京:国防工业出版社,2010.